# Progress in Mathematics

Volume 187

# Courbes semi-stables et groupe fondamental en géométrie algébrique

Luminy, Décembre 1998


**Jean-Benoît Bost**
**François Loeser**
**Michel Raynaud**
**Éditeurs**



**Birkhäuser Verlag**
**Basel · Boston · Berlin**

Éditeurs:
Jean-Benoît Bost
Département de mathématiques
Bâtiment 425
Université Paris-Sud
91400 Orsay
France
e-mail: bost@math.u-psud.fr

François Loeser
Centre de Mathématiques (UMR 7640 du CNRS)
École Polytechnique
91128 Palaiseau
France
e-mail: loeser@math.polytechnique

et

Institut de Mathématiques (UMR 7596 du CNRS)
Université Pierre et Marie Curie
Case 82
4 place Jussieu
75252 Paris Cedex 05
France

Michel Raynaud
Département de mathématiques
Bâtiment 425
Université Paris-Sud
91400 Orsay
France
e-mail: raynaud@math.u-psud.fr

2000 Mathematics Subject Classification 11R52

A CIP catalogue record for this book is available from the Library of Congress, Washington D.C., USA

Deutsche Bibliothek Cataloging-in-Publication Data

Courbes semi-stables et groupe fondamental en géométrie algébrique : Luminy, décembre 1998 / Jean-Benoît Bost …, éd. – Basel ; Boston ; Berlin : Birkhäuser, 2000
(Progress in mathematics ; Vol. 187)
ISBN 3-7643-6308-8



ISBN 3-7643-6308-8 Birkhäuser Verlag, Basel – Boston – Berlin


Printed on acid-free paper produced of chlorine-free pulp. TCF ∞
Printed in Germany
ISBN 3-7643-6308-8

9 8 7 6 5 4 3 2 1

# TABLE DES MATIÈRES

*Chapitre 3*

**The Picard Functor**

URS T. HARTL



*Chapitre 4*

**Module des courbes stables**

DAVID MAUGER



*Chapitre 5*

**Réduction semi-stable des courbes d'après Artin, Deligne, Grothendieck, Mumford, Saito, Winters,...**

AHMED ABBES



*Chapitre 6*

**Mumford-Tate curves**

THORSTEN SCHMECHTA

*Chapitre 7*

## Uniformization of Shimura curves by the $p$-adic upper half plane

Klaus Künnemann



*Chapitre 8*

## Le théorème de Gabber-Lütkebohmert

François Loeser



*Chapitre 9*

## Fundamental group

Ariane Mézard



*Chapitre 10*

## Construction of Covers with Formal and Rigid Geometry

Rachel J. Pries

*Chapitre 11*

**Le théorème de spécialisation du groupe fondamental**

FABRICE ORGOGOZO & ISABELLE VIDAL



*Chapitre 12*

**Le théorème de Tamagawa I**

TAMÁS SZAMUELY



*Chapitre 13*

**Le théorème de Tamagawa II**

DAVID HARARI



*Chapitre 14*

**Le groupe fondamental sauvage d'une courbe affine en caractéristique $p > 0$**

PHILIPPE GILLE

*Chapitre 15*

**La conjecture d'Abhyankar I : construction de revêtements en géométrie rigide**

ANTOINE CHAMBERT-LOIR



*Chapitre 16*

**Abhyankar's Conjecture II : the use of semi-stable curves**

MOHAMED SAÏDI



*Chapitre 17*

**The $p$-rank of curves and covers of curves**

IRENE I. BOUW



*Chapitre 18*

**Theta divisors and the Frobenius morphism**

DAVID A. MADORE

# AVANT-PROPOS

Ce livre rassemble les textes des conférences données au CIRM à Luminy du 30 novembre 1998 au 4 décembre, avec pour thème : *Le groupe fondamental des courbes en géométrie algébrique*. Les organisateurs : J.-B. Bost, F. Loeser, et M. Raynaud remercient chaleureusement les conférenciers et les referees pour leur coopération et leur célérité. Ils remercient tout particulièrement A. Chambert-Loir de son travail remarquable de mise en page du volume.

## Présentation du volume

Soit $X$ une courbe algébrique lisse et géométriquement connexe, définie sur un corps $k$ de caractéristique $p \geqslant 0$. On lui associe un groupe fondamental profini $\pi_1(X)$ qui classifie les revêtements finis étales de $X$. Ce groupe fondamental arithmétique est extension de $\mathrm{Gal}(\overline{k}/k)$ par le groupe fondamental géométrique $\pi_1(X_{\overline{k}})$ où $\overline{k}$ désigne une clôture algébrique de $k$.

Supposons $k$ algébriquement clos et soit $\overline{X}$ la compactification propre et lisse de $X$. Soient $g$ le genre de $\overline{X}$ et $r$ le nombre de points à l'infini de $\overline{X} - X$. Lorsque $k$ est de caractéristique 0, le groupe $\pi_1(X)$ est déterminé par $(g, r)$ : c'est le complété profini du $\pi_1$ topologique d'une surface de Riemann compacte de genre $g$, privée de $r$ points. Lorsque $k$ est de caractéristique $p > 0$, on peut considérer le $\pi_1$ modéré, $\pi_1^t(X)$ qui est le quotient de $\pi_1(X)$ qui classifie les revêtements finis étales de $X$, modérément ramifiés à l'infini. D'après un résultat de Grothendieck, $\pi_1^t(X)$ est un quotient du $\pi_1$ analogue (c'est-à-dire pour les mêmes valeurs de $(g, r)$) en caractéristique 0. De plus la flèche de spécialisation induit un isomorphisme sur les groupes quotients d'ordre premier à $p$. Ceci dit, $\pi_1^t(X)$ n'est pas en général déterminé par $(g, r)$ et varie quand $X$ varie dans une famille algébrique. Le cas le mieux connu est celui des courbes elliptiques ($g = 1, r = 0$), où le $\pi_1$ est différent suivant que la courbe elliptique est ordinaire ou supersingulière. On connait fort mal le groupe $\pi_1^t(X)$ pour une courbe hyperbolique $(2g - 2 + r > 0)$, mais on commence à avoir des résultats positifs. Par exemple A. Tamagawa a montré qu'une courbe hyperbolique affine sur un corps fini, était déterminée par son groupe fondamental arithmétique modéré. C'est là un joli exemple de géométrie anabélienne.

Supposons toujours $k$ algébriquement clos de caractéristique $p > 0$ et $X$ affine. Lorsque l'on accepte de la ramification sauvage arbitraire à l'infini, le groupe $\pi_1(X)$ que l'on obtient est monstrueux : il n'est plus topologiquement de type fini et dépend du corps algébriquement clos de base $k$. On connaît néanmoins les quotients topologiques finis $G$ de $\pi_1(X)$ ; ils sont prédits par la conjecture d'Abhyankar : $G$ est groupe de Galois d'un revêtement étale de $X$ si et seulement si le plus grand quotient $\mathbf{G}$ de $G$, d'ordre premier à $p$ se réalise comme groupe de Galois d'un revêtement de $X$, modéré à l'infini (c'est-à-dire si et seulement si $\mathbf{G}$ est engendré par $2g + r - 1$ éléments).

Le but de ce livre est de présenter les énoncés ci-dessus, classiques ou récents. Une bonne partie du travail est de nature locale et se situe sur un anneau de valuation discrète complet $R$, de corps résiduel $k$. Si $K$ désigne le corps des fractions de $R$, c'est un corps valué non archimédien sur lequel on peut pratiquer de la géométrie analytique rigide. Il est fréquent de construire des revêtements compliqués par recollement, « à la Van Kampen », à partir de revêtements plus simples de disques et de couronnes. On présentera donc quelques rudiments de géométrie analytique rigide. Par ailleurs, pour passer des courbes sur $K$ aux courbes sur $R$ ou $k$, les courbes semi-stables jouent un rôle essentiel. Cette notion sera également étudiée ; elle est d'ailleurs fort utile en géométrie arithmétique, indépendamment des questions de revêtements. Dès lors il était tentant d'aborder les courbes de Mumford-Tate qui mêlent courbes semi-stables et revêtements et qui font intervenir de fait des revêtements de degré infini.

La plupart des exposés peuvent être abordés avec des connaissances élémentaires de géométrie algébrique et le langage des schémas. Ils offrent une progression logique et cohérente, si l'on veut bien prendre en compte le leitfaden. Quelques exposés sont de lecture plus difficile ; ils sont indiqués par une astérisque (*).

**Liste des conférences**

1. Géométrie rigide et géométrie formelle — Marco A. Garuti
2. Disques et couronnes ultramétriques — Yannick Henrio
3. The Picard Functor — Urs T. Hartl
4. Module des courbes stables — David Mauger
5*. Réduction semi-stable des courbes d'après Artin, Deligne, Grothendieck, Mumford, Saito, Winters... — Ahmed Abbes
6. Mumford-Tate curves — Thorsten Schmechta
7*. Uniformization of Shimura curves by the $p$-adic upper Half plane — Klaus Künnemann
8*. Le théorème de Gabber-Lütkebohmert — François Loeser
9. Fundamental Group — Ariane Mézard
10. Construction of Covers with Formal and Rigid Geometry — Rachel J. Pries
11. Le théorème de spécialisation du groupe fondamental — Isabelle Vidal et Fabrice Orgogozo
12*. Le théorème de Tamagawa I — Tamas Szamuely
13*. Le théorème de Tamagawa II — David Harari
14. Le groupe fondamental sauvage d'une courbe affine en caractéristique $p > 0$ — Philippe Gille
15*. La conjecture d'Abhyankar I : construction de revêtements en géométrie rigide — Antoine Chambert-Loir
16*. Abhyankar's conjecture II : the use of semi-stable curves — Mohamed Saïdi
17. The $p$-rank of curves and covers of curves — Irene Bouw
18. Theta divisors and the Frobenius morphism — David A. Madore

**Leitfaden**

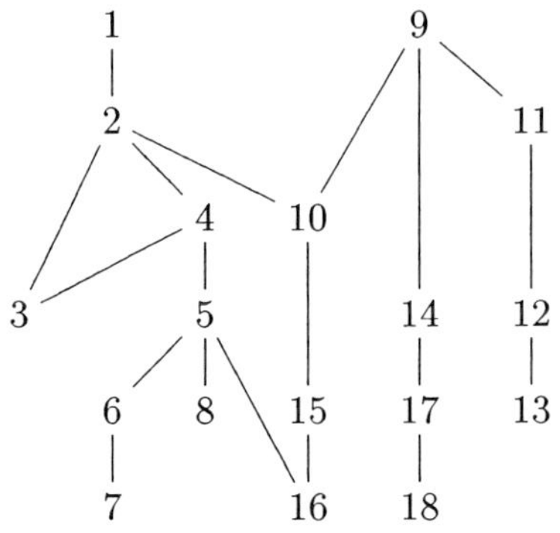


**Brève analyse des différentes conférences**

**1.** Les espaces rigides sont définis à partir des schémas formels sur $R$, par localisation par les éclatements admissibles, c'est-à-dire, ayant un centre dans la fibre fermée. Dans le cas propre, on dispose d'un énoncé du type GAGA qui compare les faisceaux cohérents algébriques et analytiques et que l'on déduit soit des résultats de Kiehl soit du GAGA de Grothendieck comparant géométrie algébrique et géométrie formelle.

L'exposé **2** décrit les espaces rigides de base : disques et couronnes qui sont les pièces élémentaires pour reconstituer les courbes semi-stables.

L'exposé **3** définit les foncteurs de Picard et donne les énoncés usuels de représentabilité. Dans le cas des courbes algébriques propres, le foncteur de Picard est décrit en détail : composante neutre, partie unipotente, composante torique et abélienne.

**4.** Les courbes semi-stables et stables sont introduites ainsi que la famille des courbes stables tricanoniquement plongées par le faisceau dualisant. Le module grossier est obtenu par passage au quotient par l'action du groupe linéaire projectif. Le critère de réduction semi-stable, démontré dans l'exposé 5, entraîne que ce module grossier est propre sur $\mathbb{Z}$.

Le chapitre **5** concerne la démonstration du critère de réduction semi-stable : étant donnée une courbe $X_K$ propre et lisse sur $K$, de genre au moins 2, alors $X_K$ acquiert une réduction stable sur $R$, après extension finie éventuelle de

$K$. En caractéristique résiduelle 0, ce critère est facile à obtenir à partir d'un modèle propre et régulier sur $R$.

Les démonstrations connues lorsque la caractéristique de $k$ est $> 0$ sont plus délicates. L'accent est mis sur celle de T. Saito, via les cycles évanescents. D'autres démonstrations sont présentées ainsi que le critère de Ogg-Néron-Shafarevic concernant les variétés abéliennes.

**6.** Les courbes de Mumford-Tate sont les $K$-courbes propres et lisses qui admettent sur $R$ un modèle stable dont la fibre spéciale a pour composantes irréductibles des courbes rationnelles. Elles généralisent la courbe elliptique de Tate et se décrivent à l'aide de l'arbre de $\mathrm{PGL}_2(K)$ comme quotient d'un certain ouvert analytique rigide de la droite projective par un groupe libre de type fini formé de loxodromies.

**7.** Lorsque le corps résiduel $k$ est fini, l'arbre des $\mathrm{PGL}_2(K)$ conduit au plan de Poincaré $p$-adique. Certaines courbes de Mumford-Tate, quotient de ce plan de Poincaré, ont une interprétation automorphe.

**8.** L'énoncé de Gabber-Lütkebohmert est l'analogue sur un corps local non archimédien $K$ de caractéristique 0, d'un énoncé de Riemann sur les complexes : tout revêtement fini analytique rigide d'une courbe affine $X$ sur $K$ s'étend en un revêtement fini (ramifié), de la courbe compactifiée $\bar{X}$.

L'exposé **9** contient la définition du groupe fondamental en géométrie algébrique, son analogie avec le groupe fondamental en topologie, la domination d'un revêtement fini étale connexe par un revêtement galoisien, le changement de point base et donne les premiers exemples.

**10.** On peut construire des revêtements d'une courbe sur $K$ par recollement en géométrie rigide ou par "patching" en géométrie formelle. On donne la démonstration due à Harbater, du fait que tout groupe fini $G$ est groupe de Galois d'un revêtement (ramifié), géométriquement connexe, de la droite projective sur $K$.

**11.** Partant d'une courbe propre et lisse $X$ sur $R$, on démontre l'énoncé de spécialisation du groupe fondamental de Grothendieck dans le cas propre ainsi que l'énoncé de spécialisation pour le groupe fondamental modéré dans le cas d'un ouvert $U$ de $X$, complémentaire d'un diviseur fini étale $D$ de $X$.

Le chapitre **12** présente la géométrie anabélienne (terminologie introduite par Grothendieck), qui consiste à obtenir des informations sur une variété à partir de son groupe fondamental arithmétique ou géométrique. On aborde ensuite l'énoncé de A. Tamagawa pour les courbes hyperboliques affines sur les corps finis.

L'exposé **13** traite de l'énoncé anabélien pour les courbes hyperboliques affines définies sur un corps de type fini sur $\mathbb{Q}$. En passant, on démontre un énoncé de bonne réduction pour les courbes hyperboliques, analogue du critère de Ogg-Néron-Shafarevic pour les variétés abéliennes.

**14.** Dans le cas d'une courbe affine sur un corps algébriquement clos de caractéristique $p > 0$, le groupe fondamental est très gros et très mou, comme on le voit sur les revêtements d'Artin-Schreier. On démontre l'énoncé de Katz-Gabber qui décrit certains revêtements de la droite projective, totalement ramifiés à l'infini et modérément ramifiés en 0 et l'approche de Nori pour obtenir des revêtements étales de la droite affine.

Les conférences **15** et **16** sont consacrées à la démonstration de la conjecture d'Abhyankar prouvée par Raynaud dans le cas de la droite affine et par Harbater dans le cas d'une courbe affine générale. L'exposé 15 décrit les constructions de revêtements en géométrie rigide nécessaires dans l'approche donnée par Pop. L'exposé 16 traite de l'utilisation des courbes semi-stables dans la démonstration de la conjecture pour la droite affine.

L'exposé **17** traite des revêtements étales d'une courbe lisse et complète. Le nombre des revêtements étales cycliques d'ordre $p$ est un invariant arithmétique lié au $p$-rang. Pour un genre donné il est maximum lorsque la courbe est ordinaire. On contrôle la variation du $p$-rang dans un revêtement galoisien de groupe de Galois un $p$-groupe grâce à la formule de Crew-Safarevic.

Enfin, le chapitre **18** contient la démonstration de l'existence d'un diviseur thêta pour le faisceau des formes différentielles localement exactes qui entraîne que beaucoup des $k$-représentations du groupe fondamental, de degré 1, sont ordinaires. Il donne aussi des exemples de revêtement de la courbe générique de genre $g \geqslant 2$, en caractéristique $p > 0$, qui ne sont pas ordinaires.

*Courbes semi-stables et groupe fondamental en géométrie algébrique*
(J.-B. Bost, F. Loeser, M. Raynaud, éd.), p. 7–19
Progress in Mathematics, Vol. 187, 

# 1

# GÉOMÉTRIE RIGIDE ET GÉOMÉTRIE FORMELLE

Marco A. Garuti

**Notations.** — On désigne par $R$ un anneau de valuation discrète complet, d'uniformisante $\pi$ ; soit $k$ son corps résiduel, de caractéristique $p \geqslant 0$, et $K$ son corps des fractions.

## 1. Introduction

La géométrie analytique rigide est une géométrie analytique globale sur un corps valué non archimédien $K$. On veut que dans cette géométrie les fonctions holomorphes globales sur le disque unité soient les séries entières $K\{T\} = \{\sum_{i=0}^{\infty} a_i T^i : a_i \in K, \lim_{i\to\infty} |a_i| = 0\}$ ; le caractère totalement discontinu du corps $K$ oblige à ne considérer que des recouvrements très particuliers pour pouvoir disposer néanmoins de théorèmes de recollement des fonctions analytiques.

Cette géométrie globale a été initiée par Tate en **[13]**, étude poursuivie par Kiehl, Grauert et Remmert (voir **[2]** pour une bibliographie complète).

On dispose de l'anneau des entiers $R$ de $K$, ce qui permet de considérer l'anneau $R\{T\} = \{\sum_{i=0}^{\infty} a_i T^i : a_i \in R, \lim_{i\to\infty} |a_i| = 0\}$ des fonctions holomorphes entières sur le disque unité, qui est aussi le complété $\pi$-adique de l'anneau $R[T]$ des fonctions de la droite affine sur $R$. C'est le point de départ des liens étroits entre la géométrie rigide et la géométrie formelle, développés par Raynaud **[11]**.

C'est ce point de vue qui va être présenté ici et qui sera utile pour l'étude des courbes algébriques sur $R$. Signalons que plus récemment, pour les besoins du développement de la cohomologie étale, d'autres approches de la géométrie rigide ont été introduites (Berkovich **[1]**, R. Huber **[9]**).

Je tiens à remercier Michel Raynaud et Tamás Szamuely pour des commentaires et des suggestions qui m'ont permis d'améliorer le texte initial.

## 2. Schémas formels et espaces analytiques rigides

**Rappel sur les schémas formels ([8, §10]).** — Un $R$-schéma formel $\mathfrak{X}$ (sous-entendu : séparé et complet pour la topologie $\pi$-adique) est la donnée, pour tout entier $r \geqslant 0$, d'un $R/\pi^{r+1}$-schéma $X_r$ tel que $X_r$ se réduit sur $X_{r-1}$ modulo $\pi^r$. L'espace topologique sous-jacent aux $X_r$ (et à $\mathfrak{X}$ lui-même) est donc le $k$-schéma $X_0$, que nous noterons parfois $X_k$, dit *fibre spéciale*. On définit un faisceau d'anneaux $\mathcal{O}_{\mathfrak{X}} = \varprojlim \mathcal{O}_{X_r}$ et on note, par abus systématique de notation, par $\mathfrak{X}$ l'espace annelé $(\mathfrak{X}, \mathcal{O}_{\mathfrak{X}})$.

Par exemple, si $X$ est un $R$-schéma plat localement de type fini, on peut lui associer le schéma formel $\widehat{X}$, complété de $X$ le long de sa fibre spéciale $X_k$. Un schéma formel isomorphe au complété d'un schéma algébrique sera dit *algébrisable*.

On peut donner une description plus explicite des schémas formels affines. Pour cela, rappelons qu'une $R$-algèbre $A$ est dite topologiquement de type fini si elle est quotient d'une algèbre de série formelles restreintes [(1)]

$$R\{T_1, \ldots, T_N\} = \left\{ \sum a_I \underline{T}^I : \lim_{|I| \to \infty} |a_I| = 0 \right\}.$$

Le spectre formel $\operatorname{Spf} A$ d'une telle algèbre est alors défini comme l'ensemble ses idéaux premiers contenant l'uniformisante $\pi$ (dits *idéaux admissibles*), muni de la topologie induite par $\operatorname{Spec} A$.

À partir de là, on procède en donnant des définitions calquées sur celles des schémas ordinaires. Par exemple, $\mathfrak{X} = \operatorname{Spf} A$ est muni du faisceau d'anneaux : $\Gamma(\mathfrak{D}(f), \mathcal{O}_{\mathfrak{X}}) = A_{\{f\}}$, où $\mathfrak{D}(f) = D(f) \cap \operatorname{Spf} A$ et où on note $A_{\{f\}}$ le complété $\pi$-adique du localisé $A_f$.

Tout schéma formel est ainsi localement isomorphe à un spectre formel.

***Remarque* 2.1.** — La définition des $R$-schémas formels que nous avons choisi met en évidence la relation entre les schémas formels et les schémas ordinaires. Dans [**8**, §10], au contraire, les schémas formels sont définis comme des espaces annelés localement isomorphes à des spectres formels. L'équivalence des deux approches, du moins dans la situation que l'on a envisagé, est démontrée au § 10.6 de [**8**].

---

(1) Dans la littérature, on trouve également la notation $R\langle T_1, \ldots, T_N\rangle$.

**Rappel sur les éclatements ([6, §8]).** — Soit $X$ un $R$-schéma localement noethérien. L'éclatement d'un sous-schéma fermé $Z$ défini par un faisceau d'idéaux $\mathscr{I}$ dans un schéma $X$ est le schéma projectif

$$\sigma : \widetilde{X} = \mathbf{Proj} \bigoplus_{n \geqslant 0} \mathscr{I}^n \longrightarrow X.$$

On dira que $Z$ est le centre de l'éclatement ; l'idéal $\widetilde{\mathscr{I}} = \mathscr{I}\mathscr{O}_{\widetilde{X}}$ est inversible et très ample relativcment à $\sigma$. Il définit un sous-schéma fermé de $\widetilde{X}$ canoniquement isomorphe à $\mathbf{Proj} \bigoplus_{n \geq 0} \widetilde{\mathscr{I}^n} / \widetilde{\mathscr{I}^{n+1}}$ dit diviseur exceptionnel. Si $f : Y \to X$ est un $X$-schéma sur lequel $\mathscr{I}\mathscr{O}_Y$ est inversible, $f$ factorise à travers un morphisme $\widetilde{f} : Y \to \widetilde{X}$ (propriété universelle de l'éclatement).

Si $T$ est un autre sous-schéma fermé de $X$, défini par l'idéal $\mathscr{J}$, on appelle transformé strict de $T$ par $\sigma$ le sous-schéma $\widetilde{T}$ de $\widetilde{X}$ défini par le quotient de $\sigma^* \mathscr{J}$ par le sous-module engendré par les sections à support dans $\sigma^{-1}(Z)$ ; bien sûr, $\widetilde{T}$ est isomorphe à $T$ lorsque celui-ci est disjoint de $Z$.

Si $X$ est un $R$-schéma, on dira qu'un éclatement est *admissible* si son centre est contenu dans la fibre spéciale $X_k$ i.e. lorsque $\mathscr{I}$ contient une puissance de $\pi$ ; ce sont les seuls éclatements dont nous aurons besoin dans la suite.

Rappelons que le spectre homogène d'un faisceau d'algèbres graduées $\mathbf{Proj}\, \mathscr{S}$ est définis à partir d'un recouvrement affine $X = \bigcup_{j \in J} U_j$ en recollant des schémas $\operatorname{Proj} \Gamma(U_j, \mathscr{S})$ ; un éclatement est donc défini en recollant les éclatés d'un atlas affine.

***Définition* 2.2.** — *L'éclatement d'un idéal admissible $\mathscr{I}$ dans un schéma formel $\mathfrak{X}$ est le schéma formel $\widetilde{\mathfrak{X}}$ défini comme suit. Soit $\mathfrak{X} = \bigcup_{j \in J} \mathfrak{U}_j$ un recouvrement affine $\mathfrak{U}_j = \operatorname{Spf} A_j$ ; posons $U_j = \operatorname{Spec} A_j$ et soit $V_j$ l'éclatement de $\Gamma(U_j, \mathscr{I})$. On prend alors le complété $\widetilde{\mathfrak{U}}_j$ de $V_j$ le long de sa fibre spéciale et on définit $\widetilde{\mathfrak{X}}$ par recollement.*

Autrement dit, au dessus de chaque ouvert affine formel $\operatorname{Spf} A$ on considère le complété $\pi$-adique de l'éclatement de $\mathscr{I}$ dans $\operatorname{Spec} A$.

***Définition* 2.3.** — *On définit la catégorie $\mathfrak{Rig}_K$ des $K$-espaces rigides séparés et quasi-compacts comme la localisation de la catégorie $\mathfrak{Form}_R$ des $R$-schémas formels de type fini, séparés et complets pour la topologie $\pi$-adique par rapport aux éclatements admissibles.*

En d'autres termes, les objets de $\mathfrak{Rig}_K$ et de $\mathfrak{Form}_R$ sont les mêmes et un morphisme dans $\mathfrak{Rig}_K$ est un diagramme

$$\begin{array}{ccc} \mathfrak{Y}' & \xrightarrow{\mathfrak{f}'} & \mathfrak{X} \\ {\scriptstyle\sigma}\downarrow & & \\ \mathfrak{Y} & & \end{array} \tag{2.4}$$

dans $\mathfrak{Form}_R$, où $\sigma$ est un éclatement admissible et $\mathfrak{f}'$ un morphisme formel. En particulier, deux espaces rigides $\mathfrak{X}$ et $\mathfrak{X}'$ sont isomorphes s'il existe un schéma formel $\mathfrak{X}''$ qui est un éclatement admissible de $\mathfrak{X}$ et $\mathfrak{X}'$.

Si $(\mathfrak{Y}, \mathfrak{X}, \mathfrak{f}, \sigma)$ et $(\mathfrak{Z}, \mathfrak{Y}, \mathfrak{g}, \tau)$ sont deux morphismes dans $\mathfrak{Rig}_K$, le composé est évidemment $(\mathfrak{Z}, \mathfrak{X}, \mathfrak{f}\mathfrak{u}, \tau\zeta)$, où $\zeta$ est l'éclatement de l'image réciproque par $\mathfrak{g}$ de l'idéal de $\sigma$ et $\mathfrak{u}$ le morphisme donné par la propriété universelle de l'éclatement.

À tout $R$-schéma formel on peut alors associer canoniquement un $K$-espace rigide, qu'on appellera *fibre générique*. Inversement, lorsque on travaille à isomorphisme près, un espace rigide est la fibre générique de plusieurs schémas formels, appelés *modèles entiers*. Si $\mathfrak{X}_1$ et $\mathfrak{X}_2$ sont deux modèles entiers, ils sont dominés par un troisième $\mathfrak{X}_3$, qui est un éclatement admissible de $\mathfrak{X}_1$ et $\mathfrak{X}_2$.

**Notation.** — Dans cet exposé, nous aurons à comparer les schémas algébriques avec les schémas formels et les espaces rigides qui leur sont naturellement associés. Pour éviter toute confusion, nous avons choisi d'utiliser des polices de caractères différentes. Nous distinguerons les objets algébriques $X$ des objets rigides $\mathsf{X}$ ou encore des objets formels $\mathfrak{X}$ (notés aussi $\widehat{X}$ lorsque ils sont algébrisables).

***Remarque* 2.5.** — Dans cet exposé, on n'envisage que des espaces rigides associés à des schémas formels de type fini. En fait, un schéma formel localement de type fini définit encore un espace rigide ; on en rencontrera de naturels avec les courbes de Mumford-Tate (exposé de T. Schmechta).

On peut donner une description plus concrète en prenant des recouvrements affines.

***Définition* 2.6.** — (1) *On appelle algèbre de Tate une $K$-algèbre quotient d'un anneau de séries restreintes $K\{T_1, \ldots, T_N\} = R\{T_1, \ldots, T_N\} \otimes_R K$.*

(2) *On appelle algèbre standard sur une algèbre de Tate $A_K$ une algèbre de la forme*

$$B_K = A_K\{Z_1, \ldots, Z_m\}/(f_1 - f_0 Z_1, \ldots, f_m - f_0 Z_m)$$

*où $f_0, \ldots, f_m$ sont des éléments de $A_K$ engendrant l'idéal unité.*

Une algèbre de Tate est une algèbre de Banach par rapport à la norme de Gauss (sup des valeurs absolues des coefficients) ; tout homomorphisme est continu pour cette topologie.

À toute algèbre de Tate nous pouvons associer son spectre maximal. Remarquons qu'un point $x \in \mathrm{Spm}\, A_K$ définit une extension finie $K(x)$ de $K$ ; celle-ci étant complète, sa valuation admet une extension canonique à $K(x)$ et pour tout $f \in A_K$ on peut parler de la valeur $|f(x)|$. Par exemple, l'algèbre $K\{T_1, \ldots, T_N\}$ n'est autre que l'algèbre des séries convergentes sur la boule unité de $K^N$.

Si $C_K$ est une algèbre de Tate et $\varphi : A_K \to C_K$ est un morphisme de $K$-algèbres topologiques, pour tout $x \in \mathrm{Spm}\, A_K$ on a une injection $C_K/\varphi^{-1}(x) \subseteq A_K/x = K(x)$ ; celui-ci est un corps valué complet, donc $\varphi^{-1}(x)$ est un idéal maximal. Ceci explique pourquoi il suffit de se borner aux spectres maximaux.

On voit alors que l'application spectrale définie par un morphisme de $A_K$ dans une algèbre standard $B_K$ comme ci-dessus injecte $\mathrm{Spm}\, B_K$ sur le sous-ensemble

$$\mathsf{U} = \{x \in \mathrm{Spm}\, A_K : |f_i(x)| \leqslant |f_0(x)| \ i = 1, \ldots, m\}$$

qu'on appelera *ouvert standard.*

***Proposition* 2.7.** — *Soit $A_K$ une $K$-algèbre de Tate, $\mathsf{X}$ son spectre maximal. On définit une topologie de Grothendieck et un faisceau d'anneaux $\mathscr{O}_{\mathsf{X}}$ sur $\mathsf{X}$ satisfaisant aux propriétés suivantes*

(1) *Les ouverts sont les parties $\mathsf{V}$ de $\mathsf{X}$ admettant un recouvrement par des ouverts standard $\{\mathsf{U}_i,\ i \in I\}$ vérifiant la condition suivante : pour toute algèbre de Tate $C_K$ et pour tout morphisme $\mathsf{f} : \mathsf{Y} = \mathrm{Spm}\, C_K \to \mathsf{X}$ (induit par un morphisme de $K$-algèbres topologiques) tel que $\mathsf{f(Y)} \subseteq \mathsf{V}$, $\mathsf{f(Y)}$ est recouvert par un nombre fini de $\mathsf{U}_i$.*

(2) *Un recouvrement d'un ouvert $\mathsf{V}$ par des ouverts $\{\mathsf{V}_j,\ j \in J\}$ est admissible s'il vérifie la condition suivante : pour tout $\mathsf{Y}$ comme ci-dessus et tel que $\mathsf{f(Y)} \subseteq \mathsf{V}$ le recouvrement $\{\mathsf{f}^{-1}(\mathsf{V}_j),\ j \in J\}$ peut être raffiné en un recouvrement par un nombre fini d'ouverts standard de $\mathsf{Y}$.*

(3) *Le faisceau d'anneaux est défini par $\Gamma(\mathsf{U}, \mathscr{O}_{\mathsf{X}}) = B_K$ pour tout ouvert standard $\mathsf{U} = \mathrm{Spm}\, B_K$.*

(4) *(Théorème d'acyclicité de Tate) Le complexe de Čech associé à tout recouvrement admissible de $\mathsf{X}$ est une résolution de $\mathscr{O}_{\mathsf{X}}$.*

Remarquons que si $C_K$ est une algèbre de Tate plate sur $A_K$ et telle que $\mathsf{Y} = \mathrm{Spm}\, C_K \to \mathsf{X}$ est un monomorphisme, on montre ([**2**, 7.3.5], corollary 2) que $\mathsf{Y}$ est réunion finie d'ouverts standard de $\mathsf{X}$. On en déduit que $\mathsf{Y}$ est un ouvert quasi-compact de $\mathsf{X}$. De même, toute réunion finie d'ouverts de ce type est un ouvert de $\mathsf{X}$ et un recouvrement fini par de tels ouverts est admissible. Par ailleurs, les conditions de la proposition permettent de traiterer aussi des ouverts qui ne sont pas quasi-compacts, par exemple les ouverts de Zariski de $\mathsf{X}$.

Par exemple, en choisissant des éléments $f_0, \ldots, f_m$ engendrant l'idéal unité de $A_K$, les ouverts standards qu'on obtient en permutant les $f_i$ définissent un recouvrement admissible de $\operatorname{Spm} A_K$ ; pour $A_K = K\{T\}$ en prenant $f_0 \in \pi R$ et $f_1 = T$ on trouve le recouvrement du disque unité $\mathsf{D}(1) = \{t \in K : |t| \leqslant 1\}$ comme réunion du « petit » disque $\mathsf{D}(|f_0|) = \{t \in K : |t| \leqslant |f_0|\}$ et de la couronne $\mathsf{C}(|f_0|) = \{t \in K : |f_0| \leqslant |t| \leqslant 1\}$, qui sera détaillé dans le prochain exposé.

***Définition* 2.8.** — *On appelle affinoïde d'algèbre de Tate $A_K$ l'espace annelé $(\mathsf{X}, \mathscr{O}_{\mathsf{X}})$ défini par la proposition précédente.*

Les espaces rigides (séparés, quasi-compacts) définis par Tate sont les espaces annelés qui admettent un recouvrement par un nombre fini d'affinoïdes.

***Définition* 2.9.** — *Soit $\mathsf{X}$ un $K$-affinoïde. Un $\mathscr{O}_{\mathsf{X}}$-module $\mathsf{M}$ est dit cohérent s'il existe un recouvrement admissible de $\mathsf{X}$ par des affinoïdes $\mathsf{U}_i = \operatorname{Spm} A_{K,i}$ et des $A_{K,i}$-modules de type fini $M_{K,i}$ tels que $\mathsf{M}|_{\mathsf{U}_i} \cong M_{K,i} \otimes \mathscr{O}_{\mathsf{U}_i}$.*

Si $\mathfrak{X} = \operatorname{Spf} A$ est un $R$-schéma formel affine défini par une $R$-algèbre topologiquement de type fini $A$, on peut lui associer l'affinoïde $\mathsf{X}$ d'algèbre de Tate $A_K = A \otimes_R K$. Soit $I$ un idéal admissible de $A$, engendré par $f_1, \ldots, f_n$ ; alors ces éléments engendrent l'idéal unité dans $A_K$.

Soit $\sigma : \widetilde{\mathfrak{X}} \to \mathfrak{X}$ l'éclatement de $I$ et soit $\mathfrak{U}_i$ le plus grand ouvert de $\widetilde{\mathfrak{X}}$ où l'idéal inversible $\widetilde{I} = I\mathscr{O}_{\widetilde{\mathfrak{X}}}$ est engendré par $f_i$ ; alors $\mathfrak{U}_i$ est affine, d'anneau $A_i = A\{Z_1, \ldots, Z_n\}/(f_j - Z_i f_i)$, modulo $\pi$-torsion, et par suite $\mathsf{U}_i = \operatorname{Spm} A_i \otimes_R K$ est un ouvert standard de $\mathsf{X}$.

Le fait que $\mathsf{X}$ s'obtienne par recollement des $\mathsf{U}_i$ ne fait que traduire le fait que l'homomorphisme $\mathscr{O}_{\mathfrak{X}} \to \sigma_* \mathscr{O}_{\widetilde{\mathfrak{X}}}$ devient un isomorphisme après tensorisation par $K$ et que $\Gamma(\widetilde{\mathfrak{X}}, \mathscr{O}_{\widetilde{\mathfrak{X}}}) = \varprojlim_{n \to \infty} \Gamma(\widetilde{\mathfrak{X}}_n, \mathscr{O}_{\widetilde{\mathfrak{X}}_n})$.

Le fait qu'un raffinement d'un recouvrement standard par un recouvrement standard puisse être raffiné en un recouvrement standard traduit le fait que la composition d'un nombre fini d'éclatements admissibles est encore un éclatement admissible.

Aussi, si $\mathsf{X}$ est un $K$-affinoïde et $\mathfrak{X}$ est un $R$-modèle entier formel, tout $\mathscr{O}_{\mathsf{X}}$-module cohérent $\mathsf{M}$ provient d'un $\mathscr{O}_{\mathfrak{X}}$-module cohérent $\mathfrak{M}$.

On définit ainsi un foncteur « fibre générique » :

$$\varphi : \mathfrak{Rig}_K \longrightarrow \{\text{Espaces rigides au sens de Tate}\}.$$

***Théorème* 2.10.** — *Le foncteur fibre générique ci dessus est une équivalence de catégories.*

Pour une démonstration détaillée nous renvoyons à Bosch et Lütkebohmert [**4**, 4.1] ; pour démontrer que le foncteur est essentiellement surjectif, le principe est bien sûr de « chasser les dénominateurs » en multipliant par des puissances de $\pi$ les équations qui définissent les espaces rigides, ce qui conduit à des idéaux admissibles.

***Remarque* 2.11.** — Un avantage « psychologique » de l'introduction des fibres génériques au sens de Tate est de pouvoir penser aux sections du faisceau structural comme des fonctions continues.

On a introduit aussi des *points* d'un espace rigide $\mathsf{X}$ (les idéaux maximaux de ses ouverts affinoïdes) ; par adhérence schématique, ils définissent des *points entiers* de tout modèle formel $\mathfrak{X}$ : les sous-schémas formels finis intègres et plats sur $R$. Pour tout point entier, on peut trouver un éclatement admissible de $\mathfrak{X}$ tel que son transformé strict est normal sur $R$.

***Remarque* 2.12.** — On a vu que le choix d'un recouvrement admissible affinoïde d'un espace rigide $\mathsf{X}$ au sens de Tate donne origine à des modèles formels et donc à des fibres spéciales $X_k$. En fixant un modèle, on peut donc définir une *application de spécialisation* pour les points :

$$sp : \mathsf{X} \longrightarrow X_k. \tag{2.13}$$

et on peut parler ainsi des « points de $\mathsf{X}$ se réduisant suivant un point ou une partie de $X_k$ » (fibre formelle, tube).

Un recouvrement plus fin correspond à un éclatement admissible et il revient au même d'étudier les recouvrements de $\mathsf{X}$ ou bien ses modèles ; en particulier on peut suivre sur $\mathsf{X}$ les fibres formelles des transformés par éclatements successif d'un point de $X_k$. Cette remarque est à l'origine de la preuve (due à Bosch et Lütkebohmert [**3**]) du théorème de réduction semi-stable par voie rigide.

***Définition* 2.14.** — (1) [**7**, 3.4.1] *Un morphisme $\mathfrak{f} : \mathfrak{Y} \to \mathfrak{X}$ de $R$-schémas formels est dit propre si le $k$-morphisme correspondant $f_0 : Y_0 \to X_0$ entre leurs fibres spéciales est propre (au sens des schémas, i.e. s'il est de type fini, séparé et universellement fermé).*

(2) *Un morphisme $\mathsf{f} : \mathsf{Y} \to \mathsf{X}$ d'espaces rigides est dit propre si le morphisme de schémas formels $\mathfrak{f}' : \mathfrak{Y}' \to \mathfrak{X}$ correspondant (cf. diagramme 2.4) est propre.*

Remarquons qu'on a donné une bonne définition, car un éclatement est propre (même projectif) et la composition (d'un nombre fini) de morphismes propres on est un autre.

***Remarque* 2.15**. — Du point de vue des espaces rigides au sens de Tate, cette définition n'est pas très parlante. Kiehl a donné une définition par analogie avec le théorie des espaces analytiques complexes et a établi les théorèmes de finitude. Alors qu'il est relativement aisé de voir que un morphisme propre au sens de Kiehl satisfait à la définition ci-dessus, la réciproque est plus délicate ; elle a été démontrée par Lütkebohmert [**10**, 3.1].

On a fait ce qu'il fallait pour appliquer les théorèmes de Grothendieck [E.G.A. III].

***Théorème* 2.16 (Théorème de finitude** [**7**, 3.4.2]). — *Soit* $\mathfrak{f} : \mathfrak{Y} \to \mathfrak{X}$ *un morphisme propre de R-schémas formels. Pour tout* $\mathcal{O}_{\mathfrak{Y}}$*-module cohérent* $\mathfrak{M}$ *et tout entier* $q \geqslant 0$*, les* $\mathcal{O}_{\mathfrak{X}}$*-modules* $R^q\mathfrak{f}_*\mathfrak{M}$ *sont cohérents.*

Compte tenu de nos définitions, et puisque tout module cohérent au sens rigide provient d'un modèle formel, on trouve le même énoncé dans le cadre rigide :

***Corollaire* 2.17**. — *Soit* $\mathsf{f} : \mathsf{Y} \to \mathsf{X}$ *un morphisme propre de K-espaces rigides. Pour tout* $\mathcal{O}_{\mathsf{Y}}$*-module cohérent* $\mathsf{M}$ *et tout entier* $q \geqslant 0$*, les* $\mathcal{O}_{\mathsf{X}}$*-modules* $R^q\mathsf{f}_*\mathsf{M}$ *sont cohérents.*

Les théorèmes qui suivent s'inscrivent dans le cadre d'un *principe G.A.G.A.*, formel ou rigide selon les cas.

***Théorème* 2.18 (Théorème d'existence** [**7**, 5.1]). — *Soit* $X$ *un R-schéma propre,* $M$ *un* $\mathcal{O}_X$*-module cohérent,* $\widehat{X}$ *et* $\widehat{M}$ *les complétés* $\pi$*-adiques.*

(1) *Pour tout* $i \geqslant 0$ *on a des isomorphismes canoniques*

$$H^i(X, M) \cong H^i(\widehat{X}, \widehat{M}).$$

(2) *Le foncteur* $M \mapsto \widehat{M}$ *établit une équivalence entre la catégorie des* $\mathcal{O}_X$*-modules cohérents et celle des* $\mathcal{O}_{\widehat{X}}$*-modules cohérents.*

Soit $X_K$ un $K$-schéma propre. On peut lui associer un $K$-espace rigide propre $\mathsf{X}$ (par l'intermediaire d'un $R$-modèle propre), unique à isomorphisme près. De même, à partir d'un $\mathcal{O}_{X_K}$-module cohérent $M_K$, on peut définir un $\mathcal{O}_{\mathsf{X}}$-module cohérent $\mathsf{M}$.

***Corollaire* 2.19.** — *Le foncteur $M_K \mapsto \mathsf{M}$ établit une équivalence entre la catégorie des $\mathcal{O}_{X_K}$-modules cohérents et celle des $\mathcal{O}_{\mathsf{X}}$-modules cohérents ; pour tout $i \geqslant 0$ on a des isomorphismes canoniques $H^i(X_K, M_K) \cong H^i(\mathsf{X}, \mathsf{M})$.*

Les critères suivants nous serviront pour conclure à l'algébrisabilité dans les situations que nous rencontrerons dans la suite.

***Théorème* 2.20** ([7, 5.4.5]). — *Soit $\mathfrak{X}$ un $R$-schéma formel propre. S'il admet un $\mathcal{O}_{\mathfrak{X}}$-module inversible $\mathfrak{L}$ tel que $L_k = \mathfrak{L} \otimes_R k$ soit ample sur $X_k$ alors $\mathfrak{X}$ est algébrisable en un $R$-schéma propre $X$ et il existe un $\mathcal{O}_X$-module inversible $L$ ample sur $X$ tel que $\mathfrak{L} = \hat{L}$.*

***Corollaire* 2.21** ([7, 5.4.4]). — *Soient $\mathfrak{X}$ et $\mathfrak{Y}$ deux $R$-schémas formels propres et $\mathfrak{f} : \mathfrak{Y} \to \mathfrak{X}$ un $R$-morphisme. Si $\mathfrak{X}$ est algébrisable et $\mathfrak{f}$ est fini, alors $\mathfrak{Y}$ aussi est algébrisable.*

## 3. Courbes formelles, rigides, algébriques

***Définition* 3.1.** — *Une $R$-courbe plate (resp. une $R$-courbe formelle plate) est un $R$-schéma (resp. un $R$-schéma formel) de type fini $X$ (resp. $\mathfrak{X}$), plat et séparé dont la fibre spéciale $X_k = X \times_R k$ (resp. $X_0$) est équi-dimensionnelle de dimension 1.*

Pour les courbes, le principe GAGA ci-dessus s'énonce sous une forme particulièrement simple :

***Théorème* 3.2.** — *Le foncteur $X \mapsto \widehat{X}$ établit une équivalence entre la catégorie des $R$-courbes propres et lisses et la catégorie des $R$-courbes formelles propres et lisses.*

Il suffit pour cela de remarquer que toute courbe formelle propre, lisse et connexe $\mathfrak{X}$ possède un faisceau inversible ample (par exemple le faisceau défini par un point entier, ou bien n'importe quel faisceau inversible obtenu en relevant de proche en proche un faisceau ample sur $X_0$) ; on applique alors le critère du théorème 2.20.

L'anneau $R$ étant de dimension (de Krull) 1, les $R$-courbes sont en fait des schémas de dimension 2 et les techniques usuelles de la géométrie des surfaces (éclatements, intersections) jouent un rôle important dans leur étude.

Un éclatement admissible fait apparaître des nouvelles composantes irréductibles dans la fibre spéciale d'un schéma (formel) ; nous voudrons aussi faire disparaître des composantes indésirables.

***Proposition* 3.3.** — *Soit $X$ une $R$-courbe propre, normale à fibre générique connexe. Soient $(X_i)_{i\in I}$ les composantes (réduites) irréductibles de sa fibre spéciale, $J \subset I$ un sous-ensemble propre.*

*Soit $D$ un diviseur de Cartier relatif (i.e. à support fini et plat sur $R$) positif, qui rencontre seulement les composantes $(X_i)_{i\in I-J}$ de la fibre spéciale de $X$. On a alors un morphisme*

$$u : X \longrightarrow X' = \operatorname{Proj}\left(\bigoplus_{m\geqslant 0} \Gamma(X, \mathscr{O}_X(mD))\right)$$

*de $R$-courbes propres normales tel que*

(1) *$u(X_j) = x'_j$ est un point, pour tout $j \in J$ ;*

(2) *$u$ induit un isomorphisme sur les complémentaires :*

$$X - \bigcup_{j\in J} X_j \simeq X' - \bigcup_{j\in J} x'_j$$

Un morphisme qui satisfait aux conditions de la proposition est appelé une *contraction* des composantes $(X_j)_{j\in J}$. En utilisant la factorisation de Stein, on voit bien qu'une contraction $u$ dépend uniquement de $J \subset I$.

Posons $L = \mathscr{O}_X(D)$. On commence par remarquer que, pour $n \gg 0$, $L^{\otimes n}$ est engendré par ses sections, ce qui implique que $X'$ est de type fini (donc projectif) et normal (cf. [**6**, 8.8.6.1]) sur $R$. Il suffit de le voir aux points de $\operatorname{Supp} D$ : on écrit la suite exacte

$$0 \longrightarrow \mathscr{O}_X(-D) \longrightarrow \mathscr{O}_X \longrightarrow \mathscr{O}_D \longrightarrow 0$$

on la tensorise par $L^{\otimes n}$ et on en prend la suite de cohomologie, en remarquant que $D$ est fini sur $R$, donc affine

$$H^0(X, L^{\otimes n}) \longrightarrow H^0(D, \mathscr{O}_D \otimes L^{\otimes n}) \longrightarrow H^1(X, L^{\otimes n-1}) \longrightarrow H^1(X, L^{\otimes n}) \longrightarrow 0.$$

$D$ étant positif, donc ample sur $X_K$, les $H^1(X, L^{\otimes i})$ sont des $R$-modules de torsion de longueur finie et on peut conclure que $H^0(X, L^{\otimes n}) \to H^0(D, \mathscr{O}_D \otimes L^{\otimes n})$ sera surjective pour $n \gg 0$.

Le morphisme de $\mathscr{O}_X$-algèbres graduées

$$f^*\left(\bigoplus_{m\geqslant 0} \Gamma(X, \mathscr{O}_X(mD))\right) \longrightarrow \bigoplus_{m\geqslant 0} \mathscr{O}_X(mD)$$

(où $f : X \to \operatorname{Spec} R$ est le morphisme structural) induit une application sur les spectres homogènes

$$u : X = \mathbf{P}\left(\mathscr{O}_X(D)\right) \longrightarrow X'$$

qui est partout défini, car pour tout $x \in X$ on peut trouver une section de $L^{\otimes n}$ qui ne s'annule pas en $x$ (cf. [**6**, 3.7.4]).

Notons $S = \bigoplus_{m \geqslant 0} \Gamma(X, L^{\otimes m})$. Pour toute section $s \in \Gamma(X, L^{\otimes m})$ soit $X_s$ son ouvert de régularité ; $s$ définit un isomorphisme sur les localisés $S_{(s)} \to \Gamma(X_s, \mathcal{O}_X)$ ; par suite $u$ est dominant, donc surjectif, et $u_* \mathcal{O}_X = \mathcal{O}_{X'}$ donc les fibres de $u$ sont connexes ([**7**, 4.3.2]).

Par hypothèse, pour tout $j \in J$, toute section globale des $L^{\otimes m}$ est régulière au dessus de la composante propre $X_j$ ; elle correspond donc à une fonction constante sur $X_j$ dont l'image par $u$ est alors un point. Au contraire, les sections de $L^{\otimes m}$ distinguent les points des composantes $X_i$, avec $i \notin J$, qui n'appartiennent pas à un $X_j$, pour $j \in J$.

La restriction de $u$ à $X - \bigcup_{j \in J} X_j$ est alors quasi-finie ; puisque on sait que ses fibres sont connexes, on conclut en appliquant le Main Theorem de Zariski.

***Corollaire* 3.4.** — *Soit $X$ une $R$-courbe propre, normale à fibre générique connexe. On peut contracter tout sous-ensemble strict de l'ensemble des composantes de sa fibre spéciale.*

Il suffit de montrer qu'on peut trouver un diviseur de Cartier relatif sur $X$ qui rencontre seulement une composante fixée $X_i$. Pour cela, on choisit un point fermé $x \in X_i$ tel que $\mathcal{O}_{X,x}$ soit régulier ; on peut alors trouver un voisinage affine $U = \operatorname{Spec} A$ et un paramètre $\bar{f} \in A \otimes k$, non diviseur de zéro, qui s'annule en $x$.

Tout relèvement $f \in A$ définit un sous-schéma $\Delta$ de $U$ quasi-fini et plat su $R$ ; celui-ci étant complet, un peut trouver un voisinage ouvert $V \subseteq U$ tel que $D = \Delta \cap V$ est fini sur $R$ (cf. [**5**] 2.3 proposition 4) et donne le diviseur de Cartier relatif su $X$ qu'on cherchait.

À partir de maintenant, on suppose que $k$ est algébriquement clos. Soit $X_K$ une courbe algébrique propre, normale, connexe et notons $\mathsf{X}$ la courbe rigide propre « analytification » de $X_K$.

Choisissons $n \geqslant 1$ points $x_1, \ldots, x_n$ dans $X_K$ et des coordonnées locales $T_i$, centrées en les $x_i$, telles que les disques rigides $\mathsf{D}_i = \{|T_i| \leqslant 1\}$ soient disjoints ; on note $\mathsf{U}$ l'affinoïde de $\mathsf{X}$ réunion des couronnes $\mathsf{C}_i = \{|T_i| = 1\}$.

Prenons encore un point $x_0$ dans $\mathsf{X} - \bigcup_i \mathsf{D}_i$ et soit $U_K = X_K - \{x_0, x_1, \ldots, x_n\}$ la courbe algébrique affine complémentaire de tous ces points.

***Proposition* 3.5 (Raynaud [12, 3.5]).** — *Il existe un $R$-schéma affine normal de type fini $U$ tel que*

(1) *$U \otimes_R K = U_K$ ;*

(2) *la fibre générique du complété formel $\mathfrak{U}$ de $U$ est l'affinoïde $\mathsf{U}$.*

(3) (Théorème de Runge) *L'anneau des fonctions de la courbe affine $U_K$ est dense dans l'anneau des fonctions holomorphes sur* $\mathsf{U}$.

On part d'un $R$-modèle algébrique propre $X$, que l'on peut supposer régulier d'après Abhyankar. On prolonge les points $x_i$ : puisque on suppose $X$ régulier, ce sont des diviseurs de Cartier relatifs positifs.

On sait que, quitte à éclater le complété formel $\mathfrak{X}$, on peut supposer qu'il existe un ouvert $\mathfrak{U} \subset \mathfrak{X}$ dont la fibre générique est $\mathsf{U}$.

Soient $U_k \subset X_k$ les fibres spéciales : en appliquant le corollaire 3.4, on peut contracter en des points les composantes irréductibles de $X_k$ contenues dans $U_k$ (noter qu'elles ne rencontrent pas les $x_i$) et donc supposer que ce dernier est affine.

Soient enfin $Z_j$, $j = 1, \dots, m$ les composantes irréductibles de $X_k$ qui ne rencontrent pas $U_k$. On choisit des entiers positifs $a_i$, $i = 0, \dots, n$ et $b_j$, $j = 1, \dots, m$ tels que le diviseur

$$L = \sum_{i=0}^{n} a_i x_i + \sum_{j=1}^{m} b_j Z_j$$

soit ample sur $X$ : on peut d'abord déterminer les coefficients de sorte que $L \cdot Z_j > 0$ pour tout $j$ et en suite remarquer que, $U_k$ étant affine, toute composante irréductible de $X_k$ qui la rencontre, découpe aussi le support de $L$. Alors $L$ est ample sur $X_k$ et donc sur $X$ (appliquer par exemple le théorème 2.20 et le théorème d'existence, et on n'a plus qu'à prendre $U = X - \operatorname{Supp} L$.

## Références


[1] V. G. Berkovich – *Spectral theory and analytic geometry over non-archimedean fields*, Mathematical Surveys and Monographs, vol. 33, A.M.S., 1990.

[2] S. Bosch, U. Güntzer & R. Remmert – *Non-archimedean analysis*, Grundlehren der Mathematischen Wissenschaften, vol. 261, Springer-Verlag, 1984.

[3] S. Bosch & W. Lütkebohmert – « Stable reduction and uniformization of abelian varieties I », *Math. Ann.* **270** (1985), p. 349–379.

[4] ______, « Formal and rigid geometry I. Rigid spaces », *Math. Ann.* **295** (1993), p. 291–317.

[5] S. Bosch, W. Lütkebohmert & M. Raynaud – *Néron models*, Ergeb., no. 21, Springer-Verlag, 1990.

[6] A. Grothendieck & J. Dieudonné – « Éléments de géométrie algébrique, II », *Publ. Math. Inst. Hautes Études Sci.* **8** (1961).

[7] ______, « Éléments de géométrie algébrique, $\mathrm{III}_1$ », *Publ. Math. Inst. Hautes Études Sci.* **11** (1961).

[8] ———, *Éléments de géométrie algébrique, I*, Grundlehren der Mathematischen Wissenschaften, vol. 166, Springer-Verlag, 1971.

[9] R. HUBER – *Etale cohomology of rigid analytic varieties and adic spaces*, Aspects of Mathematics, vol. E30, Vieweg, 1996.

[10] W. LÜTKEBOHMERT – « Formal-algebraic and rigid-analytic geometry », *Math. Ann.* **286** (1990), p. 341–371.

[11] M. RAYNAUD – « Géométrie analytique rigide d'après Tate, Kiehl, ... », *Bull. Soc. Math. France* (1974), no. 39–40, p. 319–327.

[12] ———, « Revêtements de la droite affine en caractéristique $p > 0$ et conjecture d'Abhyankar », *Invent. Math.* **116** (1994), p. 425–462.

[13] J. T. TATE – « Rigid analytic spaces », *Invent. Math.* **12** (1971), p. 257–289.

MARCO A. GARUTI, Università degli Studi di Padova, Dipartimento di Matematica Pura ed Applicata, Via Belzoni, 7, 35131 Padova, ITALY • *E-mail :* mgaruti@math.unipd.it

*Courbes semi-stables et groupe fondamental en géométrie algébrique*
(J.-B. Bost, F. Loeser, M. Raynaud, éd.), p. 21–32
Progress in Mathematics, Vol. 187, © 2000 Birkhäuser Verlag Basel/Switzerland

# 2

# DISQUES ET COURONNES ULTRAMÉTRIQUES

Yannick Henrio

Dans tout ce qui suit, $(K, |\cdot|_K)$ désigne un corps discrètement valué complet, $R$ son anneau de valuation, de corps résiduel $k$ et $\pi$ une uniformisante. Le but de ces notes est de dégager quelques notions et techniques utiles dans l'étude des courbes algébriques sur $K$, du point de vue de la géométrie analytique rigide (on pourra se référer à **[3]** et **[6]**). Le théorème de réduction semi-stable (**[4]**, **[2]**) dit qu'une courbe algébrique propre, lisse et géométriquement connexe sur $K$ possède un modèle sur $R$ dont la fibre spéciale est semi-stable, quitte à faire une extension finie de $K$. Les fibres formelles de ce modèle entier sont soit des disques ouverts, soit des couronnes ouvertes (voir section 3). Ces disques et ces couronnes sont donc les « pièces de construction » fondamentales de la courbe du point de vue analytique.

## 1. Polygône de Newton d'une fonction analytique sur un disque ou une couronne

Comme $K$ est complet, $|\cdot|_K$ s'étend de manière unique en une valeur absolue d'une clôture algébrique fixée $K^{alg}$ de $K$, on la notera encore $|\cdot|_K$.

Soit I un intervalle de $\mathbb{R}_{\geq 0}$. On pose :

$$\mathscr{A}(I) := \{f := \sum_{\nu \in \mathbb{Z}} c_\nu T^\nu \in K[[T, T^{-1}]] \,|\, \forall x \in K^{alg}, |x|_K \in I \Rightarrow f(x) \text{converge}\}$$

Si $I = [0,1]$ (resp. $I = [0,1[$, $I = [|\pi^e|_K, 1]$, $I = ]|\pi^e|_K, 1[$), $\mathscr{A}(I)$ est l'algèbre des fonctions analytiques sur le disque unité fermé (resp. sur le disque unité ouvert, sur la couronne fermée d'épaisseur $e$, sur la couronne ouverte d'épaisseur $e$).

***Définition* 1.1.** — Soit $f \in \mathscr{A}(I), f := \sum_{\nu\in\mathbb{Z}} c_\nu T^\nu$. Considérons l'ensemble $S$ des points du plan de coordonnées $(\nu, -\log|c_\nu|_K)$, avec $\nu \in \mathbb{Z}$. Si $\rho \in I$, $f(z)$ converge pour $|z|_K = \rho$, donc $\lim_{|\nu|\to+\infty} |c_\nu|_K \rho^\nu = 0$. Ainsi, il n'existe qu'un nombre fini de points de $S$ au-dessous de toute droite de pente $\log \rho$. Posons

$$|f|_\rho := \sup_{|x|_K=\rho} |f(x)|_K = \sup_{\nu\in\mathbb{Z}} |c_\nu|_K \, \rho^\nu$$

Le nombre réel $-\log|f|_\rho$ est donc la plus petite ordonnée à l'origine pour une droite de pente $\log \rho$ rencontrant $S$. On définit alors :

$$n(f,\rho) := \inf\{\nu \in \mathbb{Z} \mid |c_\nu|_K \rho^\nu = |f|_\rho\}$$
$$N(f,\rho) := \sup\{\nu \in \mathbb{Z} \mid |c_\nu|_K \rho^\nu = |f|_\rho\}$$

On dit que $\log \rho$ est une pente exceptionnelle de $f$ si $n(f,\rho) \neq N(f,\rho)$. Les pentes exceptionnelles forment un ensemble discret dans $I$ ; de plus, entre deux pentes exceptionnelles, $n = n(f,\rho) = N(f,\rho)$ est une constante et $|f|_\rho = |c_n|_K \rho^n$. Les pentes exceptionnelles correspondent donc aux points de discontinuité de la dérivée de $-\log|f|_\rho$ en fonction de $-\log \rho$.

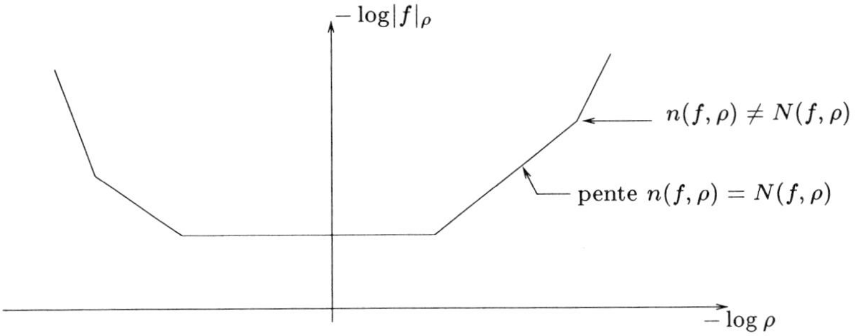


FIGURE 1. Pentes

On appelle polygône de Newton de $f$ le graphe de la fonction

$$t \mapsto P(f,t) := \sup_{\rho\in I}(-\log|f|_\rho + t\log\rho)$$

L'intérêt du polygône de Newton tient dans le fait qu'il permet de connaître la valeur absolue des zéros de $f$. On a en effet la proposition suivante :

***Proposition* 1.2.** — 1) *Avec les notations ci-dessus, le polygône de Newton de $f$ est la frontière de l'enveloppe convexe supérieure de l'ensemble $S = \{(\nu, -\log|c_\nu|_K)\}$ dans $\mathbb{R}^2$.*

2) *Si $x$ est un zéro de $f$, alors* $\log \rho$ *est une pente exceptionnelle de $f$.*

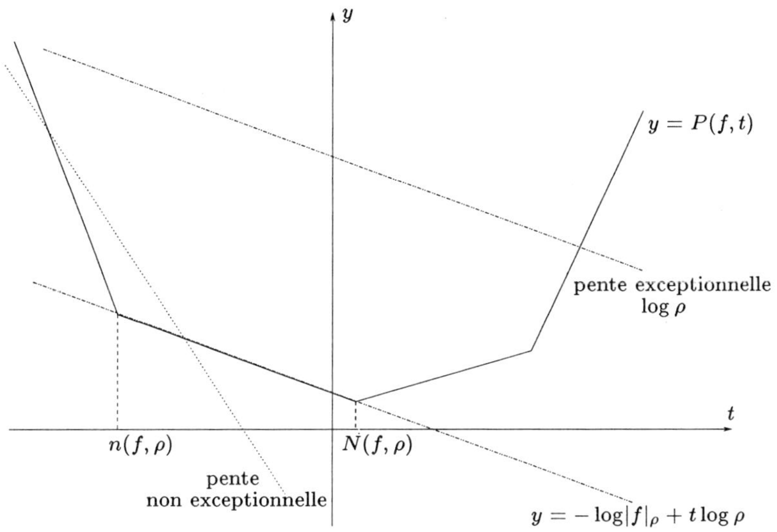


FIGURE 2. Polygone de Newton de $f$

3) *Soit* $\log\rho$ *une pente exceptionnelle de* $f$ *; Alors, si* $n(f,\rho) \leq t \leq N(f,\rho)$, *on a* $P(f,t) = -\log|f|_\rho + t\log\rho)$. *De plus il existe exactement* $N(f,\rho) - n(f,\rho)$ *zéros de* $f$ *de valeur absolue* $\rho$ *dans* $K^{alg}$.

On pourra trouver une preuve de cette proposition dans **[1]** (propositions 4.3.1, 4.3.2 et théorème 4.4.4).

Notons $L_\rho$ la $K$-algèbre des séries de Laurent $f$ à coefficients dans $K$ telles que $|x|_K = \rho$ entraîne que la série $f(x)$ converge.

***Proposition* 1.3.** — *Soient* $\rho$ *un réel positif et* $f \in L_\rho$. *Si* $\log\rho$ *est une pente exceptionnelle pour* $f$, *il existe un unique couple* $(P,g)$ *satisfaisant les propriétés suivantes :*

(i) *$P$ est un polynôme à coefficients dans $K$, de degré* $N(f,\rho) - n(f,\rho)$.

(ii) $N(P,\rho) = \deg P = N(f,\rho) - n(f,\rho)$ *et* $n(P,\rho) = 0$.

(iii) $g \in L_\rho$ *et, dans* $L_\rho$, $f = Pg$.

***Corollaire* 1.4.** — *Les inversibles de* $L_\rho$ *sont les séries de la forme* $f = \alpha T^r(1+u)$, *où* $\alpha \in K$ *est non nul,* $r \in \mathbb{Z}$, *et* $u \in L_\rho$, *avec* $|u|_\rho < 1$.

***Corollaire* 1.5 (Théorème de préparation).** — *Soient $I := [\rho_1, \rho_2]$ un intervalle fermé de $\mathbb{R}_{\geq 0}$ et $f \in \mathscr{A}(I)$.*

(i) *$f$ est inversible dans $\mathscr{A}(I)$ ssi $N(f,\rho_2) = n(f,\rho_1)$.a*

*Il existe alors $\alpha \in K$ non nul, $r \in \mathbb{Z}$, et $u \in \mathscr{A}(I)$ tels que*

$$f = \alpha T^r(1+u) \text{ et } \inf_{\rho_1 \leq |z|_K \leq \rho_2} |u(z)|_K < 1.$$

(ii) *Si $f \neq 0$, il existe un unique $P \in K[T]$, de degré $N(f,\rho_2) - n(f,\rho_1)$, tel que $P(0) = 1$ et $f = Pg$, où $g$ est un inversible de $\mathscr{A}(I)$.*

***Remarque* 1.6.** — Une fonction analytique sur un disque fermé ou sur une couronne fermée ne possède donc qu'un nombre fini de zéros. Cette propriété est fausse en général pour un disque ouvert ou une couronne ouverte. Toutefois, une fonction analytique bornée sur un disque ouvert ou sur une couronne ouverte ne possède qu'un nombre fini de zéros.

## 2. Disques et couronnes : description

Cette section et la suivante sont essentiellement extraits de **[6]**, paragraphe 3.3.

**2.1. Rappels sur les algèbres de Tate.** — L'algèbre $K\{T_1, \ldots, T_N\}$ désigne l'algèbre des séries restreintes

$$f := \sum_{\underline{\nu} \in \mathbb{N}^N} a_{\underline{\nu}} T_1^{\nu_1} \cdots T_N^{\nu_N}, \quad \text{avec} \lim_{|\underline{\nu}| \to +\infty} a_{\underline{\nu}} = 0.$$

Une algèbre de Tate $A$ sur $K$ est un quotient d'une algèbre $K\{T_1, \ldots, T_N\}$. On appelle affinoïde le spectre maximal d'une algèbre de Tate. Si $x \in \operatorname{Spm} A$, le quotient $A/x$ est une extension finie de $K$. Comme $K$ est complet, la valeur absolue $|\cdot|_K$ de $K$ se prolonge de manière unique à $A/x$. Par définition, la semi-norme spectrale de $A$ est donnée par :

$$\forall f \in A, \quad ||f||_{\mathrm{sp}} := \sup\{|f(x)|_K, \ x \in \operatorname{Spm} A\}.$$

Notons $A^o := \{a \in A \mid ||a||_{\mathrm{sp}} \leq 1\}$, $A^{oo} := \{a \in A \mid ||a||_{\mathrm{sp}} < 1\}$ et $\overline{A} := A^o/A^{oo}$. La $k$-algèbre $\overline{A}$ est de type fini. Son spectre maximal est formé des points fermés d'une variété algébrique affine appelée réduction canonique de l'affinoïde $\operatorname{Spm} A$. On définit alors l'application de spécialisation $\mathrm{sp} : \operatorname{Spm} A \to \operatorname{Spm} \overline{A}$ de la manière suivante :

Soient $x \in \operatorname{Spm} A$, $L := A/x$ et $\Phi : A \to L$ la surjection canonique. On notera $L^o$ l'anneau de valuation de $L$ et $\overline{L}$ son corps résiduel. On définit alors

$\mathrm{sp}(x) := \ker(\overline{\Phi})$, où $\overline{\Phi}$ est défini par le diagramme commutatif :

$$\begin{array}{ccc} A & \xrightarrow{\Phi} & L \\ \uparrow & & \uparrow \\ A^o & \xrightarrow{\Phi^o} & L^o \\ \downarrow & & \downarrow \\ \overline{A} & \xrightarrow{\overline{\Phi}} & \overline{L} \end{array}$$

On montre que sp est surjective.

**2.2. Le disque unité fermé.** — Le disque formel standard est le schéma formel complété $\pi$-adique de la droite affine sur $R$. On le notera $\mathscr{D}$. Il suit de la définition que $\mathscr{D}$ est un schéma formel affine d'algèbre $R\{T\}$, l'algèbre des séries entières restreintes à coefficients dans $R$. Un élement de $R\{T\}$ s'écrit de manière unique comme une série

$$f := \sum_{\nu \in \mathbb{N}} c_\nu T^\nu,$$

avec $c_\nu \in R$ pour tout entier $\nu$ et $\lim_{\nu \to +\infty} c_\nu = 0$.

La fibre générique de $\mathscr{D}$ est l'affinoïde

$$D := \mathrm{Spm}(R\{T\} \otimes_R K) = \mathrm{Spm}(K\{T\}).$$

D'après 1.5, $K\{T\}$ est principal, et ses idéaux maximaux sont engendrés par les polynômes unitaires irréductibles de $R[T]$. Son spectre maximal s'identifie donc, modulo l'action de Galois, au disque unité fermé de rayon 1 :

$$\{z \in K^{alg} \,|\, |z|_K \leq 1\}.$$

L'algèbre de Tate $K\{T\}$ est munie de sa norme spectrale :

$$||f||_{\mathrm{sp}}^D := \sup\{|f(z)|_K,\ z \in D\} = \sup\{|c_\nu|_K,\ \nu \in \mathbb{N}\}$$

pour $f := \sum_{\nu \in \mathbb{N}} c_\nu T^\nu$.

L'affinoïde $D$ a pour réduction canonique la droite affine $\mathbb{A}_k^1 = \mathrm{Spec}\, k[T]$, qui s'identifie à la fibre spéciale de $\mathscr{D}$. On dispose de l'application de spécialisation $\mathrm{sp} : D \to \mathbb{A}_k^1$ qui est surjective sur les points fermés. Les points qui se spécialisent en l'origine de $\mathbb{A}_k^1$ sont les points intérieurs du disque.

**2.3. Le disque ouvert.** — Le disque unité ouvert est par définition $D' := \{z \in D \,|\, |T(z)|_K < 1\}$. C'est un espace analytique rigide, non quasi-compact, réunion croissante des disques fermés $D^{(n)} := \{z \in D \,|\, |T(z)|^n \leq |\pi|\}$. C'est également l'ensemble des points de $D$ qui se spécialisent en 0.

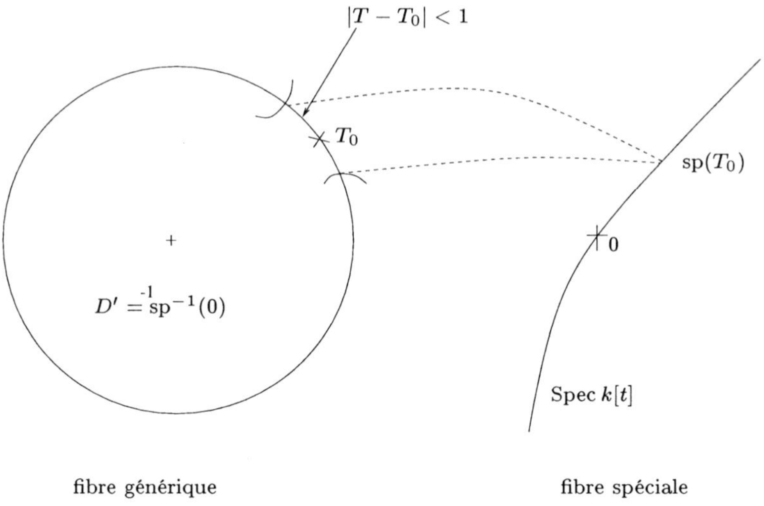


FIGURE 3. Le disque rigide

On dispose d'un modèle entier de $D'$, à savoir Spf $R[[T]]$. (Attention, ce n'est pas un schéma formel localement de type fini sur $R$). On vérifie que $R[[T]]$ est en fait l'algèbre des fonctions analytiques sur $D'$ bornées par 1.

**2.4. La couronne fermée d'épaisseur** $e$. — La couronne formelle standard d'épaisseur $e \in \mathbb{N}^*$ est le schéma formel

$$\mathscr{C}_e := \operatorname{Spf} \frac{R\{x,y\}}{(xy-\pi^e)}.$$

Un élément $f$ de $\mathscr{O}(\mathscr{C}_e)$ s'écrit de manière unique comme une série de Laurent

$$f = \sum_{\nu \in \mathbb{N}} c_\nu x^\nu + \sum_{\nu > 0} c_{-\nu} (\frac{\pi^e}{x})^\nu$$

avec $c_\nu \in R$ pour tout entier $\nu$ et $\lim_{|\nu| \to +\infty} c_\nu = 0$.

La fibre spéciale de $\mathscr{C}_e$ est Spec $\frac{k[x,y]}{(xy)}$, réunion de deux droites affines se coupant suivant un point double ordinaire.

La fibre générique de $\mathscr{C}_e$ est l'affinoïde $C_e$ d'algèbre de Tate

$$\frac{R\{x,y\}}{(xy-\pi^e)} \otimes_R K = \frac{K\{x,y\}}{(xy-\pi^e)}.$$

Il s'agit de la couronne $\{z \mid |\pi|_K^e \leq |z|_K \leq 1\}$, modulo l'action de Galois (où $z$ est la coordonnée de Laurent $z = x = \frac{\pi^e}{y}$). Elle est équipée de la semi-norme spectrale :

$$||f||_{\text{sp}}^{C_e} := \sup\{|f(z)|_K,\ z \in C_e\} = \sup\{|c_\nu|_K,\ \nu \in \mathbb{Z}\}.$$

On a comme précédemment l'application de spécialisation

$$\text{sp} : C_e \to \text{Spec}\ \frac{k[x,y]}{(xy)},$$

surjective sur les points fermés. Les points d'un bord fixé de la couronne se spécialisent sur une des deux composantes de la fibre spéciale privée du point double. Les points intérieurs à la couronne se spécialisent au point double.

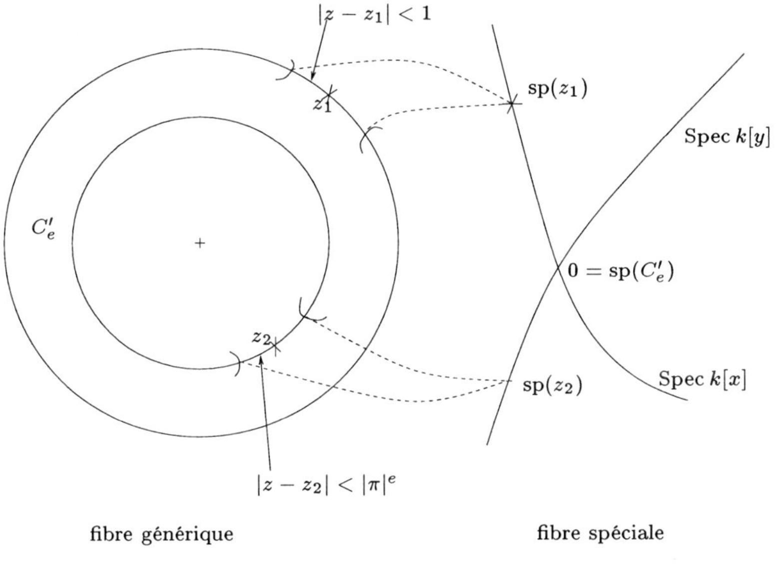


FIGURE 4. La couronne rigide

**2.5. La couronne ouverte d'épaisseur $e$.** — Par définition, la couronne ouverte d'épaisseur $e$ est :

$$C'_e := \{z \in C_e \mid |\pi|_K^e < |z|_K < 1\}.$$

C'est un espace analytique rigide, non quasi-compact, et c'est l'ensemble des points de $C_e$ qui se réduisent suivant le point double. La couronne ouverte d'épaisseur $e$ possède également un modèle entier $\mathrm{Spf}\,\dfrac{R[[x,y]]}{(xy-\pi^e)}$.

## 3. Lien avec les courbes semi-stables

Le but de cette section est de montrer comment disques et couronnes ouvertes s'introduisent naturellement dans l'étude des modèles entiers des courbes semi-stables. Le corps $k$ est supposé ici algébriquement clos, pour simplifier.

***Définition* 3.1.** — Une courbe algébrique sur $k$ est dite semi-stable si elle est réduite avec pour seules singularités éventuelles des points doubles ordinaires. Une $R$-courbe formelle est dite semi-stable si sa fibre spéciale l'est et si sa fibre générique est lisse.

Soit $\mathscr{X}$ une $R$-courbe formelle semi-stable, et $a \in \mathscr{X}_k$ un point fermé.

**3.2. Cas où le point fermé $a$ de $\mathscr{X}_k$ est lisse.**— L'anneau local $\mathscr{O}_{\mathscr{X}_k,a}$ est alors un anneau de valuation discrète. Soit $t$ une uniformisante de $\mathscr{O}_{\mathscr{X}_k,a}$ et $T$ un relèvement de $t$ à $\mathscr{O}_{\mathscr{X},a}$. Le complété $\widehat{\mathscr{O}_{\mathscr{X}_k,a}}$ s'identifie à $k[[t]]$. Par approximations successives, on obtient un isomorphisme du complété $\widehat{\mathscr{O}_{\mathscr{X},a}}$ de l'anneau local $\mathscr{O}_{\mathscr{X},a}$ sur $R[[T]]$. La coordonnée $T$ est définie sur un voisinage de Zariski $\mathscr{U}$ de $a$ dans $\mathscr{X}$ et définit un homomorphisme continu $R\{T\} \to \mathscr{O}(\mathscr{U})$ qui redonne l'isomorphisme ci-dessus au niveau des complétés. En particulier, quitte à restreindre l'ouvert $\mathscr{U}$, $R\{T\} \to \mathscr{O}(\mathscr{U})$ est étale. On obtient donc le diagramme suivant, où $i$ est une immersion ouverte et $h$ un morphisme étale de schémas formels.

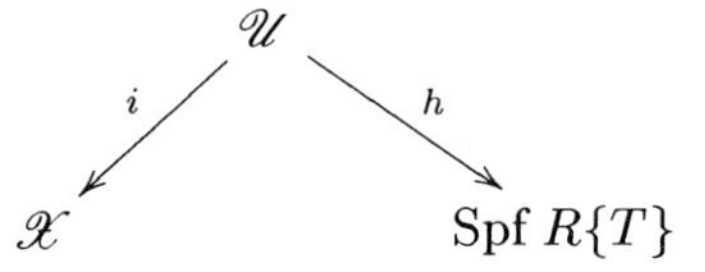


On dira que $\mathscr{X}$ est un disque étale au voisinage de $a$. On peut montrer que ces morphismes étales induisent des isomorphismes entre les espaces analytiques formés des points se spécialisant sur $a$. Ainsi, les points de la fibre générique qui se spécialisent en un point lisse forment un disque ouvert.

**3.3. Cas où $a$ est un point double de $\mathscr{X}_k$.**— On aura de même un isomorphisme du complété $\widehat{\mathscr{O}_{\mathscr{X},a}}$ de l'anneau local $\mathscr{O}_{\mathscr{X},a}$ sur $\dfrac{R[[x,y]]}{(xy-\pi^e)}$. Cela résulte de la déformation des points doubles ordinaires ([**4**]). Il existe un voisinage étale $\mathscr{U} \to \mathscr{X}$ de $a$ tel que $a$ appartient à deux composantes irréductibles de $\mathscr{U}_k$. Quitte à changer de couple de coordonnées $(x,y)$ et à restreindre $\mathscr{U}$, on peut alors supposer que $x$ et $y$ appartiennent à $\mathscr{O}(\mathscr{U})$. On obtient alors un homomorphisme continu $\frac{R\{x,y\}}{(xy-\pi^e)} \to \mathscr{O}(U)$. Il définit un morphisme de schémas formels étale (quitte à restreindre $\mathscr{U}$) $\mathscr{U} \to \operatorname{Spf} \frac{R\{x,y\}}{(xy-\pi^e)}$. D'où le diagramme ci-dessous de morphismes étales :

$$\begin{array}{ccc} & \mathscr{U} & \\ {}^{i}\swarrow & & \searrow^{h} \\ \mathscr{X} & & \operatorname{Spf}(R\{x,y\}/(xy-\pi^e)) \end{array}$$

On dira que $\mathscr{X}$ est une couronne étale au voisinage de $a$. Les points de la fibre générique qui se spécialisent en un point double forment donc une couronne ouverte.

***Remarque* 3.4.** — On trouvera dans [**2**] une autre démonstration de ces résultats d'un point de vue analytique rigide.

## 4. Construction de modèles entiers des disques et des couronnes à l'aide d'éclatements admissibles

**4.1. Partage du disque fermé en une couronne et un disque.** — L'idéal $I := (\pi^a, T^b)$ est ouvert dans $R\{T\}$. Considérons le schéma éclaté de $I$ dans $\operatorname{Spec} R\{T\}$ et son complété formel

$$\mathscr{X} := \varinjlim_{m} \operatorname{Proj} \bigoplus_{\mathrm{n}=0}^{+\infty} \mathrm{I}^{\mathrm{n}} \otimes_{\mathscr{O}_{\mathscr{D}}} \mathscr{O}_{\mathscr{D}}/\pi^{\mathrm{m}}\mathscr{O}_{\mathscr{D}}.$$

Concrètement, $\mathscr{X}$ s'obtient par recollement de deux schémas formels affines, à savoir $\operatorname{Spf}(\frac{R\{T,V\}}{(\pi^a-T^bV)})$ et $\operatorname{Spf}(\frac{R\{T,W\}}{(T^b-\pi^aW)})$ ([**3**] lemma 2.2). La fibre générique de la première carte est la couronne $|\pi|_K^{\frac{a}{b}} \leq |z|_K \leq 1$ et celle de la seconde est le disque $|z|_K \leq |\pi|_K^{\frac{a}{b}}$. Ainsi le modèle $\mathscr{X}$ du disque $D$ met en évidence le recouvrement du disque par la couronne d'épaisseur (non entière) $\dfrac{a}{b}$ et le disque de rayon $|\pi|^{\frac{a}{b}}$.

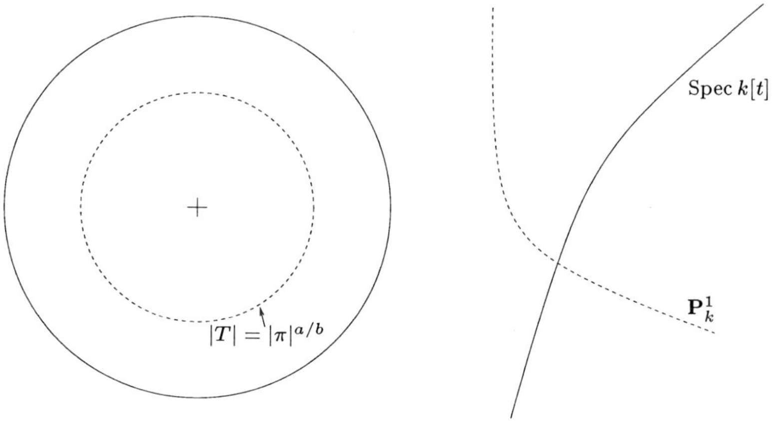


FIGURE 5. Partage d'un disque

**4.2. Partage d'une couronne en deux sous- couronnes.** — L'idéal $I := (\pi^a, x^b)$ de $\frac{R[[x,y]]}{(xy-\pi^e)}$ est ouvert. De même que ci-dessus, éclater $I$ fournit un modèle de la couronne $\mathscr{C}_e$ mettant en évidence le recouvrement par les couronnes $|\pi|_K^{\frac{a}{b}} \leq |z|_K \leq 1$ et $|\pi|_K^e \leq |z|_K \leq |\pi|_K^{\frac{a}{b}}$.

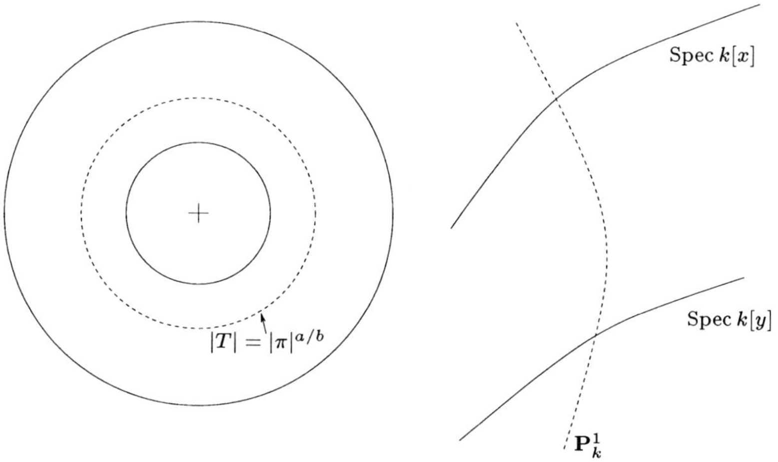


FIGURE 6. Partage d'une couronne

## 5. Groupe de Picard local de la couronne $R[[x,y]]/(xy-\pi^e)$

Posons $A := \dfrac{R[[x,y]]}{(xy-\pi^e)}$, $X := \mathrm{Spec} A$ ; $X$ est un schéma local dont on désigne par $\xi$ le point fermé. On notera $U$ l'ouvert complémentaire de $\xi$ dans $X$. Soit $C_1$ (resp. $C_2$) le sous-schéma fermé de $U$ d'idéal $(\pi, y)$ (resp. $(\pi, x)$). Le groupe de Picard local de $A$ est par définition le groupe de Picard de $U$. Ici, $U$ est localement factoriel, donc $\mathrm{Pic}(U)$ est isomorphe au groupe des classes de diviseurs de Weil ou de Cartier sur $U$ ([**5**] propositions 6.11 et 6.13).

***Proposition* 5.1.** — *Le groupe de Picard local de $A$ est cyclique d'ordre $e$, engendré par $C_1$.*

*Démonstration.* — Soit $D$ un diviseur de Cartier sur $U$ ; $A \otimes_R K$ est principal, donc $D$ est un diviseur de Cartier principal en restriction à la fibre générique de $U$. Quitte à lui retrancher un diviseur principal, on peut donc supposer que $D$ a son support dans la fibre spéciale. Il suit que $\mathrm{Pic}(U)$ est engendré par $C_1$ et $C_2$. Mais $C_1 + C_2 = (\pi)$ est principal, donc $\mathrm{Pic}(U)$ est monogène, engendré par $C_1$.

Il reste à voir que $C_1$ est d'ordre $e$. Un représentant de $C_1$, vu comme diviseur de Cartier, est $\{(U_1, \pi); (U_2, 1)\}$, où

$$U_1 := U \setminus C_2 = \mathrm{Spec}\ (A_x) \text{ et } U_2 := U \setminus C_1 = \ \mathrm{Spec}\ (A_y)$$

On a par conséquent

$$eC_1 = \{(U_1, \pi^e); (U_2, 1)\} = \{(U_1, xy); (U_2, 1)\} = \{(U_1, y); (U_2, y)\} = \{(U, y)\}$$

($x$ est inversible dans $U_1$ et $y$ est inversible dans $U_2$.). Ainsi, $eC_1$ est principal.

Réciproquement, si $aC_1 = \{(U_1, \pi^a); (U_2, 1)\}$ est principal, on peut trouver des entiers $k$ et $l$ et un inversible $u$ de $A$ tel que $\pi^a x^k u = y^l$. Si $v_x$ désigne la valuation discrète de $\mathrm{frac}(A)$ définie par l'idéal $(\pi, y)$, on a $v_x(\pi) = 1$, $v_x(x) = 0$ et $v_x(y) = e$ d'où $a = el$. Ainsi, $e$ divise $a$. □

### Références


[1] Y. Amice – *Les nombres p-adiques*, Presses universitaires de France, 1975.

[2] S. Bosch & W. Lütkebohmert – « Stable reduction and uniformization of abelian varieties I », *Math. Ann.* **270** (1985), p. 349–379.

[3] ———, « Formal and rigid geometry I. Rigid spaces », *Math. Ann.* **295** (1993), p. 291–317.

[4] P. Deligne & D. Mumford – « The irreducibility of the space of curves of given genus », *Publ. Math. Inst. Hautes Études Sci.* **36** (1969), p. 75–109.

[5] R. HARTSHORNE – *Algebraic geometry*, Graduate Texts in Math., no. 52, Springer-Verlag, 1977.

[6] M. RAYNAUD – « Revêtements de la droite affine en caractéristique $p > 0$ et conjecture d'Abhyankar », *Invent. Math.* **116** (1994), p. 425–462.

YANNICK HENRIO, Laboratoire de Mathématiques Pures de Bordeaux, UPRES-A 5467 CNRS, Université Bordeaux I, 351 cours de la libération, 33405 Talence Cedex, France
*E-mail :* henrio@math.u-bordeaux.fr

*Courbes semi-stables et groupe fondamental en géométrie algébrique*
(J.-B. Bost, F. Loeser, M. Raynaud, éd.), p. 33–41
Progress in Mathematics, Vol. 187, © 2000 Birkhäuser Verlag Basel/Switzerland

# 3

# THE PICARD FUNCTOR

Urs T. Hartl

## 1. Definition

Let $S$ be a base scheme and let $f : X \longrightarrow S$ be a morphism of schemes. Consider the contravariant functor from the category of $S$-schemes to the category of abelian groups

$$P_{X/S} : (\mathrm{Sch}/S) \longrightarrow (\mathrm{Ab}), \qquad S' \longmapsto \mathrm{Pic}(X \times_S S') = \mathrm{H}^1(X \times_S S', \mathscr{O}^*_{X \times_S S'}).$$

The *relative Picard functor* is the (fppf)-sheaf associated to the functor $P_{X/S}$.

$$\mathrm{Pic}_{X/S} = \mathrm{R}^1 f_* \mathbb{G}_m \qquad \text{as (fppf)-sheaves on } S.$$

This means $\mathrm{Pic}_{X/S}$ is a contravariant functor from $(\mathrm{Sch}/S)$ to $(\mathrm{Ab})$ such that, for each $S$-scheme $T$ and for each morphism $T' \longrightarrow T$ which is either faithfully flat and of finite presentation, i.e. (fppf), or a Zariski-covering, the following sequence is exact:

$$\mathrm{Pic}_{X/S}(T) \longrightarrow \mathrm{Pic}_{X/S}(T') \rightrightarrows \mathrm{Pic}_{X/S}(T' \times_T T').$$

Every Element of $\mathrm{Pic}_{X/S}(T)$ for a quasi-compact $S$-scheme $T$ can be given by a line bundle $\mathscr{L}'$ on $X \times_S T'$ for some scheme $T'$ which is (fppf) over $T$. Furthermore there exists an (fppf)-morphism $\widetilde{T} \longrightarrow T' \times_T T'$, such that the pullbacks with respect to the two projections $\widetilde{T} \longrightarrow T'$ are isomorphic.

Now consider the case $(*)$ :

Let $f$ be quasi-compact and quasi-separated with a section $x : S \longrightarrow X$ and let $f_*\mathscr{O}_X = \mathscr{O}_S$ universally, i.e. still valid after any base change. This holds for example if $f$ is proper and flat with geometrically reduced and irreducible fibers.

Then $\mathrm{Pic}_{X/S}$ is the contravariant Functor from (Sch/$S$) to (Ab) given by

$$S' \longmapsto \Big\{\text{Isomclasses of } (\mathscr{L}, \lambda)\text{: } \mathscr{L} \text{ line bundle on } X \times_S S'$$
$$\lambda : \mathscr{O}_{S'} \xrightarrow{\sim} (x \times \mathrm{id}_{S'})^* \mathscr{L} \text{ rigidification}\Big\}$$
$$= \mathrm{Pic}(X \times_S S')/\,\mathrm{Pic}(S').$$

The rigidification $\lambda$ has two effects. It kills all line bundles coming from $S'$ and secondly it causes the automorphism group of $(\mathscr{L}, \lambda)$ to be trivial.

## 2. Representability

The functor $\mathrm{Pic}_{X/S}$ is called *representable* if there exists an $S$-scheme $P$ such that there is an isomorphism of functors

$$\mathrm{Pic}_{X/S} \;\cong \mathrm{Hom}_{(\mathrm{Sch}/S)}(\bullet,\, P) =: P(\bullet).$$

In the case $(*)$, this means that there exists a rigidified line bundle $(\mathscr{P}, \rho) \in \mathrm{Pic}_{X/S}(P)$ called the Poincaré-bundle, with the universal property (Yoneda Lemma):

for every $S$-scheme $S'$ and for every line bundle $(\mathscr{L}, \lambda) \in \mathrm{Pic}_{X/S}(S')$ there exists a unique morphism $g : S' \longrightarrow P$ with

$$(\mathscr{L}, \lambda) \;\cong (\mathrm{id}_X \times g)^*(\mathscr{P}, \rho).$$

Concerning the representability there is the following theorem.

***Theorem* 2.1 (Grothendieck).** — *Let $f : X \longrightarrow S$ be projective and finitely presented, flat with geometrically reduced and irreducible fibers. Then* $\mathrm{Pic}_{X/S}$ *is representable by a separated $S$-scheme which is locally of finite presentation over $S$.*

*Proof.* — (cf. [**3**, n° 232, Thm. 3.1], [**2**, Thm. 8.2.1])

**1.** One introduces *effective, relative Cartier divisors* $D$ on $X$ over $S$, i.e. $D$ is a closed subscheme of $X$, flat over $S$, which in each fibre is an effective

Cartier divisor. One considers the contravariant functor $\mathrm{Div}_{X/S}$:

$$(\mathrm{Sch}/S) \longrightarrow (\mathrm{Sets})$$

$$S' \longmapsto \Big\{\text{effective relative Cartier divisors on } X \times_S S'/S'\Big\}.$$

There is a morphism of functors $\mathrm{Div}_{X/S} \longrightarrow \mathrm{Pic}_{X/S}$ sending $D \mapsto \mathcal{O}_X(D)$, which is shown to be relatively representable, i.e. for each $S$-scheme $S'$ the morphism

$$\mathrm{Div}_{X/S} \times_{\mathrm{Pic}_{X/S}} S' \longrightarrow S'$$

is a morphism of schemes. So the divisors inducing a given line bundle in $\mathrm{Pic}_{X/S}(S')$ are parameterized by a scheme.

**2.** One shows the representability of the functor $\mathrm{Div}_{X/S}$ using the existence of the Hilbert-scheme. This is the hardest part of the proof.

**3.** For a fixed $\Phi \in \mathbb{Q}[t]$ one considers the subfunctor $\mathrm{Pic}^{\Phi}_{X/S}$ of $\mathrm{Pic}_{X/S}$, which consists of all elements having Hilbert-polynomial $\Phi$ with respect to the given projective embedding of $X$.

For suitable $\Phi$ there exists a finite union $D(\Phi)$ of connected components of $\mathrm{Div}_{X/S}$ such that the functor $\mathrm{Pic}^{\Phi}_{X/S}$ is the quotient

$$D(\Phi) \twoheadrightarrow \mathrm{Pic}^{\Phi}_{X/S}$$

by a proper and smooth equivalence relation. One now shows that therefore it is representable by a scheme.

For general $\Phi$ there exists an $n_\Phi \in \mathbb{Z}$ such that the translate $\mathrm{Pic}^{\Phi}_{X/S} + \mathcal{O}_X(n_\Phi)$ is of the special case above.

Since $\mathrm{Pic}^{\Phi}_{X/S}$ is an open and closed subfunctor of $\mathrm{Pic}_{X/S}$ one finds that

$$\mathrm{Pic}_{X/S} = \coprod_{\Phi \in \mathbb{Q}[t]} \mathrm{Pic}^{\Phi}_{X/S}$$

is representable by a scheme over $S$. □

A further theorem on the representability is the following.

***Theorem* 2.2 (Murre-Oort).** — *Let $X$ be a proper scheme over a field $k$. Then $\mathrm{Pic}_{X/k}$ is representable by a scheme which is locally of finite type over $k$.*

*Proof.* — One reduces to the projective case which was done by Grothendieck [**3**, n° 232, Sect. 6] (cf. [**4**], [**5**]). □

If now $X$ is proper over $k$, we define $\mathrm{Pic}^0_{X/k}$ as the connected component of $\mathrm{Pic}_{X/k}$ which contains the unit element. It is a group scheme of finite type over $k$.

If $X$ is proper over $S$, we define the groupfunctor

$$\mathrm{Pic}^0_{X/S}(T) \quad := \quad \{\, \xi \in \mathrm{Pic}_{X/S}(T) : \xi|_{X_t} \in \mathrm{Pic}^0_{X_s/k(s)}\big(k(t)\big) \quad \forall t \in T \,\}.$$

## 3. The case of curves

In the case of curves more can be said.

***Theorem* 3.1.** — *Let $f : X \longrightarrow S$ be a proper, flat curve, locally of finite presentation. Then* $\mathrm{Pic}_{X/S}$ *is a formally smooth functor over $S$.*

*Proof.* — (cf. [**2**, Prop. 8.4.2]) That $\mathrm{Pic}_{X/S}$ is formally smooth over $S$ means that for each affine $S$-scheme $Z$ and for each closed subscheme $Z_0 \subseteq Z$ which is given by a sheaf of ideals $\mathscr{N}$ with $\mathscr{N}^2 = 0$ the canonical map is surjective:

$$\mathrm{Hom}(Z, \mathrm{Pic}_{X/S}) \twoheadrightarrow \mathrm{Hom}(Z_0, \mathrm{Pic}_{X/S}).$$

This now follows from considering the exact sequence

$$\begin{array}{ccccccc} 0 \longrightarrow & \mathscr{N} \otimes_{\mathscr{O}_S} \mathscr{O}_X & \longrightarrow \mathscr{O}^*_{X \times_S Z} \longrightarrow \mathscr{O}^*_{X \times_S Z_0} \longrightarrow 0. \\ & n & \longmapsto 1 + n \end{array}$$

In fact applying $(f \times \mathrm{id}_Z)_*$ yields

$$\mathrm{R}^1(f \times \mathrm{id}_Z)_* \mathscr{O}^*_{X \times_S Z} \to \mathrm{R}^1(f \times \mathrm{id}_{Z_0})_* \mathscr{O}^*_{X \times_S Z_0} \to \mathrm{R}^2(f \times \mathrm{id}_Z)_* \mathscr{N} \otimes_{\mathscr{O}_S} \mathscr{O}_X.$$

Since $X$ is a curve over $S$ and $\mathscr{N}$ is quasi-coherent, the last term is 0. So applying $\mathrm{H}^0(Z, \bullet)$ and observing $Z$ affine, one gets

$$\begin{array}{ccc} \mathrm{H}^0\big(Z, \mathrm{R}^1(f \times \mathrm{id}_Z)_* \mathscr{O}^*_{X \times_S Z}\big) & \twoheadrightarrow & \mathrm{H}^0\big(Z_0, \mathrm{R}^1(f \times \mathrm{id}_{Z_0})_* \mathscr{O}^*_{X \times_S Z_0}\big). \\ = \mathrm{Pic}_{X/S}(Z) & & = \mathrm{Pic}_{X/S}(Z_0) \end{array}$$

and thus the above morphism is surjective. □

If $X$ is a proper curve over a field $k$, then $\mathrm{Pic}_{X/k}$ is a scheme locally of finite type over $k$ by Theorem 2.2. So $\mathrm{Pic}^0_{X/k}$ is a scheme of finite type over $k$. In this case smoothness and formal smoothness are the same. So we see that $\mathrm{Pic}^0_{X/k}$ is a smooth $k$-scheme.

Next we want to study $\mathrm{Pic}^0_{X/k}$ in terms of divisors. So let $X$ be a proper curve over a field $k$ and $D$ an effective Cartier divisor on $X$. Locally at a point $x \in X$ the divisor $D$ is given by a regular element $l$. We define the order of $D$ in $x$ as

$$\mathrm{ord}_x(D) := \mathrm{length}_k\big(\mathscr{O}_{X,x}/(l)\big).$$

If $X$ is regular at $x$, then $\mathcal{O}_{X,x}$ is a discrete valuation ring and $\mathrm{ord}_x(D)$ is just the order of $l$ in that ring. We now define the *degree* of $D$

$$\deg(D) := \sum_{x \in X} \mathrm{ord}_x(D) \cdot [k(x) : k].$$

It has the following properties:

(1) deg is additive, so we can also define it for non-effective divisors.

(2) deg is not altered by field extensions.

(3) If $X$ is reduced, the degree of a divisor on $X$ is the same as the degree of its pullback to the normalization of $X$.

(4) The degree of the divisor of a meromorphic function is zero.

So we can define the degree for line bundles. Let $\mathcal{L}$ be a line bundle on $X$, then there are two effective Cartier divisors $D$ and $D'$ on $X$ with $\mathcal{L} \cong \mathcal{O}(D - D')$. We define the *degree* of $\mathcal{L}$

$$\deg(\mathcal{L}) := \deg(D) - \deg(D').$$

If $X$ is a flat, proper curve of finite presentation over an arbitrary base $S$ and $\mathcal{L}$ a line bundle on $X$, the function $s \mapsto \deg(\mathcal{L}|_{X_s})$ is locally constant on $S$.

Next if $X = X_1 \cup \ldots \cup X_r$ is the decomposition in irreducible components, we define the *partial degree* of $\mathcal{L}$ on $X_i$:

$$\deg_{X_i}(\mathcal{L}) := \deg(\mathcal{L}|_{X_i}).$$

The partial degrees are related to the total degree by the formula

$$\deg(\mathcal{L}) = \sum_{i=1}^{n} d_i \cdot \deg_{X_i}(\mathcal{L}),$$

where $d_i$ is the multiplicity of $X_i$ in $X$, i.e. $d_i := \mathrm{length}(\mathcal{O}_{X,\eta_i})$ for the generic point $\eta_i$ of $X_i$.

Now let $X$ be a smooth proper geometrically irreducible curve of genus $g$ over a field $k$. Assume that $X$ has a rational point $x_0$. Then there is a morphism

$$X^g \longrightarrow X^{(g)} = X^g/\mathfrak{S}_g \longrightarrow \mathrm{Pic}^0_{X/k}, \qquad x_1 + \ldots + x_g \mapsto \mathcal{O}_X\big(\Sigma(x_i - x_0)\big),$$

where $\mathfrak{S}_g$ is the symmetric group on $g$ letters and $X^{(g)}$ is the symmetric product of $X$. The latter morphism is an epimorphism and birational. The whole Picard variety decomposes

$$\mathrm{Pic}_{X/k} = \coprod_{d \in \mathbb{Z}} \mathrm{Pic}^d_{X/k}.$$

where $\mathrm{Pic}^d_{X/k}$ is the connected component of $\mathrm{Pic}_{X/k}$ representing the line bundles of degree $d$. It is a $\mathrm{Pic}^0_{X/k}$-torsor.

In the following we consider arbitrary proper curves over a field $k$.

***Proposition* 3.2.** — *Let $X$ be a proper curve over a field $k$. Then $\mathrm{Pic}^0_{X/k}$ consists of all elements of $\mathrm{Pic}_{X/k}$ whose partial degree on each irreducible component of $X \otimes_k \overline{k}$ is zero.*

*Proof.* — (cf. [**2**, Cor. 9.3.13]) Let $k$ be algebraically closed, $X_{\mathrm{red}} = \bigcup X_i$ be the irreducible components with normalizations $\widetilde{X}_i$ and $g : \coprod \widetilde{X}_i \longrightarrow X$. Then $\mathrm{Pic}_{X/k}$ is an extension

$$1 \longrightarrow L \longrightarrow \mathrm{Pic}_{X/k} \xrightarrow{g^*} \prod_i \mathrm{Pic}_{\widetilde{X}_i/k} \longrightarrow 1$$

by a connected linear group $L$. Therefore we have

$$\mathrm{Pic}^0_{X/k} = (g^*)^{-1}\Big(\prod_i \mathrm{Pic}^0_{\widetilde{X}_i/k}\Big).$$

The proposition now follows from the fact, that $\mathrm{Pic}^0_{\widetilde{X}_i/k}(k)$ are exactly the line bundles having degree zero on $X_i$. □

## 4. Description of $\mathrm{Pic}^0_{X/k}$

Let $X$ be a proper curve over a perfect field $k$ and $\widetilde{X}$ the normalization of $X_{\mathrm{red}}$. We want to introduce an intermediate curve lying between $X_{\mathrm{red}}$ and $\widetilde{X}$.

$$X \hookleftarrow X_{\mathrm{red}} \longleftarrow X' \longleftarrow \widetilde{X}.$$

There are only finitely many non-smooth points of $X_{\mathrm{red}}$. We define $X'$ by identifying all points of $\widetilde{X}$ lying above such a non-smooth point of $X_{\mathrm{red}}$. (This can be formalized with the amalgamated sum, cf. [**2**, p. 247].) So the singularities of $X'$ are just ordinary multiple points.

The above maps induce morphisms on the Picard-schemes.

$$\mathrm{Pic}^0_{X/k} \longrightarrow \mathrm{Pic}^0_{X_{\mathrm{red}}/k} \longrightarrow \mathrm{Pic}^0_{X'/k} \longrightarrow \mathrm{Pic}^0_{\widetilde{X}/k}.$$

The next theorem tells more about the structure of these morphisms.

***Theorem* 4.1.** — a) *the map $\mathrm{Pic}^0_{X/k} \twoheadrightarrow \mathrm{Pic}^0_{X_{\mathrm{red}}/k}$ is an epimorphism with a smooth connected unipotent group as kernel.*

b) *the map $\mathrm{Pic}^0_{X_{\mathrm{red}}/k} \twoheadrightarrow \mathrm{Pic}^0_{X'/k}$ is an epimorphism with a smooth connected unipotent group as kernel, which is trivial if and only if $X' = X_{\mathrm{red}}$.*

c) *the map* $\mathrm{Pic}^0_{X'/k} \twoheadrightarrow \mathrm{Pic}^0_{\widetilde{X}/k}$ *is an epimorphism with a torus as kernel, which is trivial if and only if each irreducible component is homeomorphic to its normalization and the configuration of the irreducible components of* $X \otimes_k \overline{k}$ *is tree-like, i.e. if and only if* $\mathrm{H}^1_{\text{ét}}(X \otimes_k \overline{k}, \mathbb{Z}) = 0$.

d) $\mathrm{Pic}^0_{\widetilde{X}/k}$ *is an abelian variety.*

*Proof.* — (cf. [**2**, Sect. 9.2])

*Ad c)* Let $X' = X = \bigcup_{i=1}^{n} X_i$ be the irreducible components and

$$g : \widetilde{X} = \coprod_{i=1}^{n} \widetilde{X}_i \longrightarrow X$$

be the normalization. Let further $x_1, \ldots, x_N$ be the singular points of $X$ and $\widetilde{x}_{\nu 1}, \ldots, \widetilde{x}_{\nu m_\nu}$ the points of $\widetilde{X}$ lying above $x_\nu$. Then we have the exact sequence

$$1 \longrightarrow \mathcal{O}^*_X \longrightarrow g_* \mathcal{O}^*_{\widetilde{X}} \longrightarrow g_* \mathcal{O}^*_{\widetilde{X}} / \mathcal{O}^*_X \longrightarrow 1.$$

The sheaf $\mathcal{F} := g_* \mathcal{O}^*_{\widetilde{X}} / \mathcal{O}^*_X$ is concentrated at the points $x_\nu$, so we get

$$\begin{array}{ccccccccc} 1 \to f_* \mathcal{O}^*_X & \longrightarrow & f_* g_* \mathcal{O}^*_{\widetilde{X}} & \longrightarrow & f_* \mathcal{F} & \longrightarrow & \mathrm{R}^1 f_* \mathcal{O}^*_X & \longrightarrow & (\mathrm{R}^1 f_*) g_* \mathcal{O}^*_{\widetilde{X}} \to 1. \\ \| & & \| & & \backslash\backslash & & & & \\ \mathrm{H}^0(X, \mathcal{O}_X)^* & & \prod_{i=1}^{n} \mathrm{H}^0(\widetilde{X}_i, \mathcal{O}_{\widetilde{X}})^* & & \prod_{\nu=1}^{N} \Big( \prod_{\mu=1}^{m_\nu} k(\widetilde{x}_{\nu\mu})^* \Big) / k(x_\nu)^* & & & & \end{array}$$

So the kernel is a quotient of a torus, thus a torus. The remaining assertion follows by combinatorial arguments. □

*Remark:* One can describe the extension c) explicitly (cf. [**7**]).

For the remaining part let us work with curves over a discrete valuation ring. Then in the following case the Picard functor is representable.

***Theorem* 4.2 (Raynaud).** — *Let $S$ be the spectrum of a discrete valuation ring. Let $f : X \longrightarrow S$ be a proper, flat, normal curve with $f_* \mathcal{O}_X = \mathcal{O}_S$ and geometrically reduced special fiber. Then $\mathrm{Pic}^0_{X/S}$ is representable by a separated $S$-scheme.*

For the proof see [**6**, Thm. 8.2.1] or [**2**, Thm. 9.4.2].

Let now $R$ be a complete discrete valuation ring and $X$ a semi-stable curve over $R$ (i.e. a proper, flat scheme whose geometric fibers are reduced and connected curves with only ordinary double points as singularities). Let further the generic fiber $X_K$ be smooth over $K$ and the irreducible components of the special fiber $X_k$ be smooth over $k$.

Then by Theorem 4.1 after a base ring extension $J_k := \mathrm{Pic}^0_{X_k/k}$ is an extension

$$1 \longrightarrow \mathbb{G}^r_{m,k} \xrightarrow{\alpha} \mathrm{Pic}^0_{X_k/k} \longrightarrow \mathrm{Pic}^0_{\widetilde{X_k}/k} \longrightarrow 1$$

of an abelian variety by a torus. The rank of the torus is $r = \mathrm{rk}_{\mathbb{Z}}\, \mathrm{H}^1(X_k,\, \mathbb{Z})$ and the map $\alpha$ can be described as follows. Let $t_i$ be the coordinates of the torus, then $\alpha$ is given by the line bundle $t_1^{a_1} \otimes \ldots \otimes t_r^{a_r}$ on $X_k \times_k \mathbb{G}^r_{m,k}$ for some basis $a_1, \ldots, a_r$ of $\mathrm{H}^1(X_k,\, \mathbb{Z})$.

We now want to investigate this situation with formal and rigid geometric methods and consider the formal completion $\overline{J} := \big(\mathrm{Pic}^0_{X/R}\big)\hat{} = \mathrm{Pic}^0_{\widehat{X}/R}$ of $\mathrm{Pic}^0_{X/R}$ along its special fiber. Then the torus lifts over $R$ to a smooth formal torus

$$1 \longrightarrow \overline{\mathbb{G}}^r_{m,R} \longrightarrow \overline{J} \longrightarrow B \longrightarrow 1.$$

There $\overline{\mathbb{G}}_{m,R}$ is the formal completion of $\mathbb{G}_{m,R}$ along its special fiber. The quotient $B$ is a formal abelian scheme. Actually it is the formal completion of an abelian scheme over $R$. On the rigid fibers we obtain

$$1 \longrightarrow \overline{\mathbb{G}}^r_{m,K} \longrightarrow \overline{J}_{\mathrm{rig}} \longrightarrow B_{\mathrm{rig}} \longrightarrow 1.$$

$\overline{J}_{\mathrm{rig}}$ parameterizes the formally smooth deformations of the trivial line bundle on $X_K$. Or phrased differently it is given by the divisors on $X_K$ whose reductions are divisors with all partial degrees equal to zero.

As push-forward of $\overline{J}_{\mathrm{rig}}$ via the open immersion of the formal torus into the affine torus we get

$$\begin{array}{ccccccccc} 1 & \longrightarrow & \overline{\mathbb{G}}^r_{m,K} & \longrightarrow & \overline{J}_{\mathrm{rig}} & \longrightarrow & B_{\mathrm{rig}} & \longrightarrow & 1 \\ & & \big\downarrow & & \big\downarrow & & \big\| & & \\ 1 & \longrightarrow & \mathbb{G}^r_{m,K} & \longrightarrow & \widetilde{J}_{\mathrm{rig}} & \longrightarrow & B_{\mathrm{rig}} & \longrightarrow & 1 \end{array}$$

On $X_K^{\mathrm{an}} \times_K \widetilde{J}_{\mathrm{rig}}$ there is a universal line bundle $(\widetilde{\mathscr{P}}, \widetilde{\rho})$, which induces a canonical morphism $\widetilde{J}_{\mathrm{rig}} \twoheadrightarrow \mathrm{Pic}^0_{X_K^{\mathrm{an}}/K} = \big(\mathrm{Pic}^0_{X_K/K}\big)^{\mathrm{an}}$. The kernel

$$M = \big\{\, p \in \widetilde{J}_{\mathrm{rig}} : (\widetilde{\mathscr{P}}, \widetilde{\rho})|_{X_K^{\mathrm{an}} \times \{p\}} \text{ trivial} \,\big\}$$

of this morphism is a lattice in $\widetilde{J}_{\mathrm{rig}}$ of full rank. The intersection $M \cap \overline{J}_{\mathrm{rig}}$ contains only the unit element of $\overline{J}_{\mathrm{rig}}$. The quotient

$$\widetilde{J}_{\mathrm{rig}}/M = \big(\mathrm{Pic}^0_{X_K/K}\big)^{\mathrm{an}}$$

exists and makes $\widetilde{J}_{\text{rig}}$ into the universal covering of the rigid space $\left(\text{Pic}^0_{X_K/K}\right)^{\text{an}}$.
For more details see [**1**].

## References


[1] S. Bosch & W. Lütkebohmert – Stable reduction and uniformization of abelian varieties, II, *Invent. Math.* **78** (1984), p. 257–287.

[2] S. Bosch, W. Lütkebohmert & M. Raynaud – *Néron models*, Ergeb., no. 21, Springer-Verlag, 1990.

[3] A. Grothendieck – Fondements de la géométrie algébrique, *Séminaire Bourbaki 1957-62* (Paris), Secrétariat Math., 1962.

[4] J.-P. Murre – On contravariant functors from the category of preschemes over a field into the category of abelian groups, *Publ. Math. Inst. Hautes Études Sci.* **23** (1964), p. 5–43.

[5] F. Oort – Sur le schéma de Picard, *Bull. Soc. Math. France* **90** (1962), p. 1–14.

[6] M. Raynaud – Spécialisation du foncteur de Picard, *Publ. Math. Inst. Hautes Études Sci.* **38** (1970), p. 27–76.

[7] B. Zhang – Sur les jacobiennes de courbes à singularités ordinaires, *Manuscripta Math.* **92** (1997), p. 1–12.


---


Urs T. Hartl, University of Ulm, Abt. Reine Mathematik, D – 89069 Ulm, GERMANY
*E-mail :* `hartl@mathematik.uni-ulm.de`

*Courbes semi-stables et groupe fondamental en géométrie algébrique*
(J.-B. Bost, F. Loeser, M. Raynaud, éd.), p. 43–58
Progress in Mathematics, Vol. 187, © 2000 Birkhäuser Verlag Basel/Switzerland

# 4

# MODULE DES COURBES STABLES

David Mauger

## Introduction

Cet exposé a pour but d'esquisser la construction de l'espace modulaire des courbes stables, et l'étude de certaines de ses propriétés.

**0.1.** Construire le module des courbes consiste, dans un certain sens, à paramétrer l'ensemble des courbes propres et lisses.

Dans le cas des courbes de genre égal à 1, l'invariant $j$ montre que la droite affine $\mathbf{A}^1$ est un module grossier des courbes elliptiques.

Le schéma modulaire grossier des courbes lisses de genre $g \geqslant 2$ fixé a été construit, sur $\mathbb{Z}$, par Mumford [**11**, Th. 5.11]. Par la suite, Deligne et Mumford [**4**] ont compactifié ce module en élargissant la famille des courbes paramétrées à une classe de courbes dont les singularités sont très simples : les courbes stables. Puis Knudsen [**8**] a montré que le module obtenu est un schéma projectif.

**0.2.** Dans la première partie de l'exposé, nous montrons que toute courbe stable se plonge localement et canoniquement dans un espace projectif. Ce résultat motive l'introduction du schéma modulaire $\mathbf{H}_g$ des courbes stables tricanoniquement plongées. Ce schéma est naturellement muni d'une action du groupe projectif linéaire $\mathbf{PGL}(5g-6)$. Les ingrédients essentiels sont l'existence du module dualisant $\omega_{C/S}$, la notion d'amplitude et l'existence des schémas de Hilbert.

La seconde partie traite des propriétés locales du module des courbes stables. La théorie des déformations permet de montrer la lissité, de calculer sa dimension et prouve que le complémentaire du schéma modulaire $\mathbf{H}_g^\circ$ des courbes lisses tricanoniquement plongées est un diviseur relatif à croisements normaux.

La troisième et dernière partie est consacrée au schéma modulaire grossier $\mathbf{M}_g$. Utilisant le théorème de réduction stable, nous démontrons la propreté de $\mathbf{M}_g$, puis à l'aide du théorème de connexité de Zariski, l'irréductibilité de ses fibres géométriques.

Je remercie M. Raynaud pour ses explications et suggestions.

Les principales références utilisées sont :

– [**4**] et [**11**] concernant les modules de courbes,

– [**5**, II] pour les notions d'amplitude,

– [**6**, exposé 221] pour les schémas de Hilbert,

– [**13**] et [**10**] pour les déformations,

– enfin, concernant le théorème de réduction stable, on se reportera à l'exposé [**1**].

**0.3.** Nous fixons une fois pour toute $g \geqslant 2$. Tous les schémas considérés sont supposés localement noethériens.

## 1. Module dualisant et plongement tricanonique

***1.1 Définition*** ([**4**]). — Soit $S$ un schéma et $g \geqslant 2$. Une courbe stable (resp. semi-stable) de genre $g$ sur $S$ est un morphisme $C \xrightarrow{\pi} S$ propre et plat dont les fibres géométriques $C_{\overline{s}}$ sont réduites, connexes, équidimensionnelles de dimension 1 et telles que :

(i) les singularités de $C_{\overline{s}}$ sont des points doubles ordinaires,

(ii) toute composante irréductible lisse et rationnelle de $C_{\overline{s}}$ rencontre l'ensemble des autres composantes de $C_{\overline{s}}$ en 3 (resp. 2) points au moins,

(iii) $\dim \mathrm{H}^1(C_{\overline{s}}, \mathscr{O}_{C_{\overline{s}}}) = g$.

**1.2.** Afin d'éclairer la signification de la condition (ii), signalons que sur un corps algébriquement clos $\overline{k}$, parmi les schémas $C$ intègres, de dimension 1 et propres sur $\overline{k}$, $\mathbf{P}^1_{\overline{k}}$ est caractérisé par chacune des propriétés suivantes :

– le genre de $C$ est nul,

– $C$ est une courbe lisse et rationnelle.

Concernant le genre, si $C/\overline{k}$ est une courbe semi-stable de genre $g$ possédant $\nu$ composantes irréductibles $(E_i)_{i=1}^{\nu}$, et $\delta$ points doubles alors

$$1 - g + \delta = \sum_{i=1}^{\nu}(1 - g_i)$$

où $g_i$ est le genre de la normalisée (i.e. le genre géométrique) de la composante $E_i$.

À une telle courbe semi-stable $C/\overline{k}$, nous associons le graphe dont

– les sommets sont les composantes irréductibles $E_i$,

– et les arêtes entre les sommets $E_i$ et $E_j$ sont les points d'intersection de ces deux composantes.

La formule du genre et l'hypothèse de connexité montre que le premier nombre de Betti $\beta = 1 - \nu + \delta$ du graphe vérifie l'inégalité $0 \leqslant \beta \leqslant g$.

Par exemple, partant de courbes stables de genre $g = 2$, les seuls graphes obtenus sont les suivants :

| $\beta = 0$ | $\beta = 1$ | $\beta = 2$ |
|---|---|---|

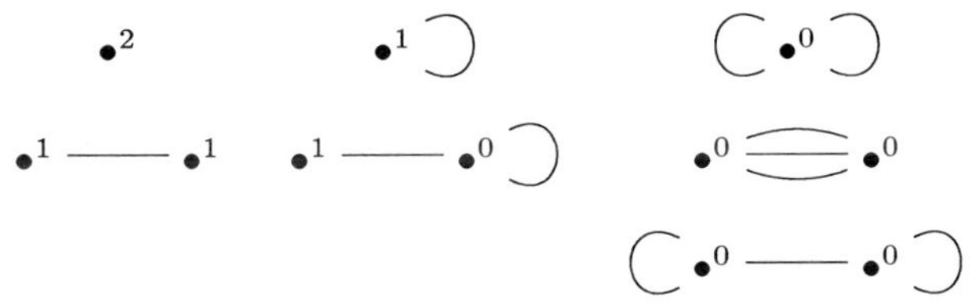

Sur chaque sommet figure le genre géométrique de la composante correspondante.

**1.3.** Toute courbe stable $C/S$ est localement intersection complète relative, donc est canoniquement munie d'un module inversible dualisant $\omega_{C/S}$ [7]. Plus précisément, $\omega_{C/S}$ possède les propriétés suivantes :

(D1) La formation de $\omega_{C/S}$ commute aux changements de base $S' \to S$.

(D2) Si $S = \operatorname{Spec} \overline{k}$ où $\overline{k}$ est un corps algébriquement clos, soit $C' \xrightarrow{f} C$ le morphisme de normalisation et pour tout point double $x_i$ $(1 \leqslant i \leqslant \delta)$ de $C$, soient $P_i, Q_i$ les deux points de $C'$ images réciproques de $C$. Alors $\omega_{C/\overline{k}}$ est un sous-module de l'image directe du module des formes différentielles rationnelles sur $C'/\overline{k}$. Plus précisément, c'est le module des formes différentielles $\eta$ sur $C'$ ayant au plus des pôles simples aux $P_i, Q_i$ et telles que $\operatorname{Res}_{P_i}(\eta) + \operatorname{Res}_{Q_i}(\eta) = 0$.

(D3) Si $S = \operatorname{Spec} k$ où $k$ est un corps quelconque, pour tout module cohérent $\mathscr{F}$ sur $C$, pour $i = 0, 1$, nous avons l'isomorphisme

$$\operatorname{Hom}_k(\mathrm{H}^i(C, \mathscr{F}), k) \xrightarrow{\sim} \operatorname{Ext}^{1-i}(\mathscr{F}, \omega_{C/k})$$

Dans le cas d'une courbe stable $C$ sur un corps $k$, (D3) donne le théorème de Riemann-Roch (voir [**2**, Th. 9.1] pour le cas d'une courbe propre) sous la forme :

Pour tout module inversible $\mathscr{L}$ sur $C$,

$$\ell(\mathscr{L}) - \ell(\omega_{C/k} \otimes \mathscr{L}^{\otimes -1}) = \chi(\mathscr{L}) = \deg(\mathscr{L}) + 1 - g$$

où $\ell(\mathscr{L}) = \dim \mathrm{H}^0(C, \mathscr{L})$ et $\chi(\mathscr{L}) = \dim \mathrm{H}^0(C, \mathscr{L}) - \dim \mathrm{H}^1(C, \mathscr{L})$. En particulier, $g = \dim \mathrm{H}^0(C, \omega_{C/k})$, $\deg(\omega_{C/k}) = 2g - 2$.

**1.4.** La notion de module très ample est liée, par définition, aux immersions dans les fibrés projectifs. Un module inversible $\mathscr{L}$ sur une courbe stable $C \xrightarrow{\pi} S$ est très ample relativement à $\pi$ si et seulement s'il existe une immersion (nécessairement fermée car $C$ est propre sur $S$)

$$\begin{array}{ccc} C & \xrightarrow{\quad i \quad} & P \\ & \searrow \quad \swarrow & \\ & S & \end{array}$$

dans un fibré projectif $P$ sur $S$ telle que $\mathscr{L} \simeq i^*(\mathscr{O}_P(1))$. Rappelons qu'un fibré projectif sur $S$, est un $S$-schéma de la forme

$$P = \mathbf{P}(\mathscr{F}) := \operatorname{Proj}(\operatorname{Sym}_{\mathscr{O}_S} \mathscr{F})$$

où $\mathscr{F}$ est un module quasi-cohérent sur $S$ (dans notre cas, $\mathscr{F}$ sera localement libre de rang fini). Il est canoniquement muni de son module inversible fondamental $\mathscr{O}_P(1) = \mathscr{O}_{\mathbf{P}(\mathscr{F})}(1)$. L'espace projectif type de dimension $n$ est un exemple de fibré projectif : $\mathbf{P}^n_S = \mathbf{P}(\mathscr{O}_S^{n+1})$. Le polynôme de Hilbert associé à un tel plongement $i$ est défini par $P(x) := \chi(\mathscr{L}^{\otimes x} \otimes_{\mathscr{O}_S} k(s))$ où $k(s)$ est le corps résiduel d'un point de la base $S$. Par platitude, ce polynôme est indépendant du point $s$ choisi [**5**, III.7.9].

Le résultat suivant permet de plonger canoniquement une courbe stable dans un fibré projectif.

***1.5 Théorème.*** — *Si $C \xrightarrow{\pi} S$ est une courbe stable de genre $g \geqslant 2$ alors $\omega_{C/S}$ est ample relativement à $\pi$.*

*De plus, si $n \geqslant 3$, $\omega_{C/S}^{\otimes n}$ est très ample relativement à $\pi$, et $\pi_*(\omega_{C/S}^{\otimes n})$ est localement libre sur $S$, de rang $(2n-1)(g-1)$.*

*Démonstration.* — ([**4**, TH. 1.2 et son COR.]) Nous nous plaçons d'abord dans le cas où la base $S$ est un corps algébriquement clos $\overline{k}$. Nous allons montrer l'inégalité $\deg(\omega_{C/\overline{k}|E}) \geqslant 1$ pour toute composante irréductible $E$ de $C$. Nous noterons $P_C(E)$ l'ensemble des points de rencontre de $E$ avec les autres composantes de $C$. Par la propriété (D2) du module dualisant, $\omega_{C/\overline{k}|E} = \omega_{E/\overline{k}}(\sum_{P\in P_C(E)} P)$. Donc, si $E$ est de genre $g_E$,

$$\begin{aligned}\deg(\omega_{C/\overline{k}|E}) &= \deg(\omega_{E/\overline{k}}) + \# P_C(E)\\ &= 2g_E - 2 + \# P_C(E)\end{aligned}$$

Si $E$ est de genre nul, $P_C(E)$ contient trois points au moins. Et si $E$ est de genre égal à 1 alors $C$ possède au moins une autre composante (car $g \geqslant 2$), et par connexité, $P_C(E)$ est non vide. Par conséquent, quel que soit le genre de $E$, $\deg(\omega_{C/\overline{k}|E}) \geqslant 1$ avec égalité si et seulement si $E$ est du type suivant :

$$(*)\begin{cases} g_E = 0 \text{ et } \# P_C(E) = 3\\ \text{ou bien}\\ g_E = 1 \text{ et } \# P_C(E) = 1\end{cases}$$

Ce degré est strictement positif, donc $\omega_{C/\overline{k}}$ est ample sur $C$.

Notons de plus que pour $n \geqslant 2$, $\omega_{C/\overline{k}}^{\otimes(1-n)}$ est de degré strictement négatif sur chacune des composantes de $C$. Donc $\mathrm{H}^0(C, \omega_{C/\overline{k}}^{\otimes(1-n)})$ et son dual $\mathrm{H}^1(C, \omega_{C/\overline{k}}^{\otimes n})$ sont nuls. Ceci nous servira plus loin.

Fixons $n \geqslant 3$. Pour montrer que $\omega_{C/\overline{k}}^{\otimes n}$ est très ample, il suffit de prouver les propriétés suivantes de séparation des points, et de séparation infinitésimale : pour tous points fermés $x \neq y \in C$ de corps résiduels $k(x)$ et $k(y)$, les morphismes naturels

$$\mathrm{H}^0(C, \omega_{C/\overline{k}}^{\otimes n}) \longrightarrow \mathrm{H}^0(C, \omega_{C/\overline{k}}^{\otimes n} \otimes_{\mathscr{O}_C} k(x) \oplus \omega_{C/\overline{k}}^{\otimes n} \otimes_{\mathscr{O}_C} k(y))$$

$$\mathrm{H}^0(C, \omega_{C/\overline{k}}^{\otimes n}) \longrightarrow \mathrm{H}^0(C, \omega_{C/\overline{k}}^{\otimes n} \otimes_{\mathscr{O}_C} \mathscr{O}_x/\mathfrak{m}_x^2)$$

sont surjectifs (où $\mathfrak{m}_x \subset \mathscr{O}_x$ est l'idéal maximal de l'anneau local en $x$).

Il suffit ainsi de montrer, pour tous points fermés $x, y \in C$ non nécessairement distincts, la nullité de $\mathrm{H}^1(C, \mathfrak{m}_x.\mathfrak{m}_y.\omega_{C/\overline{k}}^{\otimes n})$. Nous distinguons plusieurs cas selon que les points $x$ et $y$ sont singuliers ou non.

- Si ni $x$, ni $y$ n'est singulier, alors $\mathfrak{m}_x = \mathscr{O}_C(-x)$, $\mathfrak{m}_y = \mathscr{O}_C(-y)$ et

$$\mathrm{H}^1(C, \mathfrak{m}_x.\mathfrak{m}_y.\omega_{C/\overline{k}}^{\otimes n})$$

est en dualité avec $\mathrm{H}^0(C, \omega_{C/\overline{k}}^{\otimes(1-n)}(x+y))$. Sur une composante irréductible $E$ de $C$,

$$\omega_{C/\overline{k}}^{\otimes(1-n)}(x+y)_{|E} = \omega_{C/\overline{k}}^{\otimes(1-n)}{}_{|E}\Big(\sum_{P\in\{x,y\}\cap E} P\Big)$$

$$\deg(\omega_{C/\overline{k}}^{\otimes(1-n)}(x+y)_{|E}) = (1-n)\deg(\omega_{C/\overline{k}_{|E}}) + \#\{x,y\}\cap E \leqslant 0$$

avec égalité uniquement si $n=3$, $E$ est de type $(*)$ et contient les points $x$ et $y$. Ainsi, le module $\omega_{C/\overline{k}}^{\otimes(1-n)}(x+y)$ a un degré strictement négatif sur toutes les composantes de $C$, sauf sur l'une d'entre elles au plus, $E_0$, où le degré est nul et $\omega_{C/\overline{k}}^{\otimes -2}(x+y)_{|E_0}$ est libre de rang 1. Les sections globales du module $\omega_{C/\overline{k}}^{\otimes n}$ sont donc nulles sur toutes les composantes de $C$, sauf, éventuellement sur $E_0$, où $\mathrm{H}^0(E, \omega_{C/\overline{k}}^{\otimes(-2)}(x+y)_{|E}) = \overline{k}$. Mais par connexité, toute section globale de $\omega_{C/\overline{k}}^{\otimes -2}(x+y)$ doit s'annuler sur $P_C(E)$, donc est nulle partout.

• Si $x=y$ est un point double de $C$, soit $\tilde{C} \xrightarrow{f} C$ le morphisme d'éclatement en $x=y$. Dans ce cas, $\mathrm{H}^1(C, \mathfrak{m}_x.\mathfrak{m}_y.\omega_{C/\overline{k}}^{\otimes n})$ est en dualité avec

$$\mathrm{Hom}(\mathfrak{m}_x^2, \omega_{C/\overline{k}}^{\otimes(1-n)}) = \mathrm{H}^0(\tilde{C}, f^*(\omega_{C/\overline{k}}^{\otimes(1-n)})(x_1+x_2))$$

où $f^{-1}(x) = \{x_1, x_2\}$. Pour chaque composante irréductible $\tilde{E}$ de $\tilde{C}$, $E = f(\tilde{E})$ est une composante irréductible de $C$ et

$$f^*(\omega_{C/\overline{k}}^{\otimes(1-n)})(x_1+x_2)_{|\tilde{E}} = f^*_{|\tilde{E}}(\omega_{C/\overline{k}}^{\otimes(1-n)}{}_{|E})\Big(\sum_{P\in\{x_1,x_2\}\cap\tilde{E}} P\Big)$$

$$\deg(f^*(\omega_{C/\overline{k}}^{\otimes(1-n)}(x_1+x_2))_{|\tilde{E}}) = (1-n)\deg(\omega_{C/\overline{k}_{|E}}) + \#\{x_1,x_2\}\cap\tilde{E} \leqslant 0$$

avec égalité uniquement si $n=3$, $E$ est de type $(*)$ et $\tilde{E}$ contient les points $x_1$ et $x_2$. Dans ce cas, $E$ est de genre égale à 1, avec un point double en $x$. L'argument de connexité utilisé dans le cas précédent montre à nouveau la nullité de $\mathrm{H}^1(C, \mathfrak{m}_x.\mathfrak{m}_y.\omega_{C/\overline{k}}^{\otimes n})$.

• Si $x$ est un point double de $C$ et $y$ non singulier, soit $\tilde{C} \xrightarrow{f} C$ le morphisme d'éclatement en $x$. Dans ce cas, $\mathrm{H}^1(C, \mathfrak{m}_x.\mathfrak{m}_y.\omega_{C/\overline{k}}^{\otimes n})$ est en dualité avec

$$\mathrm{Hom}(\mathfrak{m}_x, \omega_{C/\overline{k}}^{\otimes(1-n)}(y)) = \mathrm{H}^0(\tilde{C}, f^*(\omega_{C/\overline{k}}^{\otimes(1-n)}(y)))$$

Sur toute composante irréductible $\tilde{E}$ de $\tilde{C}$,

$$f^*(\omega_{C/\overline{k}}^{\otimes(1-n)}(y))_{|\tilde{E}} = f^*_{|\tilde{E}}(\omega_{C/\overline{k}}^{\otimes(1-n)}{}_{|E})\Big(\sum_{P\in\{y\}\cap\tilde{E}} P\Big)$$

$$\deg(f^*(\omega_{C/\overline{k}}^{\otimes(1-n)}(y))_{|\tilde{E}}) = (1-n)\deg(\omega_{C/\overline{k}_{|E}}) + \#\{y\} \cap \tilde{E} \leqslant -1$$

Ainsi, le module $f^*(\omega_{C/\overline{k}}^{\otimes(1-n)}(y))$ a un degré strictement négatif sur chaque composante de $\tilde{C}$, par conséquent, ses sections globales sont identiquement nulles.

• Si $x \neq y$ sont deux points doubles distincts de $C$, soit $\tilde{C} \xrightarrow{f} C$ le morphisme d'éclatement en $x$ et $y$. Dans ce cas, $\mathrm{H}^1(C, \mathfrak{m}_x.\mathfrak{m}_y.\omega_{C/\overline{k}}^{\otimes n})$ est en dualité avec

$$\mathrm{Hom}(\mathfrak{m}_x.\mathfrak{m}_y, \omega_{C/\overline{k}}^{\otimes(1-n)}) = \mathrm{H}^0(\tilde{C}, f^*(\omega_{C/\overline{k}}^{\otimes(1-n)}))$$

Sur chaque composante irréductible $\tilde{E}$ de $\tilde{C}$,

$$f^*(\omega_{C/\overline{k}}^{\otimes(1-n)})_{|\tilde{E}} = f^*_{|\tilde{E}}(\omega_{C/\overline{k}\;|E}^{\otimes(1-n)})$$

$$\deg(f^*(\omega_{C/\overline{k}}^{\otimes(1-n)})_{|\tilde{E}}) = (1-n)\deg(\omega_{C/\overline{k}_{|E}}) \leqslant -2$$

À nouveau, $\mathrm{H}^1(C, \mathfrak{m}_x.\mathfrak{m}_y.\omega_{C/\overline{k}}^{\otimes n}) = 0$.

Dans tous les cas, nous aboutissons bien à la nullité de $\mathrm{H}^1(C, \mathfrak{m}_x.\mathfrak{m}_y.\omega_{C/\overline{k}}^{\otimes n})$, donc $\omega_{C/\overline{k}}^{\otimes n}$ est très ample sur $C$.

Sur une base $S$ quelconque, $\pi_*(\omega_{C/S}^{\otimes n})$ est localement libre et commute aux changements de base car, [**5**, III.7], comme signalé précédemment, en tout point géométrique $\overline{s} \in S$, $\mathrm{H}^1(C_{\overline{s}}, \omega_{C_{\overline{s}}/k(\overline{s})}^{\otimes n}) = 0$. De plus

$$\pi_*(\omega_{C/S}^{\otimes n}) \otimes_{\mathscr{O}_S} k(\overline{s}) \simeq \mathrm{H}^0(C_{\overline{s}}, \omega_{C_{\overline{s}}/k(\overline{s})}^{\otimes n})$$

donc $\pi_*(\omega_{C/S}^{\otimes n})$ est localement libre sur $S$, de rang égal à

$$\ell(\omega_{C_{\overline{s}}/k(\overline{s})}^{\otimes n}) = \chi(\omega_{C_{\overline{s}}/k(\overline{s})}^{\otimes n}) = n(2g-2) + 1 - g$$

□

**1.6.** Plaçons-nous sur un ouvert $U \subset S$ sur lequel $\pi_*(\omega_{C/S}^{\otimes 3})$ est libre de rang $5g-5$. Choisissons $5g-5$ sections génératrices de $\pi_*(\omega_{C/S}^{\otimes 3})_{|U}$. Alors ces sections correspondent à $5g-5$ sections $(s_i)_{i=0}^{5g-6}$ de $\omega_{C_{|U}/U}^{\otimes 3}$ et donnent une immersion fermée $C_{|U} \xrightarrow{i=[s_0:\cdots:s_{5g-6}]} \mathbf{P}_U^{5g-6}$. Dans ce cas $i^*(\mathscr{O}_P(1)) \simeq \omega_{C_{|U}/U}^{\otimes 3}$ et le polynôme de Hilbert associé est

$$P_g(x) = \chi(\omega_{C_s/k(s)}^{\otimes 3x}) = (6x-1)(g-1)$$

**1.7.** Soit $\mathbf{Hilb}^{P_g}_{\mathbf{P}^{5g-6}}$ le schéma de Hilbert (projectif) [**6**, exposé 221, § 3] sur $\mathbb{Z}$ des sous-schémas fermés de l'espace projectif $\mathbf{P}^{5g-6}$, de polynôme de Hilbert $P_g$. Plus précisément, les $S$-points de $\mathbf{Hilb}^{P_g}_{\mathbf{P}^{5g-6}}$ sont les sous-schémas fermés $X \to \mathbf{P}^{5g-6}_S$ plats sur $S$, et de polynôme de Hilbert $P_g$.

Notons $\mathscr{X} \subset \mathbf{P}^{5g-6} \times \mathbf{Hilb}^{P_g}_{\mathbf{P}^{5g-6}}$ le sous-schéma fermé universel.

Le lieu sur lequel les fibres géométriques de $\mathscr{X}$ sont des courbes stables est un ouvert $U$ de $\mathbf{Hilb}^{P_g}_{\mathbf{P}^{5g-6}}$.

De plus la représentabilité du foncteur de Picard montre que le lieu sur lequel les modules inversibles $i^*(\mathscr{O}_{\mathbf{P}^{5g-6}_S}(1))$ et $\omega^{\otimes 3}_{C/S}$ sont isomorphes modulo un module inversible sur $S$ est un sous-schéma $\mathbf{H}_g$ de $U$.

**1.8.** Finalement, il existe un sous-schéma $\mathbf{H}_g$ de $\mathbf{Hilb}^{P_g}_{\mathbf{P}^{5g-6}}$, défini du point de vue fonctoriel par

$$\mathbf{H}_g(S) = \left\{ \begin{array}{c|c} \begin{array}{c} \text{sous-schémas fermés} \\ C \xrightarrow{\ i\ } \mathbf{P}^{5g-6}_S \\ {}_{\pi}\searrow \quad \swarrow \\ S \end{array} & \begin{array}{c} C/S \text{ est une courbe stable} \\ \text{et il existe un module inversible} \\ \mathscr{L} \text{ sur } S \text{ et un isomorphisme} \\ i^*(\mathscr{O}_{\mathbf{P}^{5g-6}_S}(1)) \simeq \omega^{\otimes 3}_{C/S} \otimes \pi^*(\mathscr{L}) \end{array} \end{array} \right\}$$

On appelle $\mathbf{H}_g$ le schéma de Hilbert des courbes stables tricanoniquement plongées. D'après ce que nous avons vu au paragraphe 1.6, toute courbe stable $C/S$ est localement paramétrée par $\mathbf{H}_g$, une fois choisies localement $5g-5$ sections génératrices de $\omega^{\otimes 3}_{C/S}$.

L'action naturelle de $\mathbf{PGL}(5g-6)$ sur $\mathbf{P}^{5g-6}$ induit une action sur $\mathbf{H}_g$. Explicitement, sur une base $S$, l'élément $a \in \mathbf{PGL}(5g-6, S)$ associe à toute courbe stable tricanoniquement plongée $C \xrightarrow{i} \mathbf{P}^{5g-6}_S$ la courbe plongée $a(C) \xrightarrow{a \circ i \circ a^{-1}} \mathbf{P}^{5g-6}_S$.

## 2. Déformations de courbes stables

**2.1.** Soit $C \xrightarrow{\pi} \operatorname{Spec} \overline{k}$ une courbe stable de genre $g \geqslant 2$ sur un corps algébriquement clos $\overline{k}$, dont nous notons $\Omega^1_{C/\overline{k}}$ le module des différentielles. Si $\overline{k}$ est de caractéristique nulle, posons $W = \overline{k}$, sinon, $W$ est l'anneau des vecteurs de Witt de $\overline{k}$. Soit $\mathscr{C}\mathscr{N}\mathscr{L}$ la catégorie dont les objets sont les $W$-algèbres locales, noethériennes, complètes, de corps résiduel $\overline{k}$ et dont les morphismes sont les $W$-morphismes locaux. Une déformation de $C/\overline{k}$ sur une algèbre $A$ de $\mathscr{C}\mathscr{N}\mathscr{L}$

est un schéma $X$ propre et plat sur $A$, muni d'un plongement $C \xrightarrow{\varphi_X} X$ identifiant $C$ avec la fibre spéciale $X \times_A \overline{k}$, autrement dit, tel que le carré suivant est cartésien :

$$\begin{array}{ccc} C & \xrightarrow{\varphi_X} & X \\ \downarrow & & \downarrow \\ \operatorname{Spec} \overline{k} & \longrightarrow & \operatorname{Spec} A \end{array}$$

Nécessairement, les déformations de $C/\overline{k}$ sont des courbes stables de genre $g$.

**2.2.** La théorie des déformations de Schlessinger **[13]**, **[10]** montre, dans le cas des courbes localement intersections complètes à singularités isolées, qu'il existe une déformation formelle verselle de $C/\overline{k}$. C'est-à-dire un anneau $R$ local noethérien complet de corps résiduel $\overline{k}$, un schéma formel $\mathfrak{C}$ propre et plat sur $R$ et un plongement $C \xrightarrow{\varphi_{\mathfrak{C}}} \mathfrak{C}$ identifiant $C$ avec la fibre spéciale de $\mathfrak{C}$, versels au sens où pour tout $W$-morphisme local surjectif $A' \to A$ entre algèbres artiniennes de $\mathscr{CNL}$, tout diagramme commutatif en traits pleins

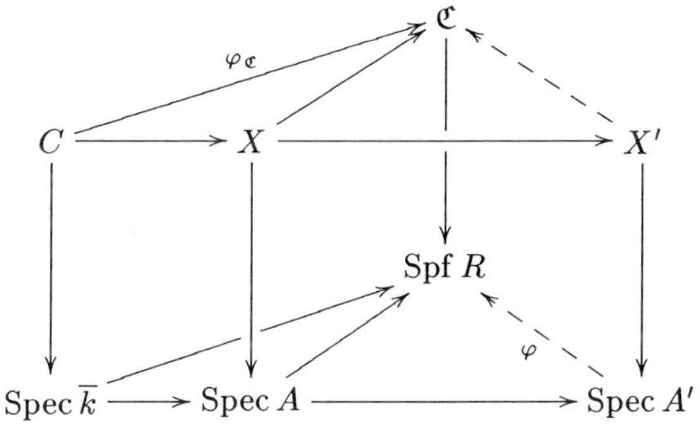


dont les carrés sont cartésiens, se complète par un carré cartésien en pointillés, le $W$-morphisme local $\varphi$ étant unique lorsque $A' = \overline{k}[\varepsilon]/(\varepsilon^2)$ et $A = \overline{k}$.

La déformation formelle $\mathfrak{C}/R$ est universelle si l'unicité de $\varphi$ vaut pour toutes algèbres artiniennes $A$, $A'$ de $\mathscr{CNL}$. D'autre part, elle est effective si elle s'obtient par complétion, le long de sa fibre spéciale, d'une déformation sur $R$.

*2.3* **Lemme.** — $\operatorname{Ext}^i(\Omega^1_{C/\overline{k}}, \mathscr{O}_C) = 0$ *si* $i = 0$ *ou* $i \geqslant 2$, *et* $\operatorname{Ext}^1(\Omega^1_{C/\overline{k}}, \mathscr{O}_C)$ *est de dimension* $3g-3$ *sur* $\overline{k}$.

*Démonstration.* — $\operatorname{Ext}^0(\Omega^1_{C/\overline{k}}, \mathscr{O}_C) = \operatorname{Hom}(\Omega^1_{C/\overline{k}}, \mathscr{O}_C)$ est l'espace des champs de vecteurs sur $C$. Avec les notations de (D2), tout champ de vecteurs $D$ sur $C$ donne lieu à un champ de vecteurs $D' = f^*(D) \in \operatorname{Hom}(\Omega^1_{C'/\overline{k}}, \mathscr{O}_{C'})$ sur la normalisation $C'$ de $C$, s'annulant aux points $P_i, Q_i$. Sur toute composante irréductible $E'$, de genre $g_{E'}$, de $C'$, $\Omega^1_{C'/\overline{k}|E'} = \Omega^1_{E'/\overline{k}}$ est de degré $2g_{E'} - 2$. Ainsi $D'$ est nul sur les composantes $E'$ de genre au moins 2. Si $g_{E'} = 1$, les champs de vecteurs sur $E'$ forment un espace de dimension 1, mais $D'$ doit s'annuler en un point de $E'$ au moins, donc est nul sur $E'$. Si $g_{E'} = 0$, $D'$ doit s'annuler en trois points de $E'$ au moins, donc $D'_{|E'} = 0$. Par conséquent, nous avons bien $D = 0$.

Compte tenu du fait que $C$ est une courbe localement intersection complète, à singularités isolées, la suite spectrale

$$\mathrm{H}^p(C, \mathscr{E}xt^q(\Omega^1_{C/\overline{k}}, \mathscr{O}_C)) \Longrightarrow \mathrm{Ext}^{p+q}(\Omega^1_{C/\overline{k}}, \mathscr{O}_C)$$

donne $\mathrm{Ext}^2(\Omega^1_{C/\overline{k}}, \mathscr{O}_C) = 0$.

Selon (D3), $\mathrm{Ext}^1(\omega_{C/\overline{k}}, \mathscr{O}_C)$ est en dualité avec $\mathrm{H}^0(C, \omega^{\otimes 2}_{C/\overline{k}})$ dont la dimension est égale à $3g - 3$ d'après le théorème de Riemann-Roch. Dans le cas d'une courbe lisse $\omega_{C/\overline{k}} = \Omega^1_{C/\overline{k}}$ donc $\mathrm{Ext}^1(\Omega^1_{C/\overline{k}}, \mathscr{O}_C)$ est de dimension $3g - 3$. Dans le cas général, la description (D2) montre qu'il existe un morphisme naturel $\Omega^1_{C/\overline{k}} \xrightarrow{\varphi} \omega_{C/\overline{k}}$ dont le noyau et le conoyau sont isomorphes au faisceau gratte-ciel $\oplus_{i=1}^{\delta} k(x_i)$ concentré aux points doubles $(x_i)_{i=1}^{\delta}$ de $C$. L'égalité des dimensions des groupes $\mathrm{Ext}^1(\Omega^1_{C/\overline{k}}, \mathscr{O}_C) = \mathrm{H}^0(C, \Omega^1_{C/\overline{k}} \otimes_{\mathscr{O}_C} \omega_{C/\overline{k}})^*$ et $\mathrm{Ext}^1(\omega_{C/\overline{k}}, \mathscr{O}_C) = \mathrm{H}^0(C, \omega^{\otimes 2}_{C/\overline{k}})^*$ est une conséquence des deux suites exactes courtes entrelacées :

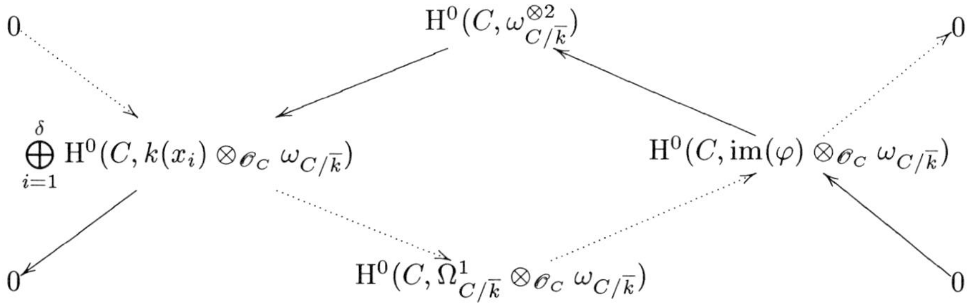


les groupes $\mathrm{H}^1(C, \mathrm{im}(\varphi) \otimes_{\mathscr{O}_C} \omega_{C/\overline{k}})$ et $\mathrm{H}^1(C, k(x_i) \otimes_{\mathscr{O}_C} \omega_{C/\overline{k}})$ étant nuls, le premier puisque son dual $\mathrm{Hom}(\mathrm{im}(\varphi), \mathscr{O}_C)$ s'injecte dans $\mathrm{Hom}(\Omega^1_{C/\overline{k}}, \mathscr{O}_C) = 0$, et le second car $k(x_i) \otimes_{\mathscr{O}_C} \omega_{C/\overline{k}}$ est un faisceau gratte-ciel. □

**2.4.** Du point de vue des déformations, la nullité de $\mathrm{Ext}^2(\Omega^1_{C/\overline{k}}, \mathscr{O}_C)$ indique qu'il n'y a aucune obstruction à relever les déformations sur des extensions infinitésimales, autrement dit, $R$ est lisse sur $\overline{k}$, c'est un anneau de séries formelles. De plus, la dimension de $\mathrm{Ext}^1(\Omega^1_{C/\overline{k}}, \mathscr{O}_C)$ donne le nombre de variables : $R = W[[t_1, \ldots, t_{3g-3}]]$. La nullité de $\mathrm{Ext}^0(\Omega^1_{C/\overline{k}}, \mathscr{O}_C)$ a pour conséquence l'universalité de $\mathfrak{C}/R$. Par ailleurs, la déformation formelle universelle $\mathfrak{C}/R$ est munie du module relativement très ample

$$\omega^{\otimes 3}_{\mathfrak{C}/R} = \lim_{\leftarrow} \omega^{\otimes 3}_{\mathfrak{C}_n/R_n}$$

(où $R_n = R/\mathfrak{m}^n_R$ et $\mathfrak{C}_n = \mathfrak{C} \times_R R_n$), donc se plonge tricanoniquement dans $\mathbf{P}^{5g-6}_R$. Le théorème d'existence de Grothendieck [**5**, III.5] assure dans ce cas l'effectivité : $\mathfrak{C}/R$ est le complété formel d'une courbe stable, notée aussi $\mathfrak{C}/R$, le long de sa fibre spéciale.

**2.5.** Commençons maintenant l'étude locale de $\mathbf{H}_g$. Soit $A$ un anneau local noethérien. La correspondance précise entre les plongements projectifs et les familles de sections génératrices [**5**, II.4.2.3] montre que $\mathbf{H}_g(A)$ est l'ensemble des classes d'isomorphisme de courbes stables $C/A$ munies de $5g-5$ sections génératrices de $\omega^{\otimes 3}_{C/A}$ (deux familles de sections génératrices étant isomorphes lorsqu'elles se déduisent l'une de l'autre par homothétie de rapport une unité de $A$). Un point $\overline{k}$-rationnel $\overline{s} \in \mathbf{H}_g(\overline{k})$ correspond à une courbe stable tricanoniquement plongée $C \xrightarrow{i} \mathbf{P}^{5g-6}_{\overline{k}}$ au moyen de sections $(s_i)_{i=0}^{5g-6}$. L'anneau local complété $\widehat{\mathscr{O}}_{\mathbf{H}_g,\overline{s}}$ de $\mathbf{H}_g$ en ce point est ainsi l'anneau de déformation universel de la courbe stable $C/\overline{k}$ munie des $5g-5$ sections génératrices $(s_i)$ de $\omega^{\otimes 3}_{C/\overline{k}}$. Nous avons vu qu'il n'y a pas d'obstruction pour relever la courbe $C$ sur une algèbre artinienne $A$ de $\mathscr{C}\mathscr{N}\mathscr{L}$, il n'y en a pas non plus pour relever les sections génératrices, par conséquent, l'anneau de déformation universel $\widehat{\mathscr{O}}_{\mathbf{H}_g,\overline{s}}$ est lisse. Le nombre de variables en jeu est de $3g-3$ pour la courbe stable et $(5g-5)^2 - 1 = \dim \mathbf{PGL}(5g-6)$ pour le choix des sections génératrices (modulo $A^\times$).

Tout ceci se traduit de la manière suivante :

***2.6 Proposition.*** — *Le schéma $\mathbf{H}_g$ est lisse sur $\mathbb{Z}$. Plus précisément, en tout point géométrique $\overline{s}$ de $\mathbf{H}_g$, nous avons*

$$\widehat{\mathscr{O}}_{\mathbf{H}_g,\overline{s}} \simeq W[[t_1, \ldots, t_N]]$$

*avec $N = 3g - 3 + (5g-5)^2 - 1 = 25g^2 - 47g + 21$.*

**2.7.** Notons $\mathbf{H}^\circ_g \subset \mathbf{H}_g$ le lieu des fibres lisses de la courbe stable tricanoniquement plongée universelle $\mathscr{C}_g \to \mathbf{P}^{5g-6}_{\mathbf{H}_g}$. Afin de préciser la forme du complémentaire de $\mathbf{H}^\circ_g \subset \mathbf{H}_g$, nous nous intéressons aussi aux déformations au voisinage des points doubles. L'anneau local complété en un point double $x \in C$ est $\widehat{\mathcal{O}}_{C,x} \simeq \overline{k}[[u,v]]/(uv)$. Une déformation de $\widehat{\mathcal{O}}_{C,x}$ sur une algèbre artinienne $A$ de $\mathcal{CNL}$ est une algèbre $\mathcal{O}$ plate sur $A$, munie d'un isomorphisme $\mathcal{O} \otimes_A \overline{k} \simeq \widehat{\mathcal{O}}_{C,x}$. Toute déformation $\mathcal{O}$ de $\widehat{\mathcal{O}}_{C,x}$ sur une algèbre $A$ de $\mathcal{CNL}$ est induite, à isomorphisme près, par un unique $W$-morphisme local $W[[t]] \to \varphi A$ sous la forme

$$\mathcal{O} \simeq W[[t,u,v]]/(uv-t) \otimes_{W[[t]]} A = A[[u,v]]/(uv - \varphi(t))$$

**2.8.** Si la courbe stable $C/\overline{k}$ possède $\delta$ points doubles $x_1, \ldots, x_\delta$, le foncteur, qui à toute déformation $X$ sur une algèbre artinienne $A$ de $\mathcal{CNL}$ associe la famille $(\widehat{\mathcal{O}}_{X,x_1}, \ldots, \widehat{\mathcal{O}}_{X,x_\delta})$, définit sur les anneaux universels un morphisme canonique

$$W[[t_1,\ldots,t_\delta]] = W[[t_1]]\widehat{\otimes}_W \ldots \widehat{\otimes}_W W[[t_\delta]] \xrightarrow{\Phi} R = W[[t_1,\ldots,t_{3g-3}]]$$

De plus nous pouvons choisir les générateurs de $R$ pour avoir $\Phi(t_i) = t_i$ car $\Phi$ est formellement lisse. En effet $\Phi$ induit sur les espaces tangents l'application

$$\mathrm{Ext}^1(\Omega^1_{C/\overline{k}}, \mathcal{O}_C) \longrightarrow \textstyle\prod_{i=1}^{\delta} \mathrm{Ext}^1_{\widehat{\mathcal{O}}_{C,x_i}}(\widehat{\Omega}_{x_i}, \widehat{\mathcal{O}}_{C,x_i}) = \mathrm{H}^0(C, \mathcal{E}xt^1(\Omega^1_{C/\overline{k}}, \mathcal{O}_C))$$

qui est surjective d'après la suite spectrale du paragraphe 2.3.

Le morphisme local-global $\Phi$ montre que l'équation locale du lieu des fibres singulières dans $\widehat{\mathcal{O}}_{\mathbf{H}_g,\overline{s}}$ est $t_1 \ldots t_\delta = 0$. Nous obtenons ainsi :

***2.9 Proposition.*** — *Le lieu des fibres singulières $\mathbf{H}_g - \mathbf{H}_g^\circ$ est un diviseur relatif à croisements normaux dans $\mathbf{H}_g/\mathbb{Z}$.*

## 3. Le schéma modulaire grossier $\mathbf{M}_g$

**3.1.** Le langage fonctoriel étant le plus adapté pour définir la notion d'espace modulaire grossier, fixons quelques notations.

Soient (**sch**) la catégorie des schémas, (**ens**) celle des ensembles,

$$(\mathbf{sch}) \xrightarrow{\mathbf{F}_g} (\mathbf{ens})$$

le foncteur (contravariant) associant à toute base $S$ l'ensemble des classes d'isomorphisme de courbes stables de genre $g$ sur $S$.

L'existence d'automorphismes est une obstruction à la représentabilité de $\mathbf{F}_g$ par un schéma. On dit qu'il n'existe pas de schéma modulaire fin [**11**, § 5.1, 5.2] des courbes stables de genre $g$.

Deligne et Mumford [**4**, § 5] ont contourné le problème de la représentabilité en travaillant dans la 2-catégorie des champs algébriques. La difficulté consiste alors à faire de la géométrie dans cette 2-catégorie dont les objets sont des catégories fibrées en groupoïdes au-dessus de (**sch**), ayant de bonnes propriétés de descente.

**3.2.** Pour donner une idée du point de vue des champs, reprenons les notations $\overline{k}$, $C$, $W$ du paragraphe 2.1. Le schéma $\mathbf{H}_{g,W} := \mathbf{H}_g \times \operatorname{Spec} W$ est lisse sur $W$, de dimension relative $N = 3g - 3 + (5g-5)^2 - 1$.

La courbe $C$ correspond à une orbite $O \subset \mathbf{H}_g \times \operatorname{Spec} \overline{k}$ sous $\mathbf{PGL}(5g-6)$ au-dessus de $\overline{k}$. Soit $S$ un germe de sous-schéma de $\mathbf{H}_{g,W}$ transversal à $O$ en un point rationnel $\overline{s}$ de cette orbite. Alors $S$ est lisse sur $W$, de dimension relative $3g-3$. Le couple $(S, C_S)$ formé de $S$ et de la courbe stable $C_S := \mathscr{C}_g \times_{\mathbf{H}_g} S$ est une algébrisation de la déformation universelle $\mathfrak{C}$ de $C$. Autrement dit, l'anneau universel $R$ (ou plutôt $\operatorname{Spf} R$) s'obtient par complétion de $S$ en $\overline{s}$.

Afin de comparer le couple $(S, C_S)$ avec une autre algébrisation $(S', C_{S'})$ de la déformation universelle de $C$, introduisons le foncteur $\mathbf{Isom}(C_S, C_{S'})$ des isomorphismes entre $C_S$ et $C_{S'}$. C'est un foncteur défini au-dessus du produit fibré $S'' = S \times_W S'$ par

$$\mathbf{Isom}(C_S, C_{S'})(T) = \operatorname{Isom}_T(C_S \times_S T, C_{S'} \times_{S'} T)$$

pour tout schéma $T$ au-dessus de $S''$.

***3.3 Lemme.*** — *Le foncteur des isomorphismes entre deux courbes stables $C_S/S$ et $C_{S'}/S'$ est représentable par un schéma $I$ fini et non ramifié sur $S'' = S \times_W S'$.*

*Démonstration.* — La représentabilité provient du fait que les courbes stables sont canoniquement polarisées [**6**, exposé 221, § 4.c] : tout isomorphisme

$$C_S \times_S T \xrightarrow{f} C_{S'} \times_{S'} T$$

induit un isomorphisme canonique $f^*(\omega_{C_{S'} \times_{S'} T}) \simeq \omega_{C_S \times_S T}$.

De plus, l'espace tangent à l'origine du schéma $I$ est trivial d'après le lemme 2.3 puisque ses éléments s'identifient à des champs de vecteurs sur $C/\overline{k}$. Nous en déduisons que $I$ est non-ramifié sur $S''$.

Pour conclure, il suffit de montrer que $I$ est propre sur $S''$, ce qui découle de l'unicité du modèle minimal [**1**]. □

**3.4.** De plus les deux projections naturelles de $I$ sur $S$, resp. $S'$, sont étales, du moins en tous les points au-dessus des points $s$ de $S$, resp. $s'$ de $S'$, correspondant à la courbe $C$. Cette situation, très proche de celle d'un foncteur représentable, est celle d'un champ algébrique au sens de Deligne-Mumford. Les couples $(S, C_S)$ jouent le rôle de cartes locales pour la topologie étale, et $\mathbf{Isom}(S, S')$ celui de changement de cartes.

Pour en savoir davantage, le lecteur pourra consulter [**9**] (à paraître) ou, en attendant, [**3**]. Face au problème de la non-représentabilité de $\mathbf{F}_g$, une autre possibilité consiste à travailler avec une notion plus faible, celle de schéma modulaire grossier.

***3.5 Définition.*** — Un schéma modulaire grossier des courbes stables de genre $g$ est un schéma $\mathbf{M}_g$ muni d'un morphisme fonctoriel $\mathbf{F}_g \xrightarrow{\Psi} \mathbf{M}_g$ tel que :

(i) sur tout corps algébriquement clos $\overline{k}$, $\mathbf{F}_g(\overline{k}) \xrightarrow{\Psi(\overline{k})} \mathbf{M}_g(\overline{k})$ est une bijection,

(ii) tout autre morphisme fonctoriel $\mathbf{F}_g \to \mathbf{M}$ vers un schéma se factorise de manière unique par $\Psi$ :

$$
\begin{array}{ccc}
\mathbf{F}_g & \longrightarrow & \mathbf{M} \\
 & {\scriptstyle\Psi}\searrow \quad \nearrow & \\
 & \mathbf{M}_g &
\end{array}
$$

**3.6.** L'existence du schéma modulaire grossier $\mathbf{M}_g$ se démontre par la théorie des invariants géométriques développée par Mumford dans [**11**]. Dans ce langage, $\mathbf{M}_g$ sera un quotient géométrique de $\mathbf{H}_g$ par $\mathbf{PGL}(5g-6)$. En particulier, il existe un morphisme canonique $\mathbf{H}_g \to \mathbf{M}_g$, et nous notons $\mathbf{M}_g^\circ \subset \mathbf{M}_g$ l'image de $\mathbf{H}_g^\circ$. Nous renvoyons à Knudsen [**8**] pour l'existence et la projectivité de $\mathbf{M}_g$ (voir aussi [**12**]).

***3.7 Théorème.*** — *Le schéma modulaire* $\mathbf{M}_g$ *est propre et de dimension* $3g-3$ *sur* $\mathbb{Z}$.

*Démonstration.* — La dimension de $\mathbf{M}_g$ est $\dim \mathbf{H}_g - \dim \mathbf{PGL}(5g-6) = 3g-3$.

Vérifions le critère valuatif de propreté sous la forme suivante : étant donnés un anneau de valuation discrète complet $R$, son corps des fractions $K$, et un

$K$-point $f$ de $\mathbf{M}_g^\circ$, nous montrons que $f$ se factorise de manière unique par $R$.

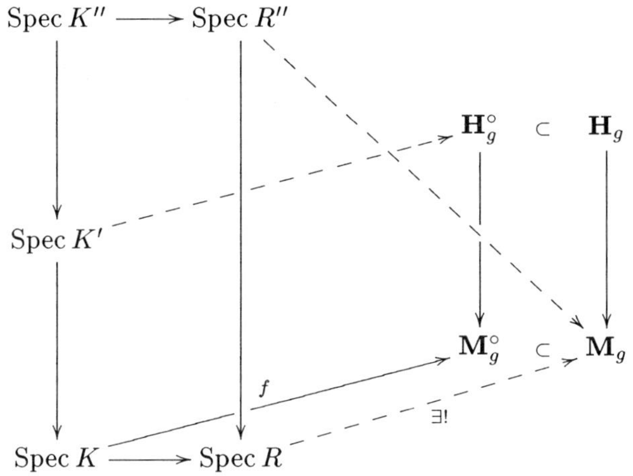


Par propriété du quotient géométrique, $f$ se factorise par $\mathbf{H}_g^\circ$ après extension finie $K'$ de $K$, ce qui donne, par propriété universelle de $\mathbf{H}_g^\circ$, une courbe lisse de genre $g$ sur $K'$. Quitte à faire agir $\mathbf{PGL}(5g-6, K')$ et à faire une extension finie $K''$ de $K$, le théorème de réduction stable [**1**, Th. 1.1] appliqué à cette courbe donne alors la factorisation par une extension finie $R''$ de $R$. La descente à $R$ s'effectue sans problème puisque $R = K \cap R''$. L'unicité de la factorisation vient de l'unicité du modèle minimal [**1**]. □

***3.8 Théorème***. — *Le schéma modulaire $\mathbf{M}_g$ est à fibres géométriquement irréductibles.*

*Démonstration*. — Il est connu que $\mathbf{M}^\circ_{g,\overline{\mathbb{Q}}}$ est irréductible, donc connexe [**4**, introduction]. Par densité, la fibre générique géométrique $\mathbf{M}_{g,\overline{\mathbb{Q}}}$ de $\mathbf{M}_g$ est connexe. Puisque $\mathbf{M}_g$ est propre sur $\mathbb{Z}$, le théorème de connexité de Zariski [**5**, III.4.3] montre que pour tout nombre premier $p$, la fibre géométrique $\mathbf{M}_{g,\overline{\mathbb{F}_p}}$ est connexe. Le groupe $\mathbf{PGL}(5g-6)$ étant connexe, les fibres géométriques $\mathbf{H}_{g,\overline{\mathbb{F}_p}}$ sont aussi connexes. Or $\mathbf{H}_g$ est lisse sur $\mathbb{Z}$, donc $\mathbf{M}_{g,\overline{\mathbb{F}_p}}$ est irréductible, et son image $\mathbf{M}_{g,\overline{\mathbb{F}_p}}$ aussi. □

## Références

[1] A. Abbes – « Réduction semi-stable des courbes », ces comptes-rendus.

[2] S. Bosch, W. Lütkebohmert & M. Raynaud – *Néron models*, Ergeb., no. 21, Springer-Verlag, 1990.

[3] P. Deligne – « Le lemme de Gabber », *Séminaire sur les pinceaux arithmétiques : la conjecture de Mordell* (L. Szpiro, éd.), Astérisque, vol. 127, Soc. Math. de France, 1985, p. 131–150.

[4] P. Deligne & D. Mumford – « The irreducibility of the space of curves of given genus », *Publ. Math. Inst. Hautes Études Sci.* **36** (1969), p. 75–109.

[5] A. Grothendieck – *Éléments de Géométrie Algébrique*, vol. 4, 8, 11, 17, 20, 24, 28, 32, Publ. Math. Inst. Hautes Études Sci., 1960-67, (avec la collaboration de J. Dieudonné).

[6] ———, « Fondements de la géométrie algébrique », *Séminaire Bourbaki 1957-62* (Paris), Secrétariat Math., 1962.

[7] R. Hartshorne – *Residues and Duality*, Lect. Notes Math., no. 20, Springer-Verlag, 1966.

[8] F. Knudsen – « The projectivity of the moduli space of stable curves I, II, III », *Math. Scand.* **39,52** (1976,1983), p. 19–55,161–212.

[9] G. Laumon & L. Moret-Bailly – *Champs algébriques*, Ergeb., Springer-Verlag, *à paraître.*

[10] S. Lichtenbaum & M. Schlessinger – « The cotangent complex of a morphism », *Trans. Amer. Math. Soc.* **128** (1967), no. 1, p. 41–70.

[11] D. Mumford – *Geometric Invariant Theory*, Ergeb., vol. 34, Springer-Verlag, 1965, (2$^{\mathrm{nde}}$ édition avec J. Fogarty, 1982).

[12] ———, « Stability of projective varieties », *Enseign. Math. (2)* **23** (1977), p. 39–110.

[13] M. Schlessinger – « Functors of Artin rings », *Trans. Amer. Math. Soc.* **130** (1968), no. 2, p. 208–222.

David Mauger, LAGA, Institut Galilée, Université Paris-Nord, 93430 Villetaneuse, France
*E-mail :* mauger@math.univ-paris13.fr

*Courbes semi-stables et groupe fondamental en géométrie algébrique*
(J.-B. BOST, F. LOESER, M. RAYNAUD, éd.), p. 59–110
Progress in Mathematics, Vol. 187, © 2000 Birkhäuser Verlag Basel/Switzerland

# 5

# RÉDUCTION SEMI-STABLE DES COURBES D'APRÈS ARTIN, DELIGNE, GROTHENDIECK, MUMFORD, SAITO, WINTERS,...

Ahmed Abbes

Soit $S = \mathrm{Spec}(R)$ le spectre d'un anneau de valuation discrète complet de corps résiduel algébriquement clos $k$ de caractéristique $p \geqslant 0$ et de corps de fractions $K$. On note $s$ son point fermé, $\eta$ son point générique et $\overline{\eta}$ un point géométrique générique correspondant à une clôture séparable $\overline{K}$ de $K$. On désigne par $I$ le groupe de Galois de $\overline{K}$ sur $K$ et par $P$ son sous-groupe d'inertie sauvage.

Une courbe sur $S$ (ou une $S$-courbe) est un $S$-schéma plat, séparé, de type fini et de dimension relative 1. Une $S$-courbe $f : X \to S$ est propre (resp. régulière) si $f$ est propre (resp. $X$ est régulier). Elle est stable (resp. semi-stable) si elle est propre et si ses fibres géométriques sont des courbes stables (resp. semi-stables), i.e. sont réduites et connexes, ont pour seules singularités des points doubles ordinaires et chacune de leurs composantes irréductibles isomorphe à $\mathbb{P}^1$ rencontre les autres composantes en au moins 3 points (resp. 2 points). Une $S$-courbe propre est appelée modèle de sa fibre générique.

## 1. Énoncés des théorèmes

L'objectif de cet exposé est de présenter diverses preuves du théorème suivant :

***Théorème* 1.1.** — *Soit $C$ une courbe propre, lisse et géométriquement irréductible sur $K$, de genre $g \geqslant 2$. Il existe une extension finie séparable $K'$ de $K$ telle que $C_{K'} = C \times_K K'$ admet un modèle stable sur la fermeture intégrale $R'$ de $R$ dans $K'$.*

Ce théorème, difficile en caractéristique résiduelle positive, admet une démonstration simple en caractéristique résiduelle nulle. Pour la décrire, je commencerai par quelques rappels sur les modèles réguliers qui seront aussi utiles pour les autres preuves.

Un sous-schéma fermé d'un schéma régulier est un diviseur à croisement normaux (dcn) si localement pour la topologie étale, il est défini par une équation de la forme $\prod_{i\in I} f_i$, où $(f_i)_{i\in I}$ est une partie d'un système régulier de paramètres. On note qu'un dcn est un diviseur réduit.

Soit $X_\eta$ une courbe propre et lisse sur $\eta$. On sait qu'il existe (cf. [**1, 16**]) :

(i) un modèle régulier de $X_\eta$ sur $S$ ;

(ii) un modèle régulier $X$ de $X_\eta$ sur $S$ dont la fibre fermée réduite $X_{s,\mathrm{red}}$ est un dcn. Un tel modèle est dit régulier à croisement normaux (rcn).

Grâce au critère de contraction de Castelnuovo (cf. [**7**] théorème 3.1 et [**17, 26**]), on peut construire à partir des modèles ci-dessus :

– un modèle régulier relativement minimal, c'est à dire un modèle relativement minimal parmis les modèles du type (i).

– un modèle rcn relativement minimal, c'est à dire un modèle relativement minimal parmi les modèles du type (ii).

Supposons de plus $X_\eta$ géométriquement irréductible. A part dans le cas où il existe un modèle régulier $X$ dont la fibre fermée est isomorphe à $\mathbb{P}^1_k$, il existe des modèles minimaux parmis les modèles du type (i) et parmi ceux du type (ii) et ces modèles sont uniques à des isomorphismes uniques près (cf. [**7, 17, 26**]).

Soit $C$ une courbe propre, lisse et géométriquement irréductible sur $K$ de genre $g \geqslant 2$. Supposons d'abord que la caractéristique résiduelle de $R$ est nulle. On se fixe un modèle régulier $X$ de $C$ sur $S$ dont la fibre fermée réduite $X_{s,\mathrm{red}}$ est un dcn. La démonstration du théorème 1.1 est complètement constructive à partir de la donnée de $X$. Pour ce faire, on introduit la construction suivante : soit $n > 0$ un entier. On note $R' = R[\pi']/(\pi'^n - \pi)$ où $\pi$ est une uniformisante de $R$, $S' = \mathrm{Spec}(R')$, et on considère le diagramme commutatif suivant

$$\begin{array}{ccccc} X'' & \longrightarrow & X' & \longrightarrow & X \\ \downarrow & & \downarrow & & \downarrow \\ S' & = & S' & \longrightarrow & S \end{array}$$

où $X' = X \times_S S'$ et $X''$ est la normalisée de $X'$.

***Théorème* 1.2.** — *Supposons la caractéristique résiduelle de $R$ nulle. Soient $[X_s] = \sum_{i\in I} n_i[C_i]$ la décomposition de $X_s$ en composantes irréductibles, et*

*$n > 0$ un entier tels que $n_i | n$ pour tout $i \in I$. Alors, la fibre fermée de $X'' \to S'$ est réduite et ses seules singularités sont des points doubles ordinaires.*

Cet énoncé est suffisant pour beaucoup d'applications. On le démontrera dans la section 1.1. Le théorème 1.1 s'en déduit facilement (cf. remarque 1.9).

Les démonstrations générales du théorème 1.1 sont plus compliquées. Schématiquement, elles peuvent se diviser en trois parties (inégales). Il s'agit d'abord d'identifier un bon candidat pour un modèle stable. On donnera ensuite une caractérisation du fait qu'il soit stable. On démontrera enfin que cette caractérisation est vérifiée après une extension finie de la base.

La première étape est facile. En effet, un modèle stable de $C$ sur $S$, quand il existe, est unique à isomorphisme unique près. Il s'obtient à partir du modèle régulier minimal par un procédé canonique. On démontrera dans la section 1.2 l'énoncé suivant :

***Proposition* 1.3.** — *Soit $C$ une courbe propre lisse et géométriquement irréductible sur $K$ de genre $g \geqslant 2$. Les propositions suivantes sont équivalentes :*

(i) *$C$ admet un modèle stable ;*

(ii) *le modèle rcn minimal de $C$ sur $S$ a une fibre fermée réduite ;*

(iii) *le modèle régulier minimal de $C$ sur $S$ a pour fibre fermée un dcn.*

Les démonstrations du théorème 1.1 diffèrent essentiellement par leurs deuxième et troisième parties. La preuve la plus récente, et à mon point de vue la plus naturelle, est celle de T. Saito **[24]**. Il s'agit de donner une caractérisation cohomologique du fait que le modèle régulier minimal soit semi-stable. On fixe dans la suite un nombre premier $\ell \neq p$.

***Théorème* 1.4.** — *Soit $C$ une courbe propre lisse et géométriquement irréductible sur $K$ de genre $g \geqslant 2$. Les propriétés suivantes sont équivalentes :*

(i) *l'action de $I$ sur $H^1(C_{\overline{K}}, \mathbb{Q}_\ell)$ est unipotente ;*

(ii) *le modèle rcn minimal de $C$ sur $S$ a une fibre fermée réduite.*

On démontrera aussi le théorème suivant :

***Théorème* 1.5 (T. Saito).** — *Soit $C$ une courbe propre lisse et géométriquement irréductible sur $K$ de genre $g \geqslant 2$. Les propriétés suivantes sont équivalentes :*

(i) *l'action du groupe d'inertie sauvage $P$ sur $H^1(C_{\overline{K}}, \mathbb{Q}_\ell)$ est triviale ;*

(ii) *le modèle rcn minimal $X$ de $C$ sur $S$ vérifie la propriété suivante : toute composante irréductible $E$ de $X_s$ de multiplicité divisible par $p$ est isomorphe à $\mathbb{P}^1$ et coupe les autres composantes en exactement deux points et les multiplicités des composantes qui coupent $E$ sont premières à $p$.*

Le théorème 1.1 découle du théorème 1.4 et du théorème de monodromie (voir appendice B) :

***Théorème* 1.6.** — *L'action de $I$ sur $H^1(C_{\overline{K}}, \mathbb{Q}_\ell)$ est quasi-unipotente : il existe un sous-groupe ouvert $I'$ de $I$ tel que l'action de $I'$ sur $H^1(C_{\overline{K}}, \mathbb{Q}_\ell)$ est unipotente.*

Les démonstrations des théorèmes 1.4 et 1.5 suivent la même stratégie. Par un calcul de cycles évanescents modérément ramifés, on montre que la condition 1) est équivalente à une condition numérique sur des produits d'intersection sur $X$. Grâce à une analyse combinatoire assez fine, on montre que cette condition numérique est équivalente à la condition 2). Le calcul des cycles évanescents est effectué dans la section 3 et l'analyse combinatoire est développée dans la section 2.

Contrairement à la preuve de T. Saito, les premières démonstrations du théorème de réduction semi-stable utilisent les jacobiennes. On démontrera, dans la proposition 4.1, que le modèle régulier minimal de $C$ sur $S$ est semi-stable si et seulement si la jacobienne de sa fibre fermée est un schéma semi-abélien. Par un théorème de Raynaud, cette dernière coïncide avec la fibre fermée du modèle de Néron connexe de la jacobienne de $C$. On ramène ainsi la réduction semi-stable de la courbe à la réduction semi-stable de sa jacobienne, dont la preuve est due à Grothendieck (cf. section 5). On démontrera dans la proposition 5.10 le critère effectif de réduction semi-stable suivant dû à Serre et Raynaud : *une variété abélienne sur $K$ dont tous les points de $n$ torsion sont rationnels sur $K$, pour un entier $n \geqslant 3$ et premier à la caractéristique résiduelle $p$, a réduction semi-stable sur $S$.*

On donnera aussi une démonstration plus directe due à Artin–Winters qui n'utilise pas les modèles de Néron. Son caractère combinatoire cache des idées géométriques profondes, que nous essayons d'expliquer dans la section 5.3.

Pour finir, je voudrais signaler l'existence d'autres preuves du théorème de réduction semi-stable, en particulier celles par la géométrie rigide [**4**] et par la théorie géométrique des invariants [**12**].

Je remercie J.-B. Bost, B. Edixhoven, Q. Liu, D. Lorenzini, M. Raynaud et T. Saito pour leurs lectures attentives de cet exposé et leurs commentaires qui ont amélioré son contenu et sa rédaction.

**Notations.** — Soit $r$ un entier. On note $\delta_p(r) = r$ si $p = 0$, et $\delta_p(r)$ le plus grand diviseur de $r$ premier à $p$ si $p$ est un nombre premier.

Soit $a$ un entier $\geqslant 2$. On désigne par $\mu_a$ le groupe des racines $a$-ème de l'unité. Noter que si $a$ est premier à la caractéristique de $k$, alors $\mu_a(R) = \mu_a(K) = \mu_a(k)$.

Soit $V$ un $\mathbb{Q}_\ell$-espace vectoriel de dimension finie muni d'une action continue et quasi-unipotente de $I$ (i.e. il existe $N, m \in \mathbb{N}^*$ tel que pour tout $\sigma \in I$, $(\sigma^m - 1)^N|V = 0$). Alors $V$ admet une filtration dont les quotients successifs sont simples. On note $V'$ la représentation semi-simplifiée de $V$, et on définit la dimension semi-simplifiée de $V$ par $\dim_{\mathrm{s}} V = \dim_{\mathbb{Q}_\ell}((V')^I)$. Clairement, l'action de $I$ sur $V$ est unipotente si et seulement si $\dim_{\mathrm{s}}(V) = \dim_{\mathbb{Q}_\ell}(V)$.

**1.1. Preuve du théorème 1.2.** — On suppose $k$ de caractéristique zéro. On note $R' = R[\pi']/(\pi'^n - \pi)$, $S' = \mathrm{Spec}(R')$, et $t$ le point fermé de $S'$. Soient $x$ un point fermé de $X$, $\mathscr{O}_{X,x}$ l'anneau local de $X$ en $x$ et $A$ son complété. Puisque $X_{s,\mathrm{red}}$ est un dcn sur $X$, alors

$$A \simeq \begin{cases} R[[u,v]]/(\pi - u^a) & \text{si } X_s \text{ a une seule branche en } x\,; \\ R[[u,v]]/(\pi - u^a v^b) & \text{si } X_s \text{ a deux branches en } x. \end{cases}$$

Noter que $\mathscr{O}_{X,x} \otimes_R R'$ et $A \otimes_R R'$ sont réduits.

Soient $x_1, \ldots, x_r$ les points de $X''$ au dessus de $x$, pour chaque $i$, $\hat{\mathscr{O}}_{X'',x_i}$ le complété de l'anneau local de $X''$ en $x_i$, et $A'$ la normalisation de $A \otimes_R R'$ dans son anneau total de fractions. On a, par EGA IV 7.8.3,

$$A' \simeq \prod_{i=1}^{r} \hat{\mathscr{O}}_{X'',x_i}.$$

Supposons que $X_s$ a une seule branche en $x$. Soit $n = an'$, alors

$$A' \simeq \prod_{\xi \in \mu_a(R)} \{R'[[u,v]]/(\pi'^{n'} - \xi u)\}' \simeq \prod_{\xi \in \mu_a(R)} R'[[v]],$$

où $\{\ \}'$ désigne la normalisation. On en déduit que $X''$ est lisse en $x_1, \ldots, x_r$.

Supposons que $X_s$ a deux branches en $x$. Soient $d = (a,b)$, $a = d\alpha$, $b = d\beta$ et $n = d\alpha\beta n'$. Alors,

$$A' \simeq \prod_{\xi \in \mu_d(R)} \{R'[[u,v]]/(\pi'^{n'\alpha\beta} - \xi u^\alpha v^\beta)\}'.$$

On se propose de normaliser $R'[[u,v]]/(\pi'^{n'\alpha\beta} - \xi u^\alpha v^\beta)$. On fixe $\theta \in R$ tel que $\theta^{\alpha\beta} = \xi$, et on considère le morphisme

$$f : P = \mathrm{Spec}(R'[[z,y]]/(\pi'^{n'} - \theta zy)) \longrightarrow Q = \mathrm{Spec}(R'[[u,v]]/(\pi'^{n'\alpha\beta} - \xi u^\alpha v^\beta))$$

donné par le morphism de $R'$-algèbres

$$\begin{array}{rccc} f^* : & R'[[u,v]]/(\pi'^{n'\alpha\beta} - \xi u^\alpha v^\beta) & \longrightarrow & R'[[z,y]]/(\pi'^{n'} - \theta zy) \\ & (u,v) & \longmapsto & (z^\beta, y^\alpha) \end{array}$$

Soit $\kappa$ le point générique de $Q$. Comme $(\alpha,\beta) = 1$, alors $f$ induit une immersion fermée $P \times_Q \kappa \subset \kappa$. Or $P \times_Q \kappa \neq \emptyset$ (car $f^*$ est injectif), d'où $P \times_Q \kappa = \kappa$. Puisque $P$ est normal, $f^*$ induit un isomorphisme

$$\{R'[[u,v]]/(\pi'^{n'\alpha\beta} - \xi u^\alpha v^\beta)\}' \simeq R'[[z,y]]/(\pi'^{n'} - \theta zy).$$

On en déduit que chaque $x_i$ est un point double ordinaire sur $X''_t$. □

**1.2. Preuve de la proposition 1.3.** — Soit $C$ une courbe propre lisse et géométriquement irréductible sur $K$ de genre $g \geqslant 2$.

***Lemme* 1.7.** — *L'éclatement de l'idéal maximal d'un modèle semi-stable de $C$ en un point singulier est un modèle semi-stable.*

*Preuve.* — Soient $X$ un modèle semi-stable de $C$ sur $S$ et $x$ un point singulier dans $X$. Donc $x$ est un point double ordinaire dans $X_s$. La déformation universelle d'une singularité double ordinaire est l'anneau $W[[u,v,t]]/(uv-t)$ sur l'anneau $W[[t]]$ où $W = k$ si $p = 0$ et l'anneau des vecteur de Witt de $k$ si $p > 0$. On en déduit que la complétion de l'anneau local de $X$ en $x$ est donnée par

$$\hat{\mathscr{O}}_{X,x} \simeq R[[u,v]]/(uv - \pi^n) \tag{1}$$

où $\pi$ est une uniformisante de $R$ et $n$ est un entier $\geqslant 1$. De plus, $x$ est singulier ssi $n \geqslant 2$. Soit $\widetilde{X}$ l'éclatement de $X$ en $x$. Les propriétés suivantes découlent facilement de (1) :

Si $n = 2$, alors $\widetilde{X}$ est régulier au dessus de $x$. Sa fibre fermée s'obtient à partir de $X_s$ en remplaçant $x$ par un $\mathbb{P}^1$ qui coupe transversalement les deux branches de $X_s$ en $x$, en deux points distincts (voir figure 1).

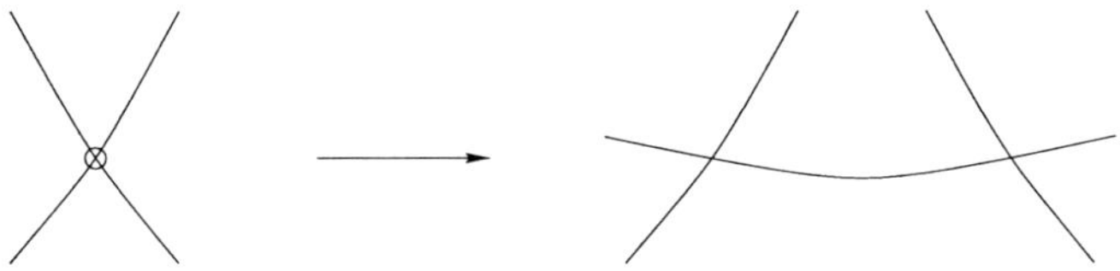

FIGURE 1.

Si $n \geqslant 3$, alors $\widetilde{X}$ a au plus un point singulier $\widetilde{x}$ au dessus de $x$. La complétion de l'anneau local de $\widetilde{X}$ en $\widetilde{x}$ est isomorphe à $R[[\alpha,\beta]]/(\alpha\beta - \pi^{n-2})$. La fibre $\widetilde{X}_s$ s'obtient à partir de $X_s$ en remplaçant $x$ par deux $\mathbb{P}^1$ qui se coupent transversalement en $\widetilde{x}$ et chacun coupe une branche de $X_s$ en $x$, en un point distinct de $\widetilde{x}$ comme sur la figure 2. □

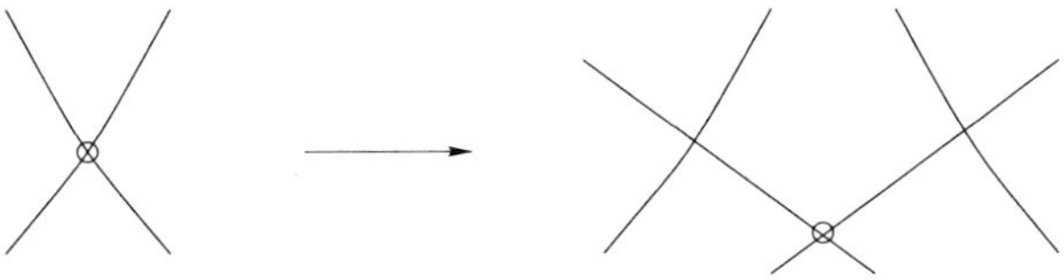

FIGURE 2.

*Preuve de* i)⇒iii). — Soit $X$ un modèle stable de $C$ sur $S$. Une désingularisation minimale $\widetilde{X}$ de $X$ est une courbe semi-stable par le lemme 1.7. En particulier, elle ne contient pas de $\mathbb{P}^1$ de self-intersection $-1$. C'est donc le modèle régulier minimal de $C$ sur $S$. De (1), on voit que la fibre fermée de $\widetilde{X}$ est un dcn.

*Preuve de* iii)⇒i). — Soient $\mathscr{C}$ le modèle régulier minimal de $C$ sur $S$ et $E_1, \ldots, E_n$ les composantes irréductibles de $X_s$ isomorphes à $\mathbb{P}^1$ qui coupent les autres composantes en deux points. Alors, les $E_i$ forment des chaînes du type de la figure 3 sauf si elles forment un cycle qui constitue toute la fibre

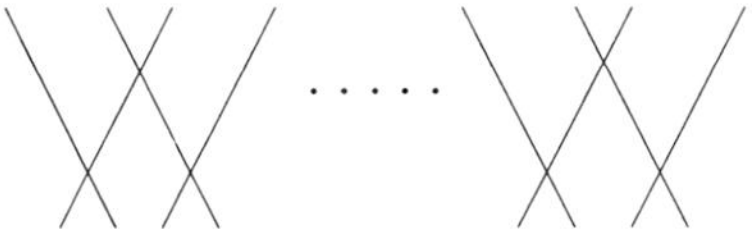

FIGURE 3.

fermée (représenté sur la figure 4). Mais dans ce dernier cas, le genre de $C$

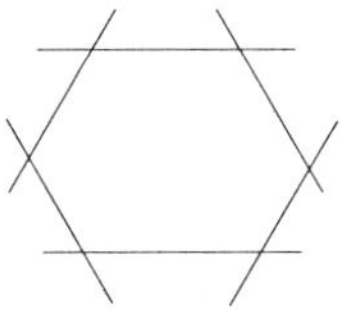

FIGURE 4.

vaut 1, ce qui contredit l'hypothèse de la proposition.

L'implication iii)⇒i) découle alors du lemme suivant :

***Lemme* 1.8.** — *Soient $X$ une $S$-courbe propre et régulière et $E_1, \ldots, E_r$ des composantes irréductibles de sa fibre fermée qui sont isomorphes à $\mathbb{P}^1$, de self-intersection $-2$, et qui forment une chaîne du type décrit ci-dessus. Alors, on peut les contracter en un point double rationnel $P$ d'une $S$-courbe normale $Y$. Si de plus $X_s$ est un dcn, alors $P$ est un point double ordinaire de la fibre fermée $Y_s$.*

*Preuve.* — Par un théorème de Lipman, on peut contracter les $E_i$ en un point double rationnel $P$ d'une $S$-courbe normale $Y$ ([**18**] théorème 27.1). Le morphisme de contraction $\rho : X \to Y$ est la composé d'une suite d'éclatements puisque c'est ainsi pour toute désingularisation d'une singularité rationnelle sur une surface normale ([**18**] théorème 4.1).

Supposons que $X_s$ soit un dcn. Soient $\gamma_1$ la branche de $X_s$ qui coupe $E_1$ et

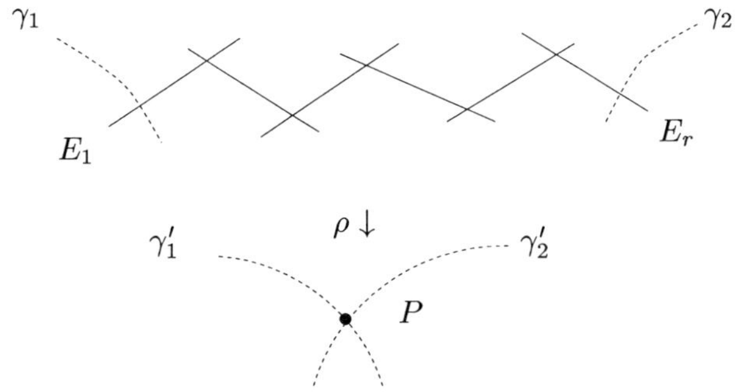


FIGURE 5.

$\gamma_2$ celle qui coupe $E_r$. On désigne par $Y_s'$ la transformée stricte de $Y_s$ dans $X$ et par $\gamma_1'$ et $\gamma_2'$ les images de $\gamma_1$ et $\gamma_2$ dans $Y_s$. L'égalité des diviseurs de Cartier $X_s = Y_s' + \sum_i E_i$ montre que la multiplicité du point $P$ sur la courbe $Y_s$ vaut 2. Il s'en suit aussi que la multiplicité de $P$ sur $\gamma_1'$ et sur $\gamma_2'$ vaut 1, i.e. $\gamma_1'$ et $\gamma_2'$ sont lisses en $P$. On montre d'abord que l'espace cotangent de $Y_s$ en $P$ est de dimension 2. On sait que l'espace cotangent de $Y$ en $P$ est de dimension 3, car $P$ est un point double rationnel (cf. [**18**] corollaire 23.3). Il suffit donc de voir que l'image de $\pi$ dans l'espace cotangent de $Y$ en $P$ est non nulle. Sinon, l'image de $\pi$ dans l'espace cotangent de $X$ en tout point $Q$ au dessus de $P$ serait nulle. Ceci est faux en un point $Q$ lisse dans $X/S$. Il reste à voir que $\gamma_1'$ et $\gamma_2'$ se coupent transversalement en $P$. Si ce n'était pas le cas, par éclatement du point $P$ dans $Y$, les transformées strictes de $\gamma_1'$ et $\gamma_2'$ se rencontreraient. Par conséquent, $\gamma_1$ et $\gamma_2$ seraient séparées sur $X$ par une chaîne de $\mathbb{P}^1$ de longeur au plus $r-1$, ce qui n'est pas le cas. □

L'implication iii)⇒ii) est évidente. Pour ii)⇒iii), il suffit de noter que sous l'hypothèse ii), le modèle rcn minimal $X$ de $C$ coïncide avec le modèle régulier minimal. En effet, si $X$ contient un $\mathbb{P}^1$ de self-intersection $-1$, alors ce $\mathbb{P}^1$ coupe le reste des composantes en un seul point car la fibre fermée $X_s$ est réduite. En contractant ce $\mathbb{P}^1$, on obtient encore un modèle r.c.n, ce qui contredit la minimalité de $X$. □

***Remarque* 1.9.** — En caractéristique résiduelle nulle, le théorème 1.1 s'obtient du théorème 1.2 comme suit : soit $\widetilde{X}$ la désingularisation minimale de $X''$. Par le lemme 1.7, la fibre fermée $\widetilde{X}_t$ est réduite, et ses seules singularités sont des points doubles ordinaires. En contractant les $\mathbb{P}^1$ de self-intersection $-1$, on voit que le modèle régulier minimal de $C_{K'}$ sur $S'$ est semi-stable. Le théorème 1.1 en découle grâce à la proposition 1.3.

## 2. Analyse combinatoire

Le lecteur qui ne souhaiterait pas lire cette section devrait admettre les propositions 2.3 et 2.6.

***Définition* 2.1.** — *Une forme est la donnée des objets suivants*

1) *un $\mathbb{Z}$-module libre $M$ de rang fini et une base $B$ ;*

2) *une forme bilinéaire symétrique $(\ ,\ )$ sur $M$ ;*

3) *une forme linéaire sur $M$, notée $(\ ,\omega)$ ;*

4) *un élément $E=\sum_{C\in B} r_C C$, où $r_C$ est un entier $\geqslant 1$ pour tout $C\in B$ ;*

*tels que les propriétés suivantes soient vérifiées :*

a) *la forme bilinéaire induite sur $M_{\mathbb{Q}}$ est semi-définie négative de noyau engendré par $E$ ;*

b) *$(C,C')\geqslant 0$ pour tout $C,C'\in B$ tel que $C\neq C'$ ;*

c) *$B$ est connexe : il n'existe pas de partition $B=B_1\sqcup B_2$ avec $(C_1,C_2)=0$ pour tout $C_1\in B_1$ et $C_2\in B_2$ ;*

d) *$\frac{1}{2}(C,C+\omega)+1$ est un entier $\geqslant 0$, pour tout $C\in B$.*

*Le* genre *de $M$ est l'entier positif $g=\frac{1}{2}(E,\omega)+1$. On pose $E_0:=\sum_{C\in B} C$ et $F:=(\ ,\omega+E_0)$.*

*On dit qu'une forme est* relativement minimale *s'il n'existe pas de $C\in B$ tel que $(C,C)=(C,\omega)=-1$.*

*On dit qu'une forme est* rcn relativement minimale *s'il n'existe pas de $C \in B$ tel que $(C, C) = (C, \omega) = -1$ et $F(C) \leqslant 0$.*

On associe à une forme $M$ le graphe dont les sommets sont indexés par $B$ et où le nombre d'arêtes liant deux sommets distincts $C, C' \in B$ est $(C, C')$.

Soit $X$ une $S$-courbe propre et régulière. En tant que diviseur de Cartier, la fibre fermée se décompose

$$[X_s] = \sum_{C \in B} r_C [C]$$

où $B$ est l'ensemble des composantes irréductibles de $X_s$. On associe à $X$ la forme $M(X)$ donnée par

1) $M(X)$ est le groupe abélien libre de base $B$ ;

2) $( \, , \, )$ est le produit d'intersection ;

3) $( \, , \omega)$ est le degré d'intersection avec le faisceau dualisant relatif $\omega$ de $X$ sur $S$ ;

4) $E = [X_s] = \sum_{C \in B} r_C C$.

Les propriétés a)—d) sont alors bien connues. Il est facile de voir que les notions de modèle relativement minimal et de forme relativement minimale se correspondent :

***Lemme* 2.2.** — i) *Soit $X$ une $S$-courbe propre et régulière. Alors, $X$ est relativement minimale si et seulement si $M(X)$ est une forme relativement minimale.* ii) *Soit $X$ une $S$-courbe propre et rcn. Alors, $X$ est rcn relativement minimale si et seulement si $M(X)$ est une forme rcn relativement minimale.*

***Proposition* 2.3.** — *Soit $M$ une forme rcn relativement minimale de genre $g \geqslant 2$. Les propriétés suivantes sont équivalentes :*

i) $F(E) = F(E_0)$ ;

ii) $E = E_0$.

*Preuve.* — On a

$$F(E) - F(E_0) = \sum_{C \in B} (r_C - 1) F(C) \tag{2}$$

Pour chaque $C \in B$, on pose $N(C) = \{C' \in B ; (C.C') \geqslant 1\}$ et $n(C) = \# N(C)$. Alors

$$F(C) = (C, C + \omega) + \sum_{C' \in N(C)} (C, C') \geqslant -2 + n(C) \geqslant -2.$$

***Lemme* 2.4.** — *$F(C) \leqslant 0$ ne se produit que dans l'un des cas suivants :*

($\alpha$) $(C, C+\omega) = -2$, $N(C) = \{C'\}$, $(C, C') = 1$.
*Dans ce cas* $F(C) = -1$, $(C,C)r_C + r_{C'} = 0$ *et* $-(C,C) \geqslant 2$.

($\beta$) $(C, C+\omega) = -2$, $N(C) = \{C', C''\}$, $(C, C') = (C, C'') = 1$.
*Dans ce cas* $F(C) = 0$, $(C,C)r_C + r_{C'} + r_{C''} = 0$ *et* $-(C,C) \geqslant 2$.

($\gamma$) $(C, C+\omega) = -2$, $N(C) = \{C'\}$, $(C, C') = 2$.
*Dans ce cas* $F(C) = 0$, $(C,C)r_C + 2r_{C'} = 0$ *et* $-(C,C) \geqslant 2$.

*On dit alors que* $C$ *est de type* ($\alpha$) *ou* ($\beta$) *ou* ($\gamma$).

On distingue deux cas possibles suivant qu'il existe ou pas de $C \in B$ de type ($\alpha$).

**1) Il n'existe pas de $C \in B$ de type ($\alpha$).**

Dans ce cas, $F(C) \geqslant 0$ pour tout $C \in B$. L'expression (2) montre que $F(E) \geqslant F(E_0)$ et que $F(E) = F(E_0)$ ssi $(r_C - 1)F(C) = 0$ pour tout $C \in B$. On en déduit que $r_C = 1$ pour tout $C$ dans $B$ qui n'est pas de type ($\beta$) ou ($\gamma$).

Soient $C \in B$ de type ($\gamma$) et $C'$ son unique successeur sur le graphe de $M$. Comme $C'$ n'est pas de type ($\beta$), deux cas se présentent :

i) $C'$ n'est pas de type ($\gamma$), donc $r_{C'} = 1$. De la relation $(C,C)r_C + 2r_{C'} = 0$ et l'inégalité $-(C,C) \geqslant 2$ on tire que $r_C \leqslant 1$ et donc $r_C = 1$.

ii) $C'$ est de type ($\gamma$). Dans ce cas $B = \{C, C'\}$. Les relations $(C,C)r_C + 2r_{C'} = 0$ et $(C',C')r_{C'} + 2r_C = 0$ impliquent que $(C,C) = (C',C') = -2$ et $r_C = r_{C'} = 2$. Mais dans ce cas le genre $g = 1$ ce qui contredit l'hypothèse de la proposition.

Soit $C \in B$ de type ($\beta$). On considère dans le graphe de $M$ une chaîne maximale $(C_i)_{1 \leqslant i \leqslant n}$ d'éléments de $B$ de type ($\beta$), qui contient $C$ et qui vérifie $(C_i, C_{i+1}) = 1$ pour $1 \leqslant i \leqslant n-1$. Soit $C_0$ l'unique prédécesseur de $C_1$ et $C_{n+1}$ l'unique successeur de $C_n$. Il y a deux cas possibles :

i) $C_0 = C_n$ et $C_{n+1} = C_1$, i.e. les $C_i$ forment un cycle de longueur $n \geqslant 2$

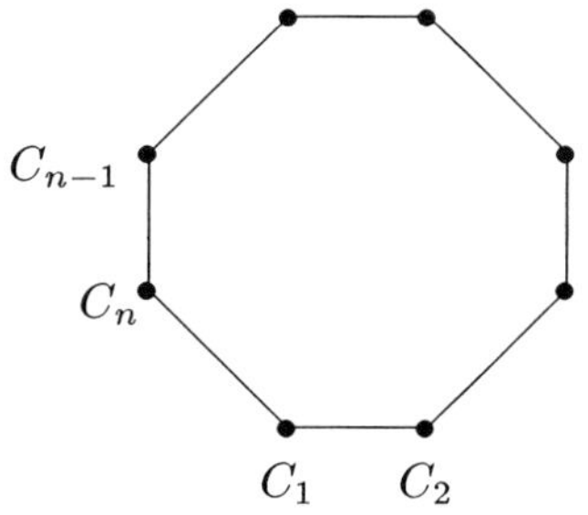

Dans ce cas $B = \{C_1, \ldots, C_n\}$. En additionnant les relations $r_i + r_{i+2} = -(C_i, C_i)r_i$ pour $0 \leqslant i \leqslant n-1$, on trouve que $\sum_{i=1}^n r_i((C_i, C_i) + 2) = 0$. Comme $(C_i, C_i) + 2 \leqslant 0$, on en déduit que $(C_i, C_i) = -2$ pour tout $i$ et $g(M) = 1$. Ceci contredit l'hypothèse de la proposition.

ii) $C_0$ et $C_{n+1}$ ne sont pas de type $(\beta)$, i.e. les $C_i$ forment une chaîne

Comme $C_0$ et $C_{n+1}$ ne sont pas de type $(\gamma)$, alors $r_0 = r_{n+1} = 1$. On en déduit

$$\left.\begin{array}{rcl} 1 + r_2 & \geqslant & 2r_1 \\ r_1 + r_3 & \geqslant & 2r_2 \\ & \vdots & \\ r_{n-2} + r_n & \geqslant & 2r_{n-1} \\ r_{n-1} + 1 & \geqslant & 2r_n \end{array}\right\} \Rightarrow 2 \geqslant r_1 + r_n \Rightarrow r_1 = r_n = 1.$$

De proche en proche, on voit que $r_i = 1$ pour tout $i$.

**2) Il existe $C \in B$ de type $(\alpha)$.**

Sur le graphe de $M$, les sommets de type $(\alpha)$ sont des bouts de chaînes, dites de type $A_n$, de la forme

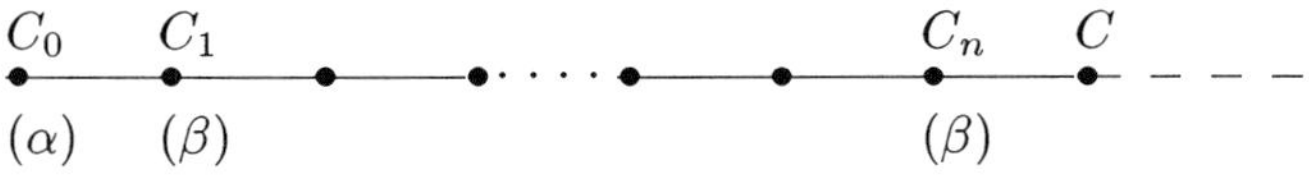


où $n \geqslant 0$, $C_0$ est de type $(\alpha)$, $C_i$ pour $1 \leqslant i \leqslant n$ est de type $(\beta)$ et $(C_i, C_{i+1}) = 1$ pour $0 \leqslant i \leqslant n-1$. Une chaîne de type $A_n$ admet un successeur unique ($C$ dans la figure ci-dessus). On démontre facilement les estimations suivantes :

***Lemme 2.5***. — *Soient $\lambda$ une chaîne de type $A_n$ et $C$ son successeur, alors*

$$r_0 | r_C \quad \textit{et} \quad (n+2)r_0 \leqslant r_0 + r_n \leqslant r_C.$$

*De plus, $r_C = (n+2)r_0$ ssi $(C_i, C_i) = -2$ pour $0 \leqslant i \leqslant n$. Dans ce cas, $r_i = (i+1)r_0$ pour $0 \leqslant i \leqslant n$.*

Le successeur d'une chaîne de type $A_n$ n'est pas de type $(\alpha)$. Sinon, on aurait $r_n = -(C, C)r_C \geqslant 2r_C$ ce qui contredit le lemme 2.5. Par définition, le successeur n'est pas de type $(\gamma)$. On dit que la chaîne est maximale si son successeur n'est pas de type $(\beta)$.

On décompose $B$ en trois sous-ensembles $B = B_1 \sqcup B_2 \sqcup B_3$ où $B_1$ est constitué des éléments de $B$ qui font partie d'une chaîne de type $A_n$, $B_2$ est formé des successeur de chaînes maximales et $B_3$ contient le reste des éléments. Pour $C \in B_2$, on pose

$$\mathrm{CH}(C) = \{\lambda \text{ chaîne maximale de type } A_n \text{ et de successeur } C\}$$

$$\overline{\mathrm{CH}}(C) = \{C\} \cup \bigcup_{\lambda \in \mathrm{CH}(C)} \overline{\lambda}$$

où $\overline{\lambda}$ désigne le sous-ensemble de $B$ formé des sommets de $\lambda$,

$$\mathrm{ch}(C) = \#\mathrm{CH}(C)$$

$$\varphi(C) = \sum_{C' \in \overline{\mathrm{CH}}(C)} (r_{C'} - 1)F(C').$$

Pour $\lambda = (C_0, \ldots, C_n) \in \mathrm{CH}(C)$, on pose $r_{i,\lambda} = r_{C_i}$ pour $0 \leqslant i \leqslant n_\lambda$. On a

$$F(E) - F(E_0) = \sum_{D \in B_3} (r_D - 1)F(D) + \sum_{C \in B_2} \varphi(C) \tag{3}$$

Pour tout $D \in B_3$, $F(D) \geqslant 0$. Considérons $C \in B_2$, alors

$$\varphi(C) = (r_C - 1)(F(C) - \mathrm{ch}(C)) + \sum_{\lambda \in \mathrm{CH}(C)} ((r_C - 1) - (r_{0,\lambda} - 1)) \tag{4}$$

(5)

$$F(C) - \mathrm{ch}(C) = (C, C + \omega) + ((C, E_0 - C) - \mathrm{ch}(C)) \geqslant -2$$

Par ailleurs,

i) Si $F(C) - \mathrm{ch}(C) = -2$, alors $(C, C + \omega) = -2$ et $(C, E_0 - C) = \mathrm{ch}(C)$. Dans ce cas $B = \overline{\mathrm{CH}}(C)$.

ii) Si $F(C) - \mathrm{ch}(C) = -1$ alors $\varphi(C) > 0$. En effet, $\varphi(C) \leqslant 0$ implique

$$\frac{\mathrm{ch}(C)}{2} r_C \leqslant \sum_{\lambda \in \mathrm{CH}(C)} r_C \left(1 - \frac{1}{n_\lambda + 2}\right) \leqslant \sum_{\lambda \in \mathrm{CH}(C)} (r_C - r_{0,\lambda}) \leqslant r_C - 1.$$

D'où $\mathrm{ch}(C) = 1$. Par suite $F(C) = 0$ et $C$ est de type $(\beta)$ ce qui est impossible.

iii) Si $F(C) - \mathrm{ch}(C) \geqslant 0$, alors $\varphi(C) \geqslant 0$.

On distingue alors deux sous-cas :

**A.** ***Il n'existe pas*** $C \in B_2$ ***tel que*** $F(C) - \mathrm{ch}(C) = -2$.

En vue de l'expression (3), l'égalité $F(E) = F(E_0)$ ne se produit que si $(r_D - 1)F(D) = 0$ pour tout $D \in B_3$, et $\varphi(C) = 0$ pour tout $C \in B_2$. Sous l'hypothèse **A**, $\varphi(C) = 0$ implique que $F(C) - \mathrm{ch}(C) \geqslant 0$ . Comme $r_C \geqslant r_{0,\lambda}$ pour tout $\lambda \in \mathrm{CH}(C)$, alors $\varphi(C) = 0$ implique par (4) que $(r_C - 1)(F(C) - \mathrm{ch}(C)) = 0$, et $r_C = r_{0,\lambda}$ pour tout $\lambda \in \mathrm{CH}(C)$. Ce qui contredit le lemme 2.5.

Donc $B_2 = \emptyset$ et $B$ ne contient pas de somment de type $(\alpha)$. Ceci contredit l'hypothèse **2**.

**B. *Il existe*** $C \in B_2$ ***tel que*** $F(C) - \mathrm{ch}(C) = -2$.

Dans ce cas $B = \overline{\mathrm{CH}}(C)$. La relation $F(E) = F(E_0)$ implique que $\varphi(C) = 0$. D'où

$$2(r_C - 1) = \sum_{\lambda \in \mathrm{CH}(C)} (r_C - r_{0,\lambda}) \geqslant \sum_{\lambda \in \mathrm{CH}(C)} r_C(1 - \frac{1}{n_\lambda + 2}) \geqslant r_C \frac{\mathrm{ch}(C)}{2}.$$

Par suite $\mathrm{ch}(C) < 4$. Il y a trois cas possibles :

(i) $\mathrm{ch}(C) = 1$, donc $F(C) = -1$ et $C$ est de type $(\alpha)$ ce qui est impossible.

(ii) $\mathrm{ch}(C) = 2$, donc $F(C) = 0$ et $C$ est de type $(\beta)$ ou $(\gamma)$ ce qui est impossible.

(iii) $\mathrm{ch}(C) = 3$, donc $F(C) = 1$. Soient $\lambda_i$ (pour $i = 1, 2, 3$) les trois chaînes maximales de successeur $C$.

$$\varphi(C) = 0 \Leftrightarrow 2 = r_C(\sum_{i=1}^{3} \frac{r_{0,\lambda_i}}{r_C} - 1).$$

On en déduit que $1 < \sum_{i=1}^{3} r_{0,\lambda_i}/r_C \leqslant 2$. Donc

$$1 < \sum_{i=1}^{3} \frac{r_{0,\lambda_i}}{r_C} < -(C, C) = \sum_{i=1}^{3} \frac{r_{n_i,\lambda_i}}{r_C} < 3.$$

Ceci implique que $-(C, C) = 2$. La contradiction découle alors de l'inégalité suivante

$$3 < \frac{2}{r_C} - (C, C) + 1 = \sum_{i=1}^{3} \frac{r_{0,\lambda_i} + r_{n_i,\lambda_i}}{r_C} \leqslant 3.$$

Ce qui achève la démonstration de la proposition 2.3. □

On fixe un nombre premier $p$, et on pose $E_1 = \sum_{C \in B} m_C C$ où $m_C = \delta_p(C)$ pour $C \in B$.

***Proposition* 2.6.** — *Soit $M$ une forme rcn relativement minimale de genre $g \geqslant 2$. Les propriétés suivantes sont équivalentes :*

(i) $F(E) = F(E_1)$ ;

(ii) *Si $p$ divise $r_C$ pour $C \in B$, alors $F(C) = 0$, $(C, C + K) = -2$ et pour tout $C' \in B$ tel que $(C, C') \neq 0$ et $C \neq C'$, on a $(p, r_{C'}) = 1$.*

*Preuve.* — On a

(6) $$F(E) - F(E_1) = \sum_{C \in B} (r_C - m_C)F(C)$$

Comme dans la preuve de 2.3, on distingue deux cas possibles :

**1) Il n'existe pas de $C \in B$ de type $(\alpha)$.**

L'expression (6) montre que $F(E) = F(E_1)$ ssi $(r_C - m_C)F(C) = 0$ pour tout $C \in B$. On en déduit que $r_C = m_C$ pour tout $C$ dans $B$ qui n'est pas de type $(\beta)$ ou $(\gamma)$.

Soient $C \in B$ de type $(\gamma)$ et $C'$ son unique successeur sur le graphe de $M$. De la preuve de 2.3, on retient que $C'$ n'est ni de type $(\beta)$ ni de type $(\gamma)$. Donc $(p, r_{C'}) = 1$. Noter que si $p \neq 2$, alors $(p, r_C) = 1$ car $(C, C)r_C = -2r_{C'}$.

Soit $C \in B$ de type $(\beta)$. On considère dans le graphe de $M$ une chaîne maximale $(C_i)_{1 \leqslant i \leqslant n}$ d'éléments de $B$ de type $(\beta)$, qui contient $C$ et qui vérifie $(C_i, C_{i+1}) = 1$ pour $1 \leqslant i \leqslant n-1$. Soit $C_0$ l'unique prédécesseur de $C_1$ et $C_{n+1}$ l'unique successeur de $C_n$. Nous avons vu dans la preuve de 2.6 que les $C_i$ ne forment pas un cycle. Donc $C_0$ et $C_{n+1}$ ne sont ni de type $(\beta)$ ni de type $(\gamma)$, d'où $(p, r_0) = (p, r_{n+1}) = 1$. Les relations $r_i + r_{i+2} = -(C_{i+1}, C_{i+1})r_{i+1}$ montrent que si $p|r_i$ et $p|r_{i+1}$, alors $p|r_{i+2}$. On en déduit que $p$ ne peut pas diviser deux sommets consécutifs car $p$ ne divise pas $r_0$ et $r_{n+1}$.

**2) Il existe $C \in B$ de type $(\alpha)$.**

Un élément $C \in B$ est dit de type $(\delta)$ si $F(C) = 1$, et s'il existe deux éléments distincts $C', C'' \in B$ de type $(\alpha)$ tels que $(C, C') = (C, C'') = 1$, et $(C', C') = (C'', C'') = -2$. Il est facile de voir que si $C$ est de type $(\delta)$, alors $(C, C + K) = -2$, $r_C = 2r_{C'} = 2r_{C''}$ et $n(C) = 3$. Soit $\tilde{C}$ l'élément de $N(C)$ différent de $C'$ et $C''$. On a $(C, \tilde{C}) = 1$.

Une branche $(C'_{-1}, C''_{-1}, C_0, C_1, \ldots, C_n)$ du graphe de $M$ est dite de type $D_n$ si $C'_{-1}$ et $C''_{-1}$ sont de type $(\alpha)$, $C_0$ est de type $(\delta)$, $C_i$ pour $1 \leqslant i \leqslant n$ sont de type $(\beta)$, $N(C_0) = \{C'_{-1}, C''_{-1}, C_1\}$, et $(C_i, C_{i+1}) = 1$ pour $0 \leqslant i \leqslant n-1$.

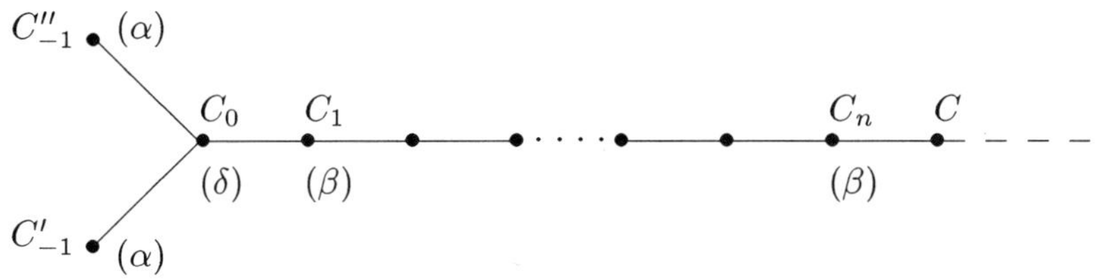


Une branche de type $A_n$ qui n'est pas contenue dans une branche de type $D_m$ est dite branche de type $A'_n$. Noter que dans une branche $D_n$, il y a deux sous-branches de type $A_0$.

Sur le graphe de $M$, les sommets de type $(\alpha)$ sont des bouts de branches de type $D_n$ ou $A'_n$. On appelle chaîne, une branche de type $A'_n$ ou $D_n$. Une chaîne admet un successeur unique. Le lemme suivant est l'analogue du lemme 2.5 pour les branches $D_n$.

***Lemme 2.7.*** — *Soient $\lambda = (C'_{-1}, C''_{-1}, C_0, \ldots, C_n)$ une chaîne de type $D_n$ et $C$ son successeur, alors*

$$r_0 | r_C \quad \text{et} \quad r_n \leqslant r_C.$$

*De plus, $r_n = r_C$ ssi $(C_i, C_i) = -2$ pour $0 \leqslant i \leqslant n$. Dans ce cas, $r_i = r_0$ pour $0 \leqslant i \leqslant n$.*

Le successeur d'une chaîne de type $D_n$ n'est pas de type $(\alpha)$. Sinon, $r_n = -(C, C) r_C \geqslant 2 r_C$ ce qui contredit le lemme 2.5. Par définition, le successeur n'est pas de type $(\gamma)$. On dit que la chaîne est maximale si son successeur n'est pas de type $(\beta)$.

On décompose $B$ en quatre sous-ensembles $B = B_1 \sqcup B_2 \sqcup B_3 \sqcup B_4$ où $B_1$ est constitué des éléments de $B$ qui font partie d'une chaîne de type $A'_n$, $B_2$ est constitué des éléments de $B$ qui font partie d'une chaîne de type $D_n$, $B_3$ est formé des successeurs de chaînes maximales et $B_4$ contient le reste des éléments. Pour $C \in B_3$, on pose

$$\begin{aligned}
\mathrm{CH}_A(C) &= \{\lambda \text{ chaîne maximale de type } A'_n \text{ de successeur } C\} \\
\mathrm{CH}_D(C) &= \{\lambda \text{ chaîne maximale de type } D_n \text{ de successeur } C\} \\
\mathrm{CH}(C) &= \mathrm{CH}_A(C) \cup \mathrm{CH}_D(C) \\
\overline{\mathrm{CH}}(C) &= \{C\} \cup \bigcup_{\lambda \in \mathrm{CH}(C)} \overline{\lambda} \\
\mathrm{ch}_*(C) &= \#\mathrm{CH}_*(C) \\
\varphi(C) &= \sum_{C' \in \overline{\mathrm{CH}}(C)} (r_{C'} - m_{C'}) F(C').
\end{aligned}$$

Pour $\lambda = (C'_{-1}, C''_{-1}, C_0, \ldots, C_n) \in \mathrm{CH}_D(C)$, on pose $r_{-1,\lambda} = r_{C'_{-1}} = r_{C''_{-1}}$, $r_{i,\lambda} = r_{C_i}$ pour $0 \leqslant i \leqslant n_\lambda$ et $m_{i,\lambda} = \delta_p(r_{i,\lambda})$ pour $-1 \leqslant i \leqslant n_\lambda$. On introduit des notations analogues pour $\lambda \in \mathrm{CH}_A(C)$. On a

$$F(E) - F(E_1) = \sum_{D \in B_4} (r_D - m_D) F(D) + \sum_{C \in B_3} \varphi(C) \tag{7}$$

Pour tout $D \in B_4$, $F(D) \geqslant 0$. Considérons $C \in B_3$, alors

$$\varphi(C) = (r_C - m_C)(F(C) - \mathrm{ch}_A(C)) + \sum_{\lambda \in \mathrm{CH}_A(C)} ((r_C - m_C) - (r_{0,\lambda} - m_{0,\lambda}))$$

$$(8) \qquad + \sum_{\lambda \in \mathrm{CH}_D(C)} (2m_{-1,\lambda} - m_{0,\lambda})$$

En effet, pour $\lambda \in \mathrm{CH}_D(C)$, $r_{0,\lambda} = 2r_{-1,\lambda}$, $m_{0,\lambda} = 2m_{-1,\lambda}$ si $p \neq 2$, et $m_{0,\lambda} = m_{-1,\lambda}$ si $p = 2$. Le signe de

$$F(C) - \mathrm{ch}_A(C) = (C, C + K) + ((C, E_0 - C) - \mathrm{ch}_A(C)) \geqslant -2$$

se calcule grâce à l'estimation facile suivante :

***Lemme* 2.8.** — *Soient $r$, $r'$ deux entiers positifs tel que $r|r'$, $m = \delta_p(r)$ et $m' = \delta_p(r')$. Alors*

$$r' - m' \geqslant \frac{r'}{r}(r - m),$$

*avec égalité ssi $(p, r'/r) = 1$.*

i) Si $F(C) - \mathrm{ch}_A(C) = -2$, alors $(C, C + K) = -2$ et $(C, E_0 - C) = \mathrm{ch}_A(C)$. Dans ce cas $B = \overline{\mathrm{CH}}(C)$ et $\mathrm{ch}_D(C) = 0$.

ii) Si $F(C) - \mathrm{ch}_A(C) = -1$ alors $\varphi(C) \geqslant 0$.

*Preuve.* — Si $r_C - m_C = 0$, alors $\varphi(C) \geqslant 0$. Supposons que $r_C - m_C > 0$. On va démontrer que

$$(r_C - m_C)(F(C) - \mathrm{ch}_A(C)) + \sum_{\lambda \in \mathrm{CH}_A(C)} ((r_C - m_C) - (r_{0,\lambda} - m_{0,\lambda})) > 0.$$

Sinon,

$$\begin{aligned}\frac{\mathrm{ch}_A(C)}{2}(r_C - m_C) &\leqslant \sum_{\lambda \in \mathrm{CH}_A(C)} (r_C - m_C)(1 - \frac{1}{n_\lambda + 2}) \\ &\leqslant \sum_{\lambda \in \mathrm{CH}_A(C)} ((r_C - m_C) - (r_{0,\lambda} - m_{0,\lambda})) \\ &\leqslant r_C - m_C\end{aligned}$$

D'où $\mathrm{ch}_A(C) \leqslant 2$. Si $\mathrm{ch}_A(C) = 1$, alors $F(C) = 0$ et $C$ est de type $(\beta)$ ce qui est impossible. Si $\mathrm{ch}_A(C) = 2$, alors $F(C) = 1$, les deux branches maximales de type $A'_n$ de successeur $C$ sont de longeur 0 (i.e. chacune est formée d'un seul sommet qui est de type $(\alpha)$), on les note $C_1$ et $C_2$. De plus, $r_C = 2r_{C_1} = 2r_{C_2}$. Le lemme 2.5 montre que $(C_1, C_1) = (C_2, C_2) = -2$. Il s'en suit que $C$ est de type $(\delta)$ ce qui est impossible.

iii) Si $F(C) - \mathrm{ch}_A(C) \geqslant 0$, alors $\varphi(C) \geqslant 0$.

On distingue alors deux sous-cas :

1) ***Il n'existe pas*** $C \in B_3$ ***tel que*** $F(C) - \mathrm{ch}_A(C) = -2$.

En vue de l'expression (7), l'égalité $F(E) = F(E_1)$ ne se produit que si $(r_D - m_D)F(D) = 0$ pour tout $D \in B_4$, et $\varphi(C) = 0$ pour tout $C \in B_3$. Soit $C \in B_3$. Si $r_C = m_C$, alors pour tout $\lambda \in \mathrm{CH}(C)$, $r_{0,\lambda}|r_C$ et donc $(p, r_{0,\lambda}) = 1$. On en déduit que $p$ ne peut pas diviser les multiplicités de deux sommets $(\beta)$ consécutifs de $\lambda$. Si $r_C \neq m_C$, l'analyse précédente montre que $F(C) - \mathrm{ch}_A(C) \geqslant 0$. Donc $\varphi(C) = 0$ implique que $F(C) - \mathrm{ch}_A(C) = 0$ et $r_C = r_{0,\lambda}$ pour tout $\lambda \in \mathrm{CH}_A(C)$. Cette dernière égalité contredit le lemme 2.5. Donc $\mathrm{ch}_A(C) = 0$ et $F(C) = 0$, i.e. $C$ est de type $(\beta)$ ou $(\gamma)$. Ceci est impossible.

2) ***Il existe*** $C \in B_3$ ***tel que*** $F(C) - \mathrm{ch}_A(C) = -2$.

Dans ce cas $B = \overline{\mathrm{CH}}(C)$ et $\mathrm{ch}_D(C) = 0$. La relation $F(E) = F(E_1)$ implique que $\varphi(C) = 0$. Si $r_C = m_C$, on conclut comme plus haut. Supposons que $r_C - m_C > 0$, alors

$$\begin{aligned}
2(r_c - m_C) &= \sum_{\lambda \in \mathrm{CH}_A(C)} ((r_C - m_C) - (r_{0,\lambda} - m_{0,\lambda})) \\
&\geqslant \sum_{\lambda \in \mathrm{CH}_A(C)} (r_C - m_C)(1 - \frac{1}{n_\lambda + 2}) \\
&\geqslant (r_C - m_C)\frac{\mathrm{ch}_A(C)}{2}
\end{aligned}$$

Par suite $\mathrm{ch}_A(C) \leqslant 4$. Il y a quatres cas possibles :

(i) $\mathrm{ch}_A(C) = 1$, donc $F(C) = -1$ et $C$ est de type $(\alpha)$ ce qui est impossible.

(ii) $\mathrm{ch}_A(C) = 2$, donc $F(C) = 0$ et $C$ est de type $(\beta)$ ou $(\gamma)$ ce qui est impossible.

(iii) $\mathrm{ch}_A(C) = 3$, donc $F(C) = 1$. Soit $\lambda_i$ (pour $i = 1, 2, 3$) les trois chaînes maximales de successeur $C$. La relation $\varphi(C) = 0$ donne

$$r_C - m_C = \sum_{i=1}^{3} (r_{0,\lambda_i} - m_{0,\lambda_i}) \leqslant \sum_{i=1}^{3} \frac{r_{0,\lambda_i}}{r_C}(r_C - m_C).$$

Donc

$$1 \leqslant \sum_{i=1}^{3} \frac{r_{0,\lambda_i}}{r_C} \leqslant \sum_{i=1}^{3} \frac{r_{n_i,\lambda_i}}{r_C} = -(C, C) = \sum_{i=1}^{3} \frac{r_{n_i,\lambda_i} + r_{0,\lambda_i}}{r_C} - \sum_{i=1}^{3} \frac{r_{0,\lambda_i}}{r_C} \leqslant 2.$$

Si $-(C,C) = 1$, alors $n_i = 0$ pour $i = 1,2,3$, i.e. chaque $\lambda_i$ est réduite à un sommet $C_i$ de type $(\alpha)$. A une permutation près, on a

$$\begin{aligned}(-(C_1,C_1), -(C_2,C_2), -(C_3,C_3)) &= (\frac{r_C}{r_{0,\lambda_1}}, \frac{r_C}{r_{0,\lambda_2}}, \frac{r_C}{r_{0,\lambda_3}}) \\ &= (2,3,6) \text{ ou } (2,4,4) \text{ ou } (3,3,3).\end{aligned}$$

Chacun de ces cas donne $g = 1$, ce qui est impossible. Si $-(C,C) = 2$, alors $\sum_{i=1}^{3} r_{0,\lambda_i}/r_C = 1$ et $r_C = r_{n_i,\lambda_i} + r_{0,\lambda_i}$. En utilisant le lemme 2.5, on voit que $g = 1$ ce qui est impossible.

(iv) $\mathrm{ch}_A(C) = 4$, donc $F(C) = 2$. Soient $\lambda_1, \ldots, \lambda_4$ les quatres chaînes de type $A'_n$ maximales de successeur $C$. On voit que $r_{0,\lambda_i}/r_C = 1/2$ et que $\lambda_i$ est réduite à un sommet $C_i$ de type $(\alpha)$. Donc $(C,C) = -2$, et par le lemme 2.5 $(C_i, C_i) = -2$. Ceci implique que $g = 1$ ce qui est impossible. □

## 3. Faisceaux des cycles évanescents

Soient $\ell$ un nombre premier inversible dans $R$ et $\Lambda = \mathbb{Z}/\ell^m\mathbb{Z}$. Soit $f : X \to S$ un morphisme de type fini. On considère le diagramme suivant :

$$\begin{array}{ccccc} X_s & \xrightarrow{i} & X & \xleftarrow{\overline{j}} & X_{\overline{\eta}} \\ \downarrow & & \downarrow{\scriptstyle f} & & \downarrow \\ s & \longrightarrow & S & \longleftarrow \eta \longleftarrow & \overline{\eta} \end{array}$$

Les faisceaux des cycles évanescents sont les faisceaux

$$\Psi^n(\Lambda) = i^*\mathrm{R}^n\overline{j}_*(\Lambda) \quad (\text{pour } n \geqslant 0)$$

sur $X_s$, munis par transport de structure d'une action continue du groupe $I = \mathrm{Gal}(\overline{K}/K)$.

***Théorème* 3.1 ([8] (finitude) théorème 3.2).** — *Les faisceaux $\Psi^n(\Lambda)$ sont constructibles.*

Soient $\overline{x}$ un point géométrique de $X_s$, $X_{(\overline{x})}$ le hensélisé strict de $X$ en $\overline{x}$, et $(X_{(\overline{x})})_{\overline{\eta}}$ la fibre géométrique générique du morphisme naturel $X_{(\overline{x})} \to S$. La fibre de $\Psi^n(\Lambda)$ en $\overline{x}$ est donnée par

$$\Psi^n(\Lambda)_{\overline{x}} \simeq \mathrm{H}^n((X_{(\overline{x})})_{\overline{\eta}}, \Lambda) \tag{9}$$

On en déduit les propriétés suivantes

***Proposition 3.2.*** — i) *Les faisceaux* $\Psi^n(\Lambda)$ *sont nuls pour* $n > \dim(X_\eta)$.

ii) *Si* $f$ *est lisse en un point* $x$ *de* $X_s$ *et* $\overline{x}$ *est un point géométrique au dessus de* $x$*, alors* $\Psi^n(\Lambda)_{\overline{x}} = 0$ *pour tout* $n > 0$.

Le deuxième point découle de l'acyclicité locale des morphismes lisses.

Si de plus $f$ est propre, la suite spectrale de Leray pour le morphisme $\overline{j}$ : $X_{\overline{\eta}} \to X$ peut s'écrire, grâce au théorème de changement de base propre, sous la forme

$$E_2^{p,q} = \mathrm{H}^p(X_s, \Psi^q(\Lambda)) \Rightarrow \mathrm{H}^{p+q}(X_{\overline{\eta}}, \Lambda).$$

Cette suite spectrale est équivariante pour l'action de $I$.

*Variante modérément ramifiée.* — Soit $K_{\mathrm{t}}$ l'extension modérément ramifée maximale de $K$ dans $\overline{K}$. On note $X_{\mathrm{t}} = X \times_S \mathrm{Spec}(K_{\mathrm{t}})$ et $\overline{j}_{\mathrm{t}} : X_{\mathrm{t}} \to X$ la projection. Les faisceaux des cycles évanescents modérément ramifiés sont les faisceaux

$$\Psi_{\mathrm{t}}^n(\Lambda) := i^*\mathrm{R}^n(\overline{j}_{\mathrm{t}})_*(\Lambda) \qquad (\text{pour } n \geqslant 0).$$

Comme $P$ est un pro-$p$-groupe et $p$ est inversible dans $\Lambda$, on trouve

$$\mathrm{H}^*(X_{\mathrm{t}}, \Lambda) \simeq H^*(X_{\overline{\eta}}, \Lambda)^P,$$
$$\Psi_{\mathrm{t}}^i(\Lambda) \simeq \Psi^i(\Lambda)^P.$$

Si $f$ est propre, la suite spectrale de Leray pour $\overline{j}_{\mathrm{t}}$ s'écrit sous la forme

$$E_2^{p,q} = \mathrm{H}^p(X_s, \Psi_{\mathrm{t}}^q(\Lambda)) \Rightarrow \mathrm{H}^{p+q}(X_{\mathrm{t}}, \Lambda) = \mathrm{H}^{p+q}(X_{\overline{\eta}}, \Lambda)^P \tag{10}$$

Elle peut s'obtenir en prenant les $P$-invariants dans la suite spectrale pour $\overline{j}$.

On considère dans la suite $f : X \to S$ une $S$-courbe propre et régulière, de fibre générique lisse sur $\eta$. On désigne par $X_{s,\mathrm{red}}$ le sous-schéma réduit de $X_s$. On suppose que $X_{s,\mathrm{red}}$ est un dcn sur $X$. On commence par rappeler la description des faisceaux des cycles évanescents modérément ramifié de $X/S$ en fonction de la géométrie de sa fibre fermée.

Soit $\overline{x}$ un point géométrique de $X$ au dessus d'un point $x$ de $X_s$. Soient $X_{(\overline{x})}$ le hensélisé strict de $X$ en $\overline{x}$, $B$ l'ensemble des branches de $X_s$ passant par $x$, et pour chaque $i \in B$, $r_i$ la multiplicité de la branche $i$ dans la fibre fermée de $X_{(\overline{x})}/S$. On définit le complexe $\mathbb{K}$ concentré en degrés 1 et 0

$$\begin{array}{rccc} \mathbb{K}: & \mathbb{Z}^B & \longrightarrow & \mathbb{Z} \\ & (n_i)_{i\in B} & \longmapsto & \sum_{i\in B} r_i n_i \end{array}$$

***Théorème* 3.3 ([13] I théorème 3.3)**

*Soit* $c = \delta_p(\#H_0(\mathbb{K}))$ *le plus grand diviseur premier à* $p$ *du cardinal de* $H_0(\mathbb{K})$. *Il existe un ensemble fini* $\Theta$ *sur lequel* $\mu_c(R)$ *agit fidèlement et transitivement tel qu'on a*

$$\Psi^0_{\mathrm{t}}(\Lambda)_{\overline{x}} \simeq \Lambda^{\Theta},$$
$$\Psi^1_{\mathrm{t}}(\Lambda)_{\overline{x}} \simeq (H_1(\mathbb{K}) \otimes_{\mathbb{Z}} \Lambda(-1))^{\Theta}.$$

*De plus, l'action de* $I_{\mathrm{t}}$ *sur les membres de gauche coïncide avec l'action de* $I_{\mathrm{t}}$ *sur les membres de droite induite par le caractère* $\chi_c : I_{\mathrm{t}} \to \mu_c(R)$, *inverse du caractère canonique, et l'action de* $\mu_c(R)$ *sur* $\Theta$.

*L'action du groupe de Galois* $\mathrm{Gal}(k(\overline{x})/k(x))$ *sur les membres de gauche coïncide avec celle sur les membres de droite induite par un caractère* $\chi_{\overline{x}}$ : $\mathrm{Gal}(k(\overline{x})/k(x)) \to \mu_c(R)$ *et l'action de* $\mu_c(R)$ *sur* $\Theta$.

Noter que $\mathrm{Gal}(k(\overline{x})/k(x)) \neq 1$ si et seulement si $x$ est un point générique de $X_s$, et que dans ce cas $\Psi^1_{\mathrm{t}}(\Lambda)_{\overline{x}} = 0$. On donne dans l'appendice A une démonstration complète de ce théorème.

Soit $\omega$ le faisceau dualisant relatif de $X$ sur $S$. En tant que diviseur de Cartier, la fibre fermée $X_s$ se décompose

$$E := [X_s] = \sum_{C \in B} r_C[C]$$

où $B$ est l'ensemble des composantes irréductibles de $X_s$. Pour chaque $C \in B$, on note $m_C = \delta_p(r_C)$. On pose

$$E_0 := \sum_{C \in B}[C] \quad , \quad E_1 = \sum_{C \in B} m_C[C].$$

On désigne par $\mathbb{S}$ l'ensemble des points fermés de $X$ qui sont singuliers dans $X_{s,\mathrm{red}}$. A tout $x \in \mathbb{S}$, on associe $r_1$ et $r_2$ les multiplicités des deux branches de $X_s$ en $x$, $m_1 = \delta_p(r_1)$ et $m_2 = \delta_p(r_2)$, et $d_x = (m_1, m_2)$.

Soient $C$ une composante irréductible de $X_s$ et $\overline{C}$ sa normalisation. L'image inverse de $\Psi^0_{\mathrm{t}}(\Lambda)$ par le morphisme naturel $\overline{C} \to C \to X_s$ (notée aussi $\Psi^0_{\mathrm{t}}(\Lambda)$), est un faisceau constructible à fibres $\Lambda$-plates (cf. théorème 3.3). On en déduit par [8] [Rapport] théorème 4.9, que $\mathrm{R}\Gamma(\overline{C}, \Psi^0_{\mathrm{t}}(\Lambda))$ est un complexe parfait de $\Lambda$-modules. Soit $\mathrm{cl}_{\mathrm{K}(\Lambda)}(\mathrm{R}\Gamma(\overline{C}, \Psi^0_{\mathrm{t}}(\Lambda)))$ sa classe dans le groupe de Grothendieck $\mathrm{K}(\Lambda)$ des $\Lambda$-modules projectifs de type fini. On note $\mathrm{rg} : \mathrm{K}(\Lambda) \to \mathbb{Z}$ le morphisme rang.

***Proposition* 3.4.** — *Soient* $W_C = C \cap \mathbb{S}$, $W'_C$ *l'ensemble des points singuliers de* $C$ *et* $W''_C = W_C - W'_C$. *Alors,*

$$\mathrm{rgcl}_{\mathrm{K}(\Lambda)}(\mathrm{R}\Gamma(\overline{C}, \Psi^0_{\mathrm{t}}(\Lambda))) = -m_C(C, \omega + E_0) + \sum_{x \in W'_C} 2d_x + \sum_{x \in W''_C} d_x.$$

*Preuve.* — Par le théorème 3.3, le faisceau $\Psi^0_{\mathrm{t}}(\Lambda)$ est modérément ramifié en tout point fermé de $\overline{C}$. Soient $\kappa$ le point générique de $C$, $\overline{\kappa}$ un point géométrique générique au dessus de $\kappa$, $z$ un point fermé de $C$ et $z'$ un point de $\overline{C}$ au dessus de $z$. Notons $\Theta_{\overline{\kappa}}$ et $\Theta_z$ les ensembles donnés par le théorème 3.3 pour $\overline{\kappa}$ et $z$. En appliquant la formule de Grothendieck–Ogg–Shafarevich (**[14]**, X, théorème 7.1), on obtient

$$\begin{aligned}\mathrm{cl}_{\mathrm{K}(\Lambda)}(\mathrm{R}\Gamma(\overline{C}, \Psi^0_{\mathrm{t}}(\Lambda))) &= \\ &= (2 - 2g_{\overline{C}})\mathrm{cl}_{\mathrm{K}(\Lambda)}(\Lambda^{\Theta_{\overline{\kappa}}}) - \sum_{\substack{z' \in \overline{C}(k) \\ z' \mapsto z}} (\mathrm{cl}_{\mathrm{K}(\Lambda)}(\Lambda^{\Theta_{\overline{\kappa}}}) - \mathrm{cl}_{\mathrm{K}(\Lambda)}(\Lambda^{\Theta_z})).\end{aligned}$$

Par conséquent,

$$\mathrm{rgcl}_{\mathrm{K}(\Lambda)}(\mathrm{R}\Gamma(\overline{C}, \Psi^0_{\mathrm{t}}(\Lambda))) = m_C(2 - 2g_{\overline{C}}) - \sum_{z \in W'_C} 2(m_C - d_z) - \sum_{z \in W''_C} (m_C - d_z).$$

Par la formule d'adjonction

$$\begin{aligned}2 - 2g_{\overline{C}} = 2 - 2g_C + 2\#W'_C &= -(C, \omega + C) + 2\#W'_C \\ &= -(C, \omega + E_0) + 2\#W'_C + \#W''_C.\end{aligned}$$

La proposition 3.4 s'ensuit. □

On veut aussi étudier l'action de $I_{\mathrm{t}}$ sur $\mathrm{R}\Gamma(\overline{C}, \Psi^0_{\mathrm{t}}(\Lambda))$. On considère alors $\Psi^0_{\mathrm{t}}(\Lambda)$ comme faisceau de $\Lambda[I_{\mathrm{t}}]$-modules. On note $c = \#\Theta_{\overline{\kappa}}$ et $H = \mu_c(R)$. On sait que $I_{\mathrm{t}}$ agit sur les fibres de $\Psi^0_{\mathrm{t}}(\Lambda)$ via le caractère $\chi_c : I_{\mathrm{t}} \to H$. Le fait que les fibres de $\Psi^0_{\mathrm{t}}(\Lambda)$ ne sont pas $\Lambda[H]$-projectives introduit une difficulté supplémentaire (par exemple $\mathrm{R}\Gamma(\overline{C}, \Psi^0_{\mathrm{t}}(\Lambda))$ n'est pas forcement un complexe parfait de $\Lambda[H]$-modules). On introduit alors $U = C - W_C$, qu'on identifie aussi à un ouvert de $\overline{C}$. Le théorème 3.3 et **[8]** [Rapport] théorème 4.9 impliquent que $\mathrm{R}\Gamma_c(U, \Psi^0_{\mathrm{t}}(\Lambda))$ est un complexe parfait de $\Lambda[H]$-modules.

Soient $\Gamma^H$ le foncteur des « invariants sous $H$ », $\mathrm{R}\Gamma^H$ son foncteur dérivé et $(\ )^H : \mathrm{K}(\Lambda[H]) \to \mathrm{K}(\Lambda)$ le morphisme qu'il induit sur le groupe de Grothendieck des $\Lambda[H]$-modules projectifs.

***Proposition* 3.5.** — *On a*

$$\mathrm{rgcl}_{\mathrm{K}(\Lambda)}(\mathrm{R}\Gamma^H(\mathrm{R}\Gamma_c(U, \Psi^0_{\mathrm{t}}(\Lambda)))) = \chi_c(U) = -(C, \omega + E_0).$$

*Preuve.* — Soit $\mathrm{cl}_{\mathrm{K}(\Lambda[H])}(\mathrm{R}\Gamma_c(U,\Psi_{\mathrm{t}}^0(\Lambda)))$ la classe de $\mathrm{R}\Gamma_c(U,\Psi_{\mathrm{t}}^0(\Lambda))$ dans $\mathrm{K}(\Lambda[H])$. Puisque $\Psi_{\mathrm{t}}^0(\Lambda)$ est localement constant sur $U$ et modérément ramifié en dehors de $U$, la formule de Grothendieck–Ogg–Shafarevich donne

$$\mathrm{cl}_{\mathrm{K}(\Lambda[H])}(\mathrm{R}\Gamma_c(U,\Psi_{\mathrm{t}}^0(\Lambda))) = \chi_c(U)\mathrm{cl}_{\mathrm{K}(\Lambda[H])}(\Lambda^{\Theta_{\overline{\kappa}}}) \in \mathrm{K}(\Lambda[H]).$$

Appliquons $(\ )^H$, on obtient

$$\mathrm{cl}_{\mathrm{K}(\Lambda)}(\mathrm{R}\Gamma^H(\mathrm{R}\Gamma_c(U,\Psi_{\mathrm{t}}^0(\Lambda)))) = \chi_c(U)\mathrm{cl}_{\mathrm{K}(\Lambda)}(\Gamma^H(\Lambda^{\Theta_{\overline{\kappa}}})) \in \mathrm{K}(\Lambda).$$

Or $\Gamma^H(\Lambda^{\Theta_{\overline{\kappa}}}) = \Lambda$ par le théorème 3.3. L'égalité $\chi_c(U) = -(C,\omega+E_0)$ a été démontrée au cours de la preuve de 3.4. □

**3.1. Faisceaux des cycles évanescents $\ell$-adiques.** — Le théorème 3.3 implique que $(\Psi_{\mathrm{t}}^i(\mathbb{Z}/\ell^{n+1}\mathbb{Z}))_{n\geqslant 0}$ forment des $\mathbb{Z}_\ell$-faisceaux sur $X_s$, notés $\Psi_{\mathrm{t}}^i(\mathbb{Z}_\ell)$. On définit aussi les faisceaux $\Psi_{\mathrm{t}}^i(\mathbb{Q}_\ell) = \Psi_{\mathrm{t}}^i(\mathbb{Z}_\ell)\otimes_{\mathbb{Z}_\ell}\mathbb{Q}_\ell$. La suite spectrale (10) induit une suite spectrale $I_{\mathrm{t}}$-équivariante :

$$E_2^{p,q} = H^p(X_s,\Psi_{\mathrm{t}}^q(\mathbb{Q}_\ell)) \Rightarrow H^{p+q}(X_{\overline{\eta}},\mathbb{Q}_\ell)^P \tag{11}$$

***Théorème* 3.6.** — *On a*

$$\dim H^1(X_{\overline{\eta}},\mathbb{Q}_\ell)^P = 2+(E_1,\omega+E_0) \tag{12}$$

$$\dim_{\mathrm{s}} H^1(X_{\overline{\eta}},\mathbb{Q}_\ell)^P = 2+(E_0,\omega+E_0) \tag{13}$$

*Démonstration.* — Soit $\alpha : Z \to X_{s,\mathrm{red}}$ la normalisation de la fibre fermée réduite $X_{s,\mathrm{red}}$. La suite spectrale (11) et le théorème 3.3 impliquent

$$\begin{aligned}2-\dim H^1(X_{\overline{\eta}},\mathbb{Q}_\ell)^P &= \chi(X_s,\Psi_{\mathrm{t}}^0(\mathbb{Q}_\ell)) - \chi(X_s,\Psi_{\mathrm{t}}^1(\mathbb{Q}_\ell))\\ &= \chi(X_s,\Psi_{\mathrm{t}}^0(\mathbb{Q}_\ell)) - \sum_{x\in\mathbb{S}} d_x\end{aligned}$$

L'exactitude de la suite courte

$$0 \longrightarrow \Psi_{\mathrm{t}}^0(\mathbb{Q}_\ell) \longrightarrow \alpha_*\alpha^*\Psi_{\mathrm{t}}^0(\mathbb{Q}_\ell) \longrightarrow \bigoplus_{x\in\mathbb{S}}\Psi_{\mathrm{t}}^0(\mathbb{Q}_\ell)_x \longrightarrow 0$$

implique que

$$\chi(X_s,\Psi_{\mathrm{t}}^0(\mathbb{Q}_\ell)) = \chi(Z,\alpha^*\Psi_{\mathrm{t}}^0(\mathbb{Q}_\ell)) - \sum_{x\in\mathbb{S}} d_x.$$

Par la proposition 3.4,

$$\chi(Z,\alpha^*\Psi_{\mathrm{t}}^0(\mathbb{Q}_\ell)) = -\sum_{C\in B} m_C(C,\omega+E_0) + \sum_{C\in B}\left(\sum_{x\in W'_C} 2d_x + \sum_{x\in W''_C} d_x\right).$$

L'équation (12) découle en remarquant que

$$\sum_{C\in B}\left(\sum_{x\in W'_C} 2d_x + \sum_{x\in W''_C} d_x\right) = 2\sum_{x\in\mathbb{S}} d_x.$$

La suite spectrale (11) est $I_{\mathrm{t}}$-équivariante. Par conséquent,

$$2 - \dim_{\mathrm{s}} H^1(X_{\overline{\eta}}, \mathbb{Q}_\ell)^P = \chi_{\mathrm{s}}(X_s, \Psi^0_{\mathrm{t}}(\mathbb{Q}_\ell)) - \chi_{\mathrm{s}}(X_s, \Psi^1_{\mathrm{t}}(\mathbb{Q}_\ell)),$$

où

$$\chi_{\mathrm{s}}(X_s, \Psi^i_{\mathrm{t}}(\mathbb{Q}_\ell)) = \sum_j (-1)^j \dim_{\mathrm{s}} H^j(X_s, \Psi^i_{\mathrm{t}}(\mathbb{Q}_\ell)).$$

Puisque $I_{\mathrm{t}}$ agit par un quotient fini sur les groupes $H^j(X_s, \Psi^i_{\mathrm{t}}(\mathbb{Q}_\ell))$ (cf. théorème 3.3), alors

$$\chi_{\mathrm{s}}(X_s, \Psi^i_{\mathrm{t}}(\mathbb{Q}_\ell)) = \sum_j (-1)^j \dim\{H^j(X_s, \Psi^i_{\mathrm{t}}(\mathbb{Q}_\ell))\}^{I_{\mathrm{t}}}.$$

Par le théorème 3.3, $\chi_{\mathrm{s}}(X_s, \Psi^1_{\mathrm{t}}(\mathbb{Q}_\ell)) = \#\mathbb{S}$. Soit $U = X_{s,\mathrm{red}} - \mathbb{S}$ qu'on considère comme ouvert de $Z$. Par la proposition 3.5, on a

$$\begin{aligned}\chi_{\mathrm{s}}(X_s, \Psi^0_{\mathrm{t}}(\mathbb{Q}_\ell)) &= \sum_j (-1)^j \dim\{H^j_c(U, \Psi^0_{\mathrm{t}}(\mathbb{Q}_\ell))\}^{I_{\mathrm{t}}} + \#\mathbb{S}\\ &= \dim\{\mathrm{R}\Gamma_c(U, \Psi^0_{\mathrm{t}}(\mathbb{Q}_\ell))\}^{I_{\mathrm{t}}} + \#\mathbb{S}\\ &= -\sum_{C\in B}(C, \omega + E_0) + \#\mathbb{S}\end{aligned}$$

L'équation (13) s'en suit. □

**3.2. Preuve des théorèmes 1.4 et 1.5.** — On considère une courbe $C/K$ propre lisse et géométriquement irréductible de genre $g \geqslant 2$, et on désigne par $X$ son modèle rcn minimal sur $R$. On a équivalence entre les propositions suivantes

(1) L'action de $I$ sur $H^1(X_{\overline{\eta}}, \mathbb{Q}_\ell)$ est unipotente.

(2) $P$ agit trivialement sur $H^1(X_{\overline{\eta}}, \mathbb{Q}_\ell)$, et l'action de $I_{\mathrm{t}}$ sur $H^1(X_{\overline{\eta}}, \mathbb{Q}_\ell)^P$ est unipotente.

(3) $\dim H^1(X_{\overline{\eta}}, \mathbb{Q}_\ell) = \dim H^1(X_{\overline{\eta}}, \mathbb{Q}_\ell)^P = \dim_{\mathrm{s}} H^1(X_{\overline{\eta}}, \mathbb{Q}_\ell)^P$.

(4) $(E, \omega + E_0) = (E_1, \omega + E_0) = (E_0, \omega + E_0)$.

(5) $E = E_0$.

Les équivalences (1) $\Leftrightarrow$ (2) $\Leftrightarrow$ (3) sont évidentes, (3) $\Leftrightarrow$ (4) découle du théorème 3.6, et (4) $\Leftrightarrow$ (5) est l'énoncé de la proposition 2.3. Le théorème 1.4 s'en suit. De même, le théorème 1.5 découle de la formule (12) et de la proposition 2.6.

***Remarque* 3.7.** — Sous l'hypothèse que $\mathrm{pgcd}(r_C)_{C\in B} = 1$, la relation $(E, \omega + E_0) = (E_0, \omega + E_0)$ est équivalente à l'égalité

$$\dim H^1(X_s, \mathcal{O}) = \dim H^1(X_{s,\mathrm{red}}, \mathcal{O}).$$

Si de plus $X$ est relativement minimale, cet équation implique très simplement que $X_s = X_{s,\mathrm{red}}$ (cf. lemme 4.2). L'analyse combinatoire de la proposition 2.3 semble inévitable quand on suppose seulement que $X$ est rcn relativement minimale.

## 4. Réduction semi-stable via les jacobiennes

Soit $f : X \to S$ une $S$-courbe propre, régulière, de fibre générique $X_\eta$ lisse et géométriquement irréductible sur $\eta$ de genre $g \geqslant 1$, et de fibre fermée connexe $[X_s] = \sum_{i\in I} r_i[C_i]$. On suppose que $\mathrm{pgcd}(r_i)_{i\in I} = 1$. Cette hypothèse est vérifiée si par exemple $X_\eta(K) \neq \emptyset$.

On sait par **[20, 21]** que le foncteur de Picard $\mathrm{Pic}_{X_s/k}$ est repésentable par un schéma en groupes locallement de type fini sur $k$. Soit $\mathrm{Pic}^0_{X_s/k}$ sa composante neutre. C'est un schéma en groupes (séparé) lisse de type fini sur $k$ (cf. **[5]** 8.2/3, 8.4/2). Comme tout groupe algébrique commutatif sur $k$, $\mathrm{Pic}^0_{X_s/k}$ admet un plus grand sous-tore $T_0 \subset \mathrm{Pic}^0_{X_s/k}$. Puisque $k$ est algébriquement clos, $T_0$ est caractérisé par la condition que $\mathrm{Pic}^0_{X_s/k}/T_0$ est extension d'un schéma abélien $B_0$ sur $k$ par un groupe unipotent lisse et connexe $U_0$ (cf. **[5]** 9.2/1 et 9.2/2) :

$$0 \longrightarrow U_0 \longrightarrow \mathrm{Pic}^0_{X_s/k}/T_0 \longrightarrow B_0 \longrightarrow 0.$$

Soient $u = \dim U_0, t = \dim T_0$ et $a = \dim B_0$. Donc $g = a + u + t$.

On commence par rappeler la structure de $\mathrm{Pic}^0_{X_s/k}$. On renvoie à l'exposé **[15]** et à **[5]** chapitre 9 pour plus de détails. Supposons d'abord que $X_s$ soit semi-stable. On désigne par $\mathbb{S}$ l'ensemble des points singuliers de $X_s$ et par $\pi : \widetilde{X}_s \to X_s$ sa normalisation. On dispose d'une suite exacte de faisceaux étales sur $X_s$

$$0 \longrightarrow \mathbb{G}_m \longrightarrow \pi_*\mathbb{G}_m \longrightarrow Q \longrightarrow 0 \tag{14}$$

où $Q$ est un faisceau concentré sur $\mathbb{S}$. Pour $x \in \mathbb{S}$, soient $\widetilde{x}$ et $\widetilde{x}'$ les deux points de $\widetilde{X}_s$ au dessus de $x$. La fibre de $Q$ en $x$ est donnée par la suite exacte suivante

$$\begin{array}{ccccccccc} 0 & \longrightarrow & \Gamma(x, \mathbb{G}_m) & \longrightarrow & \Gamma(\widetilde{x}, \mathbb{G}_m) \times \Gamma(\widetilde{x}', \mathbb{G}_m) & \longrightarrow & Q_x & \longrightarrow & 0 \\ & & \| & & \| & & & & \\ & & k^* & & k^* \times k^* & & & & \end{array}$$

La suite de cohomologie associée à (14) induit la suite exacte suivante :

$$\begin{array}{ccccccccccc} 0 \to k^* \to \prod_{i\in I} k^* \to \prod_{x\in \mathbb{S}} Q_x & & \longrightarrow & & \mathrm{Pic}^0_{X_s/k} \to \mathrm{Pic}^0_{\widetilde{X}_s/k} \to 0 \\ & \searrow & & \nearrow & \\ & & T & & \\ & \nearrow & & \searrow & \\ 0 & & & & 0 \end{array}$$

Par conséquent, $\mathrm{Pic}^0_{X_s/k}$ est canoniquement une extension de la variété abélienne $\mathrm{Pic}^0_{\widetilde{X}_s/k}$ par un tore $T$. Le groupe des caractère de $T$ est donné par la suite exacte

$$0 \longrightarrow X(T) \longrightarrow \bigoplus_{x\in\mathbb{S}} \mathbb{Z}'(x) \xrightarrow{\varphi} \bigoplus_{i\in I} \mathbb{Z} \longrightarrow \mathbb{Z} \longrightarrow 0,$$

où $\mathbb{Z}'(x)$ est le noyau du morphisme somme

$$0 \longrightarrow \mathbb{Z}'(x) \longrightarrow \mathbb{Z}^{B_x} \longrightarrow \mathbb{Z} \longrightarrow 0,$$

$B_x$ est l'ensemble des branches de $X_s$ en $x$, et $\varphi$ est le morphisme induit par les applications canoniques $B_x \to B$ qui associent à une branche la composante qui la contient.

Considérons maintenant le cas général. Soit $X_{s,\mathrm{red}}$ la fibre fermée réduite de $X/S$. Le morphisme canonique

(15) $$\mathrm{Pic}_{X_s/k} \longrightarrow \mathrm{Pic}_{X_{s,\mathrm{red}}/k}$$

est un épimorphisme de faisceaux étales de noyau un groupe connexe lisse unipotent (cf. **[5]** 9.2/5 et **[15]**).

Supposons que $X_s$ soit réduit et notons $\widetilde{X}_s \to X_s$ sa normalisation. Soit $X'_s \to X_s$ la courbe maximale entre $\widetilde{X}_s$ et $X_s$ qui soit homéomorphe à $X_s$. On peut décrire $X'_s$ localement en un point singulier $x$ de $X_s$ comme suit : soient $\widetilde{x}_1, \ldots, \widetilde{x}_n$ les points de $\widetilde{X}_s$ au dessus de $x$. L'anneau local de $X'_s$ en l'unique point $x'$ au dessus de $x$ est défini par le diagramme suivant :

$$\begin{array}{ccccccccc} 0 & \longrightarrow & \prod_{i=1}^n \mathfrak{m}_i & \longrightarrow & \prod_{i=1}^n \mathscr{O}_{\widetilde{X}_s,\widetilde{x}_i} & \longrightarrow & \prod_{i=1}^n k(\widetilde{x}_i) & \longrightarrow & 0 \\ & & \| & & \uparrow & & \uparrow{\scriptstyle \Delta} & & \\ 0 & \longrightarrow & \mathfrak{m}' & \longrightarrow & \mathscr{O}_{X'_s,x'} & \longrightarrow & k(x') & \longrightarrow & 0 \end{array}$$

où $\Delta$ est le morphisme diagonal. Par suite, $X'_s$ admet un voisinage étale de $x'$ qui est aussi un voisinage étale de l'intersection des axes de coordonnées dans $\mathbb{A}^n_k$. Le morphisme canonique

$$\mathrm{Pic}_{X_s/k} \longrightarrow \mathrm{Pic}_{X'_s/k} \tag{16}$$

est un épimorphisme de faisceaux étales. Son noyau est un groupe connexe unipotent qui est trivial ssi $X'_s \simeq X_s$ (cf. **[5]** 9.2/9).

***Proposition* 4.1.** — *Supposons que $X$ soit régulière relativement minimale et que* $\mathrm{pgcd}(r_i)_{i\in I} = 1$. *Les propiétés suivantes sont équivalentes :*

1) *$X_s$ est une courbe semi-stable sur $k$ ;*

2) *le radical unipotent de* $\mathrm{Pic}^0_{X_s/k}$ *est trivial.*

*Preuve.* — Nous avons vu que 1) $\Rightarrow$ 2). Suppposons que le radical unipotent de $\mathrm{Pic}^0_{X_s/k}$ soit trivial. L'analyse précédente implique que $\mathrm{Pic}^0_{X_s/k} = \mathrm{Pic}^0_{X_{s,\mathrm{red}}/k}$. En particulier,

$$\dim \mathrm{Pic}^0_{X_s/k} = \dim H^1(X_s, \mathcal{O}) = \dim H^1(X_{s,\mathrm{red}}, \mathcal{O}) = \dim \mathrm{Pic}^0_{X_{s,\mathrm{red}}/k}.$$

***Lemme* 4.2.** — *Sous les hypothèses de la proposition* 4.1, *on a*

i) *$H^0(X_s, \mathcal{O}) = k$ et $\dim H^1(X_s, \mathcal{O}) = g$ ;*

ii) *si $r_i > 1$ pour un $i \in I$, alors $g > \dim H^1(X_{s,\mathrm{red}}, \mathcal{O})$.*

*Preuve.* — i) On a $\chi(X_s, \mathcal{O}) = 1-g$, il suffit donc de montrer que $H^0(X_s, \mathcal{O}) = k$. Puisque $X_s$ est connexe, $H^0(X_{s,\mathrm{red}}, \mathcal{O}) = k$. Soit $Z$ un sous-schéma fermé strict de $X_s$ de pure dimension 1 tel que $H^0(Z, \mathcal{O}) = k$. On décompose $Z$ en tant que diviseur de Cartier sur $X$ en $[Z] = \sum_{i\in I} a_i[C_i]$. On a $0 = (X_s, X_s - Z) = (X_s - Z)^2 + (Z, X_s - Z)$. Puisque $X_s \neq Z$ et $\mathrm{pgcd}(r_i)_{i\in I} = 1$, alors $(X_s - Z)^2 < 0$. D'où $(Z, X_s - Z) > 0$ et donc $(Z, C_i) > 0$ pour un $i \in I$ tel que $a_i < r_i$. Soit $Z' = Z + C_i$. La suite exacte

$$0 \longrightarrow \mathcal{O}_X(-Z) \otimes \mathcal{O}_{C_i} \longrightarrow \mathcal{O}_{Z'} \longrightarrow \mathcal{O}_Z \longrightarrow 0 \tag{17}$$

implique que $H^0(Z', \mathcal{O}) = k$. En commençant par $Z = X_{s,\mathrm{red}}$, on obtient par une recurrence finie que $H^0(X_s, \mathcal{O}) = k$.

ii) Supposons que $X_s \neq X_{s,\mathrm{red}}$ et considérons $Z$ un fermé strict de $X_s$ de pure dimension 1, contenant $X_{s,\mathrm{red}}$ tel que $[X_s] = [Z] + [C_i]$ et $H^0(Z, \mathcal{O}) = k$ (il en existe d'après la preuve du *i*)). On a $(Z, C_i) = -(C_i)^2 > 0$. Par conséquent, la suite exacte (17) donne la suite cohomologique suivante

$$0 \to H^1(C_i, \mathcal{O}_X(-Z) \otimes \mathcal{O}_{C_i}) \to H^1(X_s, \mathcal{O}) \to H^1(Z, \mathcal{O}) \to 0.$$

Le terme de gauche a pour dimension $(Z, C_i) + p(C_i) - 1$ car $(Z, C_i) > 0$, où $p(C_i)$ est le genre arithmétique de $C_i$. Il est donc nul ssi $p(C_i) = 0$ et $(Z, C_i) = 1$

ssi $p(C_i) = 0$ et $(C_i)^2 = -1$. Ceci contredit la relative minimalité de $X$. On en déduit que $\dim H^1(X_s, \mathscr{O}) > \dim H^1(Z, \mathscr{O}) \geqslant \dim H^1(X_{s,\mathrm{red}}, \mathscr{O})$. □

Le lemme 4.2 implique que $X_s$ est réduit. Grâce à l'hypothèse 2), l'épimorphisme (16) est un isomorphisme. Donc $X_s \simeq X'_s$, i.e. $X_s$ admet un voisinage étale de chacun de ses points singuliers qui est aussi un voisinage étale de l'intersection des axes de coordonnées dans $\mathbb{A}^n_k$ pour un entier $n \geqslant 2$. L'espace tangent de Zariski de $X_s$ en un tel point est de dimension 1 ou 2 car $X_s$ est une courbe sur une surface régulière. Donc les singularités de $X_s$ sont doubles ordinaires. Le fait que $X$ soit relativement minimale implique que $X_s$ est semi-stable. □

Grâce à la proposition 4.1, le théorème 1.1 se ramène à l'énoncé suivant :

***Proposition 4.3***. — *Soit $C$ une courbe propre lisse et géométriquement irréductible sur $K$ de genre $g \geqslant 1$. Il existe une extension finie séparable $K'$ de $K$ tel que la propiété suivante soit vérifiée. Soient $R'$ la clôture intégrale de $R$ dans $K'$, $t$ le point fermé de* Spec$(R')$, *et $X'$ le modèle régulier minimal de $C' = C \times_K K'$ sur $R'$. Alors,* $\mathrm{Pic}^0_{X'_t/k}$ *est un schéma semi-abélien.*

La section 4.1 contient une première démonstration de cet énoncé due à Artin et Winters [**3**]. On donnera dans la section 5 une autre preuve due à Deligne et Mumford [**9**]. Elle consiste à ramener l'énoncé ci-dessus à un énoncé plus général sur les variétés abéliennes, qu'on démontrera d'après Grothendieck [**13**] IX.

**4.1. Preuve d'Artin–Winters.** — On reprend les données et hypothèses de la proposition 4.1, à savoir $f : X \to S$ désigne une $S$-courbe propre, régulière relativement minimale, de fibre générique lisse et géométriquement irréductible de genre $g \geqslant 1$, et de fibre fermée connexe $[X_s] = \sum_{i\in I} r_i[C_i]$ telle que $\mathrm{pgcd}(r_i)_{i\in I} = 1$. Soit $M := M(X)$ la forme associée à $X$ (cf. définition 2.1). L'accouplement d'intersection définit un morphisme $\mu : M \longrightarrow M^*$. Soient $G = G(M)$ son conoyau et $G_{\mathrm{tor}}$ le sous-groupe de torsion de $G$. On a une suite exacte

$$0 \longrightarrow G_{\mathrm{tor}} \longrightarrow G \longrightarrow \mathbb{Z} \longrightarrow 0 \tag{18}$$

En effet, soit $h : M^* \to \mathbb{Z}$ le morphisme dual du morphisme

$$\mathbb{Z} \longrightarrow M \quad , \quad 1 \longmapsto \sum_{i\in I} r_i[C_i].$$

On a $h \circ \mu = 0$ car $X_s$ coupe tout diviseur en zero. Donc $h$ induit une application $g : G \to \mathbb{Z}$. De plus $g \otimes \mathbb{Q}$ est un isomorphisme car le noyau de $\mu$ est engendré par $[X_s]$.

Considérons le diagramme commutatif suivant :

(19)
$$
\begin{array}{ccccccc}
 & & 0 & & 0 & & \\
 & & \downarrow & & \downarrow & & \\
 & & D' & \xrightarrow{\sim} & D & & \\
 & & \downarrow & & \downarrow & & \\
M & \xrightarrow{\lambda} & \mathrm{Pic}(X) & \xrightarrow{\nu} & \mathrm{Pic}(X_\eta) & \longrightarrow & 0 \\
\| & & \downarrow{\scriptstyle\varphi} & & \downarrow{\scriptstyle\psi} & & \\
M & \xrightarrow{\mu} & M^* & \longrightarrow & G & \longrightarrow & 0
\end{array}
$$

Voici quelques indications pour la formation de ce diagramme. Pic( ) désigne le groupe (et non le foncteur) de Picard. Les définitions des morphismes $\lambda, \varphi, \nu, \psi$ sont évidentes. La surjectivité de $\nu$ est une conséquence de la régularité de $X$ et du fait que tout diviseur de Cartier sur $X_\eta$ peut être étendu en un diviseur de Cartier de $X$. L'isomorphisme entre les noyaux $D$ de $\psi$ et $D'$ de $\varphi$ découle du fait que $\ker(\mu) = \mathbb{Z}.[X_s]$ car $\mathrm{pgcd}(r_i)_{i\in I} = 1$, et $[X_s] \in \ker(\lambda)$ puisque $X_s$ est un diviseur principal sur $X$.

***Proposition* 4.4.** — i) *On a un diagramme commutatif*

$$
\begin{array}{ccccccccc}
 & & & & 0 & & 0 & & \\
 & & & & \downarrow & & \downarrow & & \\
 & & & & D' & \longrightarrow & \mathrm{Pic}^0_{X_s/k}(k) & \longrightarrow & 0 \\
 & & & & \downarrow & & \downarrow & & \\
0 & \longrightarrow & N & \longrightarrow & \mathrm{Pic}(X) & \longrightarrow & \mathrm{Pic}(X_s) & \longrightarrow & 0 \\
 & & & & \downarrow{\scriptstyle\varphi} & & \downarrow{\scriptstyle\theta} & & \\
 & & & & M^* & = & M^* & & \\
 & & & & \downarrow & & \downarrow & & \\
 & & & & 0 & & 0 & &
\end{array}
$$

*où $\theta$ est le morphisme induit par le degré sur chaque composante $C_i$. De plus, le noyau $N$ est uniquement $q$-divisible pour tout entier $q$ premier à $p$.*

ii) *Soit $n$ un entier positif premier à $p$. On a une suite exacte*

(20)
$$0 \longrightarrow \mathrm{Pic}^0_{X_s/k}(k)[n] \longrightarrow \mathrm{Pic}(X_\eta)[n] \longrightarrow G[n] \longrightarrow 0$$

*où $A[n]$ désigne les éléments de $n$-torsion dans un groupe commutatif $A$.*

*Preuve.* — i) Par définition, $\varphi$ se factorise par $\theta$. On renvoie à **[5]** 9.3/13 pour la surjectivité de $\theta$ et le fait que son noyau coïncide avec $\mathrm{Pic}^0_{X_s/k}$. Il reste à voir que $\mathrm{Pic}(X) \to \mathrm{Pic}(X_s)$ est surjectif et que son noyau est uniquement $q$-divisible. Pour tout entier $N \geqslant 1$, on note $X_N$ le $N$-ème voisinage infinitisimal de $X_s$ dans $X$. Par EGA III 5.1.6, on a

$$\mathrm{Pic}(X) \simeq \varprojlim_N \mathrm{Pic}(X_N).$$

Considérons la suite exacte

$$0 \to J \to \mathscr{O}^*_{X_N} \to \mathscr{O}^*_{X_{N-1}} \to 0.$$

Le noyau $J$ est cohérent sur $X_1 = X_s$. Comme $X_1$ est une courbe, on en déduit que $\mathrm{Pic}(X_N) \to \mathrm{Pic}(X_{N-1})$ est surjectif. Il suffit de montrer que le noyau de ce morphisme est uniquement $q$-divisible. Considérons la suite de cohomologie

$$H^0(X_{N-1}, \mathscr{O}^*_{X_{N-1}}) \to H^1(X_s, J) \to \mathrm{Pic}(X_N) \to \mathrm{Pic}(X_{N-1}) \to 0.$$

D'une part $H^0(X_N, \mathscr{O}^*)$ est $q$-divisible car c'est le groupe des unités d'un anneau local Artinien de corps residuel algébriquement clos $k$. D'autre part $H^1(X_s, J)$ est uniquement $q$-divisible puisque c'est un $k$-espace vectoriel.

ii) découle du diagramme (19), du i) ci-dessus, et du fait que $\mathrm{Pic}^0_{X_s/k}(k)$ est $n$-divisible. □

On se propose maintenant d'étudier la taille de $G$. On introduit la notion suivante.

***Définition* 4.5.** — *Soient $A$ un groupe abélien de type fini et $c$ un entier. On définit $\rho_c(A)$ comme le plus petit entier $r$ pour lequel il existe un sous-groupe $H \subset A$ d'indice fini divisant $c$ et ayant $r$ générateurs.*

***Remarque* 4.6.** — 1) $\rho_1(A)$ est le nombre minimal de générateurs de $A$.

2) Si on écrit $A = \mathbb{Z}/d_1\mathbb{Z} \oplus \cdots \oplus \mathbb{Z}/d_r\mathbb{Z}$ où $d_i \geqslant 0$ et $d_r | d_{r-1} \dots | d_1$, alors $\rho_c(A)$ est le plus petit entier $\rho$ tel que $d_{\rho+1} \dots d_r$ divise $c$.

3) Si $q$ est un nombre premier qui ne divise pas $c$, alors $\mathrm{rg}_{\mathbb{F}_q}(A[q]) \leqslant \rho_c(A)$.

***Théorème* 4.7.** — *Il existe un entier $c = c(g)$ qui ne dépend que du genre $g$ tel que pour toute forme $M$ de genre $g$ on ait*

$$\rho_c(G_{\mathrm{tor}}) \leqslant \beta,$$

*où $G_{\mathrm{tor}}$ est le sous-groupe de torsion de $G = G(M)$, $\beta = \beta(M) = 1 - v + e$ est le premier nombre de Betti du graphe de $M$, $v$ est le nombre de ses sommets et $e$ est le nombre de ses côtés.*

Ce théorème est le centre de la preuve d'Artin–Winters. Sa démonstration est purement combinatoire. C'est pourquoi nous avons choisi de ne pas la reproduire ici. On renvoie à **[3]** et **[10]** pour des exposés clairs. Noter que l'énoncé démontré dans **[3, 10]** est $\rho_c(G) \leqslant 1 + \beta$, et qu'il est équivalent au théorème ci-dessus vu la suite exacte (18). On donnera dans la section 5.3 une interprétation géométrique de ce théorème valable pour toute variété abélienne. Mais pour cela, on a besoin d'admettre le théorème de réduction semi-stable.

On prend maintenant $M := M(X)$ et $\beta := \beta(M(X)) = 1 - v + e$.

***Lemme* 4.8.** — *On a* $\beta \leqslant t + u$.

*Preuve.* — Soient $X_0 = X_{\mathrm{red}}$, $\mathrm{Pic}^0_{X_0/k}$ sa jacobienne et $u'$ et $t'$ les dimensions de ses parties unipotentes et multiplicatives. L'épimorphisme (15) montre que $u' \leqslant u$ et $t' = t$. Soit $\varepsilon$ le conoyau du morphisme

$$0 \to \mathscr{O}_{X_0} \to \prod_{i \in I} \mathscr{O}_{C_i} \to \varepsilon \to 0 \tag{21}$$

Le faisceau $\varepsilon$ est concentré en les points singuliers de $X_0$ et

$$\dim_k \varepsilon = \sum_{i<j} (C_i, C_j) = e.$$

La suite de cohomologie associée à (21) donne

$$0 \to k \to \prod_{i \in I} k \to H^0(X_0, \varepsilon) \to H^1(X_0, \mathscr{O}_{X_0}) \xrightarrow{\psi} \prod_{i \in I} H^1(C_i, \mathscr{O}_{C_i}) \to 0.$$

Le morphisme $\psi$ est le morphisme tangent au morphisme canonique

$$\mathrm{Pic}^0_{X_0/k} \longrightarrow \prod_{i \in I} \mathrm{Pic}^0_{C_i/k}.$$

On sait que le noyau de ce dernier est un groupe algébrique linéaire lisse et connexe. D'où

$$\beta = 1 - v + e = \dim_k \ker(\psi) \leqslant u' + t' \leqslant u + t.$$

□

La proposition 4.3 découle de l'énoncé suivant :

***Proposition* 4.9.** — *Il existe un entier $N = N(g)$ ne dépendant que du genre $g$ tel que la propriété suivante soit verifiée. Soit $X$ une $S$-courbe propre régulière relativement minimale, de fibre générique lisse de genre $g \geqslant 1$, et de fibre fermée connexe $[X_s] = \sum_{i \in I} r_i [C_i]$ tel que* $\mathrm{pgcd}(r_i)_{i \in I} = 1$. *Si pour un nombre premier $q > N$ différent de $p$, le groupe* $\mathrm{Pic}(X_\eta)[q]$ *est de rang $2g$, alors* $\mathrm{Pic}^0_{X_s/k}$ *est semi-abélien.*

*Preuve.* — On prend $N = c(g)$ l'entier donné par le théorème 4.7. Sous les hypothèses de la proposition, la suite exacte (20) implique :

$$2g \leqslant 2a + t + \beta \leqslant 2a + 2t + u.$$

Or $g = a + u + t$, donc $u = 0$. □

## 5. Réduction semi-stable des variétés abéliennes

Soit $f : X \to S$ une $S$-courbe propre, régulière relativement minimale, de fibre générique lisse et géométriquement irréductible sur $\eta$ de genre $g \geqslant 1$, et de fibre fermée connexe $[X_s] = \sum_{i \in I} r_i [C_i]$ tel que $\mathrm{pgcd}(r_i)_{i \in I} = 1$.

***Théorème* 5.1 (Artin [2]).** — *Le foncteur de Picard relatif* $\mathrm{Pic}_{X/S}$ *est représentable par un espace algébrique sur* $S$.

En fait, le théorème d'Artin affirme que le foncteur de Picard relatif $\mathrm{Pic}_{X/S}$ est représentable par un espace algébrique si $f : X \to S$ est cohomologiquement plat en dimension 0, i.e. pour tout $S$-schéma $S'$, le morphisme canonique

$$f_*(\mathscr{O}_X) \otimes_{\mathscr{O}_S} \mathscr{O}_{S'} \xrightarrow{\sim} f'_* \mathscr{O}_{X'}$$

est un isomorphisme où $f' : X' = X \times_S S' \to S'$. Par EGA III 7.8.4, ceci est équivalent à $\dim_k H^1(X_s, \mathscr{O}_{X_s}) = \dim_K H^1(X_\eta, \mathscr{O}_{X_\eta})$. Cette propriété a été démontrée dans le lemme 4.2.

Soit $\mathrm{Pic}^0_{X/S}$ le sous-foncteur de $\mathrm{Pic}_{X/S}$ formé des éléments dont les restrictions à $X_s$ et $X_\eta$ sont respectivement dans les composantes neutres $\mathrm{Pic}^0_{X_s/k}$ et $\mathrm{Pic}^0_{X_\eta/K}$.

***Théorème* 5.2 (Raynaud [23]).** — *Le foncteur* $\mathrm{Pic}^0_{X/S}$ *est représentable par un* $S$*-schéma lisse et séparé.*

La fibre générique de $\mathrm{Pic}^0_{X/S}$ est canoniquement isomorphe à la jacobienne $J_K = \mathrm{Pic}^0_{X_\eta/K}$. Soient $\mathscr{J}$ le modèle de Néron de $J_K$ sur $R$ et $\mathscr{J}^\circ$ sa composante neutre. Par la propriété universelle des modèles de Néron, on a un morphisme canonique $\mathrm{Pic}^0_{X/S} \to \mathscr{J}^\circ$.

***Théorème* 5.3 (Raynaud, [5] 9.5/4).** — *Le morphisme* $\mathrm{Pic}^0_{X/S} \to \mathscr{J}^\circ$ *est un isomorphisme.*

La fibre fermée de $\mathrm{Pic}^0_{X/S}$ est canoniquement isomorphe à $\mathrm{Pic}^0_{X_s/k}$. La proposition 4.3 devient alors un cas particulier du théorème suivant :

***Théorème* 5.4 (Grothendieck).** — *Soit $A$ une variété abélienne sur $K$. Il existe une extension finie séparable $K'$ de $K$ tel que le modèle de Néron connexe de $A' = A \times_K K'$ sur la clôture intégrale $R'$ de $R$ dans $K'$ soit semi-abélien.*

On reprend la démonstration de **[13]** IX. On fixe dans la suite $A$ une variété abélienne sur $K$ de dimension $g$. On note $\mathscr{A}$ son modèle de Néron sur $R$ et $\mathscr{A}^\circ$ sa composante neutre. On fixe un nombre premier $\ell \neq p$ et on considère le pro-schéma en groupes :

$$\mathrm{T}_\ell(A) = \varprojlim_n A[\ell^n].$$

Le module de Tate de $A$, $U = \mathrm{T}_\ell(A)(\overline{K})$, est un $\mathbb{Z}_\ell$-module libre de rang $2g$ muni d'une action continue de $I$. Le pro-$\ell$-schéma en groupes associé à $\mathscr{A}_s$ coincide avec celui associé à $\mathscr{A}_s^\circ$

$$\mathrm{T}_\ell(\mathscr{A}_s) = \mathrm{T}_\ell(\mathscr{A}_s^\circ).$$

La première étape dans la preuve du théorème de réduction semi-abélienne consiste à relier $\mathrm{T}_\ell(A)$ et $\mathrm{T}_\ell(\mathscr{A}_s)$. Pour cela, on introduit le pro-schéma en groupes :

$$\mathrm{T}_\ell(\mathscr{A}^\circ) = \varprojlim_n \mathscr{A}^\circ[\ell^n].$$

Pour tout $n > 0$, le schéma en groupes $\mathscr{A}^\circ[\ell^n]$ est plat et quasi-fini sur $S$. Comme $S$ est hensélien, $\mathscr{A}^\circ[\ell^n]$ se décompose canoniquement en somme

$$\mathscr{A}^\circ[\ell^n] = \mathscr{A}^\circ[\ell^n]^f \sqcup \mathscr{A}^\circ[\ell^n]'$$

où $\mathscr{A}^\circ[\ell^n]^f$ est fini sur $S$ et $\mathscr{A}^\circ[\ell^n]'$ a une fibre fermée vide. Le schéma $\mathscr{A}^\circ[\ell^n]^f$ est ouvert et fermé dans $\mathscr{A}^\circ[\ell^n]$, il est donc plat sur $S$. On définit la *partie fixe* de $\mathrm{T}_\ell(\mathscr{A}^\circ)$ par

$$\mathrm{T}_\ell(\mathscr{A}^\circ)^f = \varprojlim_n \mathscr{A}^\circ[\ell^n]^f \subset \mathrm{T}_\ell(\mathscr{A}^\circ).$$

On a $\mathrm{T}_\ell(\mathscr{A}_s^\circ) = \mathrm{T}_\ell(\mathscr{A}^\circ)^f \times_S s$. On définit la partie fixe de $\mathrm{T}_\ell(A)$ par

$$\mathrm{T}_\ell(A)^f = \mathrm{T}_\ell(\mathscr{A}^\circ)^f \times_S \eta \subset \mathrm{T}_\ell(A).$$

La notion de partie fixe est justifiée par le lemme suivant :

***Lemme* 5.5.** — *On a*

$$\mathrm{T}_\ell(A)^f(\overline{K}) = U^I.$$

*Preuve.* — On démontre d'abord la relation suivante

$$\mathscr{A}[\ell^n]^f(\overline{K}) = (A[\ell^n](\overline{K}))^I = A[\ell^n](K).$$

Comme $S$ est strictement hensélien et $\mathscr{A}[\ell^n]^f$ est fini étale sur $S$, $\mathscr{A}[\ell^n]^f(\overline{K}) = \mathscr{A}[\ell^n]^f(S)$. L'égalité ci-dessus devient une conséquence de la propriété universelle des modèles de Néron. Elle implique que

$$U^I = \varprojlim_n \mathscr{A}[\ell^n]^f(\overline{K}) \supset \varprojlim_n \mathscr{A}^\circ[\ell^n]^f(\overline{K}).$$

Si $(x_n)$ est un élément du deuxième membre, alors $x_n$ est une section de $A$ sur $K$ qui est infiniment divisible par $\ell$. Donc, sa restriction dans $\mathscr{A}_s(k)$ est infiniment divisible par $\ell$. Elle est par suite dans $\mathscr{A}_s^\circ(k)$, ce qui démontre l'égalité annoncée. □

Pour chaque $n > 0$, on désigne par $\mathscr{A}^\circ[\ell^n]^t \subset \mathscr{A}^\circ[\ell^n]^f$ le sous-schéma en groupes maximal de $\mathscr{A}^\circ[\ell^n]^f$ dont la fibre spéciale est contenue dans le tore maximal de $\mathscr{A}_s^\circ$. On pose

$$\mathrm{T}_\ell(\mathscr{A}^\circ)^t = \varprojlim_n \mathscr{A}^\circ[\ell^n]^t.$$

Soit $T_0$ le plus grand sous-tore contenu dans $\mathscr{A}_s$. Alors,

$$\mathrm{T}_\ell(\mathscr{A}^\circ)^t \times_S s = \mathrm{T}_\ell(T_0).$$

Soient $A' = \mathrm{Ext}^1_K(A, \mathbb{G}_m)$ la variété abélienne duale de $A$, $\mathscr{A}'$ son modèle de Néron sur $S$ et $\mathscr{A}'^\circ$ sa composante neutre. On dispose alors de deux filtrations

$$W = \mathrm{T}_\ell(\mathscr{A}^\circ)^t(\overline{K}) \quad \subset \quad V = \mathrm{T}_\ell(\mathscr{A}^\circ)^f(\overline{K}) \quad \subset \quad U = \mathrm{T}_\ell(A)(\overline{K})$$

$$W' = \mathrm{T}_\ell(\mathscr{A}'^\circ)^t(\overline{K}) \quad \subset \quad V' = \mathrm{T}_\ell(\mathscr{A}'^\circ)^f(\overline{K}) \quad \subset \quad U' = \mathrm{T}_\ell(A')(\overline{K})$$

qu'on se propose de comparer relativement à l'accouplement canonique

$$\varphi : U \times U' \longrightarrow \mathbb{Z}_\ell(1)(\overline{K}) \tag{22}$$

***Théorème* 5.6 (Théorème d'orthogonalité de Grothendieck)**

*La partie torique $W$ est l'intersection de la partie fixe $V$ avec l'orthogonal, par rapport à $\varphi$, de la partie fixe $V'$ .*

*Par dualité, la partie torique $W'$ est l'intersection de la partie fixe $V'$ avec l'orthogonal, par rapport à $\varphi$, de la partie fixe $V$.*

**5.1. Preuve du théorème d'orthogonalité d'après Grothendieck [13] IX.** — C'est une application de la théorie des biextensions (cf. **[13]** VII et VIII et **[6]**). Soit $\mathscr{P}_K$ la biextension de Poincaré de $(A, A')$ par $\mathbb{G}_m$. On rappelle que l'on dispose de l'interprétation cohomologique suivante des classes d'isomorphisme de biextensions

$$\mathrm{Biext}(A, A', \mathbb{G}_m) \simeq \mathrm{Ext}^1(A \otimes^{\mathbb{L}} A', \mathbb{G}_m).$$

A partir de cette interprétation, on associe à une classe $w \in \mathrm{Biext}(A, A', \mathbb{G}_m)$ un accouplement

$$\varphi_w : \mathrm{T}_\ell(A) \times \mathrm{T}_\ell(A') \longrightarrow \mathrm{T}_\ell(\mathbb{G}_m).$$

L'accouplement (22) n'est rien d'autre que l'accouplement induit sur les points $\overline{K}$-rationnels par l'accouplement $\varphi_{\mathscr{P}_K}$.

Par **[13]** VIII 7.1, la restriction à la fibre générique induit une équivalence de catégories

$$\mathrm{BIEXT}(\mathscr{A}^\circ, \mathscr{A}'^\circ, \mathbb{G}_{m,S}) \simeq \mathrm{BIEXT}(A, A', \mathbb{G}_m) \tag{23}$$

Soient $\mathscr{P} \in \mathrm{BIEXT}(\mathscr{A}^\circ, \mathscr{A}'^\circ, \mathbb{G}_{m,S})$ l'image inverse de $\mathscr{P}_K$ et

$$\varphi : \mathrm{T}_\ell(\mathscr{A}^\circ) \times \mathrm{T}_\ell(\mathscr{A}'^\circ) \longrightarrow \mathrm{T}_\ell(\mathbb{G}_{m,S})$$

l'accouplement qu'elle induit. La restriction de $\varphi$ aux parties fixes

$$\varphi^f : \mathrm{T}_\ell(\mathscr{A}^\circ)^f \times \mathrm{T}_\ell(\mathscr{A}'^\circ)^f \longrightarrow \mathrm{T}_\ell(\mathbb{G}_{m,S})$$

est complètement déterminée par sa restriction aux fibres spéciales

$$\varphi_s : \mathrm{T}_\ell(\mathscr{A}_s^\circ) \times \mathrm{T}_\ell(\mathscr{A}_s'^\circ) \longrightarrow \mathrm{T}_\ell(\mathbb{G}_{m,k}).$$

Noter que $\varphi_s$ n'est rien d'autre que l'accouplement induit par la biextension $\mathscr{P}_s \in \mathrm{BIEXT}(\mathscr{A}_s^\circ, \mathscr{A}_s'^\circ, \mathbb{G}_{m,k})$ fibre spéciale de $\mathscr{P}$. J'affirme que la restriction de $\varphi^f$ à

$$\mathrm{T}_\ell(\mathscr{A}^\circ)^t \times \mathrm{T}_\ell(\mathscr{A}'^\circ)^f \longrightarrow \mathrm{T}_\ell(\mathbb{G}_{m,S})$$

est identiquement nulle. Il suffit de vérifier cet énoncé pour les restrictions aux fibres spéciales. Soit $T_0$ le sous-tore maximal de $\mathscr{A}_s^\circ$. On se ramène donc à montrer que la restriction de $\varphi_s$ à

$$\mathrm{T}_\ell(T_0) \times \mathrm{T}_\ell(\mathscr{A}_s'^\circ) \longrightarrow \mathrm{T}_\ell(\mathbb{G}_{m,k})$$

est identiquement nulle. Ce dernier accouplement est défini par la biextension $(\mathscr{P}_s)|_{T_0 \times \mathscr{A}_s'^\circ}$. Or, par **[13]** VIII 4.6,

$$\mathrm{Biext}(T_0, \mathscr{A}_s'^\circ, \mathbb{G}_{m,k}) = 1.$$

Ainsi, on a montré que $W \subset V \cap V'^\perp$ (où $\perp$ désigne l'orthogonal par rapport à $\varphi$). Le fait que cette inclusion soit une égalité est une conséquence de la proposition suivante :

***Proposition* 5.7.** — *L'inclusion*

$$\mathrm{T}_\ell(T_0) \subset \mathrm{T}_\ell(\mathscr{A}_s'^\circ)^\perp$$

*est une égalité, où $\perp$ désigne maintenant l'orthogonal par rapport à $\varphi_s$.*

*Preuve (d'après* **[13]** *VIII 4.11–4.14).* On considère l'extension canonique

$$0 \to U_0 \to \mathscr{A}_s^\circ/T_0 \to B_0 \to 0$$

où $B_0$ est une variété abélienne sur $k$ et $U_0$ est un groupe unipotent. On considère aussi $T'_0$ le sous-tore maximal de $\mathscr{A}_s'^\circ$ et l'extension canonique

$$0 \to U'_0 \to \mathscr{A}_s'^\circ/T'_0 \to B'_0 \to 0$$

où $B'_0$ est une variété abélienne et $U'_0$ est un groupe unipotent. Par **[13]** VIII 4.8, l'image inverse induit une équivalence de catégories

$$\mathrm{BIEXT}(B_0, B'_0, \mathbb{G}_m) \simeq \mathrm{BIEXT}(\mathscr{A}_s^\circ, \mathscr{A}_s'^\circ, \mathbb{G}_m) \tag{24}$$

Ceci permet de descendre la biextension $\mathscr{P}_s$ en une biextension $E$ de $B_0 \times B'_0$ par $\mathbb{G}_m$. A cette biextension est associé un accouplement

$$\varphi_E : \mathrm{T}_\ell(B_0) \times \mathrm{T}_\ell(B'_0) \longrightarrow \mathrm{T}_\ell(\mathbb{G}_m).$$

Par fonctorialité, l'accouplement $\varphi_s$ se factorise à travers $\varphi_E$. La proposition se ramène alors à montrer que le noyau de $\varphi_E$ à gauche est trivial. Il est facile de voir que ceci est équivalent au fait que le morphisme induit par la biextension $E$

$$g_E : B_0 \to (B'_0)^\vee$$

a un noyau fini, où $(B'_0)^\vee$ est la variété abélienne duale de $B'_0$. Par dualité, ceci est équivalent au fait que le morphisme $g'_E : B'_0 \to (B_0)^\vee$ est surjectif.

Soit $\mathscr{L}$ un faisceau inversible ample sur $\mathscr{A}^\circ$. On fixe sur $\mathscr{L}$ une rigidification à l'origine ce qui revient à se donner une structure du cube sur le $\mathbb{G}_{m,S}$-torseur associé (noté aussi par $\mathscr{L}$). Une telle structure est équivalente à la donnée d'une structure de biextension de $(\mathscr{A}^\circ, \mathscr{A}^\circ)$ par $\mathbb{G}_{m,S}$ sur

$$\Lambda(\mathscr{L}) = m^*\mathscr{L} \otimes p_1^*\mathscr{L}^{-1} \otimes p_2^*\mathscr{L}^{-1}$$

où $m : \mathscr{A}^\circ \times \mathscr{A}^\circ \to \mathscr{A}^\circ$ est la somme et $p_i : \mathscr{A}^\circ \times \mathscr{A}^\circ \to \mathscr{A}^\circ$ sont les projections.

Soit $L = \mathscr{L}_\eta$ vu comme $\mathbb{G}_m$-torseur cubiste sur $A$. Comme toute biextension, $\Lambda(L)$ définit un morphisme

$$\psi : A \to A' \quad , \quad x \to \Lambda(L)_{x,-}$$

Il découle des définitions un isomorphisme canonique

$$\Lambda(L) \simeq (1_A \times \psi)^* \mathscr{P}_K \in \mathrm{BIEXT}(A, A, \mathbb{G}_m) \tag{25}$$

Par propriété universelle des modèles de Néron, $\psi$ se prolonge en un morphisme $\Psi : \mathscr{A}^\circ \to \mathscr{A}'^\circ$. Le morphisme $\psi$ est une isogénie car $L$ est ample. Donc, on peut trouver une isogénie $\psi' : A' \to A$ et un entier $m$ tels que $\psi \circ \psi' = m1_{A'}$ et $\psi' \circ \psi = m1_A$. Soit $\Psi' : \mathscr{A}'^\circ \to \mathscr{A}^\circ$ le prolongement de $\psi'$. On a

$$\Psi' \circ \Psi = m\ 1_{\mathscr{A}^\circ} \quad \text{et} \quad \Psi \circ \Psi' = m\ 1_{\mathscr{A}'^\circ}$$

On en déduit que $\Psi$ induit une isogénie sur les parties fixes $\mathrm{T}_\ell(\mathscr{A}^\circ)^f \to \mathrm{T}_\ell(\mathscr{A}'^\circ)^f$, et que sa restriction aux fibres spéciales envoie $T_0$ sur $T_0'$, $U_0$ sur $U_0'$, $B_0$ sur $B_0'$, et établit une isogénie entre $B_0$ et $B_0'$. En particulier,

$$\dim B_0 = \dim B_0', \quad \dim T_0 = \dim T_0', \quad \dim U_0 = \dim U_0'.$$

Par l'équivalence de catégories (23), l'isomorphisme (25) se prolonge en un isomorphisme canonique

$$\Lambda(\mathscr{L}) \simeq (1_{\mathscr{A}^\circ} \times \Psi)^* \mathscr{P} \in \mathrm{BIEXT}(\mathscr{A}^\circ, \mathscr{A}^\circ, \mathbb{G}_m).$$

La descente des torseurs cubistes implique, dans notre cas, qu'il existe $M$ un $\mathbb{G}_m$-torseur cubiste sur $B_0$ qui descend $\mathscr{L}_s$. De l'équivalence de catégories (24), on obtient un isomorphisme canonique

$$\Lambda(M) \simeq (1_{B_0} \times \Psi_s)^* E \in \mathrm{BIEXT}(B_0, B_0, \mathbb{G}_m).$$

Par conséquent, le morphisme $g_E'$ se factorise suivant

$$\begin{array}{ccc} B_0 & \xrightarrow{\quad \Psi_s \quad} & B_0' \\ & {\scriptstyle g_{\Lambda(M)}} \searrow \quad \swarrow {\scriptstyle g_E'} & \\ & (B_0)^\vee & \end{array}$$

Il suffit donc de montrer que $g_{\Lambda(M)}$ est surjectif, ce qui revient à démontrer que $M$ est ample. Soit $\pi : \mathscr{A}_s^\circ \to B_0$ la projection canonique. On sait que $\pi^* M = \mathscr{L}_s$ est ample. Il s'ensuit par **[22]** que $M$ est ample. □

***Proposition* 5.8.** — *Les propositions suivantes sont équivalentes :*

1) $\mathscr{A}^\circ$ *est semi-abélien ;*

2) $V'^{\perp} \subset V$ *;*

3) $W = V'^{\perp}$ *;*

4) *l'action de $I$ sur $U = \mathrm{T}_\ell(A)(\overline{K})$ est unipotente d'échelon 2 (i.e. il existe un sous-module $U'$ de $U$ stable par $I$ tel que $I$ agit trivialement sur $U'$ et sur $U/U'$).*

*Preuve.* — Soient $u$, $t$ et $a$ les dimensions unipotente, torique et abélienne de $\mathscr{A}_s^\circ$ ou de $\mathscr{A}_s'^\circ$. Considérons le diagramme suivant

$$\begin{array}{ccccccc} & & & V & & & \\ & & \overset{2a}{\nearrow} & & \overset{2u}{\searrow} & & \\ 0 \xrightarrow{t} & W = V \cap V'^{\perp} & & & & W'^{\perp} = V + V'^{\perp} & \xrightarrow{t} U \\ & & \underset{2u}{\searrow} & & \underset{2a}{\nearrow} & & \\ & & & V'^{\perp} & & & \end{array}$$

où les quotients successifs sont sans torsion, de rangs indiqués sur les flèches. L'équivalence entre 1), 2) et 3) s'en suit. L'assertion 4) est équivalente à $I$ agit trivialement sur $U/V$. Par dualité, ceci est équivalent à $I$ agit trivialement $V^{\perp}$, i.e. $V^{\perp} \subset V'$, c'est à dire à l'assertion 2) pour $A'$. Par l'analyse précédente, ceci est équivalent à $u = 0$. □

***Remarque* 5.9.** — 1) Si $A$ est la jacobienne d'une courbe $C$ propre lisse et géométriquement irréductible sur $K$, alors on a un isomorphisme canonique

$$U = \mathrm{T}_\ell(A)(\overline{K}) \simeq H^1(C_{\overline{K}}, \mathbb{Z}_\ell(1)).$$

On obtient ainsi une autre démonstration du théorème 1.4. Noter qu'on n'avait pas besoin de préciser l'échelon d'unipotence dans le théorème 1.4.

2) Plus généralement, pour toute variété abélienne $A$ sur $K$, il existe un isomorphisme canonique

$$H^1(A_{\overline{K}}, \mathbb{Z}_\ell) \simeq \mathrm{Hom}(\mathrm{T}_\ell(A)(\overline{K}), \mathbb{Z}_\ell).$$

Donc, l'assertion 4) de la proposition 5.8 est équivalente à la même assertion pour $H^1(A_{\overline{K}}, \mathbb{Z}_\ell)$ et même pour $H^1(A_{\overline{K}}, \mathbb{Q}_\ell)$.

3) D'après le théorème de monodromie, l'action de $I$ sur $H^1(A_{\overline{K}}, \mathbb{Q}_\ell)$ est quasi-unipotente. Pour voir que son échelon d'unipotence est deux, il suffit de noter que toute variété abélienne est le quotient de la jacobienne d'une courbe lisse, et que l'échelon d'unipotence pour le $H^1$ d'une courbe est deux (cf. corollaire B.1). Le théorème 5.4 découle comme corollaire de la proposition 5.8.

4) Dans **[13]** I Appendice 6, Deligne donne une autre preuve du théorème de réduction semi-stable des variétés abéliennes de nature plus arithmétique que la preuve de Grothendieck.

**5.2. Un critère de réduction semi-stable.** — Par le théorème de monodromie, il existe un sous-groupe ouvert $I'$ de $I$ tel que l'action de $I'$ sur $U = \mathrm{T}_\ell(A)(\overline{K})$ est unipotente (d'échelon 2 grâce à la remarque 5.9–3). Donc l'action de $I'$ sur $U' = \mathrm{T}_\ell(A')(\overline{K})$ est aussi unipotente, où $A'$ est la variété abélienne duale de $A$. On prend $I'$ invariant dans $I$, et on définit $\widetilde{V} = U^{I'}$ *sous-module essentiellement fixe de* $U$, et $\widetilde{W} = \{(U')^{I'}\}^{\perp}$ *sous-module essentiellement torique de* $U$, où $\perp$ désigne l'orthogonal par rapport à l'accouplement (22). La proposition 5.8 montre que $\widetilde{W} \subset \widetilde{V}$. La filtration

$$0 \subset \widetilde{W} \subset \widetilde{V} \subset U$$

est invariante sous l'action de $I$, et ne depend pas du choix de $I'$.

Il existe un plus grand sous-groupe ouvert $\widetilde{I}$ de $I$ qui opère de façon unipotente sur $U$. C'est le noyau de la représentation de $I$ dans la semi-simplifiée de $U$. C'est aussi le noyau de la représentation de $I$ dans $\widetilde{V}$. Soient $\widetilde{K} = (\overline{K})^{\widetilde{I}}$, $G = \mathrm{Gal}(\widetilde{K}/K) = I/\widetilde{I}$, $\widetilde{S}$ le normalisé de $S$ dans $\widetilde{K}$, $\widetilde{\mathscr{A}}$ le modèle de Néron de $A_{\widetilde{K}}$ sur $\widetilde{S}$, et $\widetilde{\mathscr{A}^\circ}$ sa composante neutre. Par la proposition 5.8, $A_{\widetilde{K}}$ a réduction semi-stable. De plus, $\widetilde{K}$ est la plus petite extension galoisienne $K'$ de $K$ telle que $A_{K'}$ ait réduction semi-stable. On a $\widetilde{V} = \mathrm{T}_\ell(\widetilde{\mathscr{A}^\circ})^f(\overline{K})$, et par la proposition 5.8 $\widetilde{W} = \mathrm{T}_\ell(\widetilde{\mathscr{A}^\circ})^t(\overline{K})$. L'action de $I$ sur ces modules induit une action de $G = I/\widetilde{I}$.

Par transport de structure, $G$ opère sur $\widetilde{\mathscr{A}}$ et sur $\widetilde{\mathscr{A}^\circ}$, de façon compatible avec son action sur $\widetilde{S}$. On obtient ainsi une action de $G$ sur la fibre spéciale $\widetilde{\mathscr{A}_k^\circ}$ de $\widetilde{\mathscr{A}^\circ}$. Par conséquent, $G$ agit sur le module de Tate $\mathrm{T}_\ell(\widetilde{\mathscr{A}_k^\circ})(k)$. Il est facile de voir que l'isomorphisme canonique

$$\widetilde{V} = \mathrm{T}_\ell(\widetilde{\mathscr{A}^\circ})^f(\overline{K}) \simeq \mathrm{T}_\ell(\widetilde{\mathscr{A}_k^\circ})(k)$$

est $G$-équivariant pour les deux actions de $G$ décrites ci-dessus.

***Proposition* 5.10.** — *Soit $A$ une variété abélienne sur $K$ et $n \geqslant 2$ un entier premier à la caractéristique résiduelle $p$. Supposons que $I$ opère trivialement sur $A[n](\overline{K})$, i.e. tous les points de $n$-torsion de $A$ sont rationnels sur $K$. Alors, ou bien $A$ a réduction semi-stable sur $S$, ou bien $n = 2$.*

*Preuve.* — On choisit $I' = \widetilde{I}$, de sorte que l'action de $G$ sur $\widetilde{V}$ soit fidèle. Il s'en suit que son action sur $\widetilde{\mathscr{A}_k^\circ}$ est aussi fidèle. Par ailleurs, l'action de $G$ sur $\widetilde{\mathscr{A}_k^\circ}[n](k)$ est triviale car $\widetilde{\mathscr{A}_k^\circ}[n](k) \subset A[n](\overline{K})$ et $I$ agit trivialement sur $A[n](\overline{K})$. On conclut en utilisant le critère suivant de Serre :

***Lemme* 5.11 ([13] IX 4.7.1).** — *Soient $G$ un schéma en groupes commutatif sur un corps $k$, extension d'un schéma abélien par un tore, et $n$ un entier $\geqslant 2$. Alors, tout automorphisme d'ordre fini de $G$, induisant l'identité sur $G[n]$, est réduit à l'identité si $n \neq 2$, et est de carré réduit à l'identité si $n = 2$.*

Le lemme suivant sera utilisé dans la section 5.3.

***Lemme* 5.12.** — *Soient $J$ un sous-groupe ouvert de $I$ contenant $\widetilde{I}$ et $L = (\overline{K})^J$, de sorte que $K \subset L \subset \widetilde{K}$. Soient $\overline{V}$ et $\overline{W}$ les parties fixe et torique du module de Tate de $A_L$. Alors,*

$$\overline{V} = \widetilde{V}^{\mathrm{Gal}(\widetilde{K}/L)} \quad et \quad \overline{W} = \widetilde{W}^{\mathrm{Gal}(\widetilde{K}/L)}.$$

*Preuve.* — La première relation est évidente. La deuxième est équivalente à $\overline{V} \cap \widetilde{V}'^{\perp} = \overline{V} \cap \overline{V}'^{\perp}$. On a $\overline{V}' \subset \widetilde{V}'$, donc $\overline{V} \cap \widetilde{V}'^{\perp} \subset \overline{V} \cap \overline{V}'^{\perp}$. Soient $x \in \overline{V} \cap \overline{V}'^{\perp}$ et $y \in \widetilde{V}'$, alors

$$0 = \langle x, \sum_{\tau \in \mathrm{Gal}(\widetilde{K}/L)} \tau(y) \rangle = \sum_{\tau \in \mathrm{Gal}(\widetilde{K}/L)} \tau \langle \tau^{-1}(x), y \rangle = \# \,\mathrm{Gal}(\widetilde{K}/L) \langle x, y \rangle.$$

Ceci achève la preuve du lemme. □

## 5.3. Groupes des composantes connexes des modèles de Néron

Soient $A$ une variété abélienne sur $K$ de dimension $g$, $\mathscr{A}$ son modèle de Néron sur $R$, et $\mathscr{A}^\circ$ sa composante neutre. On note $a$, $t$ et $u$ les dimensions abélienne, torique et unipotente de $\mathscr{A}_s^\circ$.

On se propose d'expliquer les idées géométriques qui se cachent derière la preuve combinatoire d'Artin–Winters (voir aussi [19] 1.9–1.11 pour une étude plus détaillée de cette preuve). Pour cela, on considère

$$\Phi = \mathscr{A}_s / \mathscr{A}_s^\circ$$

le groupe des composantes connexes de $\mathscr{A}_s$.

***Proposition* 5.13.** — *Soient $\ell$ un nombre premier différent de la caractéristique résiduelle $p$ et $\Phi[\ell]$ le sous-groupe de $\ell$-torsion de $\Phi$.*

(i) *Si $\ell \geqslant 3$, alors* $\mathrm{rang}_{\mathbb{F}_\ell} \Phi[\ell] \leqslant t + u$.

(ii) *Si $\ell > 2g + 1$, alors* $\mathrm{rang}_{\mathbb{F}_\ell} \Phi[\ell] \leqslant t$.

On va montrer l'énoncé plus fort suivant :

***Théorème* 5.14 (Edixhoven [11]).** — *Soient $\ell$ un nombre premier différent de la caractéristique résiduelle $p$, $\Phi_\ell$ la composante $\ell$-primaire de $\Phi$ et $r_1 \geqslant r_2 \geqslant \ldots$ la suite finie de nombres entiers positifs définie par l'isomorphisme*

$$\Phi_\ell \simeq \bigoplus_{i \geqslant 1} \mathbb{Z}/\ell^{r_i}\mathbb{Z}.$$

*Alors, on a*

$$u \geqslant \sum_{i \geqslant t+1} \left( \frac{\ell^{\lfloor r_i/2 \rfloor} + \ell^{\lceil r_i/2 \rceil}}{2} - 1 \right),$$

*où pour tout nombre réel $x$, $\lfloor x \rfloor$ désigne le plus grand entier $\leqslant x$ et $\lceil x \rceil$ le plus petit entier $\geqslant x$.*

La proposition 5.13 s'obtient comme suit :

(i) Pour $\ell \geqslant 3$ et $r \geqslant 1$, on a

$$\frac{\ell^{\lfloor r/2 \rfloor} + \ell^{\lceil r/2 \rceil}}{2} - 1 \geqslant 1.$$

Grâce au théorème 5.14, on en déduit que $\operatorname{rang}_{\mathbb{F}_\ell}(\Phi[\ell]) \leqslant t + u$.

(ii) Pour $\ell > 2g + 1$ et $r \geqslant 1$, on a

$$\frac{\ell^{\lfloor r/2 \rfloor} + \ell^{\lceil r/2 \rceil}}{2} - 1 > g.$$

Comme $u \leqslant g$, le théorème 5.14 implique que $r_i = 0$ pour $i \geqslant t + 1$. Par conséquent, $\operatorname{rang}_{\mathbb{F}_\ell}(\Phi[\ell]) \leqslant t$.

Nous allons reproduire la preuve originelle **[11]** du théorème 5.14. L'ingrédient de base est une filtration canonique de $\Phi_\ell$, introduite par Lorenzini **[19]**, qui lui a permis d'établir des estimations sur la taille de $\Phi_\ell$. Le résultat d'Edixhoven (cf. théorème 5.14) est un raffinement de ses estimations.

On fixe dans la suite un nombre premier $\ell \neq p$. Je commence par rappeler quelques caractérisations cohomologiques de $\Phi_\ell$. D'abord, le lien avec le module de Tate $U = \mathrm{T}_\ell(\overline{K})$ est donné par la formule suivante (cf. **[13]** IX 11.2)

$$\Phi_\ell = (U \otimes \mathbb{D}_\ell)^I / (U^I \otimes \mathbb{D}_\ell) \tag{26}$$

où $\mathbb{D}_\ell = \mathbb{Q}_\ell / \mathbb{Z}_\ell$. De la suite exacte de $I$-modules continus

$$0 \longrightarrow U \longrightarrow U \otimes \mathbb{Q}_\ell \longrightarrow U \otimes \mathbb{D}_\ell \longrightarrow 0$$

on tire que

$$\Phi_\ell = \operatorname{tors}(H^1(I, U))$$

où « tors » désigne le sous-module de torsion. Rappelons que le groupe d'inertie modérée $I_{\mathrm{t}} = I/P$ est canoniquement isomorphe au produit $\prod_{q \neq p} \mathbb{Z}_q(1)$. La suite spectrale de Hochschild–Serre donne

$$\Phi_\ell = \mathrm{tors}(H^1(I,U)) = \mathrm{tors}(H^1(I_{\mathrm{t}}, U^P)) = \mathrm{tors}((U^P)_{I_{\mathrm{t}}})(-1) = \mathrm{tors}((U)_I)(-1)$$

où les indices $I$ et $I_{\mathrm{t}}$ désignent les co-invariants et « $(-1)$ » est le twist de Tate.

Soit $N$ le sous-module de $U$ engendré par $\sigma(x) - x$ pour $\sigma \in I$ et $x \in U$, de sorte que $U_I = U/N$. J'affirme que $N$ est contenu dans $V'^{\perp}$, l'orthogonal de la partie fixe $V'$ par rapport à l'accouplement (22). En effet, pour $\sigma \in I$, $x \in U$ et $y \in V'$, on a

$$\langle \sigma(x) - x, y \rangle = \sigma\langle x, \sigma^{-1}(y)\rangle - \langle x, y\rangle = \sigma\langle x, y\rangle - \langle x, y\rangle = 0.$$

Comme $U/V'^{\perp}$ est sans torsion, on en déduit que

$$\Phi_\ell = \mathrm{tors}(V'^{\perp}/N)(-1) = (V'^{\perp}/N)(-1).$$

Pour justifier la dernière égalité, on va montrer que $V'^{\perp}/N$ est de torsion. Soit $I_{(\ell)}$ le sous-groupe de $I$ noyau du caractère canonique $I \to \mathbb{Z}_\ell(1)$. On a

$$U/N = U_I = (U_{I_{(\ell)}})_{\mathbb{Z}_\ell(1)} = (U^{I_{(\ell)}})_{\mathbb{Z}_\ell(1)}.$$

Soit $\sigma$ un générateur topologique de $\mathbb{Z}_\ell(1)$, alors

$$0 \longrightarrow U^I \longrightarrow U^{I_{(\ell)}} \xrightarrow{\sigma - 1} U^{I_{(\ell)}} \longrightarrow (U^{I_{(\ell)}})_{\mathbb{Z}_\ell(1)} \longrightarrow 0.$$

Par conséquent $\mathrm{rg}(U_I) = \mathrm{rg}(U^I) = \mathrm{rg}(V) = \mathrm{rg}(V') = 2a + t$, où rg désigne le rang sur $\mathbb{Q}_\ell$. D'où $\mathrm{rg}(V'^{\perp}) = \mathrm{rg}(N) = t + 2u$. □

Soient $\widetilde{I}$, $\widetilde{K}$, $G = \mathrm{Gal}(\widetilde{K}/K) = I/\widetilde{I}$, $\widetilde{S}$, $\widetilde{\mathscr{A}}$ et $\widetilde{\mathscr{A}^\circ}$ comme dans la section 5.2. On désigne par $\widetilde{t}$ et $\widetilde{a}$ les dimensions torique et abélienne de $\widetilde{\mathscr{A}^\circ_k}$. Soit $K_\ell$ la sous-extension maximale de $\widetilde{K}$ de degré une puissance de $\ell$. On note $a_\ell, t_\ell, u_\ell$ les dimensions abélienne, torique et unipotente associées au modèle de Néron de $A_{K_\ell}$. Donc, $g = \widetilde{t} + \widetilde{a} = t_\ell + u_\ell + a_\ell$.

La filtration $0 \subset \widetilde{W} \subset \widetilde{V} \subset U$, définie dans la section 5.2, induit une filtration de $V'^{\perp}$ :

$$0 \overset{t}{\subset} W \overset{\widetilde{t}-t}{\subset} \widetilde{W} \overset{2(\widetilde{a}-a)}{\subset} \widetilde{V} \cap V'^{\perp} \overset{\widetilde{t}-t}{\subset} V'^{\perp} \tag{27}$$

où les quotients successifs sont sans torsion, de rangs indiqués. On obtient par quotient une filtration de $\Phi_\ell$, dite filtration de Lorenzini,

$$0 = \Phi_\ell^4 \subset \Phi_\ell^3 \subset \Phi_\ell^2 \subset \Phi_\ell^1 \subset \Phi_\ell^0 = \Phi_\ell.$$

On se propose de mesurer la taille des différents quotients de cette filtration. On introduit pour cela la notion suivante :

***Définition* 5.15.** — *Soit $G$ un groupe abélien fini d'ordre une puissance de $\ell$, de sorte que $G \simeq \oplus_{i\geqslant 1}\mathbb{Z}/\ell^{a_i}\mathbb{Z}$ avec $a_1 \geqslant a_2 \geqslant \dots$. On pose*

$$\delta_\ell(G) = \sum_{i\geqslant 1}(\ell^{a_i} - 1).$$

On utilisera l'estimation suivante sur $\delta_\ell$ :

***Lemme* 5.16 ([11] corollaire 4.7).** — *Soient $M$ un $\mathbb{Z}_\ell$-module de type fini et $\sigma$ un automorphisme de $M$ d'ordre fini. Supposons que $M/(\sigma-1)M$ est fini. Alors,*

$$\delta_\ell(M/(\sigma - 1)M) \leqslant \mathrm{rg}_{\mathbb{Q}_\ell}(M).$$

L'étape principale dans la preuve du théorème 5.14 est la proposition suivante :

***Proposition* 5.17 (Edixhoven [11] théorème 3.3).** — *Avec les hypothèses et notations ci-dessus, on a*

1) *$\Phi_\ell^3$ est engendré par $t$ éléments ;*
2) *$\delta_\ell(\Phi_\ell/\Phi_\ell^1) \leqslant t_\ell - t$ ;*
3) *$\delta_\ell(\Phi_\ell^1/\Phi_\ell^3) \leqslant (t_\ell - t) + 2(a_\ell - a)$.*

*Démonstration.* — Le point 1) est évident car $\Phi_\ell^3 = W/W\cap N$ et $W$ est engendré par $t$ générateurs.

Le groupe $\Phi_\ell/\Phi_\ell^1$ est un quotient de $(V'^{\perp}/\widetilde{V}\cap V'^{\perp})_I$. De plus, $I$ agit par un quotient fini sur $V'^{\perp}/\widetilde{V}\cap V'^{\perp}$. On prend $M = (V'^{\perp}/\widetilde{V}\cap V'^{\perp})_{I_{(\ell)}}$ sur lequel $\mathbb{Z}_\ell(1)$ agit par un quotient fini. Soit $\sigma$ l'automorphisme de $M$ image d'un générateur topologique de $\mathbb{Z}_\ell(1)$. Alors,

$$M/(\sigma - 1)M = ((V'^{\perp}/\widetilde{V}\cap V'^{\perp})_{I_{(\ell)}})_{\mathbb{Z}_\ell(1)} = (V'^{\perp}/\widetilde{V}\cap V'^{\perp})_I$$

est de torsion. En effet,

$$\left(\frac{V'^{\perp}}{\widetilde{V}\cap V'^{\perp}}\right)_I \otimes \mathbb{Q} = \frac{(V'^{\perp})^I}{(\widetilde{V}\cap V'^{\perp})^I} \otimes \mathbb{Q} = \frac{V\cap V'^{\perp}}{V\cap V'^{\perp}} = 0.$$

Pour appliquer le lemme 5.16, il faut calculer le rang de $M$. Soit $0 \subset \widetilde{W}' \subset \widetilde{V}' \subset U'$ la filtration du module de Tate de la variété abélienne duale de $A$ par ses sous-modules essentiels. J'affirme que l'accouplement

$$\left(\frac{\widetilde{W}'}{W'}\right) \times \left(\frac{V'^{\perp}}{\widetilde{V}\cap V'^{\perp}}\right) \longrightarrow \mathbb{Z}_\ell(1)(\overline{K}) \tag{28}$$

induit par (22) est non dégénéré. Il suffit pour cela de voir que $\widetilde{W'}^{\perp} = \widetilde{V}$ et que $V' \cap \widetilde{W'} = W'$. La première relation découle du fait que $A'_{\widetilde{K}}$ est semi-stable, et la deuxième du lemme 5.12. Comme (28) est $I$-équivariant, on se ramème à calculer le rang de

$$\left(\frac{\widetilde{W'}}{W'}\right)_{I(\ell)} = \left(\frac{\widetilde{W'}}{W'}\right)^{I(\ell)} = \frac{\widetilde{W'}^{I(\ell)}}{W'^{I(\ell)}} = \frac{\widetilde{W'}^{I(\ell)}}{W'}.$$

Soit $J = \mathrm{Gal}(\overline{K}/K_\ell)$. Alors $I(\ell) \subset J$, et le plus petit sous-groupe de $J$ contenant $I(\ell)$ et $\widetilde{I}$ est $J$. Il s'en suit que $\widetilde{W'}^{J} = \widetilde{W'}^{I(\ell)}$. Le lemme 5.12 implique alors que $\mathrm{rg}(M) = t_\ell - t$. Le point 2) en découle grâce au lemme 5.16. La preuve de 3) est analogue à celle de 2). □

On établit facilement le résultat suivant :

***Lemme* 5.18.** — *Soit $0 \to B \to E \to A \to 0$ une suite exacte de $\mathbb{Z}_\ell$-modules finis avec $E \simeq \oplus_{i\geqslant 1}\mathbb{Z}_\ell/\ell^{e_i}\mathbb{Z}_\ell$. Alors,*

$$\delta_\ell(A) + \delta_\ell(B) \geqslant 2\sum_{i\geqslant 1}\left(\frac{\ell^{\lfloor e_i/2\rfloor} + \ell^{\lceil e_i/2\rceil}}{2} - 1\right).$$

*Démonstration du théorème 5.14.* — Soit $e_1 \geqslant e_2 \geqslant \ldots$ les entiers définis par

$$\Phi_\ell/\Phi_\ell^3 \simeq \oplus_{i\geqslant 1}\mathbb{Z}/\ell^{e_i}\mathbb{Z}_\ell.$$

Par la proposition 5.17–1), $\Phi_\ell^3$ est engendré par $t$ éléments. Ceci implique que $e_i \geqslant r_{i+t}$ pour tout $i \geqslant 1$, où les $r_i$ sont définis dans le théorème 5.14. Par le lemme 5.18, on a

$$\begin{aligned}\delta_\ell(\Phi_\ell/\Phi_\ell^1) + \delta_\ell(\Phi_\ell^1/\Phi_\ell^3) &\geqslant 2\sum_{i\geqslant 1}\left(\frac{\ell^{\lfloor e_i/2\rfloor} + \ell^{\lceil e_i/2\rceil}}{2} - 1\right)\\ &\geqslant 2\sum_{i\geqslant t+1}\left(\frac{\ell^{\lfloor r_i/2\rfloor} + \ell^{\lceil r_i/2\rceil}}{2} - 1\right).\end{aligned}$$

Par ailleurs, la proposition 5.17 implique que

$$2(u - u_\ell) = 2(t_\ell - t + a_\ell - a) \geqslant \delta_\ell(\Phi_\ell/\Phi_\ell^1) + \delta_\ell(\Phi_\ell^1/\Phi_\ell^3).$$

La preuve du théorème 5.14 est terminée. □

***Remarque* 5.19.** — La proposition 5.13 utilise le théorème de réduction semi-stable. Inversement, chacun des énoncés (i) et (ii) de cette proposition implique le théorème de réduction semi-stable. En effet, grâce à la suite exacte

$$0 \to \mathscr{A}_s[\ell](k) \to A[\ell](K) \to \Phi[\ell] \to 0$$

(cf. équation (26)), l'énoncé (i) de la proposition 5.13 montre que si $A[\ell](K) = A[\ell](\overline{K})$ pour $\ell \geqslant 3$ et $\ell \neq p$, alors $A$ a réduction semi-stable. De même, l'énoncé (ii) montre que si $A[\ell](K) = A[\ell](\overline{K})$ pour $\ell > 2g+1$ et $\ell \neq p$, alors $A$ a réduction semi-stable.

On prend pour $A$ la jacobienne d'une courbe propre lisse et géométriquement irréductible $C$ sur $K$ de genre $g \geqslant 1$. Par **[5]** 9.6/1 et la suite exacte (18), le groupe $\Phi$ est canoniquement isomorphe au sous-groupe de torsion $G_{\mathrm{tor}}$ du groupe $G$ qui apparait dans la section 4.1. Par conséquent, Artin et Winters (cf. théorème 4.7) donnent une preuve combinatoire de la version faible suivante de la proposition 5.13 : *il existe un entier $c(g)$, qui ne depend que du genre $g$, tel que pour tout nombre premier $\ell > c(g)$, on a*

$$\operatorname{rang}_{\mathbb{F}_\ell} \Phi[\ell] \leqslant t.$$

Noter que leur preuve marche aussi pour $\ell = p$. Dans la preuve du théorème de réduction semi-stable, Artin et Winters utilisent l'estimation plus faible : $\operatorname{rang}_{\mathbb{F}_\ell} G[\ell] \leqslant t+u$. Ceci s'explique par leur usage du modèle régulier minimal, imposé par la proposition 4.1.

## Appendice A
## Calcul des cycles évanescents

Le but de cet appendice est de démontrer le théorème 3.3. On commence par démontrer le lemme de pureté suivant :

***Lemme* A.1**. — *Soient $A$ un anneau local régulier strictement hensélien (de caractéristique résiduelle différente de $\ell$), et $D = \sum_{i\in B} D_i$ un dcn de* $\operatorname{Spec}(A)$ *défini par l'équation $\prod_{i\in B} t_i = 0$ où $(t_i)_{i\in B}$ est une partie d'un système régulier de paramètres de $A$. Soit $U = \operatorname{Spec}(A) - D = \operatorname{Spec}(A[1/(\prod_{i\in B} t_i)])$. On a*

$$H^q(U,\Lambda) = \begin{cases} \Lambda & si\ q=0\,; \\ (\Lambda(-1))^B & si\ q=1. \end{cases}$$

*Démonstration*. — On va démontrer l'énoncé plus précis suivant :

$$H^0(U,\mu_{\ell^n}) \simeq \mu_{\ell^n}(A) \tag{29}$$

$$H^1(U,\mu_{\ell^n}) \simeq H^0(U,\mathbb{G}_m)/(H^0(U,\mathbb{G}_m))^{\ell^n} \simeq (\mathbb{Z}/\ell^n\mathbb{Z})^B \tag{30}$$

L'isomorphisme (29) découle de la connexité de $U \neq \emptyset$. Le premier isomorphisme de (30) découle de la suite exacte de Kummer quand on observe que $\operatorname{Pic}(U) = 0$ (puisque $U$ est ouvert dans $\operatorname{Spec}(A)$ et $A$ est factoriel). On fixe un isomorphisme $B \simeq \{1,\ldots,a\}$, et on pose $U_i = \operatorname{Spec}(A[1/(\prod_{1\leqslant j\leqslant i} t_i)])$ pour

$j = 0, \dots a$, de sorte que $U_0 = \mathrm{Spec}(A)$ et $U_a = U$. Pour $1 \leqslant i \leqslant a$, on a la suite exacte

$$\begin{array}{ccccccccc} 0 & \longrightarrow & H^0(U_{i-1}, \mathbb{G}_m) & \longrightarrow & H^0(U_i, \mathbb{G}_m) & \xrightarrow{\rho_i} & \mathbb{Z} & \longrightarrow & 0 \\ & & \| & & \| & & & & \\ & & (A[\frac{1}{t_1 \dots t_{i-1}}])^* & & (A[\frac{1}{t_1 \dots t_i}])^* & & & & \end{array}$$

où pour $a \in (A[\frac{1}{t_1 \dots t_i}])^*$, $\rho_i(a)$ est l'ordre de $a$ le long de $t_i$. Pour déduire le deuxième isomorphisme de (30), il suffit de remarquer que $A^*$ est $\ell^n$-divisible car $A$ est strictement hensélien et $\ell$ est différent de la caracteristique résiduelle de $A$. □

*Démonstration du théorème 3.3.* — Soient $X_{(\overline{x})}$ le hensélisé strict de $X$ en $\overline{x}$, $D = \sum_{i \in B} D_i$ la fibre fermée réduite de $X_{(\overline{x})}/S$, $(t_i)_{i \in B}$ une partie d'un système régulier de paramètres dont le produit définit $D$, et $U = X_{(\overline{x})} - D$. En vue de l'isomorphisme (9), on est amené à calculer les groupes de cohomologie $H^q(U_{\mathrm{t}}, \Lambda)$ pour $q = 0, 1$, et à étudier les actions de $I_{\mathrm{t}}$ et de $\mathrm{Gal}(k(\overline{x})/k(x))$. La dernière action se décrit comme suit : le groupe $\mathrm{Gal}(k(\overline{x})/k(x))$ agit canoniquement sur $X_{(\overline{x})}$, i.e. il s'identifie au groupe de Galois de $L^{\mathrm{sh}}/L^{\mathrm{s}}$ où $L^{\mathrm{sh}}$ (resp. $L^{\mathrm{s}}$) est le corps de fractions de $\mathscr{O}^{\mathrm{sh}}_{X,x}$ (resp. $\mathscr{O}^{\mathrm{h}}_{X,x}$). Il s'agit d'étudier l'action induite sur $H^q(U_{\mathrm{t}}, \Lambda)$.

Soit $\pi$ une uniformisante de $R$, alors $U_{\mathrm{t}}$ est la limite projective des $U(\pi^{1/n})$ pour $(n, p) = 1$. On note pour la suite que le groupe d'inertie modéré $I_{\mathrm{t}}$ agit sur tous les $U(\pi^{1/n})$ car $K(\pi^{1/n})/K$ est Galoisienne. Le lemme A.1 ne peut pas s'appliquer aux $U(\pi^{1/n})$ car en général $X_{(\overline{x})}(\pi^{1/n})$ n'est pas normal. On introduit les schémas intermédiaires suivants : soit $n$ un entier positif premier à $p$. On pose

$$X_n = X_{(\overline{x})}([t_i^{1/n}]_{i \in B}) \quad \text{et} \quad U_n = X_n \times_S U.$$

Noter que $X_n$ est le spectre d'un anneau local régulier et que $U_n$ est le complémentaire du dcn défini par $\prod_{i \in B} t_i^{1/n}$. Par le lemme A.1, $H^0(U_n, \Lambda) = \Lambda$ et $H^1(U_n, \Lambda) = \Lambda(-1)^B$. Soient $m = nd$ et $\varphi^n_m : X_m \to X_n$ le morphisme canonique. De la preuve du lemme A.1, on voit que $(\varphi^n_m)^* : H^q(U_n, \Lambda) \to H^q(U_m, \Lambda)$ est la multiplication par $d^q$ pour $q = 0, 1$. Posons $\widetilde{U} = \varprojlim_{(n,p)=1} U_n$, alors

$$H^q(\widetilde{U}, \Lambda) = \begin{cases} \Lambda & \text{si } q = 0\,; \\ 0 & \text{si } q = 1. \end{cases} \tag{31}$$

Le lemme suivant compare $\widetilde{U}$ et $U_{\mathrm{t}}$.

**Lemme A.2.** — *Le cardinal de l'ensemble $\Theta$ des composantes connexes de $U_{\mathrm{t}}$ est $c = \delta_p(\#H_0(\mathbb{K}))$. Le schéma $\widetilde{U}$ est un prorevêtement Galoisien de groupe $H_1(\mathbb{K}) \otimes_{\mathbb{Z}} \hat{\mathbb{Z}}(1)(k)$ de chacune des composantes connexes de $U_{\mathrm{t}}$. L'action de $I_{\mathrm{t}}$ sur $\Theta$ se factorise à travers le caractère $\chi_c : I_{\mathrm{t}} \to \mu_c(R)$, inverse du caractère canonique, et $\Theta$ est un $\mu_c(R)$-torseur principal pour cette action. L'action du groupe de Galois $\mathrm{Gal}(k(\overline{x})/k(x))$ sur $\Theta$ se factorise à travers un caractère $\chi_{\overline{x}} : \mathrm{Gal}(k(\overline{x})/k(x)) \to \mu_{c'}(R)$ où $c'$ est un diviseur de $c$.*

Le théorème 3.3 s'obtient à partir de (31), en appliquant la suite spectrale de Hochschild–Serre. Le lemme A.2 s'obtient par limite projective à partir de l'énoncé suivant :

**Lemme A.3.** — *Soient $n$ un entier positif premier à $p$. Le cardinal de l'ensemble $\Theta_n$ des composantes connexes de $U(\pi^{1/n})$ est $c = (n, \#H_0(\mathbb{K}))$. On pose $n = cn'$. Le schéma $U_{n'}$ est un revêtement Galoisien de groupe $H_1(\mathbb{K}) \otimes_{\mathbb{Z}} \mu_{n'}(R)$ de chacune des composantes connexes de $U(\pi^{1/n})$. L'action de $I_{\mathrm{t}}$ sur $\Theta_n$ se factorise à travers le caractère $\chi_c : I_{\mathrm{t}} \to \mu_c(R)$, inverse du caractère canonique, et $\Theta_n$ est un $\mu_c(R)$-torseur principal pour cette action. L'action du groupe de Galois $\mathrm{Gal}(k(\overline{x})/k(x))$ sur $\Theta_n$ se factorise à travers un caractère $\chi_{\overline{x}} : \mathrm{Gal}(k(\overline{x})/k(x)) \to \mu_{c'}(R)$ où $c'$ est un diviseur de $c$.*

*Preuve.* — C'est un calcul local du même genre que celui développé dans la section 1.1.

Considérons d'abord le cas d'un point générique de $X_s$. Soient $A$ tel que $X_{(\overline{x})} = \mathrm{Spec}(A)$ et $\alpha$ une uniformisante de $A$. Il existe $u \in A^*$ tel que $\pi = u\alpha^r$. On pose $c = (n, r)$, $n = cn'$ et $r = cr'$. Soit $A'$ la normalisation de $A(\pi^{1/n})$ dans son anneau total de fractions. Alors

$$A' \simeq \prod_{\xi \in \mu_c(R)} \{A[\pi']/(\pi'^{n'} - \xi v \alpha^{r'})\}' \simeq \prod_{\xi \in \mu_c(R)} A[t]/(t^{n'} - \alpha)$$

où $v$ est une racine $c$-ème de $u$ (noter que $(c,p) = 1$), et $\{\ \}'$ désigne la normalisation.

Soit $\sigma \in \mathrm{Gal}(k(\overline{x})/k(x))$. On a $\sigma(\alpha) = h\alpha$ où $h \in A^*$. D'où $\sigma(u) = h^{-r}u$ et $\sigma(v) = \xi' h^{-r'} v$ où $\xi' \in \mu_c(R)$. Donc $\sigma$ agit sur $\Theta_n = \mu_c(R)$ par multiplication par $\xi'$. La description de l'action de $I_{\mathrm{t}}$ sur $\Theta_n$ est aussi évidente.

On considère maintenant le cas d'un point fermé, i.e. $x = \overline{x}$. Le lemme A.3 se ramène à l'énoncé suivant :

**Lemme A.4.** — *Soit $A$ un anneau local excellent régulier strictement hensélien plat sur $R$ de dimension 2. Supposons que $\pi = u \prod_{i \in B} t_i^{r_i}$ où $u \in A^*$ et*

*$(t_i)_{i\in B}$ est une partie d'un système régulier de paramètres de $A$. Soient $n$ un entier premier à $p$ et $R' = R[\pi']/(\pi'^n - \pi)$. L'anneau $A\otimes_R R'$ est local réduit, soit $A'$ sa normalisation dans son anneaux total de fractions. Alors, le cardinal de l'ensemble $\Theta_n$ des composantes connexes de* $\mathrm{Spec}(A')$ *est $c = (n, \#H_0(\mathbb{K}))$. Chaque composante est isomorphe à*

$$\mathrm{Spec}(A[t_i^{1/n'}])/H_1(\mathbb{K})\otimes_{\mathbb{Z}}\mu_{n'}(R)$$

*où $n = cn'$ et $H_1(\mathbb{K})\otimes_{\mathbb{Z}}\mu_{n'}(R)$ agit sur* $\mathrm{Spec}(A[t_i^{1/n'}])$ *via l'inclusion $H_1(\mathbb{K})\otimes_{\mathbb{Z}}\mu_{n'}(R)\subset \mu_{n'}(R)^B$ et l'action naturelle de $\mu_{n'}(R)^B$ sur* $\mathrm{Spec}(A[t_i^{1/n'}])$.
*L'action de $I_{\mathrm{t}}$ sur $\Theta_n$ se factorise à travers le caractère $\varphi_c : I_{\mathrm{t}}\to\mu_c(R)$, opposé du caractère canonique, et $\Theta_n$ est un $\mu_c(R)$-torseur principal.*

*Preuve.* — 1) Il suffit de démontrer le lemme pour $A$ complet. En effet, $A'$ est fini sur $A$ car $A$ est excellent. Comme de plus $A$ est hensélien, on en déduit que $A'$ est un produit d'anneaux locaux normaux excellents et henséliens. Pour déterminer les composantes connexes de $\mathrm{Spec}(A')$, on peut remplacer $A'$ par son complété le long de son radical. Puisque $A\otimes_R R'$ est local réduit excellent, la completion de $A'$ est isomorphe à la normalisation de $\hat{A}\otimes_R R'$ où $\hat{A}$ est le complété de $A$ (EGA IV 7.8.3).

2) On suppose $A$ complet. Il y a deux cas possibles

$$A\simeq\begin{cases} R[[x,y]]/(\pi - ux^a) & \text{si } \#B = 1\,;\\ R[[x,y]]/(\pi - ux^ay^b) & \text{si } \#B = 2.\end{cases}$$

où $u\in R[[x,y]]^*$.

On suppose d'abord que $\#B = 1$. On a $\#H_0(\mathbb{K}) = a$, $H_1(\mathbb{K}) = 0$, $c = (n,a)$, $n = cn'$ et $a = ca'$. On fixe $v\in R[[x,y]]^*$ tel que $v^c = u$, alors

$$A'\simeq\prod_{\xi\in\mu_c(R)}\{R'[[x,y]]/(\pi'^{n'} - \xi v x^{a'})\}'.$$

Pour normaliser $R'[[x,y]]/(\pi'^{n'} - \xi v x^{a'})$, on considère le morphisme de $R$-algèbres suivant

$$\begin{array}{rccc} f: & R'[[x,y]]/(\pi'^{n'} - \xi v x^{a'}) & \longrightarrow & R[[t,y]]/(\pi - ut^{n'a})\\ & (x,y,\pi') & \longmapsto & (t^{n'}, y, (\xi v)^{1/n'}t^{a'})\end{array}$$

On voit facilement que $f$ est fini et que $f\otimes_R K$ est un ismorphisme. Il s'en suit que la normalisation de $R'[[x,y]]/(\pi'^{n'} - \xi v x^{a'})$ est isomorphe à $A[x^{1/n'}]$.

On suppose que $\#B = 2$. On a $c = (a, b, n)$ et $a = ca'$, $b = cb'$ et $n = cn'$. On fixe $v \in R[[x, y]]^*$ tel que $v^c = u$, alors

$$A' \simeq \prod_{\xi \in \mu_c(R)} \{R'[[x, y]]/(\pi'^{n'} - \xi v x^{a'} y^{b'})\}'.$$

On considère le morphisme de $R$-algèbres suivant

$$\begin{array}{rccc} f: & R'[[x, y]]/(\pi'^{n'} - \xi v x^{a'} y^{b'}) & \longrightarrow & R[[t, s]]/(\pi - u t^{n'a} s^{n'b}) \\ & (x, y, \pi') & \longmapsto & (t^{n'}, s^{n'}, (\xi v)^{1/n'} t^{a'} s^{b'}) \end{array}$$

Soit $(\alpha, \beta) \in \mathbb{Z}^B$ une base de $H_1(\mathbb{K})$. Soit $\xi \in H_1(\mathbb{K}) \otimes_{\mathbb{Z}} \mu_{n'}(R)$. Grâce à $(\alpha, \beta)$, on considère $\xi \in \mu_{n'}(R)$. L'action de $\xi$ sur $A([x^{1/n'}, y^{1/n'}]) \simeq R[[t, s]]/(\pi - u t^{an'} s^{bn'})$ décrite dans le lemme est donnée par $t \mapsto \xi^\alpha t$ et $s \mapsto \xi^\beta s$. Il est évident que $f$ a une image contenue dans $\{R[[t, s]]/(\pi - u t^{n'a} s^{n'b})\}^{\mu_{n'}(R)}$ et que ce dernier s'identifie avec la normalisation de $R'[[x, y]]/(\pi'^{n'} - \xi v x^{a'} y^{b'})$. $\square$

## Appendice B
### Théorème de monodromie

Il y a au moins deux démonstrations du théorème 1.6, l'une géométrique et l'autre arithmétique. La preuve géométrique (d'après **[13]** I) utilise les cycles évanescents modérément ramifiés. On fixe un modèle rcn $X$ de $C$ sur $S$. Par le théorème 3.3 et la suite spectrale de Leray (10), il existe un entier $N > 0$ tel que pour tout $\sigma \in I_{\mathrm{t}} = I/P$, on a

$$(\sigma^N - 1)^2 = 0 \quad \text{sur} \quad H^1(C_{\overline{K}}, \mathbb{Q}_\ell)^P.$$

Par exemple, on prend pour $N$ le pgcd des multiplicités des composantes irréductibles de $X_s$. Comme $P$ est un pro-$p$-groupe, il agit par un quotient fini sur $H^1(C_{\overline{K}}, \mathbb{Q}_\ell)$. On obtient ainsi le résultat plus fort suivant :

***Corollaire* B.1.** — *L'action de $I$ sur $H^1(C_{\overline{K}}, \mathbb{Q}_\ell)$ est quasi-unipotente d'échelon* 2.

L'analogue de cette démonstration en dimensions supérieures dépend d'un certain nombre de conjectures (voir **[13]** I). Ce problème ne se pose pas avec la preuve arithmétique. On se limite ici à expliquer ses grandes lignes. On se place d'abord dans la situation suivante : $S = \mathrm{Spec}(R)$ est le spectre d'un anneau de valuation discrète hensélien et $\ell$ est un nombre premier inversible dans $R$, tel que l'hypothèse suivante soit verifiée :

$(*_\ell)$ aucune extension finie de $k$ ne contient toutes les racines de l'unité d'ordre une puissance de $\ell$.

Sous cette hypothèses, on démontre **[25]** que toute représentation continue $\rho$ de $\mathrm{Gal}(\overline{\eta}/\eta)$ dans $\mathrm{Gl}(n, \mathbb{Q}_\ell)$ est quasi-unipotente. Ensuite, on démontre (cf. **[13]** I) que l'hypothèse $(*_\ell)$ est superflue pour les représentations qui proviennent de la géométrie, c'est à dire pour les groupes de cohomologie $\ell$-adique $H^*(Y_{\overline{\eta}}, \mathbb{Q}_\ell)$, où $Y$ est un schéma de type fini sur $\eta$.

## Références

[1] S. S. Abhyankar – « Resolution of singularities of arithmetical surfaces », *Arithmetical Algebraic Geometry* (O. F. G. Schilling, éd.), Harper and Row, (New York), 1965, p. 111–152.

[2] M. Artin – « Algebrization of formal moduli I », *Global Analysis, papers in honor of K. Kodaira*, University of Tokyo Press, Princeton University Press, 1969, p. 21–71.

[3] M. Artin & G. Winters – « Degenerate fibres and stable reduction of curves », *Topology* **10** (1971), p. 373–383.

[4] S. Bosch & W. Lütkebohmert – « Stable reduction and uniformization of abelian varieties I », *Math. Ann.* **270** (1985), p. 349–379.

[5] S. Bosch, W. Lütkebohmert & M. Raynaud – *Néron models*, Ergeb., no. 21, Springer-Verlag, 1990.

[6] L. Breen – *Fonctions thêta et théorème du cube*, Lect. Notes Math., no. 980, Springer-Verlag, 1983.

[7] T. Chinburg – « Minimal models for curves over Dedekind rings », *Arithmetic Geometry* (G. Cornell & J. Silverman, éds.), Springer-Verlag, 1986, p. 309–326.

[8] P. Deligne – *Cohomologie étale* (SGA $4\frac{1}{2}$), Lect. Notes Math., no. 569, Springer-Verlag, 1977.

[9] P. Deligne & D. Mumford – « The irreducibility of the space of curves of given genus », *Publ. Math. Inst. Hautes Études Sci.* **36** (1969), p. 75–109.

[10] M. Deschamps – « Réduction semi-stable », *Pinceaux de courbes de genre au moins deux* (L. Szpiro, éd.), Astérisque, vol. 86, 1981, p. 1–34.

[11] B. Edixhoven – « On the prime to $p$–part of the groups of connected components of Néron models », *Compositio Math.* **97** (1995), p. 29–49.

[12] D. Gieseker – *Lectures on moduli of curves*, Tata Inst. Fund. Res. Bombay, 1982.

[13] A. Grothendieck – *Groupes de monodromie en géométrie algébrique* (SGA $7_{\mathrm{I}}$), Lect. Notes Math., no. 288, Springer-Verlag, 1972.

[14] ———, *Cohomologie $\ell$-adique et fonctions $L$* (SGA 5), Lect. Notes Math., no. 589, Springer-Verlag, 1977.

[15] U. T. Hartl – « The Picard functor », ces comptes-rendus.

[16] H. Hironaka – « Desingularization of excellent surfaces », Lect. Notes Math., no. 1101, 1984, Appendice à *Resolution of surface singularities*, par V. Cossart, J. Giraud et U. Orbanz.

[17] S. Lichtenbaum – « Curves over discrete valuation rings », *Amer. J. Math.* **25** (1968), p. 380–405.

[18] J. Lipman – « Rational singularities », *Publ. Math. Inst. Hautes Études Sci.* **36** (1969), p. 195–279.

[19] D. Lorenzini – « On the group of components of a Néron model », *J. reine angew. Math.* **445** (1993), p. 109–160.

[20] J.-P. Murre – « On contravariant functors from the category of preschemes over a field into the category of abelian groups », *Publ. Math. Inst. Hautes Études Sci.* **23** (1964), p. 5–43.

[21] F. Oort – « Sur le schéma de Picard », *Bull. Soc. Math. France* **90** (1962), p. 1–14.

[22] M. Raynaud – *Faisceaux amples sur les schémas en groupes et les espaces homogènes*, Lect. Notes Math., no. 119, Springer-Verlag, 1970.

[23] ———, « Spécialisation du foncteur de Picard », *Publ. Math. Inst. Hautes Études Sci.* **38** (1970), p. 27–76.

[24] T. Saito – « Vanishing cycles and geometry of curves over a discrete valuation ring », *Amer. J. Math.* **109** (1987), p. 1043–1085.

[25] J.-P. Serre & J. Tate – « Good reduction of abelian varieties », *Ann. of Math.* **88** (1968), p. 492–517.

[26] I. Shafarevich – *Lectures on minimal models and birational transformations of two dimensional schemes*, Tata Institute Bombay, 1966.

Ahmed Abbes, CNRS UMR 7539, LAGA, Institut Galilée, Université Paris-Nord, 93430 Villetaneuse (France) • *E-mail :* abbes@math.univ-paris13.fr

*Courbes semi-stables et groupe fondamental en géométrie algébrique*
(J.-B. Bost, F. Loeser, M. Raynaud, éd.), p. 111–119
Progress in Mathematics, Vol. 187, © 2000 Birkhäuser Verlag Basel/Switzerland

# 6

# MUMFORD-TATE CURVES

Thorsten Schmechta

Let $R$ be a complete discrete valuation ring with uniformizer $\pi$, field of fractions $K$ and residue field $k$. As usual, write $\mathbb{P}^1(K)$ for the set of $K$-rational points of $\mathbb{P}^1_K$, the projective line over $K$. For a scheme $X$ over $S = \operatorname{Spec} R$ the generic (resp. special) fibre is denoted by $X_\eta$ (resp. $X_0$) and the formal completion of $X$ along its closed fibre is denoted by $\hat{X}$ or $\mathfrak{X}$.

## 1. The tree of PGL(2, K)

A lattice $M$ of $K^2$ is a free $R$-submodule of $K^2$ of rank 2. Two lattices $M_1$ and $M_2$ are said to be *equivalent* if they differ by a homothety, i.e. $M_1 = \lambda M_2$ for some $\lambda \in K^*$. An equivalence class of a lattice $M$ under this relation is denoted by $[M]$. For any two lattices $M_1$ and $M_2$ there exists a basis $u, v$ of $M_1$ and an element $\lambda \in K^*$ such that $\lambda u, \lambda\pi^n v$ is a basis of $M_2$ for some $n \in \mathbb{N}$. The integer $n$ does not depend on the equivalence classes of $M_1$ and $M_2$ and is called the *distance* of $M_1$ and $M_2$. The tree $\Delta$ of $\mathrm{PGL}(2, K)$ is defined as follows:

$$\begin{aligned}\mathrm{Vert}(\Delta) &= \{\, [M]\ ,\ M \text{ lattice of } K^2 \,\}\\ &= \left\{\begin{array}{l}\text{set of schemes } X/S \text{ with generic fibre } \mathbb{P}^1_K\\ \text{such that } X \cong \mathbb{P}^1_S \text{ modulo isomorphism,}\end{array}\right.\end{aligned}$$

where the correspondence of the two sets is given by

$$[M] \longmapsto \mathbb{P}(M) = \mathbf{Proj}\,\big((\mathbf{Sym}\,(\mathrm{Hom}_R(M, R))\big).$$

Two vertices are connected by an edge if their distance is 1, in which case they are called *adjacent*. Let $s$ and $s'$ be two different vertices of $\Delta$, we can choose their representatives $M$ and $M'$ in *standard position*, i.e. for a basis $u, v$ of $M$ the elements $u, v' = \pi^n v$ are a basis of $M'$ for some $n \in \mathbb{N}$, which is the distance of $s$ and $s'$. Then it is clear that $s$ and $s'$ are connected by a sequence of edges given by the adjacent vertices $(s_{i-1}, s_i)$ with $s_i = [uR + \pi^i vR]$ for $i = 1, ..., n$. Moreover, if $t$ is an adjacent of $s'$ we have either $t = s_{n-1}$ or the distance of $s$ and $t$ is $n+1$. This shows that $\Delta$ is in fact a connected tree.

The group $\mathrm{PGL}(2, K)$ acts transitively and isometrically on $\Delta$. For each vertex $s$ there is a 1-1 correspondance

$$\text{set of edges with origin } s \quad \longleftrightarrow \quad \text{elements of } \mathbb{P}^1(k).$$

A *halfline* in $\Delta$ is an infinite sequence $(s_n)_{n\in\mathbb{N}}$ of vertices of $\Delta$ without repetitions such that $s_n$ is an adjacent of $s_{n-1}$ for all $n$. Thus a halfline is given by a sequence $M_0 \supset M_1 \supset ...$ of lattices of $K^2$ where $M_n$ is a representative of $s_n$ and $M_0/M_n \cong R/\pi^n$ for all $n$. The subspace $\bigcap_{n\geq 0} M_n \otimes_R K$ of $K^2$ defines a $K$-rational point of $\mathbb{P}^1_K$. Conversely, given a point of $\mathbb{P}^1(K)$ represented by $u \in K^2$ choose $v \in K^2$ such that $u, v$ is a basis of $K^2$. Let $M_n$ be the lattice with $R$-basis $u, \pi^n v$. Then $\bigcap_{n\geq 0} M_n \otimes_R K$ defines the point of $\mathbb{P}^1(K)$ we started with. Two halflines are said to be equivalent if they differ only by a finite number of vertices. An equivalence class of a halfline is called an *end* of $\Delta$. By the above observation one gets for each vertex $s$ the following bijection:

$$\text{set of halflines with origin } s = \text{set of ends of } \Delta \quad \longleftrightarrow \quad \text{elements of } \mathbb{P}^1(K)$$

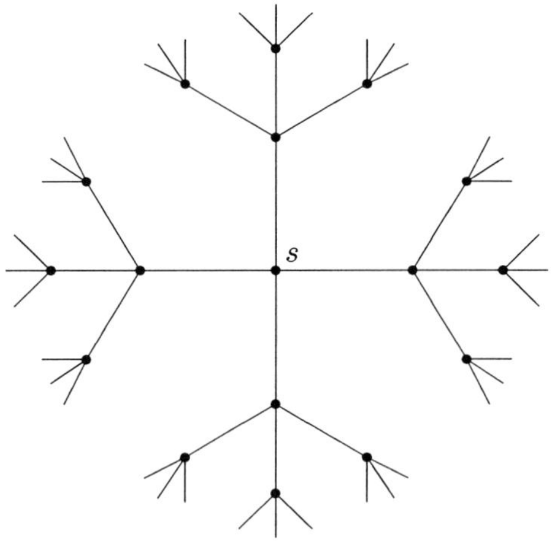


*Example.* The case $\operatorname{card} k = 3$

Let $s_1$ and $s_2$ be two different vertices of $\Delta$, as above we choose their representatives $M_1$ and $M_2$ in standard position, say for a basis $u_0, u_1$ of $M_1$ the elements $v_0 = u_0, v_1 = \pi^n u_0$ are a basis of $M_2$ for some $n \in \mathbb{N}$. Define maps

$$X_i : M_1 \longrightarrow R, \quad X_i(u_j) = \delta_{ij} \quad \text{and} \quad Y_i : M_2 \longrightarrow R, \quad Y_i(v_j) = \delta_{ij}$$

The isomorphism of the generic fibres of $\mathbb{P}(M_1) = \mathbf{Proj}\,(R[X_0, X_1])$ and $\mathbb{P}(M_2) = \mathbf{Proj}\,(R[Y_0, Y_1])$ is given by the equations $X_0 = Y_0$ and $X_1 = \pi^n Y_1$. The join of $\mathbb{P}(M_1)$ and $\mathbb{P}(M_2)$ is then given by the closure of the equation

$$Y_0 X_1 - \pi^n X_0 Y_1 = 0 \text{ in } \mathbf{Proj}\left(R[Y_0X_0, Y_1X_0, Y_0X_1, Y_1X_1]\right).$$

Thus the join $\mathbb{P}(M_1, M_2)$ is a normal scheme over $S$, whose special fibre is reduced, with two irreducible components isomorphic to $\mathbb{P}(M_1)_0$ and $\mathbb{P}(M_2)_0$ intersecting transversally in one point. The local ring of $\mathbb{P}(M_1, M_2)$ at this point is the localization of $R[T_1, T_2]/(T_1T_2 - \pi^n)$ at the origin. This observation generalizes to any finite join of elements of $\mathrm{Vert}(\Delta)$ as follows (for the notion of the graph associated to a semi-stable curve cf. **[4]**):

***Proposition* 1.1.** — *Let $\Delta'$ be a finite subtree of $\Delta$ defined by the vertices $s_i = [M_i]$, for $i = 1, ..., n$, and let $\mathbb{P}(\Delta')$ denote the join of the $\mathbb{P}(M_i)$'s.*

(1) *$\mathbb{P}(\Delta')$ is a normal curve, proper and flat over $S$, with generic fibre isomorphic to $\mathbb{P}^1_K$ and reduced special fibre $\mathbb{P}(\Delta')_0$.*

(2) *All components of $\mathbb{P}(\Delta')_0$ are isomorphic to $\mathbb{P}^1_k$ and the only singularities are rational ordinary double points. For each double point $x$ the local ring of $\mathbb{P}(\Delta')$ at $x$ is isomorphic to the localization of $R[T_1, T_2]/(T_1T_2 - \pi^{n_x})$ at the origin.*

(3) *The graph of $\mathbb{P}(\Delta')_0$ can be canonically identified with $\Delta'$.*

(4) *For $\Delta' \subset \Delta''$ there is a canonical morphism $\mathbb{P}(\Delta'') \longrightarrow \mathbb{P}(\Delta')$ which blows down the vertices of $\Delta'' - \Delta'$.*

A tree is said to be *locally finite* if all vertices are met by only a finite number of edges. The next proposition gives a generalization of the above observation to locally finite subtrees of $\Delta$.

***Proposition* 1.2.** — *Let $\Delta'$ be a locally finite subtree of $\Delta$. Then there exists a scheme $\mathbb{P}(\Delta')$ over $S$ with the following properties:*

(1) *$\mathbb{P}(\Delta')$ is locally of finite type, normal and flat over $S$ with generic fibre isomorphic to $\mathbb{P}^1_K$.*

(2) *The closed fibre $\mathbb{P}(\Delta')_0$ is reduced, connected, one-dimensional, with at most ordinary double points as singularities. All components are isomorphic to $\mathbb{P}^1_k$ and the graph of $\mathbb{P}(\Delta')_0$ can be canonically identified with $\Delta'$.*

*Define $\mathfrak{P}(\Delta')$ to be the formal completion of $\mathbb{P}(\Delta')$ along its closed fibre, which is a formal scheme locally of finite type.*

To construct $\mathbb{P}(\Delta')$, let $s$ be a vertex of $\Delta'$ and write

$$\Delta' = \bigcup_{n \geq 0} \Delta'_n,$$

where $\Delta'_n$ denotes the union of all segments in $\Delta'$ with origin $s$ containing at most $n+1$ vertices. Then the $\mathbb{P}(\Delta'_n)$ define a projective system. Let $U_n \subset \mathbb{P}(\Delta'_n)$ denote the complement of the finite set of points corresponding to the edges in $\Delta'_{n+1} - \Delta'_n$. Since the morphism

$$\mathbb{P}(\Delta'_{n+1}) \longrightarrow \mathbb{P}(\Delta'_n)$$

becomes an isomorphism above $U_n$, we get open immersions $U_0 \hookrightarrow U_1 \hookrightarrow U_2 \hookrightarrow \cdots$. Glueing the $U_i$'s we get a scheme with the above properties.

## 2. Schottky groups and associated trees

***Definition* 2.1.** — *An element $\gamma$ in $\mathrm{PGL}(2,K)$ represented by $A \in \mathrm{GL}_2(K)$ is called hyperbolic if $A$ has two eigenvalues in $K$ of different valuation. A Schottky group $\Gamma$ is a subgroup of $\mathrm{PGL}(2,K)$ which is finitely generated and whose elements $\neq 1$ are hyperbolic.*

If $\Gamma$ is a Schottky group, $\Gamma$ is necessarily discrete in $\mathrm{PGL}(2,K)$ and acts freely on the tree $\Delta$. The latter means that $\Gamma$ acts without fixpoints and inversions, hence $\Gamma$ is a free group (Theorem of Ihara, cf. [**5**]). Let $\Sigma_\Gamma$ be the set of points in $\mathbb{P}^1_K$ which are fixpoints of some $\gamma \in \Gamma - 1$. Then $\Sigma_\Gamma \subset \mathbb{P}^1(K)$. Assume $\Sigma_\Gamma$ is not finite, i.e. $\Gamma$ is free on at least two generators. For each triple $x = (x_1, x_2, x_3)$ of pairwise different elements $x_i \in \Sigma_\Gamma$ there exists an unique vertex $[M(x)]$ in $\Delta$ such that the three halflines in $\Delta$ with origin $[M(x)]$ and end $x_i$ have no other vertex in common. We can define a graph $\Delta_\Gamma$ associated to $\Gamma$ by setting

$$\mathrm{Vert}(\Delta_\Gamma) = \{\, [M(x)]\ ,\ x = (x_1, x_2, x_3) \in \Sigma_\Gamma^3 \text{ pairwise different } \}$$

and using the paths in $\Delta$ to define the edges.

***Proposition* 2.2.** — *$\Delta_\Gamma$ is a subtree of $\Delta$ with the following properties:*

(1) *Each vertex of $\Delta_\Gamma$ is met by at least three different edges.*
(2) *The set of ends is $\overline{\Sigma}_\Gamma$, the closure of $\Sigma_\Gamma$ in $\mathbb{P}^1(K)$.*
(3) *The quotientgraph $\Delta_\Gamma/\Gamma$ is finite, hence $\Delta_\Gamma$ is a locally finite tree.*

For the *proof* let $s_i \in \mathrm{Vert}(\Delta_\Gamma)$, $i = 1, 2, 3$, be three different vertices defined by $(x_1^{(i)}, x_2^{(i)}, x_3^{(i)}) \in \Sigma_\Gamma^3$ as above and let $t$ be the unique vertex in $\mathrm{Vert}(\Delta)$ lying on all the paths from $s_i$ to $s_j$, $i \neq j$, in $\Delta$. Then $t$ is an element of $\mathrm{Vert}(\Delta_\Gamma)$. To see this assume $t \neq s_i$ for all $i$, i.e. the $s_i$ do not lie on one line in $\Delta$. We may say that, for all $i$, the halfline in $\Delta$ starting with $s_i$ and ending with $x_1^{(i)}$ does not pass through $t$. But then $t = [M(x)]$ with $x = (x_1^{(1)}, x_1^{(2)}, x_1^{(3)}) \in \Sigma_\Gamma^3$. This shows that $\Delta_\Gamma$ is a subtree of $\Delta$. The assertions 1 and 2 of the proposition follow from the definitions. For the last assertion let $\gamma_1, ..., \gamma_g$ be a system of free generators of $\Gamma$ and for $s \in \mathrm{Vert}(\Delta_\Gamma)$ denote by $\Delta_\Gamma(s)$ the subgraph of $\Delta_\Gamma$ given by the union of all paths from $s$ to $\gamma_i(s)$, $1 \leq i \leq g$. One proves $\bigcup_{\gamma \in \Gamma} \gamma(\Delta_\Gamma(s)) = \Delta_\Gamma$, and therefore the finite graph $\Delta_\Gamma(s)$ maps onto $\Delta_\Gamma/\Gamma$.

## 3. Mumford-Tate curves

***Definition* 3.1.** — (1) *A curve $X$ over $S$ with smooth generic fibre is called stable if $X$ is proper, flat over $S$ with geometrically reduced, connected and one-dimensional fibres, having at most ordinary double points as singularities, such that each non-singular rational component meet the others in at least three points.* (cf. **[4]**)

(2) *A curve $X$ over $k$ is called $k$-split degenerate if all components of the normalization of $X$ are isomorphic to $\mathbb{P}_k^1$, and all double points are $k$-rational with two $k$-rational branches.*

***Theorem* 3.2 (Mumford).** — *Let $\Gamma$ be a Schottky group, free on $g$ generators, $g \geq 2$. Then there exists a stable curve $P_\Gamma$ over $S$ of genus $g$, whose generic fibre is smooth over $K$ and whose special fibre is $k$-split degenerate such that the formal completion $\hat{P}_\Gamma$ of $P_\Gamma$ along its closed fibre is the quotient $\mathfrak{P}(\Delta_\Gamma)/\Gamma$.*

Outline of the *proof.* One has to see that the quotient $\mathfrak{P}(\Delta_\Gamma)/\Gamma$ can be constructed and is algebraizable. Let $\Gamma_0$ be a normal subgroup of $\Gamma$ of finite index with the property that none of the elements of $\Gamma_0 - 1$ maps any vertex of $\Delta_\Gamma$ to an adjacent. Then $\mathfrak{P}(\Delta_\Gamma)_0$ can be covered by open affines $U_i$ such that $\gamma(U_i) \cap U_i = \emptyset$ for all $\gamma \in \Gamma_0 - 1$. The induced formal open affines $\mathfrak{U}_i$ cover $\mathfrak{P}(\Delta_\Gamma)$. For each $i, j$ there exist at most one $\gamma \in \Gamma_0$ with $\gamma(\mathfrak{U}_i) \cap \mathfrak{U}_j \neq \emptyset$. Thus the quotient $\mathfrak{Y} = \mathfrak{P}(\Delta_\Gamma)/\Gamma_0$ can be constructed. Now $\mathfrak{Y}$ is normal, flat over $S$ and projective, so it is the completion of a projective scheme $Y$ over $S$ along its closed fibre. $H = \Gamma/\Gamma_0$ is finite and acts on $Y$. Since $Y$ is projective, the quotient $P_\Gamma = Y/H$ exists and the formal completion of $P_\Gamma$ along its closed fibre has the desired properties.

***Theorem* 3.3 (Mumford).** — *Let $X$ be a stable curve over $S$ of genus $g \geq 2$ whose generic fibre is smooth over $K$ and whose special fibre is $k$-split degenerate. Then $X$ has a Schottky-uniformization, i.e. $X \cong P_\Gamma$ for a Schottky group $\Gamma \subset \mathrm{PGL}(2, K)$.*

For the *proof*, let $\mathfrak{X}$ be the formal completion of $X$ along its closed fibre. The graph $G(\mathfrak{X}_0)$ of $\mathfrak{X}$ has universal covering $G' \longrightarrow G(\mathfrak{X}_0)$ with a locally finite tree $G'$ and group of cover transformations $\Gamma$ which is free on $\mathrm{rk}\,\mathrm{H}^1(G(\mathfrak{X}_0), \mathbb{Z}) = g$ generators. Since $X$ is stable and $\mathfrak{X}_0$ is $k$-split degenerate this induces a universal covering $\varphi_0 : P_0 \longrightarrow \mathfrak{X}_0$ of $\mathfrak{X}_0$ with group of cover transformations $\Gamma$ - $P_0$ is a treelike configuration of projective lines over $k$ with graph $G'$. By the lifting-property of étale morphisms there is a unique morphism $\mathfrak{P} \longrightarrow \mathfrak{X}$ of formal schemes lifting $\varphi_0$ such that $\Gamma$ acts on $\mathfrak{P}$ and the quotient $\mathfrak{P}/\Gamma$ is $\mathfrak{X}$.

How can $\Gamma$ be embedded in $\mathrm{PGL}(2, K)$ ?

Why does there exist an $\Gamma$-equivariant isomorphism $\mathfrak{P} \longrightarrow \mathfrak{P}(\Delta_\Gamma)$ ?

This will be seen in several steps.

First let $M$ be a component of $\mathfrak{P}_0$ and let $\mathfrak{D}$ be a positive relative Cartier divisor, whose restriction to the special fibre meets only the component $M$. Then $\mathrm{H}^1(\mathfrak{P}_0, \mathcal{O}_{\mathfrak{P}_0}(n\mathfrak{D}_0)) = 0$ for all $n \geq 0$. Therefore, using the flatness of $\mathfrak{P}$ over $S$, one shows that $\mathrm{H}^0(\mathfrak{P}, \mathcal{O}_{\mathfrak{P}}(n\mathfrak{D}))$ is a finite free $R$-Algebra for all $n \geq 0$ and that

$$\mathrm{H}^0(\mathfrak{P}, \mathcal{O}_{\mathfrak{P}}(n\mathfrak{D})) \otimes_R k \cong \mathrm{H}^0(\mathfrak{P}_0, \mathcal{O}_{\mathfrak{P}_0}(n\mathfrak{D}_0)) \cong \mathrm{H}^0(M, \mathcal{O}_M(n\mathfrak{D}_0)).$$

Define $\mathbb{P}(M)$ to be the scheme

$$\mathbb{P}(M) = \mathbf{Proj}\left(\bigoplus_{n\geq 0} \mathrm{H}^0(\mathfrak{P}, \mathcal{O}_{\mathfrak{P}}(n\mathfrak{D}))\right).$$

Then it follows that $\mathbb{P}(M)$ is a flat, proper scheme over $S$ with closed fibre $M$ such that $\mathbb{P}(M) \cong \mathbb{P}^1_S$, furthermore $\mathcal{O}_{\mathfrak{P}}(\mathfrak{D})$ is generated by its global sections and the restriction of the canonical morphism $p_M : \mathfrak{P} \longrightarrow \mathbb{P}(M)^\wedge$ is the blowing down of all components $\neq M$.

Now let $M'$ be another component of $\mathfrak{P}$. Choose homogeneous coordinates $x_0, x_1$ (resp. $y_0, y_1$) on $\mathbb{P}(M)$ (resp. $\mathbb{P}(M')$). Then the canonical morphism $\mathfrak{P} \longrightarrow (\mathbb{P}(M) \times_S \mathbb{P}(M'))^\wedge$ factors through a unique closed subscheme defined by an equation

$$ax_0y_0 + bx_0y_1 + cx_1y_0 + dx_1y_1 = 0,$$

with $0 \neq ad - bc \in (\pi)R$, which generates the kernel of the surjective map

$$\Gamma(\mathbb{P}(M) \times \mathbb{P}(M'), \mathcal{O}_{\mathbb{P}(M)}(1) \otimes \mathcal{O}_{\mathbb{P}(M')}(1)) \longrightarrow \Gamma(\mathfrak{P}, p_M^* \mathcal{O}_{\mathbb{P}(M)}(1) \otimes p_{M'}^* \mathcal{O}_{\mathbb{P}(M)}(1)),$$

where the first $R$-module has rank 4 and the second has rank 3. Therefore, if we denote by $K(\mathbb{P}(M))$ the field of rational functions on $\mathbb{P}(M)$, the pullbacks $p_M^*K(\mathbb{P}(M))$ and $p_{M'}^*K(\mathbb{P}(M'))$ are equal on $\mathfrak{P}$.

For the last step fix an isomorphism $p_M^*K(\mathbb{P}(M)) \cong K(\mathbb{P}^1_K)$, the field of rational functions on $\mathbb{P}^1_K$. This induces an isomorphism of the generic fibre of $\mathbb{P}(M)$ with $\mathbb{P}^1_K$. Since $\mathbb{P}(M)$ is isomorphic to $\mathbb{P}^1_S$, the scheme $\mathbb{P}(M)$ determines an element of $\mathrm{Vert}(\Delta)$. Thus we get a subtree $\Delta'$ of $\Delta$ and a canonical morphism $\varphi : \mathfrak{P} \longrightarrow \mathfrak{P}(\Delta')$ which is an isomorphism on the special fibre. Hence $\varphi$ is an isomorphism. Now $\Gamma$ acts by automorphism on $\mathfrak{P}$, therefore $\Gamma$ acts faithfully on $K(\mathbb{P}^1_K)$. This gives an embedding of $\Gamma$ in $\mathrm{PGL}(2, K)$. Since $X$ is $k$-split degenerate, $\Gamma$ acts freely on $\Delta'$ and $\Gamma$ is a Schottky group. For each $\gamma \in \Gamma$ there is a line in $\Delta'$ on which $\gamma$ acts by translation, therefore $\Sigma_\Gamma$ is contained in the set of ends of $\Delta'$. On the other hand, given a vertex $s$ of $\Delta'$ there are at least three loops in $\Delta'/\Gamma$ starting and ending at the image of $s$. These loops define three different elements $\gamma_1, \gamma_2, \gamma_3$ in $\Gamma$. Looking at the halflines $\gamma_i^n(s)$ in $\Delta'$, we get three different points $x_1, x_2, x_3$ in $\Sigma$ with $[M(x_1, x_2, x_3)] = s$. This proves $\Delta' = \Delta_\Gamma$ and therefore the theorem.

***Theorem* 3.4 (Mumford).** — *For a Schottky-group $\Gamma$ let $(P_\Gamma)_{\bar\eta}$ be the geometric generic fibre of $P_\Gamma$. Then the following assertions are valid:*

(1) $(P_{\Gamma_1})_{\bar\eta} \cong (P_{\Gamma_2})_{\bar\eta}$ *if and only if* $\Gamma_1$ *is conjugate to* $\Gamma_2$ *in* $\mathrm{PGL}(2, K)$.

(2) $\mathrm{Aut}((P_\Gamma)_{\bar\eta}) \cong N(\Gamma)/\Gamma$, *where* $N(\Gamma)$ *is the normalizer of* $\Gamma$ *in* $\mathrm{PGL}(2, K)$.

*Moreover all isomorphisms are $K$-rational.*

For the *proof* notice first that for two Schottky groups $\Gamma_1, \Gamma_2$ the scheme $\mathrm{Isom}_S(P_{\Gamma_1}, P_{\Gamma_2})$ exists and is finite and unramified scheme over $S$ (cf. **[1]**). Thus, it is isomorphic to a disjoint union $\coprod X_i$ of closed subschemes $X_i$ in $S$. But then starting with an isomorphism $(P_{\Gamma_1})_{\bar\eta} \longrightarrow (P_{\Gamma_2})_{\bar\eta}$, it extends uniquely to an isomorphism $P_{\Gamma_1} \longrightarrow P_{\Gamma_2}$, hence to an isomorphism $\hat{P}_{\Gamma_1} \longrightarrow \hat{P}_{\Gamma_2}$. But via the morphisms $\mathfrak{P}(\Delta_{\Gamma_i}) \longrightarrow \hat{P}_{\Gamma_i}$ the formal scheme $\mathfrak{P}(\Delta_{\Gamma_i})$ is the universal covering of $\hat{P}_{\Gamma_i}$. Thus we get an isomorphism $\rho : \Gamma_1 \longrightarrow \Gamma_2$ and a $\rho$-equivariant isomorphism $f : \mathfrak{P}(\Delta_{\Gamma_1}) \longrightarrow \mathfrak{P}(\Delta_{\Gamma_2})$. The pair $(\rho, f)$ is unique up to the change to $(\gamma\rho\gamma^{-1}, \gamma f)$ with $\gamma \in \Gamma_2$. But $f$ induces a map on the meromorphic functions, which restricts to an isomorphism $f^*$ ($\rho$-equivariant) on the subfield $K(\mathbb{P}^1_K)$. Thus we have $f^*\gamma_1 = \rho(\gamma_1)f^*$ for all $\gamma_1 \in \Gamma_1$.

**Remark.** — It is shown in **[2]**, that over a $p$-adic field, $p > 5$, the order of the group $N(\Gamma)/\Gamma$ is $\leq 12(g-1)$, where $g$ is the number of free generators of $\Gamma$; e.g. the order of the automorphism group of an algebraic curve in characteristic 0 is bounded by $84(g-1)$.

**Example.** — A $\Gamma_0(N)$-structure on an elliptic curve $E/S$ is a finite flat subgroup scheme $K \subset E[N]$, locally free of rank $N$ which is cyclic in sense that, locally *f.p.p.f.* on $S$, it admits a generator. Denote by $X_0(N)/\mathbb{Z}$ the compactified coarse moduli space associated to the moduli problem which associates to a scheme $S$ the set of isomorphism classes of elliptic curves $E/S$ over $S$ with a $\Gamma_0(N)$-structure. $X_0(N)/\mathbb{Z}$ is a proper flat curve over $\mathbb{Z}$ which is regular and smooth over $\mathbb{Z}[1/N]$. There is a canonical morphism $X_0(N) \to \mathbb{P}^1$ of $X_0(N)$ to the compactified coarse moduli space of elliptic curves given by the $j$-invariant. The map is finite and flat.

Over the complex numbers $\mathbb{C}$ the moduli curve $X_0(N) \otimes_{\mathbb{Z}} \mathbb{C}$ is given by the compact Riemann surface

$$X_0(N) \otimes_{\mathbb{Z}} \mathbb{C} = \Gamma_0(N) \backslash \mathbb{H}^*$$

where $\Gamma_0(N)$ is the subgroup of $SL_2(\mathbb{Z})$ consisting of all matrices $\left(\begin{smallmatrix} a & b \\ c & d \end{smallmatrix}\right)$ with $c \equiv 0 \bmod N$ and where $\mathbb{H}^* = \mathbb{H} \cup \mathbb{P}^1(\mathbb{Q})$ is the completed upper halfplane.

For a prime number $N = p$, the algebraic curve $X_0(p) \otimes_{\mathbb{Z}} \mathbb{Q}_p$ is a Mumford curve. Its model $X_0(p) \otimes_{\mathbb{Z}} \mathbb{Z}_p$ is a regular scheme. Its special fibre consists of two components

$$X_0(p) \otimes_{\mathbb{Z}} \mathbb{F}_p = C^1 \cup C^p$$

where the components $C^1$ and $C^p$ are non-singular rational curves. The degree of $C^1$ over the $j$-line is 1 resp. the degree of $C^p$ over the $j$-line is $p$. Both components intersect in the supersingular points transversally; cf. **[3]** p. 417. The genus of $X_0(p)$ is given by the formula

$$g(X_0(p) \otimes_{\mathbb{Z}} \mathbb{Q}_p) = g(X_0(p) \otimes_{\mathbb{Z}} \mathbb{F}_p) = \mathrm{card}(\{x \in \mathbb{P}^1(\overline{\mathbb{F}}_p) \ ; \ x \ \text{ supersingular } \} - 1$$

Actually these supersingular points are rational over $\mathbb{F}_{p^2}$.

A point of the $j$-line is called supersingular if the corresponding elliptic curve over $\overline{\mathbb{F}}$ has $p$-rank 0. Recall for an elliptic curve $E$ over a perfect field in positive characteristic $p$, the subgroup scheme $E[p]$ is of type $E[p] \cong \mu_p \times \mathbb{Z}/p\mathbb{Z}$ in the ordinary case or $E[p]$ is an extension of the additve group $\alpha_p$ by itself (as scheme it is isomorphic to $\mathrm{Spec}(\mathbb{F}_p[X]/(X^{p^2})))$ in the supersingular case.

## References


[1] P. Deligne & D. Mumford – The irreducibility of the space of curves of given genus, *Publ. Math. Inst. Hautes Études Sci.* **36** (1969), p. 75–109.

[2] F. Herrlich – Die Ordnung der automorphismengruppe einer $p$-adischen Schottkykurve, *Math. Ann.* **246** (1980), p. 125–130.

[3] N. M. Katz & B. Mazur – *Arithmetic moduli of elliptic curves*, Annals of Math. Studies, no. 108, Princeton University Press, 1985.

[4] D. MAUGER – Module des courbes stables, these proceedings.
[5] J.-P. SERRE – Groupes discrets, 1969, Cours au Collège de France.

THORSTEN SCHMECHTA, Universität Ulm, Abt. Reine Mathematik, Helmholtzstr. 18, D-89081 Ulm • *E-mail* : schmecht@mathematik.uni-ulm.de

*Courbes semi-stables et groupe fondamental en géométrie algébrique*
(J.-B. Bost, F. Loeser, M. Raynaud, éd.), p. 121–128
Progress in Mathematics, Vol. 187, © 2000 Birkhäuser Verlag Basel/Switzerland

# 7

# UNIFORMIZATION OF SHIMURA CURVES BY THE $p$-ADIC UPPER HALF PLANE

Klaus Künnemann

The aim of this note is to give a brief introduction to the non-archimedean uniformization of Shimura curves after Čerednik and Drinfeld. Let $\Delta$ be a quaternion skew field with center $\mathbb{Q}$ which is split at infinity and ramified at a prime $p$. Čerednik was the first who observed that the Shimura curves associated with $\Delta$ admit a $p$-adic uniformization in the sense of Mumford's construction of degenerating curves over complete local rings. This uniformization looks very much like the uniformization by the complex upper half plane which is used to introduce these Shimura curves. In the non-archimedean situation, the $p$-adic upper half plane $\Omega$ plays the role of the uniformizing space. Drinfeld clarified and improved Čerednik's result by constructing a universal family of formal groups over $\Omega$ which corresponds under the uniformization isomorphism to the formal group of the universal abelian scheme over the Shimura curve.

This note is purely expository. It is based on a talk given by the author at the conference "Le groupe fondamental des courbes en géométrie algébrique" in November 98 in Luminy. It was the aim of the talk to introduce the $p$-adic upper half plane and to describe the content of the theorem of Čerednik and Drinfeld. As in the talk, we will not discuss proofs. We refer to the original papers **[2]** and **[3]**, **[4]** by Čerednik and Drinfeld and in particular to the beautiful presentation **[1]** by Boutot and Carayol for more details and proofs. There are uniformization results for more general Shimura varieties due to Rapoport, Zink **[7]**, and Varshavsky **[10]**, which will not be discussed here.

## 1. The p-adic upper half plane

Let $K$ be a local field of characteristic zero with ring of integers $\mathcal{O}_K$, uniformizer $\pi$, and finite residue class field $k$ of characteristic $p$. We denote by $\overline{K}$ an algebraic closure of $K$ and by $C$ its completion. There is a unique extension $|\,.\,|_C$ of the norm on $K$ to $C$ normalized such that $|\pi|_C = q^{-1}$ where $q$ denotes the cardinality of $k$.

We recall the construction of the tree $I$ associated with the group $PGL_2(K)$. A lattice $M$ in the $K$-vector space $K^2$ is a free $\mathcal{O}_K$-submodule $M$ of $K^2$ of rank 2. The vertices of $I$ are given by the homothety classes $s = [M]$ of lattices $M$ in $K^2$. Two vertices $s$ and $s'$ are connected by an edge $[s, s']$ if and only of $s$ and $s'$ can be represented by lattices $M$ and $M'$ such that $\pi M \subsetneq M' \subsetneq M$. Let $I_{\mathbb{R}}$ denote the geometric realization of the tree $I$. There is a canonical bijection between elements of $I_{\mathbb{R}}$ and proportionality classes of norms on the $K$-vector space $K^2$ which is given as follows. To the point $x = (1-t)s + ts' \in I_{\mathbb{R}}$, $(t \in [0,1])$ on an edge $[s, s']$, we associate the proportionality class of the following norm $|\,.\,|_x$. Assume that $s = [M], s' = [M']$ such that $\pi M \subsetneq M' \subsetneq M$, and choose an $\mathcal{O}_K$-basis $(e_1, e_2)$ for $M$ such that $(e_1, \pi e_2)$ is an $\mathcal{O}_K$-basis for $M'$. Then we set

$$|a|_x = \sup\{|a_1|, q^t|a_2|\}\,,\; a = a_1e_1 + a_2e_2 \in K^2.$$

On the other hand, we can consider for each norm $|\,.\,|$ on $K^2$ and each $\lambda \in \mathbb{R}_+$ the lattice $M_\lambda$ of elements in $K^2$ of norm less or equal to $\lambda$. For varying $\lambda$, we get at most two vertices $[M_\lambda]$ which allow us to recover a point on $I_{\mathbb{R}}$.

The $p$-adic upper half plane is by definition

$$\Omega = \mathbb{P}^1(C) \setminus \mathbb{P}^1(K).$$

We will see that $\Omega$ carries in a natural way the structure of a rigid $K$-space **[5]**. The elements of $\Omega$ are in canonical bijection with classes of $K$-linear, injective maps $z : K^2 \hookrightarrow C$ modulo $C^*$-homotheties. Each $K$-linear, injective map $z$ from $K^2$ to $C$ induces a norm $|\,.\,| = |z(.)|_C$ on $K^2$. This gives rise to a natural map

$$\lambda : \Omega \longrightarrow I_{\mathbb{R}}.$$

In order to describe the preimages of vertices and and edges in $I_{\mathbb{R}}$ under $\lambda$, we fix an edge $[s, s']$ and lattices $M$ and $M'$ representing $s$ and $s'$ such that $\pi M \subsetneq M' \subsetneq M$. We choose an $\mathcal{O}_K$-basis $(e_1, e_2)$ of $M$ such that $(e_1, \pi e_2)$ is an $\mathcal{O}_K$-basis of $M'$. We identify $C \setminus K$ with $\Omega$ by identifying an element $\xi$ in $C \setminus K$ with the $C^*$-homothety class of the map $K^2 \hookrightarrow C$ which maps $a_1e_1 + a_2e_2$ to

$a_1\xi + a_2$. An easy calculation shows that

$$\begin{aligned}
\lambda^{-1}(s) &= \{\xi \in C; |\xi| \leqslant 1\} - \bigcup_{\substack{a\in\mathcal{O}_K \\ \text{mod } \pi\mathcal{O}_K}} \{\xi \in C; |\xi - a| < 1\}; \\
\lambda^{-1}(s') &= \{\xi \in C; |\xi| \leqslant 1\} - \bigcup_{\substack{b\in\pi\mathcal{O}_K \\ \text{mod } \pi^2\mathcal{O}_K}} \{\xi \in C; |\xi - b| < 1\}; \\
\lambda^{-1}([s,s']) &= \{\xi \in C; |\xi| \leqslant 1\} - \bigcup_{\substack{a\in\mathcal{O}_K\setminus\pi\mathcal{O}_K \\ \text{mod } \pi\mathcal{O}_K}} \{\xi \in C; |\xi - a| < 1\} \\
&\quad - \bigcup_{\substack{b\in\pi\mathcal{O}_K \\ \text{mod } \pi^2\mathcal{O}_K}} \{\xi \in C; |\xi - b| < q^{-1}\}.
\end{aligned}$$

We refer to [**1**, p. 52] for an instructive picture in the case $q = 2$. Let $a_1, \ldots, a_q$ be a set of representatives for the classes of $\mathcal{O}_K$ modulo $\pi\mathcal{O}_K$. Then $\lambda^{-1}(s)$ is the affinoid rigid $K$-space which corresponds to the Tate algebra

$$K\{T, S_1, \ldots, S_q\} \;/\; < ((T - a_i)\cdot S_i - 1) | \, i = 1, \ldots, g > .$$

We see that $\lambda^{-1}(s), \lambda^{-1}(s')$, and $\lambda^{-1}([s,s'])$ and more generally $\lambda^{-1}(T_{\mathbb{R}})$ for any finite subtree $T$ of $I$ are affinoid connected rigid subspaces of $\mathbb{P}^1_K$. This implies that

$$\Omega = \bigcup_{\substack{T\subset I \text{ finite} \\ \text{subtree}}} \lambda^{-1}(T_{\mathbb{R}})$$

is a connected rigid subspace of $\mathbb{P}^1_K$. The rigid $K$-space $\Omega$ determines a formal $\mathcal{O}_K$-scheme up to admissible blow ups in the special fiber [**5**]. There is canonical choice of a formal $\mathcal{O}_K$-scheme $\hat{\Omega}$ whose associated rigid $K$-space is $\Omega$. The formal scheme $\hat{\Omega}$ is given as follows. For a vertice $s = [M]$ of $I$, we consider the projective bundle $\mathbb{P}_s = \mathbb{P}(M)$ over Spec $\mathcal{O}_K$, the $\mathcal{O}_K$-scheme $\Omega_s$ which is by definition $\mathbb{P}_s$ with the $k$-rational points in the special fiber removed, and the completion $\hat{\Omega}_s$ of $\Omega_s$ along its special fiber. We have $\lambda^{-1}(s) = \hat{\Omega}_s(\mathcal{O}_C)$ and $\Gamma(\hat{\Omega}_s) \otimes_{\mathcal{O}_K} K$ is the Tate algebra of $\lambda^{-1}(s)$. This shows that $\lambda^{-1}(s)$ is the rigid space associated with the formal scheme $\hat{\Omega}_s$. Given an edge $[s,s']$ where $s = [M]$ and $s' = [M']$ such that $\pi M \subsetneq M' \subseteq M$, the surjections $M \to M/M'$ and $M' \to M'/\pi M$ determine closed points $p \in \mathbb{P}_s$ and $p' \in \mathbb{P}_{s'}$. There is a canonical isomorphism between the blow-ups $\mathrm{Bl}_p(\mathbb{P}_s)$ and $\mathrm{Bl}_{p'}(\mathbb{P}_{s'})$. We denote by $\Omega_{[s,s']}$ this scheme with the $k$-rational, non-singular points in the special fiber removed. Let $\hat{\Omega}_{[s,s']}$ be the completion of $\Omega_{[s,s']}$ along the special fiber. The schemes $\hat{\Omega}_s$ and $\hat{\Omega}_{s'}$ are in a natural way open subschemes of $\hat{\Omega}_{[s,s']}$. This allows us to glue the schemes $\hat{\Omega}_{[s,s']}$ for all edges $[s,s']$ of $I$ along the open subschemes $\hat{\Omega}_s$ for the vertices $s$ of $I$. We obtain the formal scheme $\hat{\Omega}$ whose generic fiber is $\Omega$.

## 2. The Shimura curve and its moduli problem

Let $\Delta$ be a quaternion skew field with center $\mathbb{Q}$, $p$ a prime number, and $N \geqslant 3$ an integer such that $(N,p) = 1$. Let $\delta$ be the product over all prime numbers where $\Delta$ is ramified. We fix a maximal order $\mathcal{O}_\Delta$ of $\Delta$ which is stable under the canonical involution of the quaternion algebra $\Delta$. Let $v$ be place of $\mathbb{Q}$. We set $\Delta_v = \Delta \otimes_{\mathbb{Q}} \mathbb{Q}_\ell$ if $v$ is a finite prime $\ell$ and $\Delta_v = \Delta \otimes_{\mathbb{Q}} \mathbb{R}$ if $v = \infty$. In the following, we suppose that $p$ divides $\delta$ and that $\Delta$ splits at $\infty$, i.e.

$$\Delta_\infty \cong M_2(\mathbb{R}).$$

***Theorem* 1.** — *For a $\mathbb{Z}_p$-scheme $S$, we denote by $M_N(S)$ the set of isomorphism classes of triples $(A, \iota, v)$ such that:*

i) *$A$ is an abelian surface over $S$.*

ii) *$\iota : \mathcal{O}_\Delta \to \mathrm{End}_S(A)$ is an action of $\mathcal{O}_\Delta$ on the abelian $S$-scheme $A$ which is special over geometric points $\overline{s}$ of $S$ over $\mathbb{F}_p$ in the following sense. The induced action of the Witt ring $W(\mathbb{F}_{p^2}) \subseteq \mathcal{O}_{\Delta_p}$ on $\mathrm{Lie}(A_{\overline{s}})$ decomposes into two summands where $W(\mathbb{F}_{p^2})$ acts via the two embeddings*

$$W(\mathbb{F}_{p^2}) \otimes_{\mathbb{Z}_p} \mathbb{F}_p = \mathbb{F}_{p^2} \hookrightarrow \kappa(\overline{s}).$$

iii) *$v : A_N \xrightarrow{\sim} W \otimes_{\mathbb{Z}} (\mathbb{Z}/N\mathbb{Z})$ is an $\mathcal{O}_\Delta$-linear isomorphism where $A_N$ denotes the kernel of multiplication by $N$ on $A$ and $W$ denotes $\mathcal{O}_\Delta$ regarded as a left $\mathcal{O}_\Delta$-module.*

*Then $M_N$ defines in a natural way a functor from the category of $\mathbb{Z}_p$-schemes to the category of sets which is representable by a projective flat $\mathbb{Z}_p$-scheme $S_N$.*

The generic fiber of the $\mathbb{Z}_p$-scheme $S_N$ is the Shimura curve we are interested in. The theorem requires some remarks.

i) There is no need to consider polarized varieties in the theorem for the following reason. Let $x \mapsto \overline{x}$ denote the canonical involution on $\Delta$ and fix an element $t \in \mathcal{O}_\Delta$ such that $t^2 = -\delta$. Define a new involution $x \mapsto x^* = t^{-1}\overline{x}t$ on $\Delta$. Let $A$ be an abelian $S$-surface $A$ which is equipped with an action of $\mathcal{O}_\Delta$. Then $A$ carries a canonical principal polarization such that the associated Rosati involution on $\mathrm{End}_S(A)$ induces (via $\iota$) the involution $x \mapsto x^*$ on $\Delta$.

ii) It follows from the Tate-Honda theorem that there exists only one isogeny class over $\overline{\mathbb{F}}_p$ of pairs $(A, \iota)$ as in i), ii) of the theorem. Let $(A_0, \iota_0)$ be a fixed member of this class. We have

$$\mathrm{End}_{\mathcal{O}_\Delta}(A_0) \otimes_{\mathbb{Z}} \mathbb{Q} = \overline{\Delta}$$

where $\overline{\Delta}$ is the quaternion algebra over $\mathbb{Q}$ uniquely determined by $\Delta_v \cong \overline{\Delta}_v$ for $v \notin \{p, \infty\}$ and $\Delta_v \not\cong \overline{\Delta}_v$ for $v \in \{p, \infty\}$.

iii) For a flat $\mathbb{Z}_p$-scheme $S$, the action of $\mathcal{O}_\Delta$ on an abelian $S$-surface $A$ is always special over all geometric points of $S$ over $\mathbb{F}_p$.

iv) Instead of level $N$ structures, we can work in Theorem 1 and Theorem 2 below more generally with level $U$ structures. Here $U$ is a suitable subgroup of the group of units in $\Delta \otimes_{\mathbb{Z}} \hat{\mathbb{Z}}$. A level $N$ structure corresponds to a level $U(N)$ structure where $U(N)$ denotes the group of units in $\Delta \otimes_{\mathbb{Z}} \hat{\mathbb{Z}}$ which are congruent to one modulo $N$. However it is crucial for the unifomization in Theorem 2 that the level structure is given by a subgroup $U$ which is maximal at the prime $p$.

## 3. The theorem of Čerednik and Drinfeld

In order to describe the uniformization of the Shimura curve $S_N$, we need some more notations. We denote by $\hat{S}_N$ the completion of $S_N$ along its special fiber and by $S_N^{\mathrm{rig}}$ the rigid $\mathbb{Q}_p$-space associates with $\hat{S}_N$. We write $\mathbb{A}_f$ and $\mathbb{A}_f^p$ for the ring of finite adèles and the ring of finite adèles without the $p$-component respectively. The quaternion algebra $\Delta$ determines a reductive group $\Delta^*$ over $\mathbb{Q}$. For a $\mathbb{Q}$ -algebra $R$, the $R$-valued points of $\Delta^*$ are the units in $\Delta \otimes_{\mathbb{Q}} R$. In the same way, $\overline{\Delta}$ determines a reductive group $\overline{\Delta}^*$. It follows from the definition of $\overline{\Delta}$ that we can find an anti-isomorphism

$$\Delta \otimes_{\mathbb{Q}} \mathbb{A}_f^p \xrightarrow{\sim} \overline{\Delta} \otimes \mathbb{A}_f^p. \tag{3.1}$$

We fix furthermore an isomorphism $\overline{\Delta} \otimes_{\mathbb{Q}} \mathbb{Q}_p \xrightarrow{\sim} M_2(\mathbb{Q}_p)$. We obtain an isomorphism

$$\overline{\Delta}^*(\mathbb{Q}_p) \xrightarrow{\sim} \mathrm{Gl}_2(\mathbb{Q}_p) \tag{3.2}$$

and an isomorphism

$$\Delta^*(\mathbb{A}_f^p) \xrightarrow{\sim} \overline{\Delta}^*(\mathbb{A}_f^p) \tag{3.3}$$

if we compose the anti-isomorphism (3.1) with the inversion $g \mapsto g^{-1}$. Recall that $U(N)$ is the group of units in $\mathcal{O}_\Delta \otimes_{\mathbb{Z}} \hat{\mathbb{Z}}$ which are congruent to one modulo $N$. We write $U(N) = U_p^0 \cdot U_N^p$ where $U_p^0$ denotes the group of units in the maximal order $\mathcal{O}_{\Delta_p} = \mathcal{O}_\Delta \otimes_{\mathbb{Z}} \mathbb{Z}_p$ of $\Delta_p$ and $U_N^p$ is an open compact subgroup of $\Delta^*(\mathbb{A}_f^p)$. The isomorphism (3.3) allows us to consider $U_N^p$ as a subgroup of $\overline{\Delta}^*(\mathbb{A}_f^p)$. We define

$$Z_N = U_N^p \setminus \overline{\Delta}^*(\mathbb{A}_f) / \overline{\Delta}^*(\mathbb{Q}).$$

We consider the tree $I$, the formal scheme $\hat{\Omega}$, and the rigid space $\Omega$ from Section 1 with respect to the local field $K = \mathbb{Q}_p$. The group $\mathrm{Gl}_2(\mathbb{Q}_p)$ acts in a natural way from the left on $I$, $\Omega$ and $\hat{\Omega}$. It acts also from the left on $Z_N$ via (3.2). Let $\mathbb{Q}_p^{\mathrm{nr}}$ be the maximal unramified extension of $\mathbb{Q}_p$ and $\hat{\mathbb{Z}}_p^{\mathrm{nr}}$ the completion of the ring of integers in $\mathbb{Q}_p^{\mathrm{nr}}$. An element $g \in \mathrm{Gl}_2(\mathbb{Q}_p)$ acts on $\mathbb{Q}_p^{\mathrm{nr}}$ and $\tilde{\mathbb{Z}}_p^{\mathrm{nr}}$ via $\tilde{\mathrm{Fr}}^{-v(\det g)}$ where $\tilde{\mathrm{Fr}}$ denotes the unique lift of the Frobenius automorphism.

Here comes the main theorem:

***Theorem* 2 (Čerednik-Drinfeld).** — *There is a canonical isomorphism of formal $\mathbb{Z}_p$-schemes*

$$\hat{S}_N = \mathrm{Gl}_2(\mathbb{Q}_p) \setminus [(\hat{\Omega} \hat{\otimes}_{\mathbb{Z}_p} \hat{\mathbb{Z}}_p^{\mathrm{nr}}) \times Z_N] \tag{3.4}$$

*and a canonical isomorphism of rigid $\mathbb{Q}_p$-spaces*

$$S_N^{\mathrm{rig}} = \mathrm{Gl}_2(\mathbb{Q}_p) \setminus [(\Omega \otimes_{\mathbb{Q}_p} \mathbb{Q}_p^{\mathrm{nr}}) \times Z_N]. \tag{3.5}$$

As mentioned above, we will not discuss the proof of the theorem. Instead we give some comments and explain the nature of the quotients which appear. It follows from reduction theory of algebraic groups over number fields that the action of $\mathrm{Gl}_2(\mathbb{Q}_p)$ on $Z_N$ decomposes the latter space into finitely many orbits. Each orbit contains an element $x_i$ whose $p$-component is one. One can show that the stabilizer $\Gamma_i$ of the element $x_i$ is a discrete, cocompact subgroup of $\overline{\Delta}^*(\mathbb{Q}_p) = \mathrm{Gl}_2(\mathbb{Q}_p)$ which contains a suitable power $(p \cdot I_2)^{n_i}$ of the matrix

$$p \cdot I_2 = \begin{pmatrix} p & 0 \\ 0 & p \end{pmatrix}.$$

We may first divide by the action of the elements $(p \cdot I_2)^{n_i}$. It follows that we get

$$\mathrm{Gl}_2(\mathbb{Q}_p) \setminus [(\hat{\Omega} \hat{\otimes}_{\mathbb{Z}_p} \hat{\mathbb{Z}}_p^{\mathrm{nr}}) \times Z_N] = \coprod_i \Gamma_i \setminus (\hat{\Omega} \hat{\otimes}_{\mathbb{Z}_p} \mathbb{Z}_p^{(2n_i)}) \tag{3.6}$$

where $\mathbb{Z}_p^{(2n_i)}$ denotes the ring of integers in the unramified extension $\mathbb{Q}_p^{(2n_i)}$ of degree $2n_i$ of $\mathbb{Q}_p$. Let $\Gamma_i'$ denote the image in $\mathrm{PGL}_2(\mathbb{Q}_p)$ of the subgroup of all elements in $\Gamma_i$ whose determinant is a unit. Then $\Gamma_i'$ is a Shottky subgroup of $\mathrm{PGL}_2(\mathbb{Q}_p)$ in the sense of [6],[8], [9]. After a base extension to $\mathbb{Z}_p^{(2n_i)}$, the quotient

$$\Gamma_i \backslash (\hat{\Omega} \otimes_{\mathbb{Z}_p} \mathbb{Z}_p^{(2n_i)}) \tag{3.7}$$

becomes as a $\mathbb{Z}_p^{(2n_i)}$-scheme isomorphic to a finite union of Mumford quotients $\Gamma_i' \setminus \hat{\Omega}$ in the sense of *loc. cit.* We can recover (3.7) from this finite union by Galois descent with respect to the the extension $\mathbb{Z}_p^{(2n_i)}$ of $\mathbb{Z}_p$. This shows that the right-hand side in (3.4) is a Galois twisted form (over a non ramified extension) of a finite disjoint union of Mumford quotients.

The universal abelian surface over the Shimura curve $S_N$ induces a universal formal group over $\hat{S}_N$. The latter has the structure of a formal special $\mathcal{O}_{\Delta_p}$-module of height 4. Drinfeld's proof of the theorem is based on the following result:

***Theorem* 3 (Drinfeld).** — *For a $\mathbb{Z}_p^{\mathrm{nr}}$-algebra $B$ where $p$ is nilpotent, we denote by $F(B)$ the set of isomorphism classes of pairs $(X, \rho)$ where $X$ is a formal special $\mathcal{O}_{\Delta_p}$-module of height 4 over $B$ and $\rho$ is a quasi-isogeny of height zero*

$$\rho : \Phi_{B/pB} \to X_{B/pB}$$

*where $\Phi$ is the formal group of the abelian surface $A_0$ over $\overline{\mathbb{F}}_p$ fixed before. The functor $F$ is represented by the formal $\mathbb{Z}_p^{\mathrm{nr}}$-scheme $\hat{\Omega} \hat{\otimes}_{\mathbb{Z}_p} \hat{\mathbb{Z}}_p^{\mathrm{nr}}$.*

The theorem can be used to construct a universal formal special $\mathcal{O}_{\Delta_p}$-module over the right-hand side of (3.4). Drinfeld shows that the isomorphism (3.4) extends naturally to an isomorphism between the universal families of formal groups defined over both sides.

## References

[1] J.-F. Boutot & H. Carayol – Uniformisation $p$-adique des courbes de Shimura: les théorèmes de čerednik et de Drinfeld, *Courbes modulaires et courbes de Shimura* (Orsay, 1987/1988), Astérisque, vol. 196-197, 1991, p. 45–158.

[2] I. V. Čerednik – Uniformization of algebraic curves by discrete arithmetic subgroups of $\mathrm{pgl}_2(k_w)$ with compact quotient spaces, *Math. USSR-Sb.* **29** (1976), no. 1, p. 55–78.

[3] V. G. Drinfeld – Elliptic modules, *Math. USSR-Sb.* **23** (1974), no. 4, p. 561–592.

[4] ———, Elliptic modules. II, *Math. USSR-Sb.* **31** (1977), no. 2, p. 159–170.

[5] M. A. Garuti – Géométrie rigide et géométrie formelle, these proceedings.

[6] D. Mumford – An analytic construction of degenerating curves over complete local rings, *Compositio Math.* **24** (1972), p. 129–174.

[7] M. Rapoport & Th. Zink – *Period spaces for p-divisible groups*, Annals of Mathematics Studies, no. 141, Princeton University Press, 1996.

[8] M. Raynaud – Construction analytique de courbes en géométrie non archimédienne (d'après D. Mumford), *Séminaire Bourbaki 1972/73*, Lect. Notes Math., no. 383, 1974, Exp. 427, p. 171–185.

[9] T. Schmechta – Mumford-Tate curves, these proceedings.

[10] Y. Varshavsky – $p$-adic uniformization of unitary Shimura varieties, *Publ. Math. Inst. Hautes Études Sci.* **87** (1998), p. 57–119.

---

Klaus Künnemann, NWF-I Mathematik, Universität Regensburg, 93040 Regensburg, Allemagne • *E-mail :* klaus.kuennemann@mathematik.uni-regensburg.de

*Courbes semi-stables et groupe fondamental en géométrie algébrique*
(J.-B. Bost, F. Loeser, M. Raynaud, éd.), p. 129–139
Progress in Mathematics, Vol. 187, © 2000 Birkhäuser Verlag Basel/Switzerland

# 8

# LE THÉORÈME DE GABBER-LÜTKEBOHMERT

François Loeser

Ce texte, qui ne prétend aucunement à l'originalité, est consacré à l'exposition de l'article de W. Lütkebohmert, *Riemann's existence problem for a p-adic field* [**3**]. Il va de soi que seul le présent auteur pourra être tenu pour responsable des incorrections ou des erreurs qui seraient présentes.

## 1. Les principaux résultats

Dans cet exposé on notera $K$ un corps muni d'une norme non archimédienne $|\cdot|$, $\mathcal{O}_K$ son anneau de valuation et $\tilde{K}$ son corps résiduel.

On suppose dans cette section que $K$ est complet et algébriquement clos de caractéristique zéro et de caractéristique résiduelle $p$.

Le résultat principal de cet exposé est le théorème suivant, qui est l'analogue $p$-adique du théorème d'existence de Riemann.

***Théorème* 1.1 (Théorème de Gabber-Lütkebohmert)**
*Étant donnés une courbe $X$ propre et lisse sur $K$ et un ensemble fini de points $S$ de $X$, tout revêtement fini rigide étale de $X \setminus S$ se prolonge en un revêtement fini éventuellement ramifié de $X$.*

Par GAGA on en déduit le corollaire suivant (cf. section 8 pour l'énoncé analogue en dimension quelconque).

***Corollaire* 1.2.** — *Soit $X$ une courbe lisse sur $K$ et soit $\underline{X}$ l'espace rigide associé. Le foncteur GAGA établit une équivalence de catégories entre la catégorie des revêtements finis étales de $X$ et la catégorie des revêtements finis étales rigides de $\underline{X}$.*

Si $R$ et $R'$ sont des réels appartenant à $|K|$ avec $R \leqslant R'$, on note $D(R)$, $D^0(R)$, $A(R,R')$ et $A^0(R,R')$ respectivement le disque fermé de rayon $R$ de centre l'origine dans $K$, le disque ouvert de rayon $R$ de centre l'origine dans $K$, la couronne fermée de rayons $R$ et $R'$, la couronne ouverte de rayons $R$ et $R'$.

Le théorème 1.1 est obtenu comme conséquence immédiate du résultat suivant.

***Théorème* 1.3.** — *Pour tout entier $d$ et tout nombre premier $p$ il existe un entier $b = b(d,p)$ dans $\mathbf{N}$ tel que, pour tout corps $K$ algébriquement clos de caractéristique zéro et de caractéristique résiduelle $p$ muni d'une norme non archimédienne pour laquelle il est complet, pour tout couple de réels $R \geqslant r \geqslant 0$, tout revêtement rigide étale $X \to A(r,R)$ de degré $d$ est de Kummer*[(1)] *au-dessus de la couronne $A(|p|^{-b}r, |p|^b R)$.*

On démontrera en cours de route également le résultat suivant, dont la démonstration servira de modèle simplifié pour celle du théorème 1.3.

***Théorème* 1.4.** — *Pour tout entier $d$ et tout nombre premier $p$ il existe un entier $b = b(d,p)$ dans $\mathbf{N}$ tel que, pour tout corps $K$ algébriquement clos de caractéristique zéro et de caractéristique résiduelle $p$ muni d'une norme non archimédienne pour laquelle il est complet, pour tout réel $R \geqslant 0$, tout revêtement rigide étale de degré $d$ $X \to D(R)$ est trivial au-dessus du disque $D(|p|^b R)$.*

## 2. Préliminaires

Si $L$ est une extension finie de degré $n$ de $K$ on notera $|\cdot|_i$, $1 \leqslant i \leqslant t$, les différentes extensions de $|\cdot|$ à $L$, $e_i := [|L|_i : |K|]$ l'indice des groupes de valuations et $f_i := [\tilde{L}_i : \tilde{K}]$ le degré résiduel. Si la relation $n = \sum_{1 \leqslant i \leqslant t} e_i f_i$ est vérifiée pour toute extension finie $L$, on dit que le corps $K$ est stable (cf. [**1**]). Si $K$ est complet, il suffit de considérer dans la définition les extensions finies séparables, et dans ce cas $K$ est stable s'il est de valuation discrète ou algébriquement clos. Le complété d'un corps stable est encore stable. Pour tout cela voir [**1**]. D'après un résultat profond de Grauer-Remmert-Gruson, si $K$ est stable, alors $\mathrm{Frac}(K\langle \xi_1, \ldots, \xi_n \rangle$ est stable [**1**] 5.3.2/1. Si $L$ est une extension finie de $K$, alors $\mathcal{O}_L$ est finie sur $\mathcal{O}_K$ si $K$ est stable et si le groupe $|K^*|$ est divisible [**1**] 6.4.1/2. Ici nous utiliserons uniquement la stabilité comme un cadre agréable pour la théorie de la différente et du discriminant.

---

(1) Un revêtement est de Kummer s'il est isomorphe à une somme de morphismes du type $x \mapsto x^\delta$, $A(s,S) \to A(s^\delta, S^\delta)$.

Soit $K$ un corps stable et soit $L$ une extension finie séparable de $K$. La différente $\mathscr{D}_{L|K}$ est l'idéal de $\mathscr{O}_L$ dont l'inverse est l'idéal fractionnaire suivant de $\mathscr{O}_L$ :

$$(\mathscr{D}_{L|K})^{-1} := \{x \in L \mid \operatorname{tr}_{L|K}(x\mathscr{O}_L) \subset \mathscr{O}_K\}.$$

Le discriminant $\Delta_{L|K}$ est égal à l'élément $N_{L\ K}(\mathscr{D}_{L|K})$ de $\mathscr{O}_K$. En terme d'une base $\ell_1, \ldots, \ell_n$ du $\mathscr{O}_K$-module libre $\mathscr{O}_L$, le discriminant $\Delta_{L|K}$ admet l'expression suivante :

$$\Delta_{L|K} = (\det(\operatorname{tr}_{L|K}(\ell_i \ell_j))).$$

Supposons que $\mathscr{O}_L = \mathscr{O}_K[\alpha]$ et notons $f \in K[x]$ le polynôme minimal de $\alpha$. On a alors

$$\mathscr{D}_{L|K} = (f'(\alpha)) \quad \text{et} \quad \Delta_{L|K} = N_{L|K}(f'(\alpha)).$$

On pose $\delta_{L|K} := |\Delta_{L|K}|$.

L'énoncé élémentaire suivant joue un rôle fondamental dans la suite.

***Lemme* 2.1 (Minoration uniforme du discriminant)**

*Pour tout entier $d$ et tout nombre premier $p$ il existe un entier $b = b(d, p)$ dans* $\mathbf{N}$ *tel que, pour tout corps stable $K$ de caractéristique 0 et de caractéristique résiduelle $p$, et toute extension finie séparable $L$ de $K$ de degré $\leqslant d$, on ait $\delta_{L|K} \geqslant |p|^b$.*

*Démonstration.* — On se ramène directement au cas où le corps $K$ est complet et l'extension $L|K$ est galoisienne, puis, par dévissage standard, aux deux cas suivants

(1) l'extension $L|K$ est totalement ramifiée d'extension résiduelle séparable

(2) l'extension $L|K$ est de degré $p$ d'extension résiduelle radicielle de degré $p$.

Dans le premier cas, la preuve, qui remonte à Hensel, est la suivante. On considère une uniformisante $\pi$ de $L$ ; elle est racine d'un polynôme d'Eisenstein

$$f(x) = x^n + a_1 x^{n-1} + \cdots + a_n$$

avec les $a_i$ dans l'idéal maximal de $\mathscr{O}_K$. Comme $\mathscr{O}_L = \mathscr{O}_K[\pi]$, on a $\mathscr{D}_{L|K} = (f'(\pi))$. On a

$$f'(\pi) = \sum_{i=0}^{n-1} (n-i) a_i \pi^{n-i-1}, \quad \text{avec} \quad a_0 = 1.$$

Considérons la valuation $v$ associée à $\pi$. En remarquant que les termes non nuls apparaissant dans cette somme ont des valuations distinctes, car distinctes modulo $n$, on en tire l'inégalité

$$v(f'(\pi)) \leqslant n - 1 + v(n),$$

dont la majoration recherchée se déduit.

Le calcul dans le second cas est similaire. On considère $\alpha$ dans $\mathcal{O}_L$ tel que les $\alpha^i$, $0 \leqslant i < p$, forment une base du $\mathcal{O}_K$-module $\mathcal{O}_L$ et se réduisent en une base du corps résiduel ; $\alpha$ est alors racine d'un polynôme

$$f(x) = x^p + a_1 x^{p-1} + \cdots + a_p$$

avec les $a_i$ de norme $\leqslant 1$ dans $\mathcal{O}_K$. On en tire que

$$|f'(\alpha)| = \sup_{0 \leqslant i < p} \{|(p-i)a_i|\} \geqslant |p|.$$

□

## 3. Fonctions sur les couronnes

On suppose que $K$ est complet et algébriquement clos de caractéristique résiduelle $p$. Soit $\varphi$ une fonction inversible sur la couronne fermée $A(r, R)$. On suppose $r > 0$. On peut écrire $\varphi$ sous la forme $\varphi(x) = cx^d(1+h)$ avec $c$ une constante non nulle et $h$ une fonction sur la couronne $A(r, R)$ de développement en série de Laurent $h(x) = \sum_{i \in \mathbf{Z}} h_i x^i$ avec $|h_i|\rho^i < 1$ pour $r \leqslant \rho \leqslant R$. (cf. exposé **[2]** de Henrio.) L'entier $d$ sera appelé l'ordre de $\varphi$ et noté $\mathrm{ord}(\varphi)$.

Soit $\varphi : A(r, R) \to A(r^d, R^d)$ un revêtement étale fini de degré $d$. On suppose $r > 0$ et $\varphi$ de la forme $\varphi(x) = x^d(1+h)$ avec $h$ comme précédemment. Posons $\sigma = \mathrm{ord}(\varphi')$. Comme $\varphi' = dx^{d-1}(1+h) + x^d h'$, par essentiellement le même argument de polygône de Newton que précédemment on vérifie que si $\sigma = d-1$ alors $|ih_i|\rho^i < |d|$ pour $r \leqslant \rho \leqslant R$, et que dans le cas contraire où $\sigma = d - 1 + \nu$ avec $\nu \neq 0$, $|d| < |\nu h_\nu|\rho^\nu$ pour $r \leqslant \rho \leqslant R$. En particulier le cas $\nu \neq 0$ ne se présente que si $|d| < |\nu|$ et $p$ divise $d$.

Soit $\varphi : X \to A(\rho, \rho)$ un morphisme fini de degré $d$, plat et génériquement étale, entre espaces rigides lisses. L'extension des corps de fonctions méromorphes associés est de degré $d$, on note $\Delta(\rho)$ son discriminant (le corps des fonctions méromorphes sur $A(\rho, \rho)$ est stable cf. **[1]** 5.3.2) et $\delta(\rho) \in |K|$ la norme de $\Delta(\rho)$ (pour la norme du sup).

***Lemme* 3.1 (Calcul de la norme du discriminant d'un revêtement étale de couronnes)**

*On suppose que $K$ est complet et algébriquement clos de caractéristique résiduelle $p$. Soit $\varphi : A(r, R) \to A(r^d, R^d)$ un revêtement étale fini de degré $d$. On suppose $r > 0$ et $\varphi$ de la forme $\varphi(x) = x^d(1+h)$ avec $h$ comme précédemment. Soit $\sigma = d - 1 + \nu$ l'ordre de $\varphi'$. Pour $r^d \leqslant \rho \leqslant R^d$, on a $\delta(\rho) = |d|^d$ si $\nu = 0$, tandis que $\delta(\rho) = |\nu h_\nu|^d |\rho|^\nu$ pour $\nu \neq 0$.*

*Démonstration.* — Notons $X$ et $Y$ les coordonnées de Laurent à la source et au but respectivement. On a donc $Y = \sum_{i\in\mathbf{Z}} \varphi_i X^i$ et donc la relation

$$dY = \sum_i i\varphi_i X^{i-1} dX = (d+\nu)\varphi_{d+\nu} X^\sigma (1+g) dX,$$

avec $|g| < 1$. En passant en coordonnées « entières » $x = \rho^{-1/d} X$, $y = \rho^{-1} Y$, on obtient la relation

$$dy = (d+\nu)\varphi_{d+\nu}\rho^{\nu/d} x^\sigma (1+g) dx.$$

En particulier la fonction $(d+\nu)\varphi_{d+\nu}\rho^{\nu/d}$ engendre la différente et, en prenant la puissance $d$-ième,

$$\delta(\rho) = |(d+\nu)\varphi_{d+\nu}|^d \rho^\nu.$$

Quand $\nu = 0$ on a $|\varphi_d| = 1$, tandis que si $\nu > 0$, $\varphi_{d+\nu} = h_\nu$ et $|d+\nu| = |\nu|$ (car alors $|d| < |\nu|$). $\square$

***Remarque* 3.2.** — Comme me l'a fait remarquer M. Raynaud, l'invariant $\nu$ apparaît comme ordre quand on calcule avec les différentielles logarithmiques $dX/X$ et $dY/Y$, ce qui explique pourquoi on le retrouve quand on calcule avec les coordonnées « entières », c'est à dire sur les couronnes d'épaisseur nulle. Par contre l'exposant $\sigma$ apparaît quand on calcule avec $dX$ et $dY$.

## 4. Le cas facile

Quand $X$ est un disque la démonstration du théorème 1.4 est très simple. En effet on a alors un morphisme étale de degré $d$, $\varphi : D(1) \to D(1)$ de la forme $x \mapsto \varphi(x) = \sum_{i\in\mathbf{N}} a_i x^i$ avec $|a_d| \geqslant |a_i|$, pour tout $i$ (car $\varphi$ est de degré $d$) et $|a_1| > |ia_i|$, pour tout $i > 1$ (car $\varphi'$ est une unité). On en tire par un calcul direct que le revêtement $\varphi$ est trivial au dessus de $D(|d|)$.

De même le théorème 1.3 admet une démonstration très simple lorsque $\varphi$ est un morphisme entre couronnes de la forme $\varphi : A(r^{1/d}, r^{-1/d}) \to A(r, r^{-1})$ avec $\varphi(x) = x^d(1+h)$ , $|h| < 1$ et $h(1) = 0$. Tout le problème est de montrer qu'on peut extraire une racine $d$-ième de $1+h$ quitte à effectuer une homothetie d'un facteur uniforme en $d$ et $p$. Mais cela est conséquence du fait que la série entière $(1+x)^{1/d}$ converge sur $\mathbf{Z}_p$ pour $|x| < |dp^{\frac{1}{p-1}}|$.

## 5. Mise en place géométrique

On suppose que $K$ est complet algébriquement clos de caractéristique 0 et de caractéristique résiduelle $p$.

***Proposition* 5.1.** — *Soit $X$ un $K$-espace rigide lisse et soit $\varphi : X \to A(r, R)$ un morphisme rigide fini, plat et génériquement étale. Il existe des nombres réels*

$$c_0 = r < c_1 < \cdots < c_n < c_{n+1} = R$$

*tels que, pour $1 \leqslant i \leqslant n+1$, les espaces $\Delta_i := \varphi^{-1}(A^0(c_{i-1}, c_i))$ soient isomorphes à une union disjointe finie de couronnes ouvertes sur lesquels la restriction de $\varphi$ est étale.*

*Démonstration*. — Il résulte du théorème de réduction semi-stable que $X$ admet un modèle formel $\mathscr{X}$ sur le spectre formel $\mathrm{Spf}(\mathscr{O}_K)$ de $\mathscr{O}_K$ qui est ouvert dense d'un schéma formel $\overline{\mathscr{X}}$ qui est une courbe propre, plate et semi-stable sur $\mathrm{Spf}(\mathscr{O}_K)$ de fibre rigide générique $\overline{X}$ une courbe projective lisse. (Pour d'avantage de détails sur ce point voir **[3]**.) Notons $\mathscr{X}_0^i$, $1 \leqslant i \leqslant r$ les composantes irréductibles de la fibre spéciale $\mathscr{X}_0$. Pour chaque $i$, choisissons un ouvert affine dense $U_0^i$ de $\mathscr{X}_0^i$ et notons $U^i$ l'ouvert affinoide de $X$ qui lui est associé. On définit le réel $c_i$ comme la norme de $\varphi$ sur l'affinoide $U^i$. L'ensemble des points rigides $x$ de $X$ tels que, pour tout $i$, $|\varphi(x)| \neq c_i$ est une union finie de disques ouverts et de couronnes ouvertes (cf. exposé 2). Pour obtenir l'énoncé recherché on numérote les $c_i$ en ordre croissant après avoir ajouté l'ensemble fini des valeurs de $\varphi$ aux points où $\varphi$ n'est pas étale. On obtient ainsi l'énoncé recherché car aucune composante connexe de $\Delta_i$ ne peut être un disque ouvert, car il n'existe pas de morphismes finis envoyant un disque ouvert dans une couronne ouverte. □

Dans la situation de la proposition précédente on note $\Delta_{i,j}$, $1 \leqslant j \leqslant \delta(i)$, les composantes connexes de $\Delta_i$, on pose $X_i := \varphi^{-1}(\{z \mid |z| = c_i\})$ et on note $X_{i,j}$, $1 \leqslant j \leqslant x(i)$, les composantes connexes de $X_i$. On note $d_{i,j}$ l'ordre de la restriction de $\varphi$ à la couronne $\Delta_{i,j}$ et $\sigma_{i,j} = d_{i,j} - 1 + \nu_{i,j}$ l'ordre de la restriction de $\varphi'$ à la couronne $\Delta_{i,j}$. Enfin on pose $\sigma_i = \sum_j \sigma_{i,j} = d - \delta(i) + \nu_i$ avec $\nu_i = \sum_j \nu_{i,j}$.

***Lemme* 5.2.** — *Avec les notations précédentes, on a les inégalités suivantes*

(1) *$\delta(i+1) \geqslant x(i)$, pour $0 \leqslant i \leqslant n$, et $\delta(i) \geqslant x(i)$, pour $1 \leqslant i \leqslant n+1$.*

(2) *$\sigma_i \geqslant \nu_i$, pour $1 \leqslant i \leqslant n+1$.*

*Démonstration*. — (1) résulte de ce que $\varphi$ est un morphisme fini. Pour (2), on écrit $\sigma_i = \deg(\varphi) - \delta(i) + \nu_i$. □

Lorsque $r = 0$, on dispose des inégalités suivantes pour la norme du discriminant.

***Proposition* 5.3.** — *Dans la situation précédente supposons que l'on ait* $r = 0$. *On a alors les inégalités*

$$\delta(c_i)/\delta(c_{i-1}) \leqslant (c_i/c_{i-1})^{\nu_i}$$

*pour* $1 \leqslant i \leqslant n+1$.

*Démonstration.* — Il résulte du lemme 3.1 que, pour $c_{i-1} < \rho < c_i$, on a

$$\delta(\rho) = \gamma_i(\rho/c_i)^{\nu_i},$$

avec $\gamma_i$ convenable. Maintenant remarquons que pour $\rho_1 \leqslant \rho_2 \leqslant R$, on a $\delta(\rho_1) \geqslant (\rho_1/\rho_2)^n \delta(\rho_2)$, avec $n$ le nombre de zéros du discriminant dans le disque $D(R) = A(0,R)$ (pour s'en convaincre considérer le polygône de Newton). On en tire par passage à la limite les inégalités $\delta(c_{i-1}) \geqslant \gamma_i(c_{i-1}/c_i)^{\nu_i}$ et $\delta(c_i) \leqslant \gamma_i$, dont l'inégalité recherchée est conséquence. □

## 6. Le lemme clé

On conserve les hypothèses et les notations de la section précédente. On fixe $0 < \varepsilon \ll 1$. On considère l'épaississement $X_i^\varepsilon := \varphi^{-1}(A(c_i - \varepsilon, c_i + \varepsilon))$ de $X_i$. On peut voir $X_i^\varepsilon$ comme étant obtenu à partir de $X_i$ par recollement de $\delta(i)$ couronnes fermées $C_{i,j}^-$ qui correspondent aux $\delta(i)$ composantes connexes de $\Delta_i$ et de $\delta(i+1)$ couronnes fermées $C_{i,j}^+$ qui correspondent aux $\delta(i+1)$ composantes connexes de $\Delta_{i+1}$. On peut donc compactifier $X_i^\varepsilon$ en une courbe propre $\overline{X}_i$ en recollant des disques ouverts $D_{i,j}^-$ et $D_{i,j}^+$ le long de ces couronnes, du « bon » côté.

***Lemme* 6.1 (Lemme clé).** — *On conserve les hypothèses et les notations de la section précédente. On suppose que le diviseur canonique de* $X$ *est trivial et que* $d\varphi$ *ne s'annule pas sur les couronnes* $C_{i,j}^-$ *et* $C_{i,j}^+$. *On a alors la relation*

$$\sigma_i - \sigma_{i+1} = 2(g(\overline{X}_i) + \delta(i+1) - x(i)) - \deg(d\varphi|X_i).$$

*Démonstration.* — Comme le diviseur canonique de $X$ est trivial, il existe d'après le theorème de Runge (cf. exposé 1), une fonction méromorphe $\Phi$ sur $\overline{X}_i$, sans pôle sur $X_i^\varepsilon$, telle que $d\varphi$ et $d\Phi$ aient le même nombre de zéros sur $X_i$ et telle que sur les couronnes $C_{i,j}^-$ et $C_{i,j}^+$ $\Phi'$ ne s'annule pas et ait le même ordre que $\varphi'$. Comme $\overline{X}_i$ a $x(i)$ composantes connexes, on a l'égalité

$$2g(\overline{X}_i) - 2x(i) = \deg(d\Phi).$$

Remarquons maintenant que $\deg(d\Phi|D_{i,j}^-) = \sigma_{i,j}$ tandis que $\deg(d\Phi|D_{i,j}^+) = -2-\sigma_{i+1,j}$, car suivant les cas l'orientation du disque a été conservée ou inversée lors du recollement. Comme

$$\deg(d\Phi) = \deg(d\varphi|X_i) + \sum_j \deg(d\Phi|D^-_{i,j}) + \sum_j \deg(d\Phi|D^+_{i,j}),$$

on en déduit l'égalité recherchée. □

***Corollaire* 6.2.** — *Sous les hypothèses précédentes on suppose de plus que $\varphi$ est étale au dessus de la couronne $A^0(r, R)$. Alors,*

(1) $\sigma(i) \geqslant \sigma(i+1)$ *pour* $1 \leqslant i \leqslant n$,

(2) $\sigma(i) = \sigma(i+1)$ *ssi* $g(\overline{X}_i) = 0$ *et* $\delta(i+1) = x(i)$,

(3) *si* $\sigma(i) = \sigma(i+1)$ *alors* $\nu_i \geqslant \nu_{i+1}$.

*Démonstration.* — (1) et (2) résultent du lemme 6.1 et du lemme 5.2. Pour (3), on écrit

$$\deg(\varphi) - \delta(i) + \nu_i = \sigma_i = \sigma_{i+1} = \deg(\varphi) - \delta(i+1) + \nu_{i+1},$$

et l'on en tire que

$$\nu_i - \nu_{i+1} = \delta(i) - x(i) \geqslant 0,$$

par (2) et le lemme 5.2. □

## 7. Démonstration des principaux résultats

Démontrons le théorème 1.4. On a donc un morphisme étale fini de degré $d$, $\varphi : X \to D(R)$. On se place dans la situation de la section 5 avec $c_0 = 0$. Comme $\varphi$ est étale à l'origine on a $\sigma_1 = 0$. La suite des $\sigma_i$ étant décroissante d'après le corollaire 6.2, il existe un entier $\ell \geqslant 1$ tel que $\sigma_\ell = 0$ et $\sigma_{\ell+1} < 0$. Il résulte également du corollaire 6.2 que pour $i \leqslant \ell - 1$, on a $g(\overline{X}_i) = 0$ et $x(i) = \delta(i+1)$. On en déduit que $\varphi^{-1}(D^0(c_{\ell+1}))$ est somme disjointe de $\delta(\ell)$ disques ouverts. Il reste à obtenir une minoration uniforme du quotient $c_\ell/R$. Pour cela on remarque qu'on a l'inégalité

$$\delta(R) \leqslant \delta(c_\ell) \prod_{i \geqslant \ell+1} (c_i/c_{i-1})^{\nu_i}$$

d'après la proposition 5.3. Comme $\nu_i \leqslant \sigma_i$ d'après le lemme 5.2, on a $\nu_i \leqslant -1$ pour $i \geqslant \ell + 1$, et donc

$$\delta(R) \leqslant \delta(c_\ell) c_\ell / R.$$

Mais d'après le lemme 2.1, on a $\delta(R) \geqslant |p|^b$, avec $b$ ne dépendant que de $d$ et de $p$. Comme $\delta(c_\ell) \leqslant 1$, on en tire que $c_\ell \geqslant |p|^b R$ et on est donc bien ramené au cas facile précédemment considéré.

De façon similaire on va ramener maintenant la démonstration du théorème 1.3 au cas facile précédemment traité. On a donc un morphisme étale fini de degré $d$, $\varphi : X \to A(r,R)$. Pour des raisons de commodité, on suppose, ce qui n'est pas restrictif, que $r = R^{-1}$. On reprend les notations de la section 5, à ceci près que l'on numérote les valeurs critiques $c_i$ différemment. Quitte à en rajouter, on peut supposer qu'elles sont de la forme

$$c_{-(n+1)} = r < c_{-n} < \cdots < c_0 = 1 < c_n < \cdots < c_{n+1} = R,$$

et qu'elles vérifient $c_{-i}c_i = 1$ pour tout $i$. On pose

$$\Delta_{-i} := \varphi^{-1}(A^0(c_{-(i+1)}, c_{-i})),$$

etc. On pose également $X(c_{-i}, c_i) = \varphi^{-1}(A^0(c_{-i}, c_i))$ et on note $x(-i,i)$ le nombre de composantes connexes de $X(c_{-i}, c_i)$. Pour pouvoir utiliser l'estimation donnée par la proposition 5.3, on compose $\varphi$ avec le morphisme $\psi : A(r,R) \to D(R)$ donné par $x \mapsto x + 1/x$. On obtient ainsi un morphisme $\bar{\varphi} : X \to D(R)$. Notons $\bar{\sigma}_i$ la somme des ordres de la dérivée de $\bar{\varphi}$ sur les composantes connexes de $\Delta_i$, pour $i \geqslant 1$. Un calcul élémentaire, détaillé dans **[3]**, donne la relation

$$\bar{\sigma}_i = \bar{d} - \bar{\delta}(i) + \bar{\nu}_i$$

avec $\bar{d} = 2d$, $\bar{\delta}(i) = \delta(i) + \delta(-i)$ et $\bar{\nu}_i = \nu_i - \nu_{-i}$.

***Lemme* 7.1.** — *Pour tout $i$, $\bar{\nu}_i \leqslant 0$. Si $\bar{\nu}_i = 0$, alors $\bar{\nu}_j = 0$ pour tout $j < i$.*

*Démonstration.* — Supposons que $\bar{\nu}_i \geqslant 0$. On a alors

$$\sigma_{-i} - \sigma_i \leqslant \delta(i) - \delta(-i).$$

D'autre part, il résulte de la démonstration du lemme 6.1, en utilisant des notations similaires, que

$$\sigma_{-i} - \sigma_i = 2(g(\overline{X}(c_{-i}, c_i)) + \delta(i) - x(-i,i)).$$

On en tire que

$$-\delta(i) - \delta(-i) \geqslant 2(g(\overline{X}(c_{-i}, c_i)) - x(-i,i)).$$

Comme $x(-i,i) \leqslant \inf(\delta(i), \delta(-i))$, on obtient $g(\overline{X}(c_{-i}, c_i)) = 0$, $\bar{\nu}_i = 0$ et $x(-i,i) = \delta(i) = \delta(-i)$. On tire que $\sigma_{-i} = \sigma_i$. Comme la suite des $\sigma_j$ est décroissante d'après le corollaire 6.2, on en déduit que $\sigma_j = 0$ pour $-i \leqslant j \leqslant i$ et donc, par le corollaire 6.2, que $\bar{\nu}_j = 0$ pour tout $j < i$. □

Soit $\ell$ le plus grand entier tel que $\bar{\nu}_i = 0$ (si tous les $\nu_i$ sont non nuls, on pose $\ell = 0$). Par le lemme 7.1, on a $\bar{\nu}_i = 0$ pour $i \leqslant \ell$ et $\bar{\nu}_i < 0$ pour $i > \ell$. De la même façon que dans la démonstration du théorème 1.4, on tire de cela l'inégalité $c_\ell \geqslant |p|^{b'} R$ avec $b'$ ne dépendant que de $d$ et de $p$. Si $\ell = 0$ on a terminé. Si $\ell \geqslant 1$, on a vu dans la preuve du lemme 7.1 que $g(\overline{X}(c_{-i}, c_i)) = 0$ et que

$$x(-i, i) = \delta(i) = \delta(-i)$$

pour $i \leqslant \ell$. Il en résulte que les composantes connexes de $X(c_{-\ell}, c_\ell)$ sont des couronnes et on est à nouveau ramené au cas facile précédemment considéré.

## 8. Le théorème de comparaison en dimension arbitraire

Soit $K$ un corps complet et algébriquement clos de caractéristique zéro et de caractéristique résiduelle $p$.

Le théorème de comparaison en dimension quelconque est l'énoncé suivant.

***Théorème* 8.1.** — *Soit $X$ un schéma localement de type fini sur $K$ et soit $\underline{X}$ l'espace rigide associé à $X$. Le foncteur GAGA établit une équivalence de catégories entre la catégorie des revêtements finis étales de $X$ et la catégorie des revêtements finis étales rigides de $\underline{X}$.*

On renvoie à **[3]** pour la démonstration détaillée. Nous allons donner juste les grands principes de la démonstration dont la stratégie remonte à Grothendieck. L'utilisation du théorème d'Hironaka permet de se ramener au cas où $X$ est affine et lisse et se compactifie en $X'$ projectif lisse avec $\Delta := X' \setminus X$ un diviseur à croisements normaux. Par GAGA il suffit de savoir que tout revêtement fini étale rigide $\underline{Y} \to \underline{X}$ se prolonge en un revêtement ramifié $\underline{Y}' \to \underline{X}'$. Comme localement le complémentaire d'un diviseur à croisements normaux est un produit de disques épointés et de disques on se ramène à une situation de dimension 1 « à paramètres ». C'est là la partie technique de la preuve qui demande du travail (cf. Lemma 3.2 et Lemma 3.3 de **[3]**). On notera que le traitement de la situation de dimension 1 « à paramètres » utilise en fait des « points de Berkovich » correspondant à des boules.

***Remarque* 8.2.** — Les principaux résultats de cet article demeurent vrais lorsque $k$ est de caractéristique $p$, si l'on ne considère que des revêtements galoisiens d'ordre premier à $p$, cf. **[3]**.

## Références

[1] S. Bosch, U. Güntzer & R. Remmert – *Non-archimedean analysis*, Grundlehren der Mathematischen Wissenschaften, vol. 261, Springer-Verlag, 1984.

[2] Y. Henrio – « Disques et couronnes ultramétriques », ces comptes-rendus.

[3] W. Lütkebohmert – « Riemann's existence problem for a $p$-adic field », *Invent. Math.* **111** (1993), p. 309–330.

François Loeser, Centre de Mathématiques (UMR 7640 du CNRS), École Polytechnique, 91128 Palaiseau
Institut de Mathématiques (UMR 7596 du CNRS), Université P. et M. Curie, Case 82, 4 place Jussieu, 75252 Paris Cedex 05
*E-mail :* loeser@math.polytechnique.fr, loeser@math.jussieu.fr
*Url :* http://math.polytechnique.fr/cmat/loeser/loeser.html

*Courbes semi-stables et groupe fondamental en géométrie algébrique*
(J.-B. Bost, F. Loeser, M. Raynaud, éd.), p. 141–155
Progress in Mathematics, Vol. 187, © 2000 Birkhäuser Verlag Basel/Switzerland

# 9

# FUNDAMENTAL GROUP

Ariane Mézard

This note is devoted to a presentation of the algebraic fundamental group. We begin with a reminder on the topological fundamental group. We proceed with the construction of the algebraic fundamental group and give some of its properties which we illustrate with examples. The main reference for this topic is **[2]**.

## 1. Introduction to fundamental group

**1.1. Topological fundamental group.** — Let $X$ be a connected locally contractible topological space and let $x \in X$ be a base point. Let $Y$ be a topological space. A map

$$\begin{array}{c} Y \\ \pi \big\downarrow \\ X \end{array}$$

is a *topological (étale) covering* if $X$ can be covered by open sets $X = \cup_i U_i$ such that $\pi^{-1}(U_i) = U_i \times F_i$ where each $F_i$ is a discrete topological space. Since $X$ is connected the cardinal of a fiber of $\pi$ is constant (if finite) and is called the *degree* of the covering.

The topological coverings of $X$ define a category $\mathrm{Cov}_X^{\mathrm{top}}$. Let Set be the category of sets. We define the following covariant functor, said to be the *fiber functor*

$$F : \mathrm{Cov}_X^{\mathrm{top}} \to \mathrm{Set}, \quad (Y \xrightarrow{\pi} X) \mapsto \pi^{-1}(x)$$

The fiber functor $F$ commutes with fiber products, with quotient by finite groups of automorphisms, with disjoint unions, etc.

The fiber $\pi^{-1}(x)$ is equipped with two actions: the action of the topological fundamental group and the action of the group of automorphisms of the covering $Y \xrightarrow{\pi} X$. Let us make these two actions more precise.

An *automorphism of the covering* $\pi$ is a homeomorphism $\varphi : Y \to Y$ such that $\pi \circ \varphi = \pi$. The group of automorphisms of $\pi$ is denoted $\mathrm{Aut}(Y \xrightarrow{\pi} X)$ or $\mathrm{Aut}(Y/X)$. It acts properly on $Y$. If $Y$ is connected $\mathrm{Aut}(Y/X)$ acts (on the left) freely on $\pi^{-1}(x)$. If $Y$ is connected and if $\mathrm{Aut}(Y/X)$ acts transitively on $\pi^{-1}(x)$, then $\pi$ (and by extension $Y$) is said to be *Galois*. Assume that the covering $Y \xrightarrow{\pi} X$ is finite, connected and nonempty. Then $Y$ is Galois if and only if the order of $\mathrm{Aut}(Y \xrightarrow{\pi} X)$ equals the degree of $\pi$.

The *topological fundamental group* is the group $\pi_1^{\mathrm{top}}(X, x)$ of homotopic classes of loops of origin $x$. Let $Y \xrightarrow{\pi} X$ be a topological covering. The lifting of the loops of $X$ of origin $x$ to $Y$ defines a natural action of $\pi_1^{\mathrm{top}}(X, x)$ to the right on the fiber $\pi^{-1}(x)$.

– This action is transitive if and only if $Y$ is connected and nonempty.

– This action commutes with the morphisms of topological coverings.

– The group $\mathrm{Aut}(Y/X)$ is the centralizer of the action of $\pi_1^{\mathrm{top}}(X, x)$ on $\pi^{-1}(x)$.

Within the topological framework, since $X$ is a locally contractible space, there exists a universal covering $\widetilde{X}$. The choice of a point $y \in \pi^{-1}(x)$ induces an isomorphism between $\pi_1^{\mathrm{top}}(X, x)$ and $\mathrm{Aut}(\widetilde{X}/X)$. Changing $y$ changes this isomorphism by a conjugated map.

The topological fundamental group $\pi_1^{\mathrm{top}}(X, x)$ is the group of automorphisms of the fiber functor $F$. The morphisms between two étale coverings $Y, Y'$ of $X$ correspond to the morphisms of the sets $F(Y), F(Y')$ which commutes with the action of $\pi_1^{\mathrm{top}}(X, x)$: This means

$$\mathrm{Hom}_{\mathrm{Cov}_X^{\mathrm{top}}}(Y, Y') = \mathrm{Hom}_{\pi_1^{\mathrm{top}}(X,x)}(F(Y), F(Y'))$$

Futhermore topological coverings are classified by the topological fundamental group in the following sense: let $\mathrm{Set}(\pi_1^{\mathrm{top}}(X, x))$ denote the category of sets together with an action to the right of $\pi_1^{\mathrm{top}}(X, x)$. The fiber functor $F$ induces an equivalence of categories between $\mathrm{Cov}_X^{\mathrm{top}}$ and $\mathrm{Set}(\pi_1^{\mathrm{top}}(X, x))$.

### 1.2. Analytic and algebraic fundamental groups for a Riemann surface

Let $X_{\mathrm{an}}$ be a smooth connected Riemann surface on $\mathbf{C}$. There is an equivalence between the category of topological coverings of $X_{\mathrm{an}}$ and the category of étale analytic coverings. Indeed if $\pi$ is a topological covering, it is locally trivial. The analytic structure of $X$ defines, in a unique way, an analytic structure of $Y$ which makes of $\pi$ an étale analytic covering. If $\pi$ is an étale analytic covering, the local inversion theorem allows us to see $\pi$ as a topological covering. Then the categories of topological coverings $\mathrm{Cov}_X^{\mathrm{top}}$ of $X$ and of étale analytic coverings $\mathrm{Cov}_X^{\mathrm{an}}$ of $X$ are equivalent. Thus we can define an analytic fundamental group

$$\pi_1^{\mathrm{an}}(X,x) = \pi_1^{\mathrm{top}}(X,x)$$

which classifies analytic étale coverings. The universal covering is provided with an analytic structure. The choice of a point in the fiber of the universal covering $\widetilde{X}_{\mathrm{an}}$ defines an isomorphism between $\pi_1^{\mathrm{an}}(X,x)$ and $\mathrm{Aut}\,\widetilde{X}_{\mathrm{an}}$.

Let $X$ be now a smooth algebraic curve on $\mathbf{C}$ and $\overline{X}$ its smooth proper compactification $X = \overline{X} - \{x_1, \ldots, x_n\}$. In algebraic geometry, we are led to consider only finite coverings of $X$. Conversely any finite topological covering $X_{\mathrm{top}}$ corresponds to an analytic covering of $X_{\mathrm{an}}$. This extends in a unique way onto a (ramified) covering $\overline{Y}$ of $\overline{X}_{\mathrm{an}}$ and this can be uniquely algebraized. Thus the category of finite algebraic coverings of $X$ is equivalent to the category of finite topological coverings. The topological fundamental group $\pi_1^{\mathrm{top}}(X,x)$ acts on the fiber over $x \in X$ of a finite topological covering through a finite quotient of $\pi_1^{\mathrm{top}}(X,x)$. Let $\widehat{\pi_1^{\mathrm{top}}(X,x)}$ be the profinite completion of $\pi_1^{\mathrm{top}}(X,x)$ with compact totally discontinuous topology. Then $\widehat{\pi_1^{\mathrm{top}}(X,x)}$ is the group of automorphisms of the fiber functor $F$ restricted to the category of finite topological coverings. For these reasons, we define the algebraic fundamental group as

$$\pi_1^{\mathrm{alg}}(X,x) = \widehat{\pi_1^{\mathrm{top}}(X,x)}$$

From now on, we denote $\pi_1(X,x) = \pi_1^{\mathrm{alg}}(X,x)$. Taking the quotients of $\pi_1(X,x)$ by open subgroups leads back to the finite quotients of $\pi_1^{\mathrm{top}}(X,x)$. Note that $\pi_1^{\mathrm{top}}(X,x)$ is separated:

$$\pi_1^{\mathrm{top}}(X,x) \hookrightarrow \widehat{\pi_1^{\mathrm{top}}(X,x)}$$

(see **[5]** Proposition 7.11). Every subgroup of finite type of $\mathrm{Gl}_n(A)$ where $A$ is a commutative ring is separated. In higher dimension (if $X$ is not a curve) the category of finite topological coverings is still equivalent to the category of finite algebraic coverings. The profinite completion of the topological fundamental group remains an algebraic fundamental group (see **[10]**). Yet in higher dimension the topological fundamental group is not always separated (even if $X$ is smooth and projective, see Toledo's counter-example **[3]**).

## 2. Algebraic fundamental group

We now define the algebraic fundamental group for a locally noetherian scheme $S$ (not only a smooth curve). This algebraic fundamental group allows us to describe the finite étale coverings of $S$.

**2.1. Étale coverings.** — In this section we recall the basic definitions and properties of étale coverings. From now on, by a scheme we mean a locally noetherian scheme and by a morphism, a morphism of finite type.

Let $S$ be a connected (locally noetherian) scheme. We want to define the notion of algebraic covering. If $S$ is of finite type over $\mathbf{C}$, it admits an analytic structure $S_{\text{an}}$. We would like the étale map $T \to S$ to induce a local analytic isomorphism from $T_{\text{an}}$ to $S_{\text{an}}$. This is a possible definition of an étale map if $S$ is defined over $\mathbf{C}$. A general definition of an étale map requires the hypotheses of the implicit function theorem.

A morphism of finite type $f : X \longrightarrow S$ is said to be *étale* if for all $x \in X$, $s = f(x)$ there is an affine neighborhood $U = \operatorname{Spec} B$ (resp. $V = \operatorname{Spec} A$) of $x$ (resp. of $s$) such that $f(U) \subset V$ and

$$B = \frac{A[X_1, \ldots, X_n]}{(f_1, \ldots, f_n)}, \quad \text{with} \quad \det\left(\frac{\partial f_i}{\partial X_j}\right) \quad \text{invertible at } x$$

(Remark: using Zariski's Main Theorem, one can further restrict to $n = 1$ (see [8])).

A morphism $f : X \to S$ is said to be *flat* if for any $x \in X$ the local homomorphism $\mathcal{O}_{f(x)} \to \mathcal{O}_x$ is flat (see [7]). A morphism $f : X \to S$ is said to be *unramified* if $\Omega^1_{X/S} = 0$. A morphism is étale if and only if it is flat, locally of finite presentation, and unramified. The composition and the base change of étale morphisms are étale. A morphism $f : X \to S$ is said to be an *étale covering* if it is both étale and finite.

Let $S$ be a (locally noetherian) connected scheme. Using basic properties of étale morphisms one proves the following proposition.

***Proposition* 2.2.** — *The category* Et$/S$ *of étale coverings of $S$ satisfies the following properties:*

(i) Et$/S$ *has a terminal object, and finite fiber-products exist in* Et$/S$.

(ii) *Finite disjoint unions exist (so* Et$/S$ *has an initial object $\emptyset$) and the quotient of an object $X$ in* Et$/S$ *by a finite group of automorphisms of $X$ exists.*

(iii) *Any morphism* $u : X \to Y$ *in* Et$/S$ *admits a factorization of the form*

$$\begin{array}{ccc} X & \xrightarrow{\quad u \quad} & Y \\ & {\scriptstyle u_1}\searrow \quad \nearrow{\scriptstyle j} & \\ & Y_1 & \end{array}$$

*where* $u_1$ *is an effective epimorphism,* $j$ *is a monomorphism and* $Y = Y_1 \coprod Y_2$ *for any object* $Y_2$ *in* Et$/S$.

Let $S$ be a (locally noetherian) connected scheme. From now on we consider the category Et$/S$ of étale coverings of $S$. As for the topological case, for a geometric point $s$ of $S$ (that is an injection $\bar{s} : k(s) \hookrightarrow \Omega$ in an algebraically closed field $\Omega$) we define a covariant functor, said to be the *fiber functor*,

$$F : \mathrm{Et}/S \to (\text{Finite set}) \quad F(X \xrightarrow{\pi} S) = \pi^{-1}(s)$$

where

$$\pi^{-1}(s) = \left\{ \begin{array}{l} \text{set of geometric points of } X \\ \text{over } \bar{s} \text{ with value in } \Omega \end{array} \right\} = \left\{ \begin{array}{l} \text{set of points} \\ \text{of } X \times_{k(s)} \Omega \end{array} \right\}$$

In the following one uses $F(X)$ as a shorthand notation for $F(X \xrightarrow{\pi} S)$. Since $S$ is connected, the fiber functor $F$ is faithful.

**2.3. Some properties of Galois objects.** — An object $X$ of Et$/S$ is *connected* in Et$/S$ if $X \neq X_1 \coprod X_2$ in Et$/S$ with $X_1, X_2 \neq \emptyset$. The connected objects are the topologically connected schemes.

***Lemma* 2.4.** — *If* $X$ *is connected in* Et$/S$, *then any* $u \in \mathrm{Hom}_{\mathrm{Et}/S}(X, X)$ *is an automorphism.*

*Proof.* — If $X$ is connected in Et$/S$ and non empty, then $u : X \to S$ is an epimorphism and $F(u)$ is surjective. Since $F(u)$ is finite, it is a bijection and $u \in \mathrm{Aut}(X/S)$. $\square$

A *pointed object* $(X, x)$ is an object $X$ of Et$/S$ provided with a point $x \in F(X)$. A morphism between pointed objects $f : (X, x) \to (Y, y)$ is a morphism $f : X \to Y$ of Et$/S$ such that $F(f)(x) = y$.

***Lemma* 2.5.** — *Let* $X$ *be connected. If there exists a morphism of pointed objects*

$$f : (X, x) \to (Y, y)$$

*then it is unique.*

***Corollary* 2.6.** — *If the object $X$ is connected, the group of automorphisms* $\mathrm{Aut}(X/S)$ *acts freely on $F(X)$. Thus* $\mathrm{Aut}(X/S)$ *is finite.*

***Definition* 2.7.** — A connected object $P$ of $\mathrm{Et}/S$ is *Galois* if the action of $\mathrm{Aut}(P/S)$ on $F(P)$ is transitive, in particular $P$ is non empty.

***Lemma* 2.8.** — *Let $P \to S$ be an étale connected nonempty covering. Then $P$ is Galois if and only if $P \times_S P \to P$ is completely decomposed (that is, isomorphic to a sum of copies of $P$).*

If $P$ is Galois the action of $\mathrm{Aut}\, P/S$ on $F(P)$ is free and transitive (Corollary 2.6). A connected object $P$ is Galois if for any $\xi \in F(P)$, the map $\mathrm{Aut}\, P/S \to F(P)$ defined by $u \mapsto u \circ \xi$ is a bijection.

***Lemma* 2.9.** — (i) *Let $Q, P$ be objects of* $\mathrm{Et}/S$ *with $P$ Galois, $Q$ connected and let $f, g$ be two morphisms*

$$Q \underset{g}{\overset{f}{\rightrightarrows}} P$$

*Then there exists a unique $\tau \in \mathrm{Aut}\, P$ such that $g = \tau \circ f$.*

(ii) Let $P, Q$ be objects of $\mathrm{Et}/S$ with $P$ Galois, $Q$ connected and let $f, g$ be two morphisms

$$P \underset{g}{\overset{f}{\rightrightarrows}} Q$$

Then there exists a unique $\sigma \in \mathrm{Aut}\, P$ such that $g = f \circ \sigma$.

Recall ([**11**] §1.5) :

***Lemma* 2.10.** — *Let $X \xrightarrow{\pi} S$ be an object of* $\mathrm{Et}/S$, *$X$ being connected and nonempty. There exists a Galois object $P$ of* $\mathrm{Et}/S$ *and a diagram of maps in* $\mathrm{Et}/S$

$$\begin{array}{ccc} P & \longrightarrow & S \\ & \searrow \quad \nearrow & \\ & X & \end{array}$$

*such that for $Q$ Galois object of* $\mathrm{Et}/S$, *any map $Q \to X$ factorizes through $P$. The Galois object $P$ is called a Galois closure of $X$. It is unique up to a (non unique) isomorphism.*

*Proof.* — Let $F(X) = \{x_1, \dots, x_n\}$. We consider the product scheme

$$X^n = \underbrace{X \times_S \cdots \times_S X}_{n} \text{ and } \xi = (x_1, \dots, x_n) \in X^n(\Omega)$$

Let $P$ be the connected component of $X^n$ which contains $\xi$. Let $p_{ij} : X^n \to X \times_S X$, $1 \leqslant i < j \leqslant n$, be the projection onto the product of the factors $i$ and $j$. Let $\Delta'$ be the diagonal of $X \times_S X$ and

$$\Delta = \bigcup_{1 \leqslant i < j \leqslant n} p_{ij}^{-1}(\Delta')$$

If $P \cap \Delta \neq \emptyset$, then $P \subset \Delta$ ($P$ is connected), which cannot occur since $\xi \notin F(\Delta)$. Hence $P \cap \Delta = \emptyset$ and all elements of $P$ have distinct coordinates.

We prove that $P$ is Galois. Let $\eta = (x_{j_1}, \ldots, x_{j_n}) \in F(P)$, there exists a unique $\sigma \in \mathfrak{S}_n$ ($\mathfrak{S}_n$ is the group of permutations of a set with $n$ elements) such that $x_{j_i} = x_{\sigma(i)}$, $1 \leqslant i \leqslant n$ ($\sigma$ is a permutation of the factors of $X^n$ and $\sigma(P) = P$). Hence $\operatorname{Aut}(P/S)$ can be identified with a subgroup $G$ of $\mathfrak{S}_n$.

The morphism given by the first projection

$$F(P) \overset{F(p_1)}{\longrightarrow} F(X)$$

is surjective. For any $1 \leqslant i \leqslant n$, there exists $\sigma \in \mathfrak{S}_n$ and $\eta = (x_{\sigma(1)}, \ldots, x_{\sigma(n)}) \in F(P)$ such that $F(p_1)(\eta) = x_{\sigma(1)} = x_i$. Since $\sigma(P) \cap P \neq \emptyset$ and $P$ is connected, then $\sigma(P) = P$ and $\sigma \in \operatorname{Aut} P$. Hence for any $1 \leqslant i \leqslant n$ there exists $\sigma \in G$ such that $x_{\sigma(1)} = x_i$ and $\sigma(1) = i$. Hence the action of $G$ is transitive.

Let $v : Q \twoheadrightarrow X$ be an epimorphism of $\mathrm{Et}/S$ with $Q$ a Galois object. For any $1 \leqslant i \leqslant n$, let $\eta_i \in F(X)$ such that $F(v)(\eta_i) = x_i$. Since $Q$ is Galois, for any $1 \leqslant i \leqslant n$, there exists $f_i \in \operatorname{Aut} Q$ such that $F(f_i)(\eta_1) = \eta_i$. Let

$$\gamma = \prod_{i=1}^{n} v \circ f_i : Q \to X^n$$

Thus $F(\gamma)(\eta_1) = (x_1, \ldots, x_n)$. Hence $\gamma$ factorizes through $P$ and induces a morphism $Q \overset{h}{\longrightarrow} P$. Since $F(p_1 \circ h)(\eta_1) = x_1$, $p_1 \circ h = v$ and $P$ is a Galois closure of $X$. □

## 2.11. Definition and construction of the fundamental group

***Definition* 2.12.** — The *fundamental group* $\pi_1(S, s)$ of $S$ at the geometric point $s$ is the group of automorphisms of the fiber functor $F : \mathrm{Et}/S \to \mathrm{Set}$, with action to the right.

Let $X$ be an object of $\mathrm{Et}/S$. By definition, the fundamental group $\pi_1(S, s)$ acts to the right on $F(X)$ and this action is compatible with the morphisms between etale coverings of $S$.

In order to construct the fundamental group $\pi_1(S, s)$, one uses the Galois objects of $\mathrm{Et}/S$ and their groups of automorphisms. Let $P_i$ be a Galois object. Let $[P_i]$ be the full subcategory of $\mathrm{Et}/S$ of objects $X$ trivialized by $P_i$. Let

$G_i$ be the finite group of automorphisms of the restriction of the fiber functor to $[P_i]$. The action of the group $G_i$ on $F(P_i)$ is free and transitive. Assume that the action of $G_i$ over $F(P_i)$ is known. Then for any object $X$ of $[P_i]$, the action of $G_i$ on $F(X)$ is known. In order to establish this fact, it suffices to consider the $X$ connected case. Take a surjective morphism $P_i \xrightarrow{u} X$. Then the surjective morphism $F(u) : F(P_i) \to F(X)$ makes the action of $G_i$ on $F(X)$ precise.

Let $P_j$ be another Galois object of $\mathrm{Et}/S$. A surjective morphism $P_j \to P_i$ yields a surjective homomorphism of groups $G_j \to G_i$. Let $(P_i)_{i \in I}$ be a cofinal system of Galois objects. One finds that the fundamental group $\pi_1(S, s)$ is the projective limit

$$\pi_1(S, s) = \varprojlim_{i \in I} G_i$$

which is a profinite group. Hence $\pi_1(S, s)$ acts on each fiber through an open subgroup.

We now list some properties of $\pi_1(S, s)$.

– Morphisms between two étales coverings $X$, $Y$ of $S$ correspond to morphisms of $\pi_1(S, s)$-sets $F(X)$ and $F(Y)$:

$$\mathrm{Hom}_{\mathrm{Et}/S}(X, Y) = \mathrm{Hom}_{\pi_1(S,s)}(F(X), F(Y))$$

– An object $X$ of $\mathrm{Et}/S$ is connected if and only if the action of $\pi_1(S, s)$ on $F(X)$ is transitive.

– Let $X$ be a nonempty object of $\mathrm{Et}/S$. Let $N$ be the kernel of the action of $\pi_1(S, s)$ on $F(X)$. Then $X$ is a (nonempty connected) Galois object if and only if the quotient $\pi_1(S, s)/N$ acts freely and transitively on $F(X)$.

– Let $X$ be a Galois object of $\mathrm{Et}/S$. The group $\mathrm{Aut}(X/S)$ of the étale covering $X$ is the group of the automorphisms of $F(X)$ which commute with the action of $\pi_1(S, s)$. Let $N$ be the kernel of the action of $\pi_1(S, s)$ on $F(X)$. The choice of a point $x \in F(X)$ defines an isomorphism

$$\mathrm{Aut}(X/S) \simeq \pi_1(S, s)/N$$

If one changes the choice of the point $x \in F(X)$, this isomorphism is changed by an inner automorphism.

In order to prove the previous assertion, recall that the action of $\pi_1(S, s)/N$ on $F(X)$ is free and transitive. Hence for any $y \in F(X)$ there exists a unique $g \in \pi_1(S, s)/N$ such that $y = gx$. Therefore the following isomorphism is well defined.

$$\varphi_x : \mathrm{Aut}(X/S) \to \pi_1(S, s)/N, \ h \mapsto (h_x : F(X) \to F(X), \ gx \mapsto ghx)$$

Another point $x' \in F(X)$ defines another isomorphism

$$\varphi_{x'} : \mathrm{Aut}(X/S) \to \pi_1(S,s)/N,\ h \mapsto (h_{x'} : F(X) \to F(X),\ gx' \mapsto ghx')$$

There exists $a \in \mathrm{Aut}(X/S)$ such that $x' = ax$. The composition $\varphi_{x'}^{-1} \circ \varphi_x$ is the inner automorphism of $\mathrm{Aut}(X/S)$.

$$\varphi_{x'}^{-1} \circ \varphi_x : \mathrm{Aut}(X/S) \to \mathrm{Aut}(X/S),\ h \mapsto aha^{-1}$$

Hence if we change the choice of the point $x \in F(X)$ the isomorphism between $\pi_1(S,s)/N$ and $\mathrm{Aut}(X/S)$ is changed by an inner automorphism.

**2.13. Case of a field, relation with Galois theory.** — The algebraic fundamental group has been introduced by Lang and Serre ([**4**]) in order to classify the unramified coverings of a normal scheme $S$. In that case the fundamental group is canonically related to Galois theory as we shall see later in 2.19. Let $k$ be a field and $\Omega$ an algebraically closed extension of $k$. Let $S = \operatorname{Spec} k$ and $\mathscr{C}$ the category of connected étale coverings of $S$. Then the objects of $\mathscr{C}$ are of the form $\operatorname{Spec} K$ where $K$ is a finite separable field extension of $k$. The extension $\Omega$ of $k$ defines a geometric point $s$ in $S$. With this notation, we obtain:

***Proposition* 2.14.** — *There is a canonical isomorphism*

$$\pi_1(\operatorname{Spec} k, s) \simeq \mathrm{Gal}(k^{\mathrm{sep}}/k)$$

*where $k^{\mathrm{sep}}$ is the separable closure of $k$ in $\Omega$.*

*Proof.* — By definition, for an object $X$ of $\mathscr{C}$, $F(X)$ is the set of geometric points of $X = \operatorname{Spec} K$ with value in $\Omega$. Hence

$$F(X) \simeq \mathrm{Hom}_k(K,\Omega) \simeq \mathrm{Hom}_k(K,k^{\mathrm{sep}}) \simeq \varinjlim \mathrm{Hom}_k(K,N_i)$$

$$\mathrm{Gal}(k^{\mathrm{sep}}/k) \simeq \varprojlim \mathrm{Gal}(N_i/k)$$

where $(N_i)_{i\in I}$ is a filtered family of finite Galois extensions of $k$. □

Remark that the action of $\mathrm{Gal}(k^{\mathrm{sep}}/k)$ on $F(X)$ only depends on the choice of $k^{\mathrm{sep}}$. This latter field $k^{\mathrm{sep}}$ is the separable closure of $k$ in the algebraically closed field $\Omega$.

**2.15. Functorial properties.** — We first begin with the comparison of the fundamental groups of $S$ for different choices of geometric points. To this end, let $(P_i)_{i\in I}$ be a cofinal system of Galois objects of $\mathrm{Et}/S$. One may either consider the pro-object $(P_i)_{i\in I}$ or take the projective limit of the étale coverings of $S$, $P = \varprojlim_{i\in I} P_i$ which is a pro-étale integral scheme of $S$. One defines the value $F(P)$ of the fiber functor $F$ on $P$ as $F(P) = \varprojlim_{i\in I} F(P_i)$. The choice of a geometric point $x \in F(P)$ is equivalent to the choice of a compatible system of points in the fibers $F(P_i)$; that is $x \in F(P) = \varprojlim_{i \in I} F(P_i)$ (this projective limit of finite sets is nonempty). Choosing a point $x \in F(P)$ defines an isomorphism

$$\pi_1(S, s) \simeq \mathrm{Aut}(P/S) = \varprojlim_{i \in I} \mathrm{Aut}(P_i/S)$$

Let $s$ and $s'$ be two geometric points of $S$ and let $F$ (resp. $F'$) be the fiber functor of $S$ at $s$ (resp. $s'$). Let $x \in F(P)$ and $x' \in F'(P)$. Since $\mathrm{Aut}(P/S)$ does not depend of the fiber functor, the choice of the two points $x$ and $x'$ defines an isomorphism between the fundamental groups $\pi_1(S, s)$ and $\pi_1(S, s')$. The choices of another point $x'$ changes this isomorphism by an inner automorphism of $\pi_1(S, s')$. To summarize these properties:

***Proposition* 2.16.** — *Let $s, s'$ be two geometric points of $S$. There exists an isomorphism defined up to inner automorphisms*

$$\pi_1(S, s) \simeq \pi_1(S, s')$$

Let $S$ and $S'$ be two connected locally noetherian schemes and $s$ (resp. $s'$) a geometric point of $S$ (resp. of $S'$). Let $F$ (resp. $F'$) be the fiber functor of $S$ at $s$ (resp. of $S'$ at $s'$). An exact functor $\varphi : \mathrm{Et}/S \to \mathrm{Et}/S'$ is a covariant functor such that the diagram

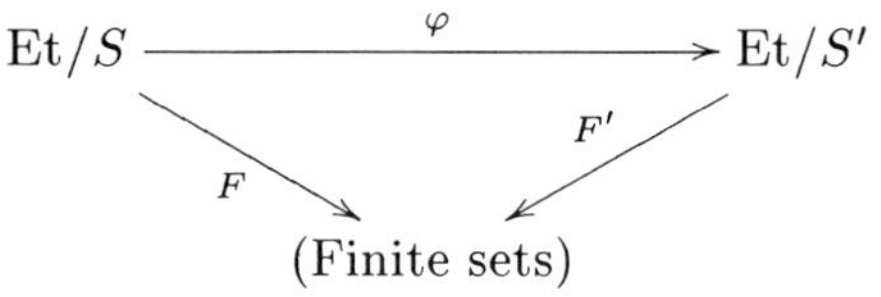


is commutative: $F = F' \circ \varphi$.

***Proposition* 2.17.** — *An exact functor $\varphi : \mathrm{Et}/S \to \mathrm{Et}/S'$ induces a continuous morphism*

$$\varphi^* : \pi_1(S', s') \to \pi_1(S, s)$$

*Moreover this morphism $\varphi^*$ is surjective if and only if for all connected objects $X$ of $\mathrm{Et}/S$, $\varphi(X)$ is connected.*

*Proof.* — Let $(P_i)_{i \in I}$ be a cofinal system of Galois objects of $\mathrm{Et}/S$. Let $P = \varprojlim_{i \in I} P_i$ and $\mathrm{Aut}(P/S) = \varprojlim_{i \in I} \mathrm{Aut}(P_i/S)$. The choice of a point $x = \{x_i\}_{i \in I}$ in $F(P) = \varprojlim_{i \in I} F(P_i)$ induces an isomorphism $\pi_1(S, s) \simeq \mathrm{Aut}(P/S)$.

For any $i \in I$, since $P_i$ is Galois, the action of $\mathrm{Aut}(P_i/S)$ on $F(P_i)$ is free and transitive. The fundamental group $\pi_1(S', s')$ acts continuously on

$F'(\varphi(P_i)) = F(P_i)$ and this action commutes with the action of $\mathrm{Aut}(P_i/S)$. Hence one has a continuous homomorphism

$$u_i : \pi_1(S', s') \to \mathrm{Aut}(P_i/S), \quad \sigma \mapsto u_i(\sigma)$$

One should check that these morphisms $(u_i)_{i \in I}$ are compatible with the projective system $(\mathrm{Aut}(P_i/S))_{i \in I}$. Thus one obtains the morphism

$$\varphi^* : \pi_1(S', s') \to \mathrm{Aut}(P/S) \simeq \pi_1(S, s)$$

Assume now that the image by $\varphi$ of a connected object is connected. Since $\varphi(P_i)$ is connected, the action of $\pi_1(S', s')$ on $F(P_i)$ is transitive. Hence $u_i$ and $\varphi^*$ are surjective.

For the converse, assume $\varphi^*$ to be surjective and take a connected object $X$ of $\mathrm{Et}/S$. The action of $\pi_1(S, s)$ is transitive on $F(X)$. Hence the action of $\pi_1(S', s')$ is transitive on $F'(\varphi(X)) = F(X)$ and $\varphi(X)$ is connected. □

We now proceed with an application of the change of algebraic closed field ([**2**], Exposé X, Remarques 1.10).

***Proposition* 2.18.** — *Let $S$ be a connected scheme of finite type on an algebraically closed field $k$. Let $k'$ be an algebraically closed extension of $k$. Let $s'$ be a point of $S'$ and let $s$ be its image in $S$. Then*

(i) *The map $\pi_1(S \otimes_k k', s') \to \pi_1(S, s)$ is surjective.*

(ii) *If $S$ is proper or if $k$ has characteristic 0, this map is bijective.*

Result *ii.* does not necessarily hold if $k$ has characteristic $p$ (see [**1**] §3).

**2.19. Case of a normal scheme.** — Let $S$ be a connected locally noetherian normal (and thus irreducible) scheme and let $K = k(S)$ be its functions field. The connected étale coverings of $\mathrm{Spec}\, K$ correspond to the finite separable extensions $L$ of $K$. For such an extension $L$ of $K$, we consider the normalization $S_L$ of $S$ in $L$. We obtain a finite morphism $S_L \to S$ which is étale if and only if all points of $S$ are unramified "in a naive sense" (a Galois extension $L \to K$ is said to be unramified at $\mathfrak{p} \in \mathrm{Spec}\, \mathcal{O}_K$ if for any $\beta \in \mathrm{Spec}\, \mathcal{O}_L$ dividing $\mathfrak{p}$, the inertia group $I_\beta$ is trivial; the finite morphism $S_L \to S$ is said to be unramified "in a naive sense" if the extension $L \to K$ is unramified at any point of $S$. See [**11**] §1.3 or [**9**]).

***Proposition* 2.20.** — *Let $S$ be a connected locally noetherian normal (thus irreducible) scheme, $K = k(S)$ its functions field, $\Omega$ an algebraically closed extension of $K$ which defines a geometric point $s'$ of $S' = \mathrm{Spec}\, K$ and a geometric point $s$ of $S$. Then the canonical homomorphism*

$$\pi_1(S', s') \to \pi_1(S, s)$$

*is surjective and its kernel is the sub-extension of $K^{\mathrm{sep}}/K$ composed by the finite extensions of $K$ in $\Omega$ unramified on $S$.*

**2.21. Homotopy exact sequence for algebraic curves.** — Let $k$ be a field of characteristic $p > 0$. A *radicial* extension $k'$ of $k$ is a purely inseparable extension:

$$\forall x \in k' \ \exists e \geqslant 1 \text{ such that } x^{p^e} \in k$$

***Lemma* 2.22.** — *Let $k'$ be a radicial extension of $k$. For any separable extension $K'$ of $k'$ there exists a separable extension $K$ of $k$ such that $K' = Kk'$.*

*Proof.* — If $K$ is a separable extension of degree $n$ of $k$ then the extensions $K$ and $k'$ of $k$ are disjoint. Thus $K' = Kk'$ is a separable extension of degree $n$ of $k'$.

Let $K'$ be a separable extension of $k'$ of degree $n$. Let $K$ be the separable closure of $k$ in $K'$. Then

$$\begin{array}{ccc} k' & \hookrightarrow & K' \\ \uparrow & & \uparrow \\ k & \hookrightarrow & K \end{array}$$

Using that $k'/k$ is radicial and along with the multiplicativity of the separable degree, we obtain $K' = Kk'$ and $[K' : k'] = [K : k]$. □

Recall ([**2**] Exposé I §11)

***Lemma* 2.23.** — *Let $X$ be a geometrically irreducible $k$-curve ($X \otimes_k \bar{k}$ is irreducible). Let $k'$ a radicial extension of $k$. Then the categories* $\mathrm{Et}/X$ *and* $\mathrm{Et}/X \otimes_k k'$ *are equivalent.*

Lemmas 2.22 and 2.23 allow us to prove a simple version of the homotopy exact sequence for proper and separable morphisms (see [**2**] Exposé X cor 1.7).

***Theorem* 2.24.** — *Let $X$ be a smooth geometrically irreducible $k$-curve ($X \otimes_k \bar{k}$ is irreducible). Let $\bar{x}$ be a geometric point of $X \otimes_k \bar{k}$ and $x$ its image in $X$. Then the following sequence is exact*

$$1 \to \pi_1(X \otimes_k \bar{k}, \bar{x}) \to \pi_1(X, x) \to \mathrm{Gal}(\bar{k}/k) \to 1$$

*Moreover this sequence splits if $X$ has a $k$-rational point.*

*Proof.* — Let $K = k(X)$, $\overline{K}$ its algebraic closure and $K^{\mathrm{nr}}$ the maximal subextension of $\overline{K}$ that is unramified at $X$. Note that

$$\pi_1(X, x) = \mathrm{Gal}(K^{\mathrm{nr}}/K)$$

Since $K \subset Kk^{\text{sep}} \subset K^{\text{nr}}$, we also have

$$\pi_1(X \otimes_k k^{\text{sep}}, \bar{x}) \cong \text{Gal}(K^{\text{nr}}/k^{\text{sep}}K)$$

Since $k^{\text{sep}}/k$ and $K/k$ are disjoint extensions of $k$ we have $\text{Gal}(k^{\text{sep}}K/K) \cong \text{Gal}(k^{\text{sep}}/k)$. By definition the following sequence of Galois groups is exact

$$1 \to \text{Gal}(K^{\text{nr}}/k^{\text{sep}}K) \to \text{Gal}(K^{\text{nr}}/K) \to \text{Gal}(k^{\text{sep}}/k) \to 1$$

Since $\bar{k}/k^{\text{sep}}$ is radicial, $\text{Gal}(K^{\text{nr}}/k^{\text{sep}}K) \simeq \pi_1(X \otimes_k K^{\text{sep}}, \bar{x}) \simeq \pi_1(X \otimes_k \bar{k}, x)$. Moreover $\text{Gal}(k^{\text{sep}}/k) \simeq \pi_1(\operatorname{Spec} k, s) \simeq \pi_1(\operatorname{Spec} \bar{k}, \bar{s})$. Hence we obtain the exact sequence

$$1 \to \pi_1(X \otimes_k \bar{k}, \bar{x}) \to \pi_1(X, x) \to \text{Gal}(\bar{k}/k) \to 1$$

□

The fundamental group $\pi_1^{\text{arith}}(X) = \pi_1(X, x)$ is called the *arithmetic* fundamental group. And the fundamental group $\pi_1^{\text{geo}}(X) = \pi_1(X \otimes_k \bar{k}, \bar{x})$ is called the *geometric* fundamental group.

## 3. Applications and examples

**3.1. Geometric fundamental group of algebraic curves.** — Let $X$ be a nonsingular proper connected curve of genus $g$ over $\mathbf{C}$, namely $X$ is a compact Riemann surface of genus $g$. Using the Riemann-Hurwitz formula, one can prove that $X$ is homeomorphic to a sphere with $g$ handles, which is also a torus with $g$ holes. Let $B$ be a finite set of $X$ with $s$ elements and $x \in X - B$. The topological fundamental group $\pi_1^{\text{top}}(X - B, x)$ of this surface is generated by $2g + s$ elements $a_1, \ldots, a_g, b_1, \ldots, b_g, c_1 \ldots, c_s$ with the single relation

$$a_1 b_1 a_1^{-1} b_1^{-1} \cdots a_g b_g a_g^{-1} b_g^{-1} c_1 \cdots c_s = 1$$

One may represent $a_1, \ldots, a_g$ as cycles on $X - B$, each turning once around a hole, $b_1, \ldots, b_g$ as cycles, each passing through a hole and $c_1, \ldots, c_s$ as cycles each turning once around a point of $B$ (see for example **[6]**).

***Corollary* 3.2.** — *Let $X$ be a nonsingular proper connected curve of genus $g$ over $\mathbf{C}$, $B$ a finite subset of $X$ of order $s$ and $x \in X - B$. Then $\pi_1(X, x)$ is the profinite group generated by $2g + s$ generators and the relation*

$$a_1 b_1 a_1^{-1} b_1^{-1} \cdots a_g b_g a_g^{-1} b_g^{-1} c_1 \cdots c_s = 1$$

Hence for an algebraic curve $X$ of genus $g \geqslant 2$, there is a surjection of $\pi_1(X, x)$ onto the free group with two generators. Every finite group with two generators is therefore the Galois group of a connected covering of $X$. Recall that every known finite simple group is generated by two elements. Hence the structure of $\pi_1(X,x)$ as profinite group is MONSTROUS...

**3.3. Algebraic fundamental group of the projective line.** — Use the Riemann-Hurwitz formula, to obtain:

***Corollary* 3.4.** — *Let $k$ be an algebraic closed field and $x \in \mathbb{P}^1_k$. Then*

$$\pi_1(\mathbb{P}^1_k, x) = \{1\}$$

**3.5. Galois representations.** — In this section we show that fundamental groups are an important way to construct Galois representations. The fundamental sequence for a connected, irreducible and geometrically irreducible $k$-curve $X$

$$1 \to \pi_1(X \otimes_k \bar{k}, \bar{x}) \to \pi_1(X,x) \to \mathrm{Gal}(\bar{k}/k) \to 1$$

defines a morphism

$$\mathrm{Gal}(\bar{k}/k) \to \mathrm{Out}\, \pi_1(X \otimes_k \bar{k}, x)$$

and consequently defines a Galois representation

$$\mathrm{Gal}(\bar{k}/k) \to \mathrm{Aut}\, \pi_1(X \otimes_k \bar{k})^{\mathrm{ab}}$$

For example let $X = \mathbb{P}^1_{\bar{\mathbf{Q}}} - \{0,\infty\}$. In this case $\pi_1(X,x) = \widehat{\mathbf{Z}}$ and the fundamental exact sequence gives an action of $\mathrm{Gal}(\bar{\mathbf{Q}}/\mathbf{Q})$ through the cyclotomic character.

**3.6. Algebraic fundamental group of elliptic curves.** — Let $E$ be an elliptic curve (of genus $g_E = 1$) over an algebraically closed field $k$. Let $Y \xrightarrow{f} E$ be an étale covering of $E$. Let $g_Y$ denote the genus of $Y$. Using Riemann-Hurwitz formula

$$2g_Y - 2 = \deg f(2g_E - 2)$$

one finds that $g_Y = 1$, hence $Y$ is an elliptic curve too. Let $y \in Y(k)$ be a closed point and $x = f(y)$. The elliptic curve $Y$ (resp. $E$) is provided with an abelian group law with origin $y$ (resp. $x$). Hence $\pi$ is a group homomorphism, namely an isogeny. The Galois group $\mathrm{Aut}(Y \xrightarrow{f} E) \simeq \ker f$ is abelian. Hence we obtain

***Proposition* 3.7.** — *Let $E$ be an elliptic curve over an algebraically closed field $k$ and let $x \in E$. Then $\pi_1(E,x)$ is abelian. Moreover if $l \neq \mathrm{char} k$, the $l$-adic components $\pi_1(E,x)_l$ is isomorphic to $T_l(E)$ (Tate module of $E$) and is a free $\mathbf{Z}_l$-module of rank 2.*

**Acknowledgments**: I am grateful to M. Raynaud and J. Bertin for a critical reading of the manuscript and several useful comments.

## References

[1] P. Gille – Le groupe fondamental sauvage d'une courbe affine en caractéristique $p > 0$, these proceedings.

[2] A. Grothendieck – *Revêtements étales et groupe fondamental* (SGA 1), Lect. Notes Math., no. 224, Springer-Verlag, 1971.

[3] J. Kollár – *Shafarevich maps and automorphic forms*, Princeton University Press, 1995.

[4] S. Lang & J.-P. Serre – Sur les revêtements non ramifiés de variétés algébriques, *Amer. J. Math.* (1957), p. 319–330.

[5] R. Lyndon & P. Schupp – *Combinatorial group theory*, Springer-Verlag, 1977.

[6] W. Massey – *Algebraic topology: an introduction*, Graduate Texts in Math., vol. 56, Springer-Verlag, 1977.

[7] J. S. Milne – *Étale cohomology*, Princeton Math. Ser., no. 33, Princeton University Press, 1980.

[8] M. Raynaud – *Anneaux locaux henséliens*, Lect. Notes Math., no. 169, Springer-Verlag, 1970.

[9] ______, Spécialisation du foncteur de Picard, *Publ. Math. Inst. Hautes Études Sci.* **38** (1970), p. 27–76.

[10] Mme M. Raynaud – Géométrie algébrique et géométrie analytique, ch. XII, p. 311–343, in Lect. Notes Math. [**2**], 1971.

[11] J.-P. Serre – Anneaux de Chow et applications, *Séminaire Chevalley*, 1958.

---

Ariane Mézard, Université de Grenoble I, **Institut Fourier**, UMR 5582 CNRS-UJF, UFR de Mathématiques, B.P. 74, 38402 Saint-Martin d'Hères Cedex (France)
*E-mail :* `mezard@ujf-grenoble.fr`

*Courbes semi-stables et groupe fondamental en géométrie algébrique*
(J.-B. Bost, F. Loeser, M. Raynaud, éd.), p. 157–167
Progress in Mathematics, Vol. 187, © 2000 Birkhäuser Verlag Basel/Switzerland

# 10

# CONSTRUCTION OF COVERS WITH FORMAL AND RIGID GEOMETRY

Rachel J. Pries

This paper gives a brief introduction to the construction of Galois covers of curves with formal and rigid patching. The first section states the GAGA principle and Grothendieck's Existence Theorem and proves a "Van Kampen" patching statement in the formal topology. These results are used in the second section to prove the existence of covers of a curve defined over a discrete valuation ring and its fraction field. The third section contains a stronger patching theorem which remains valid for arbitrary coherent modules. The fourth section includes applications of this theorem to Galois covers of curves and their inertia groups. Many of the results of this paper can be proven with either rigid or formal geometry. The discussion of Abhyankar's Conjecture is left to later lectures. Appropriate references will be given for complete versions of proofs.

## 1. Algebraization Theorems

In order to motivate the proofs using formal and rigid patching, one can first consider the classical case. Let $X, Y$ be projective varieties over $\mathbb{C}$ and denote the corresponding complex analytic spaces by $X^{an}, Y^{an}$.

***Theorem* 1.1 (GAGA principle, [18, Prop. 15, Thm. 1-3])**
*Every analytic map, $X^{an} \to Y^{an}$, is algebraic. Furthermore, every coherent analytic sheaf over $X^{an}$ is algebraic, every analytic morphism between such sheaves is algebraic, and the analytic cohomology groups correspond to the algebraic ones.*

Given a complex curve, $X$, the GAGA principle can be used to show that every finite group is the Galois group of a branched cover of $X$. In particular, one can prove the Riemann Existence Theorem by constructing an analytic cover, $Y \to X$, from given inertia data and patching data. Since the sheaf of holomorphic functions on $Y$ comes from a sheaf over $\mathcal{O}_X$, one can use GAGA to show that the cover is in fact algebraic. The next result generalizes this principle to formal schemes.

***Notation* 1.2.** — Let $G$ be a finite group. Let $R$ be a complete discrete valuation ring, with maximal ideal $m$, residue field $k = R/m$, and fraction field $K = \mathrm{Frac}(R)$. If $X$ is a scheme over $R$, assume that $X$ is flat and of finite type over $R$. Let $X_k$ denote the special fibre and $X_K$ the generic fibre of $X$. A scheme $X$ is a *curve* over $R$ if it is of relative dimension 1 over $R$.

A finite morphism, $f : Y \to X$, where $X$ is an integral scheme, is a (possibly branched) *cover* if $Y$ is generically separable over $X$. A *G-Galois cover* is a cover, $f : Y \to X$, together with a group homomorphism, $G \to \mathrm{Aut}_X(Y)$, such that $G$ acts simply transitively on a generic geometric fibre (again allowing branching). If $f : Y \to X$ is a $G$-Galois cover and $G \subset G'$, define the *induced cover*, $\mathrm{Ind}_G^{G'}(Y) \to X$, to be the disconnected $G'$-Galois cover consisting of $(G' : G)$ copies of $Y$ indexed by the left cosets of $G$ with the induced action of $G'$.

Denote the formal completion of $X$ along $X_k$ by $\hat{X}$. If $F$ is a coherent sheaf on $X$, let $\hat{F}$ be its formal completion which is a formal coherent sheaf on $\hat{X}$.

***Theorem* 1.3 (Grothendieck's Existence Theorem,** [**4**, Thm 5.1.6])
*Let $X$ be a proper scheme over a complete discrete valuation ring, $R$. There is an equivalence of categories from the category of coherent sheaves on $X$ to the category of formal coherent sheaves on $\hat{X}$, taking $F \mapsto \hat{F}$.*

The following corollary of Grothendieck's Existence Theorem will be useful in patching covers as in the proof of Riemann's Existence Theorem. Let $X$ be a connected scheme over $R$. Suppose $U_k$, $V_k$ are Zariski open connected subsets of $X_k$ such that $X_k = U_k \cup V_k$. If $U_k = X_k - D_k$ then there exists a closed subscheme $D \subset X$ whose closed fibre is $D_k$. Thus there exist open subsets $U, V \subset X$ whose closed fibres are $U_k, V_k$ respectively. Let $\hat{U}$ and $\hat{V}$ be the formal completions of $U$ and $V$ along their closed fibres. For a scheme $S$, let $\mathcal{M}(S)$ denote the category of coherent $\mathcal{O}_S$-modules, and let $\mathcal{G}\mathcal{A}(S)$ denote the category of coherent $\mathcal{O}_S$-algebras which are $G$-Galois.

***Corollary* 1.4.** — *Let $X$ be a proper scheme over a complete discrete valuation ring, $R$. The functor*

$$\mathscr{M}(X) \xrightarrow{\sim} \mathscr{M}(\hat{U}) \times_{\mathscr{M}(\hat{U} \times_X \hat{V})} \mathscr{M}(\hat{V})$$

*is an equivalence of categories, as is the corresponding functor for $\mathscr{G}\mathscr{A}$.*

*Proof.* — Given a pair of coherent modules over $\hat{U}$ and $\hat{V}$, along with an isomorphism between their pullbacks to $\hat{U} \times_X \hat{V}$, one finds a coherent sheaf of modules over $\hat{X}$ by gluing in the Zariski topology on formal schemes. By Grothendieck's Existence Theorem, this yields a unique coherent sheaf of modules over $X$. The equivalence between the categories of sheaves of modules and algebras allows one to extend this result to the category of $G$-Galois algebras ([**7**] Cor. to Prop. 3). □

Another application of Grothendieck's Existence Theorem to fundamental groups is the following "Van Kampen" theorem which is written for the formal topology without the choice of a base point.

***Definition* 1.5.** — Given homomorphisms of profinite groups $\psi_1 : A \to G_1$ and $\psi_2 : A \to G_2$, define the *amalgamated product*, $G_1 *_A G_2$, to be the quotient of the free product of $G_1$ and $G_2$ (as profinite groups) by the closure of the normal subgroup generated by $\psi_1(a)\psi_2(a)^{-1}$ for all $a \in A$.

***Theorem* 1.6.** — *There is an isomorphism $\pi_1(\hat{U}) *_{\pi_1(\hat{U} \times_X \hat{V})} \pi_1(\hat{V}) \xrightarrow{\sim} \pi_1(X)$.*

*Proof.* — The existence of the map follows from the universal property of the amalgamated product. Note that a $G$-Galois cover, $U' \to \hat{U}$, corresponds to an $\mathscr{O}_{\hat{U}}$-algebra with an action of $G$. Thus covers, $U' \to \hat{U}$ and $V' \to \hat{V}$, along with an isomorphism between their pullbacks to $\hat{U} \times_X \hat{V}$, determine a coherent sheaf of $G$-algebras over $\hat{X}$. By Corollary 1.4, this is given by a unique coherent sheaf of $G$-algebras over $X$. This, in turn, determines a $G$-Galois cover of $X$. Thus there is a bijection between the finite quotients of the two fundamental groups. The fact that this bijection is compatible with the inverse system of covers proves that the map between fundamental groups is an isomorphism. □

***Remark* 1.7.** — The bijection between finite quotients of fundamental groups in Theorem 1.6 will be used in Section 2 in the following way. Let $G$ be a finite group generated by subgroups $H_1$ and $H_2$. Suppose there exists an $H_1$-Galois cover $U'' \to \hat{U}$ and an $H_2$-Galois cover $V'' \to \hat{V}$. Consider the induced $G$-Galois covers $U' = \mathrm{Ind}_{H_1}^G(U'') \to \hat{U}$ and $V' = \mathrm{Ind}_{H_2}^G(V'') \to \hat{V}$ and suppose that there is an isomorphism between the pullbacks of these covers to $\hat{U} \times_X \hat{V}$.

Then by Theorem 1.6, the given information yields a $G$-Galois cover, $X' \to X$. Furthermore, if $U''$ and $V''$ are connected then so is $X'$.

There are also rigid versions of the above results. See **[16]** (3.1) for the connection between the formal and rigid viewpoints. In particular, the following rigid analogue of GAGA can be used to show that covers of rigid analytic spaces are algebraic. If $F$ is a coherent sheaf on $X_K$, let $F^{an}$ be the associated rigid coherent sheaf on the associated rigid analytic space, $X_K^{an}$ **[21]**.

***Theorem* 1.8 (Rigid GAGA, [10]).** — *Let $X$ be a proper scheme over a field $K$, which is complete with respect to a non-archimedean valuation. There is an equivalence of categories from the category of coherent sheaves on $X_K$ to the category of coherent analytic sheaves on $X_K^{an}$, taking $F \mapsto F^{an}$.*

## 2. Mock Covers and Covers of a $p$-adic Curve

This section contains the proof that every finite group is the Galois group of an irreducible branched cover of a given curve, $X$, over a complete discrete valuation ring, $R$. The plan is to deform reducible (mock) covers of a curve defined over $k$ to irreducible covers over $R$, by patching together local deformations with Grothendieck's Existence Theorem. As a corollary, one can prove that $G$ is the Galois group of a branched cover of $X_K$. By taking $R = \mathbb{Z}_p$ or $R = k[[x]]$, one finds covers of $X$ defined over $K = \mathbb{Q}_p$ or $K = k((x))$ respectively.

***Definition* 2.1.** — Let $X$ be an irreducible scheme. A finite cover, $f : Y \to X$, is *mock* if the restriction of $f$ to each irreducible component of $Y$ is an isomorphism onto $X$.

***Theorem* 2.2.** — *Let $G$ be a finite group. Let $R$ be a complete discrete valuation ring. Then there exists an irreducible branched $G$-Galois cover, $\varphi : Y \to X_R$, such that the closed fibre is a mock cover.*

*Proof* ([**6**, Thm 2.3]). — The first step is to prove the theorem in the case that $G$ is a cyclic group of order $q = p^n$. Choosing a map $X \to \mathbb{P}^1$ and taking fibre products reduces to the case that $X = \mathbb{P}^1_R$. If $k$ contains a primitive $q$th root of unity, this case is straight forward using Kummer theory. For example, if $R = k[[t]]$, the cover given by $y^q = x^{q-1}(x - t)$ over $\mathrm{Spec}(R)$ satisfies the requirements. If $\mu_q \not\subset k$, then one constructs a cover over $K(\zeta_q)$ given by $y^q = f(x)$ which can descend to a $q$-cyclic Galois cover of $K$ as in **[17]**. If $p$=char$(K)$, one may instead use Witt–Artin–Schreier theory.

For the general case, one can assume by induction that $G$ is generated by two elements, $g_i \in G$ whose orders, $q_i$, are prime powers ($i = 1, 2$). Let $H_i = \langle g_i \rangle$. One can construct $H_i$-Galois covers of $X$ as described above such that the branch loci, $B_i \subset X_R$, are disjoint. Inducing these covers from $H_i$ to $G$, one finds disconnected $G$-Galois covers, $Y_i \to X_R$ ($i = 1, 2$). Let $U_k = X_k - B_1$, $V_k = X_k - B_2$, and $W_k = U_k \cap V_k$.

The closed fibre of each of the covers, $Y_i \to X_R$, is mock so the covers $Y_{i,k}$ are both trivial over $W_k$ and thus isomorphic. Let $U, V, W \subset X$ be open subsets whose closed fibres are $U_k, V_k, W_k$ respectively. Since the deformation of any étale cover is unique, the restrictions of the covers $Y_i$ to $\hat{U}$ and $\hat{V}$ must be isomorphic over $\hat{W}$. As in Theorem 1.6, the covers $Y_i$ yield a coherent formal sheaf of $G$-algebras over the formal completion of $X_R$. By Grothendieck's Existence Theorem, this sheaf is induced by a unique coherent sheaf of $G$-algebras on $X_R$. Let $\varphi : Y \to X_R$ be the cover determined by this sheaf.

Since the $g_i$ generate $G$, the closed fibre $Y_k$ is connected. The curve $Y$ is connected since $Y_k$ is connected and $X_R$ is proper over $R$. Finally, $Y$ is irreducible because each $Y_i$ is locally irreducible over $B_i$ by construction. □

***Remark* 2.3.** — Note that all covers of $X_R$ constructed by means of this theorem are reducible on the closed fibre and so have bad reduction. In fact, a given branched cover, $Y_K \to X_K$, has an unramified rational point if and only if there exists a model for the cover over $R$ whose closed fibre is mock.

***Corollary* 2.4.** — *Let $G$ be a finite group. Let $K$ be the fraction field of a complete discrete valuation ring. Then there exists an irreducible branched $G$-Galois cover, $Y \to X_K$.*

*Proof.* — **[6]** (Cor 2.6). The result follows immediately by considering the generic fibre of the cover of $X_R$ which was constructed in Theorem 2.2. It is also possible to prove this result directly using rigid patching **[12]**. One begins as in the proof of Theorem 2.2 by constructing $q$-cyclic covers of $X_K$ with an unramified rational point. By induction it is sufficient to prove the corollary is true for $G$ assuming it is true for subgroups $H_1$ and $H_2$ which generate $G$. The given $H_i$-Galois covers induce $G$-Galois covers of rigid analytic disks which are trivial over the overlap. Using gluing of rigid analytic spaces **[2]**, one finds an irreducible branched $G$-Galois cover of $X_K$. Finally, the rigid analogue of the GAGA principle proves that this cover is algebraic. See also **[13]** for more details. □

This shows the existence of $G$-Galois covers of $X_K$ for fields $K$ such as $\mathbb{Q}_p$ or $k((x))$, although it does not give much control over the branch locus. (See

[14] and [11] for generalizations of these theorems). Similarly, the following corollary is weaker than Abhyankar's Conjecture since it involves an unspecified branch locus. However, it follows directly from Theorem 2.2.

***Corollary* 2.5.** — *Let $G$ be a finite group. Let $k$ be an algebraically closed field (or large field* **[15]***). Then there exists an irreducible branched $G$-Galois cover, $Y \to X_k$.*

*Proof.* — Taking $R = k[[t]]$, there exists an irreducible $G$-Galois cover, $Y \to X_R$, by Theorem 2.2. This cover descends to a flat family of covers of $X_V$ parametrized by an algebraic variety, $V$, of finite type over $k$. The locus of points of $V$ for which the fibre is degenerate is Zariski closed. Since $k$ is algebraically closed (or large), there exists a $k$-point, $v \in V$, which is not in this set. The fibre over this point gives the desired cover, $Y_v \to X_k$. □

One can see that it is straightforward to get results about Galois branched covers of $X$ using Grothendieck's Existence Theorem. The disadvantage, however, is that the covers must be isomorphic over Zariski open neighborhoods; in this case, the covers were mock on the closed fibre and so were trivial over a Zariski open. On the other hand, there are a wealth of examples of non-trivial irreducible Galois covers constructed through methods such as **[20]**. The techniques of the next section will generalize the above mock cover construction to enable one to modify non-trivial covers in order to find others with different Galois group or inertia group.

## 3. Stronger Patching Results

The goal of this section is to prove a stronger patching theorem which generalizes Corollary 1.4 and Grothendieck's Existence Theorem for curves and extends patching results found in **[7]**, **[9]**. (The main improvement of this theorem is that one can drop the hypothesis that the modules are projective and that there is more flexibility with the choice of ring $R$. This result was known to several people but has not yet appeared in print). It is first necessary to prove a variant of a result of **[3]** and **[1]** which will apply in the case that $X$ is a proper curve over an Artin local ring.

***Notation* 3.1.** — Let $X$ be a curve, i.e. a noetherian, 1-dimensional scheme. Let $Z \subset X$ be a finite set of closed points. Let $U = X - Z$. For simplicity, assume $U$ is affine (in fact, $U$ is automatically quasi-compact which is sufficient). If $\xi$ is a closed point of $X$, let $\hat{\mathcal{O}}_\xi$ be the complete local ring of functions of $X$ at $\xi$. Let $X_\xi = \mathrm{Spec}(\hat{\mathcal{O}}_\xi)$. Let $K_\xi$ be the total ring of fractions of $\hat{\mathcal{O}}_\xi$.

Now let $X' = \coprod_{\xi \in Z} X_\xi$ and $U' = \coprod_{\xi \in Z} \mathrm{Spec}(K_\xi)$. Note $U' = U \times_X X'$. Let $i : X' \to X$ and $i' : U' \to U$ be the natural inclusions. For a scheme $S$, let $\mathcal{M}(S)$ denote the category of coherent $\mathcal{O}_S$-modules and let $\mathcal{GA}(S)$ denote the category of coherent $\mathcal{O}_S$-algebras which are $G$-Galois.

***Theorem* 3.2.** — *With the notation of 3.1, the following functor is an equivalence of categories:*

$$\mathcal{M}(X) \tilde{\to} \mathcal{M}(U) \times_{\mathcal{M}(U')} \mathcal{M}(X').$$

*Proof.* — If $X$ is affine, the equivalence of categories is a special case of **[3]** (Prop. 4.2) or **[1]** (Thm. 2.6). (In particular, **[3]** states that

$$\mathcal{M}(X) \tilde{\to} \mathcal{M}(U) \times_{\mathcal{M}(U' \amalg U)} \mathcal{M}(X' \amalg U)$$

is an equivalence of categories, from which the result follows for $X$ affine).

Now for the general case, consider a triple $(F_{X'}, F_U, u)$ where $F_{X'} \in \mathcal{M}(X')$ and $F_U \in \mathcal{M}(U)$ and $u : i'^* F_U \to F_{X'}|_{U'}$ is an isomorphism of coherent $\mathcal{O}_{U'}$-modules. It is necessary to show that there exists a coherent $\mathcal{O}_X$-module, $F_X \in \mathcal{M}(X)$, unique up to isomorphism, such that $F_X|_U \simeq F_U$ and $i^* F_X \simeq F_{X'}$, compatibly with the isomorphism $u$. To do so, choose an open affine subset $V \subset X$ such that $U \cup V = X$. (For example, $V = X - S$ where $S \subset U$ is a finite set of closed points, with at least one point from each component of $X$). Consider $F_{U \cap V} = F_U|_{U \cap V}$ and the isomorphism $u' : i'^* F_{U \cap V} \to F_{X'}|_{U'}$ of coherent $\mathcal{O}_{U'}$-modules induced from $u$. Using the result for the affine case, the functor

$$\mathcal{M}(V) \tilde{\to} \mathcal{M}(U \cap V) \times_{\mathcal{M}(U')} \mathcal{M}(X')$$

is an equivalence of categories. It follows that the data $(F_{X'}, F_{U \cap V}, u')$ yields a coherent module, $F_V \subset \mathcal{M}(V)$, unique up to isomorphism. Furthermore, $F_V|_{U \cap V} \simeq F_{U \cap V} \simeq F_U|_{U \cap V}$ and $i^* F_V \simeq F_{X'}$ compatibly with $u'$. Since $U, V$ are Zariski open subsets of $X$ with $U \cup V = X$, there exists a coherent module $F_X \in \mathcal{M}(X)$ which is unique up to isomorphism and is compatible with $F_U$, $F_{X'}$, and $u$ as required. Notice that this theorem applies in the case that $X$ is a proper curve over an Artin local ring. □

***Notation* 3.3.** — Let $X$ be a proper curve over a complete discrete valuation ring, $R$, which has uniformizer $\pi$. As in 3.1, let $Z \subset X$ be a finite set of closed points and let $U_k = X_k - Z$. Let $X' = \coprod_{\xi \in Z} \mathrm{Spec}(\hat{\mathcal{O}}_{X,\xi})$. Choose $U \subset X$ open such that the closed fibre of $U$ is $U_k$. Let $U' = U \times_X X'$. Let $\hat{U}$, $\hat{U}'$, $\hat{X}'$ be the formal completions of $U$, $U'$, $X'$ along their closed fibres (note that these do not depend on the choice of $U$). One can think of $\hat{U}'$ as the overlap of $\hat{X}'$ and

$\hat{U}$; in particular, note that $\hat{U}'_k = \hat{X}'_k - Z$. If $S$ is a scheme over $R$ and $n \geqslant 1$ is an integer, let $S_n$ be the reduction of $S$ modulo $\pi^n$. Note that $\hat{S}_n = S_n$.

***Theorem* 3.4.** — *With the above notation, the functor*

$$\mathscr{M}(X) \xrightarrow{\sim} \mathscr{M}(\hat{U}) \times_{\mathscr{M}(\hat{U}')} \mathscr{M}(\hat{X}')$$

*is an equivalence of categories, as is the corresponding functor for* $\mathscr{G}\mathscr{A}$.

*Proof.* — Since $X_n$ is a proper curve over the Artin local ring, $R/\pi^n$, for all $n \geqslant 1$, it follows from Theorem 3.2 that:

$$\mathscr{M}(X_n) \xrightarrow{\sim} \mathscr{M}(U_n) \times_{\mathscr{M}(U'_n)} \mathscr{M}(X'_n)$$

is an equivalence of categories. The inverse system of these is compatible since the constructions in Theorem 3.2 are unique up to isomorphism. Taking the inverse limit shows that:

$$\mathscr{M}(\hat{X}) \xrightarrow{\sim} \mathscr{M}(\hat{U}) \times_{\mathscr{M}(\hat{U}')} \mathscr{M}(\hat{X}').$$

By Grothendieck's Existence Theorem, there is an equivalence, $\mathscr{M}(X) \xrightarrow{\sim} \mathscr{M}(\hat{X})$, which proves the first statement of the theorem. The result for $\mathscr{G}\mathscr{A}(X)$ follows from the equivalence of categories between coherent modules and algebras as in Corollary 1.4. □

The next section includes more refined theorems about fundamental groups of curves. Recall that Theorem 3.4 will be applicable in this situation since a $G$-Galois cover of a curve, $X$, corresponds to a coherent sheaf of $G$-Galois $\mathscr{O}_X$-algebras in $\mathscr{G}\mathscr{A}(X)$. The general strategy will be to modify pre-existing covers by patching covers of curves which are isomorphic only over the fraction field of a complete local ring.

## 4. Applications

One of the most significant applications of formal and rigid patching is the proof of Abhyankar's Conjecture ([**8**], [**16**]) which is discussed in this volume by Saïdi and Chambert-Loir. The first application here is to the problem of enlarging inertia groups. The choice of a base point will be dropped from the notation of fundamental groups. In this section, let $k$ be an algebraically closed field of characteristic $p > 0$. If $\xi$ is a closed point of $X_k$, let $\hat{\mathscr{O}}_\xi$ be the complete local ring of functions of $X_k$ at $\xi$. Let $X_\xi = \operatorname{Spec}(\hat{\mathscr{O}}_\xi)$. Let $K_\xi = \operatorname{Frac}(\hat{\mathscr{O}}_\xi)$.

***Theorem* 4.1.** — *Let $G$ be a finite quotient of $\pi_1(\mathbb{P}^1_k - \{\xi\})$. Then there exists an irreducible regular $G$-Galois cover of $\mathbb{P}^1_k$ branched only over $\xi$, whose inertia groups are the Sylow-$p$ subgroups of $G$.*

*Proof.* — [7] (Thm 2). (The full result is much stronger; also see [9]). By hypothesis, there exists an irreducible, regular $G$-Galois cover, $f_0 : Y_0 \to \mathbb{P}^1_k$. Its inertia group at a point $\eta_0 \in f_0^{-1}(\xi)$ is of the form $I = P \rtimes C_m$ with $(m,p) = 1$ and $P$ a $p$-group [19], chapter IV. Consider a $C_m$-cyclic cover, $g : \mathbb{P}^1_k \to \mathbb{P}^1_k$, such that $g$ is totally ramified over $\xi, \xi'$ and $g(\xi) = \xi$. The normalization of the pullback of the cover, $f_0$, by $g$ is a cover, $f : Y_k \to \mathbb{P}^1_k$. The curve, $Y_k$, is irreducible since $g$ and $f_0$ are linearly disjoint. By Abhyankar's Lemma, the cover, $f : Y_k \to \mathbb{P}^1_k$, is étale over $U_k = \mathbb{P}^1_k - \{\xi\}$ and the inertia group at a point $\eta \in f^{-1}(\xi)$ is of the form $I = P$. Let $S$ be a Sylow-$p$ subgroup containing $P$.

Consider the induced disconnected $S$-Galois cover,

$$f_\xi : Y_\xi = \mathrm{Spec}(\mathrm{Ind}_P^S(\hat{\mathscr{O}}_{Y_k,\eta})) \to X_\xi.$$

To apply Theorem 3.4, let $R = k[[t]]$, $X = \mathbb{P}^1_R$, $X' = X_\xi \times_k R$, $U = U_k \times_k R$, and $U' = U \times_X X'$. There exists a deformation of this cover to an irreducible $S$-Galois cover, $f'_\xi : Y'_\xi \to X'$. One proof of this is as follows: $f_\xi$ determines a point, $\mu$, in the fine moduli space, $\mathscr{M}^{\mathrm{loc}}$, of $S$-Galois covers of $\mathrm{Spec}(K_\xi)$ [5]; a morphism of $\mathrm{Spec}(R)$ into $\mathscr{M}^{\mathrm{loc}}$ which maps the point $(t = 0)$ to $\mu$ and maps the generic point to an irreducible cover determines $f'_\xi$. There also exists a trivial deformation, $f_U : Y_U \to U$, of the restriction of $f_k$ over $U_k$. Since this trivial deformation is unique, the pullbacks of the covers $f'_\xi$ and $f_U$ must be isomorphic over $U'$. Thus these covers can be patched together using Theorem 3.4 to yield an irreducible regular $G$-Galois cover of $X_R$. This cover descends to a flat family of covers of $\mathbb{P}^1_V$ parametrized by an algebraic variety, $V$, of finite type over $k$. Since $k$ is algebraically closed, one can specialize this cover to the fibre over an appropriate $k$-point of $V$ to find the desired cover whose inertia groups are the conjugates of $S$. □

***Question* 4.2.** — What are the possible inertia groups for a $G$-Galois branched cover of a curve, $X_k \not\simeq \mathbb{P}^1_k$, with given group $G$ and branch locus?

The following stronger theorem is an important step in the proof of the Abhyankar Conjecture and can be proven using Theorem 3.4 (where $X$ is chosen so that the generic fibre is a projective line and the special fibre consists of two projective lines intersecting transversally).

***Theorem* 4.3** ([16, Thm. 2.2.3]). — *Let $G$ be a finite group and le $Q$ be a $p$-subgroup of $G$. Let $G_1$ and $G_2$ be subgroups of $G$ and suppose that $G = \langle G_1, G_2, Q\rangle$. For $i = 1, 2$, let $Q_i$ be a subgroup of $G_i \cap Q$ and suppose that there exists a connected étale $G_i$-Galois cover of $\mathbb{P}^1_k - \{\infty\}$ such that $Q_i$ is one of the inertia groups above $\infty$. Then there exists a connected étale $G$-Galois cover of $\mathbb{P}^1_k - \{\infty\}$ such that $Q$ is one of the inertia groups above $\infty$.*

***Example* 4.4.** — Let $G$ be the group $\mathrm{SL}_2(\mathbb{F}_q)$. Assume $p|(q-1)$ if $p$ is odd and $p^2|(q-1)$ if $p=2$. Consider a Borel subgroup $B = T \ltimes U$ of $G$ where $U$ is a radical unipotent group invariant under the action of a maximal torus, $T$. Let $Q$ be a Sylow-$p$ subgroup of $T$. By the assumption on $p$, $Q \ltimes U$ is a quasi-$p$ group. Since $Q \ltimes U$ is solvable, it is a quotient of $\pi_1(\mathbb{P}^1_k - \{\infty\})$ **[20]**. By Theorem 4.1, there exists a connected étale $Q \ltimes U$-Galois cover of $\mathbb{P}^1_k - \{\infty\}$ with inertia $Q$ above $\infty$. Choose two opposite unipotents, $U^+$ and $U^-$ and let $G_1 = Q \ltimes U^+$ and $G_2 = Q \ltimes U^-$. Since $G$ is generated by $G_1$ and $G_2$, one can apply Theorem 4.3 to show that there exists a connected étale $G$-Galois cover of $\mathbb{P}^1_k - \{\infty\}$ whose inertia group over $\infty$ is $Q$.

## References

[1] M. Artin – Algebraization of formal moduli: II. Existence of modifications, *Ann. of Math.* **91** (1970), p. 88–135.

[2] S. Bosch, U. Güntzer & R. Remmert – *Non-archimedean analysis*, Grundlehren der Mathematischen Wissenschaften, vol. 261, Springer-Verlag, 1984.

[3] D. Ferrand & M. Raynaud – Fibres formelles d'un anneau local noethérien, *Ann. Sci. École Norm. Sup.* **3** (1970), p. 295–311.

[4] A. Grothendieck & J. Dieudonné – Éléments de géométrie algébrique, $\mathrm{III}_1$, *Publ. Math. Inst. Hautes Études Sci.* **11** (1961).

[5] D. Harbater – Moduli of $p$-covers of curves, *Comm. Algebra* **8** (1980), p. 1095–1122.

[6] ———, Galois coverings of the arithmetic line, *Number Theory -New York 1984-85*, Lect. Notes Math., no. 1240, Springer-Verlag, 1987, p. 165–195.

[7] ———, Formal patching and adding branch points, *Amer. J. Math.* **115** (1993), no. 3, p. 487–508.

[8] ———, Abhyankar's conjecture on Galois groups over curves, *Invent. Math.* **117** (1994), p. 1–25.

[9] D. Harbater & K. F. Stevenson – Patching problems, *J. Algebra* **212** (1999), p. 272–304.

[10] R. Kiehl – Der Endlichkeitssatz für eigentliche Abbildungen in der nichtarchimedischen Funktionentheorie, *Invent. Math.* **2** (1967), p. 191–214.

[11] T. Lefcourt – Mock covers and Galois theory over complete domains, Ph.D. Thesis, 1996.

[12] Q. Liu – Tout groupe fini est un groupe de Galois sur $\mathbb{Q}_p(T)$, d'après Harbater, *Recent developments in the inverse Galois problem* (U. Wasington Seattle, 1993) (M. Fried, ed.), Contemp. Math., no. 186, Amer. Math. Soc., 1995, p. 261–266.

[13] B. H. Matzat & G. Malle – *Inverse Galois theory*, Springer-Verlag, 1999.

[14] F. Pop – $\frac{1}{2}$ Riemann existence theorem with Galois action, *Algebra and Number Theory* (Essen 1992), 1994, p. 193–218.

[15] ———, Embedding problems over large fields, *Ann. of Math.* **144** (1996), p. 1–34.

[16] M. Raynaud – Revêtements de la droite affine en caractéristique $p > 0$ et conjecture d'Abhyankar, *Invent. Math.* **116** (1994), p. 425–462.

[17] D. Saltman – Generic Galois extensions and problems in field theory, *Adv. in Math.* **43** (1982), p. 250–283.

[18] J.-P. Serre – Géométrie algébrique et géométrie analytique, *Ann. Inst. Fourier (Grenoble)* **6** (1956), p. 1–42.

[19] ———, *Corps locaux*, Hermann, 1962.

[20] ———, Construction de revêtements étales de la droite affine en caractéristique $p$, *C. R. Acad. Sci. Paris Sér. I Math.* **311** (1990), p. 341–346.

[21] J. T. Tate – Rigid analytic spaces, *Invent. Math.* **12** (1971), p. 257–289.

Rachel J. Pries, University of Pennsylvania, David Rittenhouse Lab, 209 S. 33rd St., Philadelphia, PA, 19103, USA • *E-mail :* rpries@math.upenn.edu

*Courbes semi-stables et groupe fondamental en géométrie algébrique*
(J.-B. Bost, F. Loeser, M. Raynaud, éd.), p. 169–184
Progress in Mathematics, Vol. 187, © 2000 Birkhäuser Verlag Basel/Switzerland

# 11

# LE THÉORÈME DE SPÉCIALISATION DU GROUPE FONDAMENTAL

Fabrice Orgogozo & Isabelle Vidal

## PARTIE I
## LE CAS PROPRE

### 1. La flèche de spécialisation

Dans cette partie, $X$ désignera une courbe propre et lisse sur un trait [(1)] $S = \operatorname{Spec} R$, où $R$ est un anneau de valuation discrète complet, de corps des fractions $K$ et de corps résiduel $k$ algébriquement clos, de caractéristique $p$. Notons $\eta$ le point générique de $S$, et $s$ son point fermé ; on suppose en outre $X_s$ connexe. Notre but étant d'obtenir des résultats sur le $\pi_1$ des courbes en caractéristique $p > 0$, ces hypothèses se justifient car toute courbe projective et lisse sur un corps algébriquement clos de caractéristique $p$, est la fibre spéciale d'un schéma propre et lisse sur l'anneau des vecteurs de Witt $W(k)$. On a en effet le résultat suivant :

***Théorème* 1.1.** — *Soit $A$ un anneau local noethérien complet de corps résiduel $k$. Si $X_0$ est un schéma projectif et lisse sur $k$ tel que*

$$\mathrm{H}^2(X_0, \mathscr{O}_{X_0}) = \mathrm{H}^2(X_0, \Omega^{\vee}_{X_0/k}) = 0,$$

*alors il existe un $A$-schéma projectif et lisse $X$ tel que $X \otimes_A k \simeq X_0$.*

---

(1) On appelle *trait* le spectre d'un anneau de valuation discrète.

*Démonstration.* — Voir SGA 1, III, 7.3 [**4**]. □

Commençons par montrer que, sous les hypothèses du premier paragraphe, $X$ est connexe.

***Lemme* 1.2.** — *Soit $f : X \to S$ un morphisme propre vers un trait. Alors tout ouvert $U$ contenant la fibre spéciale est $X$ tout entier.*

*Démonstration.* — C'est trivial car l'application $f$ est fermée. □

***Corollaire* 1.3.** — *Sous les hypothèses précédentes, $X$ est connexe.*

*Démonstration.* — Soit $U$ un ouvert-fermé non vide de $X$. On peut supposer qu'il rencontre $X_s$, qui est connexe, donc qu'il la contient. D'où $U = X$. □

***Remarque* 1.4.** — $X_\eta$ est non vide car $X$ se surjecte sur $S$ (par lissité), puisque l'image contient le point fermé.

***Théorème* 1.5.** — *Sous les hypothèses précédentes, l'homomorphisme canonique $\pi_1(X_s) \to \pi_1(X)$ est un isomorphisme.*

*Démonstration.* — Pour établir la surjectivité, il s'agit de montrer que pour tout revêtement étale connexe $Y \to X$, $Y_s = Y \times_X X_s$ est connexe. On peut factoriser (EGA III, 4.3.1, [**2**]) le morphisme $Y \xrightarrow{f} S$ en $Y \xrightarrow{g} Y' \xrightarrow{f'} S$, avec $Y' = \mathbf{Spec}\, f_*(\mathscr{O}_Y)$ fini (théorème de finitude), propre sur $S$ et $g$ à fibres non vides, géométriquement connexes. L'anneau $R$ étant hensélien, on a $Y' = \amalg_{i=1}^n Y_i'$, où les $Y_i'$ sont des spectres d'algèbres locales finies sur $R$ ; mais comme $Y'$ est l'image continue d'un connexe, $n = 1$. Puisque la factorisation de Stein donne une bijection entre les composantes connexes de $Y_s$ et celles de la fibre $Y_s'$ qui est connexe par ce qui précède, $Y_s$ est aussi connexe.

L'injectivité est plus délicate. On part d'un revêtement étale connexe $\bar{Y} \to \bar{X}$ et on cherche à montrer qu'il provient d'un revêtement étale sur $X$ i.e. qu'il existe $Y \to X$ fini étale tel que $\bar{Y} \simeq Y \otimes_R k$. Notant $(\pi)$ l'idéal maximal de $R$, posons $X_n = X \times_R R/\pi^{n+1}$ pour tout $n \geqslant 0$. On sait (EGA IV, 18.1.2, [**2**]) que le foncteur $Z_n \rightsquigarrow \bar{Z} = Z_n \times_{X_n} \bar{X}$ est une équivalence de catégories entre les $X_n$-schémas étales et les $\bar{X}$-schémas étales. Pour tout $n$, il existe donc $Y_n$ étale sur $X_n$ de réduction $\bar{Y}$ modulo $\pi$. De plus, $Y_n$ est fini sur $X_n$ car il est propre et quasi-fini (cette dernière propriété est topologique donc se lit sur la fibre spéciale). Notons $\mathscr{M}_n$ la $\mathscr{O}_{X_n}$-algèbre cohérente telle que $Y_n = \mathbf{Spec}\, \mathscr{M}_n$. La pleine fidélité dans l'équivalence de catégories nous donne de plus des isomorphismes $Y_{n+1} \times_{X_{n+1}} X_n \simeq Y_n$ et des relations analogues en termes d'$\mathscr{O}_{X_n}$-algèbres cohérentes. On obtient ainsi un système projectif qui définit un faisceau cohérent formel $\widehat{\mathscr{M}}$ sur le complété formel $\hat{X}$ de $X$ le long de la fibre fermée. Comme $X$ est propre sur $R$ local noethérien, on a (1.6) une équivalence de catégories entre les $\mathscr{O}_X$-modules cohérents et les $\mathscr{O}_{\hat{X}}$-modules formels cohérents. En particulier, $\widehat{\mathscr{M}}$ est *algébrisable*, i.e. il existe un $\mathscr{O}_X$-module cohérent $\mathscr{M}$ tel que $\mathscr{M} \otimes_{\mathscr{O}_X} \mathscr{O}_{X_n} \simeq \mathscr{M}_n$ pour tout $n \geqslant 0$. Ce $\mathscr{O}_X$-module est en fait muni d'une structure d'$\mathscr{O}_X$-algèbre, vérifiant $\mathscr{M} \otimes_{\mathscr{O}_X} \mathscr{O}_{X_0} \simeq \mathscr{M}_0$ (en tant qu'$\mathscr{O}_{X_0}$-algèbres). Reste à montrer que $Y = \mathbf{Spec}\,\mathscr{M}$, qui est bien fini sur $X$, est aussi étale. Grâce au (1.2), il nous suffit de le vérifier au-dessus de $X_s$, le lieu étale étant ouvert. Comme la netteté se lit sur les fibres, et comme $Y_s \simeq \bar{Y}$ est étale sur $\bar{X} = X_s$, $Y$ est bien net au-dessus de $X_s$. D'autre part, la platitude résulte du théorème (1.6). □

***Théorème* 1.6 (d'algébrisation).** — *Soit $R$ un anneau local noethérien, d'idéal maximal $s$. On pose $Y = \mathrm{Spec}(R)$. On considère également un morphisme propre $f : X \to Y$ ; on désigne par $\widehat{Y}$ (resp. $\widehat{X}$) le complété formel de $Y$ (resp. de $X$) le long de $Y_s$ (resp. $X_s$), et on note $\hat{f} : \hat{X} \to \hat{Y}$ le prolongement de $f$ aux complétés. Le foncteur $\widehat{}$ : $\mathscr{M} \mapsto \widehat{\mathscr{M}}$ est une équivalence de la catégorie des $\mathscr{O}_X$-modules cohérents dans celle des $\mathscr{O}_{\hat{X}}$-modules cohérents. De plus, $\mathscr{M}$ est un $\mathscr{O}_X$-module localement libre sur $X_s$ ssi $\mathscr{M}_n$ est un $\mathscr{O}_{X_n}$-module localement libre pour tout $n$.*

*Démonstration.* — Voir EGA III, 5.1.4 ([**2**]). □

***Proposition* 1.7.** — *Sous les hypothèses précédentes, l'homomorphisme canonique $\pi_1(X_{\bar{\eta}}) \to \pi_1(X)$ est surjectif.*

On veut montrer que si $Y \to X$ est un revêtement étale connexe, il en est de même de $Y_{\bar{\eta}} \to X_{\bar{\eta}}$. Écrivons $\bar{\eta}$ comme limite inductive de ses sous-extensions finies $\eta'$ sur $\eta$ ; par suite, $Y_{\bar{\eta}} = \varprojlim Y_{\eta'}$. Si $Y_{\bar{\eta}}$ n'est pas connexe, ce schéma contient un idempotent non trivial, et il en est de même de $Y_{\eta'}$ pour une extension $\eta'$ suffisamment grande. Il suffit donc de montrer que $Y_{\eta'}$ est connexe pour toute extension finie $\eta'/\eta$. Notons $R'$ le normalisé de $R$ dans $\eta'$ : $Y_{\eta'}$ est la fibre générique de $Y_{R'} = Y \times_R R'$. Or ce dernier schéma, qui est propre au-dessus de l'anneau $R'$, a une fibre spéciale connexe isomorphe à $Y_s$ ; d'après (1.3) il est donc connexe. Étant normal, il est même irréductible. Ainsi $Y_{\eta'}$, qui est un ouvert de $Y_{R'}$, est également irréductible, donc connexe.

***Théorème* 1.8.** — *Soit $X$ une courbe propre et lisse sur un anneau de valuation discrète complet de corps résiduel algébriquement clos, dont on note $\eta$ et $s$ les points générique et fermé. Si on suppose $X_s$ connexe, il en est de même de $X_{\bar{\eta}} = X_\eta \times_{\kappa(\eta)} \overline{\kappa(\eta)}$, et il existe une flèche canonique surjective, dite de* spécialisation :

$$\pi_1(X_{\bar{\eta}}) \overset{\mathrm{sp}}{\to} \pi_1(X_s).$$

*Démonstration.* — En effet, on a le diagramme commutatif suivant :

$$\begin{array}{ccc} \pi_1(X_{\bar{\eta}}) & \overset{\mathrm{sp}}{\dashrightarrow\!\!\!\!\to} & \pi_1(X_s) \\ \downarrow & \searrow & \downarrow \simeq \\ \pi_1(X_\eta) & \twoheadrightarrow & \pi_1(X) \end{array}$$

L'homomorphisme de spécialisation est obtenu en inversant l'isomorphisme $\pi_1(X_s) \to \pi_1(X)$. □

Ce résultat, joint à ceux admis en introduction, nous permet de réaliser le groupe fondamental d'une courbe propre et lisse sur un corps algébriquement clos de caractéristique $p > 0$ comme quotient du « $\pi_1$ analogue » en caractéristique nulle que l'on connait par voie transcendante. En particulier, il est topologiquement de type fini, et engendré par $2g$ éléments, $g$ désignant le genre de $X_{\bar{\eta}}$. Or $X_s$ et $X_{\bar{\eta}}$ ont même genre : en effet, l'application $X \to S$ est plate donc la caractéristique d'Euler-Poincaré du faisceau structural des fibres ne change pas et les $H^0$ sont de dimension 1, puisque les courbes sont intègres sur des corps algébriquement clos. Voici l'énoncé précis :

***Corollaire* 1.9.** — *Soit $X_0$ une courbe de genre $g$ propre, lisse et connexe sur un corps algébriquement clos. Alors le groupe profini $\pi_1(X_0)$ admet un système de $2g$ générateurs topologiques $s_i, t_i$, liés par la relation*

$$\prod_{i=1}^{g} s_i t_i s_i^{-1} t_i^{-1} = e.$$

## 2. Le cas des revêtements d'ordre premier à $p$

Dans toute la suite, on notera $p \geqslant 1$ l'exposant caractéristique de $k$. Si $G$ est un groupe profini, on définit $G^{(p')}$ comme le plus grand quotient de $G$ d'ordre premier à $p$, c'est-à-dire $G$ divisé par le sous-groupe (normal) fermé engendré par les $p$-sous-groupes de Sylow de $G$. On a donc $G^{(p')} = \varprojlim G/N$, les sous-groupes $N$ étant fermés normaux d'indice fini premier à $p$. Ainsi, $\pi_1(X)^{(p')}$, aussi noté $\pi_1^{(p')}(X)$, classifie les revêtements finis étales galoisiens de $X$ d'ordre premier à $p$. De la surjection canonique $G \twoheadrightarrow G^{(p')}$, on déduit par fonctorialité le carré commutatif suivant :

$$\begin{array}{ccc} \pi_1(X_{\bar\eta}) & \xrightarrow{\mathrm{sp}} & \pi_1(X_s) \\ \downarrow & & \downarrow \\ \pi_1(X_{\bar\eta})^{(p')} & \longrightarrow & \pi_1(X_s)^{(p')} \end{array}$$

Il est clair que le morphisme du bas, qu'on note encore sp est une surjection.

***Théorème* 2.1.** — *Le morphisme canonique* $\pi_1(X_{\bar\eta})^{(p')} \longrightarrow \pi_1(X_s)^{(p')}$ *est un isomorphisme.*

Pour montrer qu'il est injectif, il s'agit de prouver que tout revêtement étale connexe $Y_{\bar\eta} \to X_{\bar\eta}$ de groupe de Galois $G$ d'ordre premier à $p$ provient d'un revêtement étale de $X$. Comme $\kappa(\bar\eta) = \bar K$ est limite filtrante de ses sous-extensions finies, il existe (EGA IV$_1$, 8, [**2**]) une extension finie $K' \subset \bar K$ de $K$ et un schéma $Y_{K'}$ fini étale sur $X_{K'}$ tel que $Y_{\bar\eta} \simeq Y_{K'} \otimes_{K'} \bar K$. De même, $Y_{\bar\eta}$ provient d'un revêtement $Y \to X$ ssi il existe une extension $K''$ de $K'$ telle que $Y_{K''} = Y_{K'} \otimes_R K''$ soit isomorphe à $Y \otimes_{K'} K''$. Soit maintenant $R'$ le normalisé de $R$ dans $K'$ ; c'est un anneau de valuation discrète complet de corps résiduel $k$ et de corps des fractions $K'$. La projection $X_{R'} \to X_R$ induit un isomorphisme sur les $\pi_1$ (ils sont tous deux isomorphes à $\pi_1(X_s)$ (1.5)). Ainsi, tout revêtement étale de $X_{R'}$ provient d'un revêtement sur $X_R$, si bien qu'il nous suffit de montrer l'existence d'un $Y'$ sur $X_{R'}$ induisant $Y_{\bar K}$.

*On omettra donc les ' dans la suite (i.e. on suppose que l'on part d'un revêtement défini sur* $K$*) et par extension de* $K$ *on entendra sous-extension de* $\bar K$ *contenant* $K$*. Comme nous l'avons vu, nous sommes ramenés à montrer qu'il existe une extension finie* $K'$ *de* $K$ *(ancien* $K'$*) telle que* $Y_{K'} = Y_K \otimes_K K'$ *soit induit par un revêtement étale de* $X_{R'}$*.*

Partant de $Y_K$, $X_K$ et $X$, on peut (EGA II, 6.3, [**2**]) construire le normalisé $\widetilde Y$ de $X$ dans le corps $\mathscr{K}(Y_K)$ extension galoisienne finie de $\mathscr{K}(X_K)$. En effet, les schémas considérés sont normaux et intègres. La normalisation commutant à la localisation, la fibre générique de $\widetilde Y$ est isomorphe à $Y_K$ et le morphisme $\tilde Y \to X$ est fini (fait général quand on normalise dans une extension séparable), de dimension 2 par Cohen-Seidenberg. Cependant la normalisation peut avoir créé de la ramification.

Au-dessus de l'ouvert $X_K$, $\widetilde Y$ est étale. Soit $\xi$ le point générique de la fibre spéciale $X_s$. L'anneau $\mathscr{O}_{X,\xi}$ est local régulier de dimension 1, i.e. un anneau de valuation discrète, d'uniformisante $\pi$ (celle de $R$) car $\mathscr{O}_{X_s,\xi} = \mathscr{O}_{X_R,\xi}/(\pi)$ est un corps ($\xi$ est le point générique, et $\mathscr{O}_{X_s,\xi}$ est local régulier, donc intègre). Pour toute extension $K'$ de $K$, on a $\mathscr{K}(Y_{K'}) = \mathscr{K}(Y_K) \otimes_K K' = \mathscr{K}(Y_K) \otimes_{\mathscr{K}(X_K)}$

$\mathscr{K}(X_{K'})$, que l'on peut voir comme des extensions composées puisque $Y_K$ est géométriquement intègre. Nous recherchons une extension finie $K'$ de $K$ telle que la fermeture intégrale $\widetilde{Y'}$ de $X_{R'}$ dans $\mathscr{K}(Y_{K'})$ soit non ramifiée au-dessus de $\xi'$, point générique de la fibre spéciale de $X_{R'}$ ; nous pouvons alors conclure à l'aide du théorème suivant :

***Théorème* 2.2 (de pureté de Zariski-Nagata).** — *Soient $X$ un schéma régulier localement noethérien, et $U \subset X$ le complémentaire d'un fermé de codimension $\geqslant 2$. Le foncteur $X' \rightsquigarrow X' \times_X U$ : $\mathrm{FEt}_{|X}$*[2] *$\to \mathrm{FEt}_{|U}$ est une équivalence de catégories d'inverse le foncteur normalisation.*

*Démonstration.* — Ce résultat est difficile en général (cf. SGA 2, X, [**3**]). □

Lorsque $\dim X \leqslant 2$, on peut en donner une démonstration élémentaire.

***Corollaire* 2.3.** — *Soit $X$ un schéma régulier noethérien de dimension 2, et $Y$ le normalisé de $X$ dans une extension finie séparable de $\mathscr{K}(X)$. Si $Y \to X$ est étale en codimension 1, il est étale partout.*

*Démonstration.* — Prenons $X = \operatorname{Spec} A$, où $A$ est un anneau régulier de dimension 2. Le fait d'être étale étant une propriété locale, on peut supposer $A$ local. Soit $M$ le normalisé de $A$ dans l'extension considérée. C'est un $A$-module de type fini. Vu que $M$ est un $A$-module réflexif, $\mathrm{prof}_A(M) \geqslant 2$ ([**1**], 1, §10, prop.16), et l'égalité $\mathrm{dp}_A(M) + \mathrm{prof}_A(M) = \dim(A) = 2$ (loc. cit., 4, §1, prop.3) montre que $M$ est un $A$-module libre. Or, le lieu de ramification d'une $A$-algèbre finie libre est défini par l'annulation de l'idéal discriminant $(\delta)$, où $\delta = \mathrm{Tr}(e_i e_j)$ pour une base $(e_i)_{1\dots n}$ de $M$ sur $A$. Mais cet idéal, qui est principal, ne contient par hypothèse aucun idéal premier de hauteur 1. Le Hauptidealsatz entraîne que $\delta$ est inversible, c'est-à-dire que $M$ est étale sur $A$. □

À présent, montrons l'existence de l'extension $K'/K$ cherchée. On sait que l'inertie de l'extension $\mathscr{K}(Y_K)/\mathscr{K}(X_K)$ en $\xi$ est d'ordre $n$ divisant $|G|$, qui est premier à $p$ : celle-ci est donc modérément ramifiée au-dessus de $\mathscr{O}_{X,\xi}$. Posons $K' = K[T]/(T^n - \pi)$ ; c'est une extension galoisienne de $K$ (contenant les racines de $n$-ièmes de l'unité, par le lemme de Hensel) totalement ramifiée de degré $n$. Il nous faut montrer que si $\zeta'$ est un point de $\widetilde{Y'}$ au-dessus de $\xi'$, $\mathscr{O}_{\widetilde{Y'},\zeta'}$ est non ramifié au-dessus de $\mathscr{O}_{X_{R'},\xi'}$. Le lemme (2.4), appliqué au

[2]on note $\mathrm{FEt}_{|S}$ la catégorie des schémas finis étales sur $S$.

diagramme suivant, fournit le résultat.

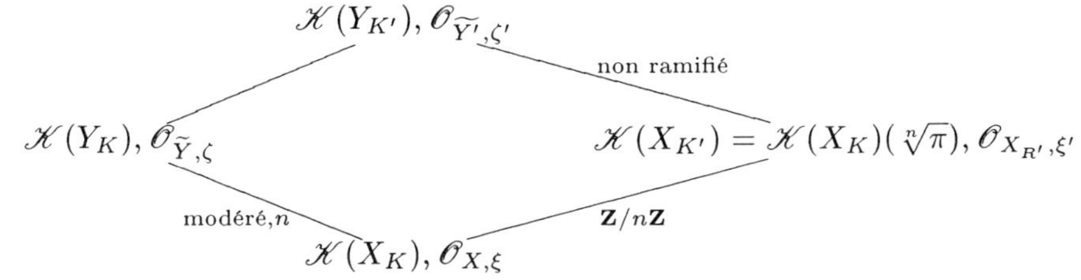


***Lemme* 2.4.** — *Soient $V$ un anneau de valuation discrète de corps des fractions $K$, $L$ et $K'$ deux extensions finies galoisiennes de $K$ modérément ramifiées au-dessus de $V$. On suppose que l'ordre de l'inertie de $L/K$ divise celui de $K'/K$. Alors $L' = LK'$ est une extension de $K'$ non ramifiée sur les localisés de la clôture normale de $V$ dans $K'$. En d'autres termes, la ramification « tue » la ramification.*

Nous donnerons une démonstration en (3.4).

## 3. Rappels sur la ramification modérée, application

**3.1. Cas d'un anneau de valuation discrète.** — Soit $A$ un anneau de valuation discrète de corps des fractions $K$, de corps résiduel $k$ et de caractéristique résiduelle $p$. Soit $L$ une $K$-algèbre étale locale (i.e. une extension finie séparable de $K$). On dit que $L$ est *modérément ramifiée* sur $A$ si une clôture normale $L'$ de $L$ l'est, autrement dit si tout groupe d'inertie $I$ de $L'/K$ est d'ordre premier à $p$ (les groupes d'inertie étant tous conjugués, il suffit que cela soit vrai pour l'un d'entre eux).

Désignant par $B$ un localisé de la clôture intégrale de $A$ dans $L$, et par $I$ le groupe d'inertie correspondant, on sait que $I$ est extension d'un groupe cyclique d'ordre premier à $p$ par un $p$-groupe : en effet, l'application $\varphi : I \to k^*$ définie par : $\varphi(\sigma) = \sigma(u)/u \bmod(\mathfrak{m}_B)$ ($u$ désignant une uniformisante de $B$) est un morphisme de groupes, dont le noyau $P$ est un $p$-groupe. De plus, $\varphi$ induit un isomorphisme de $I/P$ dans un sous-groupe fini de $k^*$, qui est nécessairement cyclique, formé de racines de l'unité d'ordre premier à $p$. On en déduit que $P$ est le $p$-sylow de $I$, lequel s'insère dans une suite exacte :

$$1 \longrightarrow P = I^w \longrightarrow I \longrightarrow I^t \longrightarrow 1$$

où $I^t$ est un groupe cyclique d'ordre premier à $p$. Cette définition s'étend naturellement au cas où $L$ est un produit fini d'extensions séparables de $K$.

**3.2. Cas d'un anneau de valuation discrète strictement local.** — On a la caractérisation simple suivante : *$L$ est modérément ramifiée sur $A$ si et seulement si le degré de l'extension $[L : K]$ est un entier premier à $p$.* En effet, désignons par $L^{\mathrm{nor}}$ une clôture normale et par $B'$ le normalisé correspondant. Comme $B'$ est intègre, il est local. Par ailleurs, puisque l'extension résiduelle est triviale, on a $\mathrm{Gal}(L^{\mathrm{nor}}/K) = I$. D'autre part, si $L$ est modérément ramifiée sur $K$, alors $I$ est d'ordre premier à $p$, donc les degrés $[L^{\mathrm{nor}} : K] = |\mathrm{Gal}(L^{\mathrm{nor}}/K)|$ et $[L : K]$ aussi. Inversement, si $[L/K]$ est premier à $p$, notant $H = \mathrm{Gal}(L^{\mathrm{nor}}/L)$, on voit que $|G|/|H| = [L : K]$ est premier à $p$. Par suite, $P \subset H$, ce qui prouve que $H$ est distingué dans $I$, puisque $P$ l'est et que le quotient est cyclique (cf. la suite exacte ci-dessus). On en déduit que $L = L^{\mathrm{nor}}$ est une extension galoisienne de $K$, dont l'inertie $I = \mathrm{Gal}(L/K)$ est d'ordre premier à $p$. On peut même décrire complètement les extensions modérées de $A$ (toujours dans le cas strictement local) : soit $L/K$ une extension modérée (donc galoisienne et cyclique, d'ordre $n$ premier à $p$). Désignons par $B$ le normalisé de $A$ dans $L$ : c'est un anneau de valuation discrète d'uniformisante $x = \pi^n u$, où $u \in B^*$ et $\pi$ est une uniformisante de $A$. Mais puisque $B$ est strictement hensélien, on peut trouver $v \in B^*$, tel que $v^n = u$. Remplaçant $x$ par $v^{-1}x$, on en déduit facilement que $B \cong A[x]/(x^n - \pi)$. On appelle *extension modérée standard* toute extension d'anneaux de valuation discrète strictement henséliens de cette forme, $n$ étant supposé premier à la caractéristique résiduelle de $A$.

**3.3. Lien avec l'hensélisation.** — Soit $A$ un anneau de valuation discrète de caractéristique résiduelle $p$, de corps des fractions $K$ et $L$ une extension séparable de $K$. On note $A^{hs}$ l'hensélisé strict de $A$, $K^{hs}$ son corps des fractions, et $L^{hs} = K^{hs} \otimes_K L$. L'extension $L$ est modérément ramifiée au-dessus de $A$ si et seulement si $L^{hs}$ est modérément ramifiée au-dessus de $A^{hs}$. Autrement dit, le fait d'être modérément ramifié est une question locale pour la topologie étale (cf. SGA 1, XIII, 2.0.2, [**4**]).

**3.4. Démonstration du lemme (2.4).** — Grâce aux techniques d'hensélisation, nous sommes maintenant en mesure de démontrer le lemme (2.4).

Puisque le problème est local pour la topologie étale, on peut remplacer les anneaux par leurs hensélisés stricts, notés $A$, $B$ (le normalisé de $A$ dans $L^{hs} = L \otimes_K K^{hs}$), et $A'$ (celui dans $K'^{hs}$). Soit $\pi$ une uniformisante de $A$. D'après (3.2), tout revêtement modéré de $A$ est de forme standard, donc $B = A[t]/(t^n - \pi)$ et $A' = A[x]/(x^m - \pi)$, où $n$ et $m$ sont des entiers premiers à la caractéristique résiduelle de $A$, tels que $n|m$. Notant $B'$ le normalisé de

$A' \otimes_A B$, on obtient un diagramme commutatif :

$$\begin{array}{ccc} A & \longrightarrow & B \\ \downarrow & & \downarrow \\ A' & \longrightarrow & B' \end{array}$$

Dans ce cas, $A'$ domine $B$, et on dispose de $n$ applications naturelles $(g_\lambda)_{\lambda \in \mu_n(A)}$ de $B$ dans $A'$, définies par : $g_\lambda(t) = x^{\frac{m}{n}}\lambda$. Les deux morphismes $B \xrightarrow{(g_\lambda)} \prod_\lambda A'_\lambda$ et $A' \xrightarrow{(id)} \prod_\lambda A'_\lambda$ donnent une application $j : B' \to \prod_\lambda A'_\lambda$, qui est un isomorphisme puisqu'il est bijectif sur les corps de fractions (les deux anneaux sont normaux, et $j$ est fini). Par suite, $B'$ est une somme de $n$ copies de $A'$, donc le morphisme $A' \to B'$ est bien étale.

# PARTIE II
# RAMIFICATION MODÉRÉE AU-DESSUS D'UN DIVISEUR ÉTALE

## 4. Définitions et énoncé du théorème

***Définition* 4.1.** — Soient $X$ un schéma, $D$ un diviseur de Cartier[(3)] sur $X$ (i.e. un sous-schéma fermé, localement défini par un élément non diviseur de 0), et $U = X - D$. On dit qu'un revêtement fini $Y \to X$ étale au-dessus de $U$ est modérément ramifié le long de $D$ si, pour tout $x \in D$, les composantes locales du schéma $Y \times_X \operatorname{Spec} \mathcal{O}^{hs}_{X,x}$ sont du type « standard » : $\mathcal{O}^{hs}_{X,x}[T]/(T^m - a)$, où $m$ est premier à $\operatorname{car} \kappa(x)$ et $a$ est une équation locale du diviseur tiré sur $\operatorname{Spec} \mathcal{O}^{hs}_{X,x}$.

La définition donnée ne dépend pas de l'équation $a$ choisie car deux équations $a$ et $a'$ de $D$ diffèrent par une unité $u$ de $\mathcal{O}^{hs}_{X,x}$, qui est une puissance $m$-ième puisque $(m, \operatorname{exp.car} \kappa(x)) = 1$. De plus, $Y$ est nécessairement plat sur $X$. Dans le cas régulier, on a le

**Lemme 4.2.** — *Si $X$ est un schéma régulier et $D$ un diviseur régulier (i.e. localement défini par un paramètre régulier), alors $Y$ est régulier.*

---

(3) Tous les diviseurs considérés ici sont supposés effectifs.

*Démonstration.* — Il suffit de montrer que pour tout $y \in Y$ au-dessus de $x \in D$, l'anneau local strictement hensélien $\mathcal{O}_{\bar{y}}$ est régulier. Par hypothèse sur $X$, l'idéal maximal de $\mathcal{O}_{\bar{x}}$ est engendré par $n$ éléments $(x_1, \cdots, x_n)$, où $x_1 = d$ est une équation de $D$ et $n$ désigne la dimension de $\mathcal{O}_{\bar{x}}$. Puisque $\mathcal{O}_{\bar{y}}$ est fini sur $\mathcal{O}_{\bar{x}}$, cet anneau est aussi de dimension $n$, et son idéal maximal est engendré par le système $(t, x_2, ... x_n)$ (où $t^n = d$). $\mathcal{O}_{\bar{y}}$ est donc régulier, et $\mathcal{O}_y$ aussi d'après (EGA $\text{IV}_4$, 18.6.10, [**2**]). □

Soit $f : X' \to X$ un morphisme de schémas, où $X$ satisfait (4.2). On note $U'$ (resp. $D'$) l'image réciproque de $U$ (resp. $D$) dans $X'$. Si $g : Y \to X$ est un revêtement modéré de $X$ le long de $D$, alors le morphisme $g' : Y' = Y \times_X X' \to X'$ est un revêtement de $X'$ modéré le long de $D'$. En d'autres termes, *les extensions modérément ramifiées sont stables par changement de base.* De plus, la catégorie des revêtements de $U$ dont les normalisés sont modérés le long de $D$ est une catégorie galoisienne, ce qui permet de définir un nouvel objet $\pi_1^t(U)$ faisant intervenir $X$ (l'algébrisation n'étant possible *a priori* que sur un schéma propre) qui va nous servir de pont. Nous avons donc deux flèches naturelles : $\pi_1^t(U_s) \longrightarrow \pi_1^t(U)$ et $\pi_1^t(U_{\bar{\eta}}) \longrightarrow \pi_1^t(U)$.

***Remarque* 4.3.** — Notre définition de la ramification modérée n'est raisonnable que dans le cas des courbes relatives. En dimension supérieure, il y a lieu d'introduire de la ramification modérée le long d'un diviseur à croisements normaux (cf. [**5**]).

***Théorème* 4.4.** — *Soient $X$ une courbe propre et lisse à fibres géométriquement connexes sur un trait strictement hensélien $S$, et $D$ un diviseur de $X$ étale sur $S$*[(4)]. *On note $U$ le complémentaire de $D$ dans $X$. Sous ces hypothèses, il existe un morphisme canonique surjectif*

$$\mathrm{sp} : \pi_1^t(U_{\bar{\eta}}) \twoheadrightarrow \pi_1^t(U_s) ,$$

*qui induit un isomorphisme*

$$\mathrm{sp} : \pi_1^{(p')}(U_{\bar{\eta}}) \xrightarrow{\sim} \pi_1^{(p')}(U_s) .$$

Notons que $D$ est nécessairement défini par un paramètre régulier. Soit en effet $x \in D_s$, et $d \in \mathcal{O}_{X,x}$ une équation de $D$. Puisque $D$ est étale sur le schéma strictement hensélien $S$, le composé $R \to \mathcal{O}_{X,x} \to \mathcal{O}_{X,x}/d = \mathcal{O}_{D,x}$ est un isomorphisme. La suite $(d, \pi)$ ($\pi$ désignant une uniformisante de $R$) est donc un système de paramètres réguliers de $\mathcal{O}_{X,x}$ (car cet anneau est de dimension

(4) i.e. le morphisme composé $D \hookrightarrow X \to S$ est étale.

deux), ce qui prouve que $D$ est régulier. Par conséquent, on peut appliquer le lemme (4.2).

## 5. Démonstration

Comme dans le cas propre, on commence par établir la

***Proposition* 5.1.** — *Sous les hypothèses précédentes,* $\pi_1^t(U_s) \xrightarrow{\sim} \pi_1^t(U)$.

La sujectivité se démontre comme dans le cas propre, puisqu'ici encore connexe équivaut à irréductible, car les schémas considérés sont réguliers.

L'injectivité est à nouveau plus délicate. Il s'agit de montrer que si $Y_s \to U_s$ est fini étale, et tel que son normalisé $\widetilde{Y_s}$ soit modérément ramifié le long de $D_s$, il existe un revêtement $\widetilde{Y} \to X$, étale sur $U$ et modérément ramifié le au-dessus de $D$, tel que $\widetilde{Y} \times_X U_s \simeq Y_s$. On peut supposer que $D$ est irréductible, et on note $x \in D_s$ son point fermé et $\tau \in D_\eta$ son point générique.

On commence par montrer l'existence et l'unicité, à isomorphisme unique près, d'un tel schéma $Y_n$ sur $X_n = X \times_R R/\pi^{n+1}$. On introduit de même $U_n$ et $D_n$. Sur $U_n$ l'existence et l'unicité résulte comme précédemment de l'équivalence de catégories entre $\mathrm{FET}_{|U_s}$ et $\mathrm{FET}_{|U_n}$. Soit $x_n \in D_n$. Notons $\mathcal{O}_n$ l'anneau $\mathcal{O}_{X_n,x_n}$, ou encore son spectre et $\widetilde{\mathcal{O}_n}$ son hensélisé (nécessairement strict) ; de même on pose $\widetilde{U}_n = U_n \times_{\mathcal{O}_n} \widetilde{\mathcal{O}}_n$, $\widetilde{D}_n = D_n \times_{\mathcal{O}_n} \widetilde{\mathcal{O}}_n$. Il est facile de construire un revêtement $\widetilde{Y_n} \to \widetilde{\mathcal{O}_n}$ modéré en $x_n$, tel que $\widetilde{Y_n} \times_{\widetilde{\mathcal{O}_n}} \widetilde{\mathcal{O}_0} \cong \widetilde{Y_s}$. Pour cela, on choisit une équation $\widetilde{a_n} = 0$ de $\widetilde{D_n}$, définie modulo une unité de $\widetilde{\mathcal{O}_n}$. Sur $\widetilde{\mathcal{O}_0}$, chaque composant local est alors donné par une équation $\bar{b}^m = \bar{a}$, où $\bar{a}$ désigne la réduction *mod* $\pi$ de $\widetilde{a_n}$. On pose alors $\widetilde{Y_n} = \operatorname{Spec} \widetilde{\mathcal{O}}[T]/(T^m - \widetilde{a_n})$, qui est bien modéré. On prouve en outre qu'un tel revêtement sur $\widetilde{\mathcal{O}_n}$ est unique à isomorphisme unique près ; compte tenu de l'unicité sur $\widetilde{U_n}$, cela découle du lemme suivant.

***Lemme* 5.2.** — *Sous les hypothèses précédentes, considérons deux revêtements de $\widetilde{\mathcal{O}_n}$, $\widetilde{Y_n}$ et $\widetilde{Y_n}'$ modérés le long de $\widetilde{D_n}$. Tout $\widetilde{U_n}$-isomorphisme $\varphi : \widetilde{Y_n}_{|\widetilde{U_n}} \xrightarrow{\sim} \widetilde{Y_n}'_{|\widetilde{U_n}}$ se prolonge de manière unique en un $\widetilde{\mathcal{O}_n}$-isomorphisme $\widetilde{Y_n} \xrightarrow{\sim} \widetilde{Y_n}'$.*

*Démonstration.* — Les revêtements étant finis au-dessus de $\widetilde{\mathcal{O}_n}$, on a $\widetilde{Y_n} = \coprod \widetilde{Y^i}$ où chaque $\widetilde{Y^i}$ est local. Puisque le revêtement est modéré, $\mathcal{O}_{\widetilde{Y^i}}$ est de plus $\widetilde{\mathcal{O}_n}$-isomorphe à un composant standard $\widetilde{\mathcal{O}_n}[T]/(T^m - \widetilde{a_n})$ avec $m$ premier à la caractéristique résiduelle. La partie de chaque composant local située au-dessus de $\widetilde{U_n}$ est irréductible donc connexe ; on est ainsi ramené au cas d'un seul composant local. On suppose $\widetilde{Y_n} \cong \widetilde{\mathcal{O}_n}[T]/(T^m - \widetilde{a_n})$ et $\widetilde{Y_n}' \cong \widetilde{\mathcal{O}_n}[T']/(T'^{m'} - \widetilde{a_n})$. Nécessairement, $m = m'$ car c'est le degré du revêtement étale $\widetilde{Y_n}_{|\widetilde{U_n}} \to \widetilde{U_n}$. De plus, comme $T^m = \widetilde{a_n}$, on a $\varphi(T)^m = \widetilde{a_n} = T'^m$ dans $\mathcal{O}_{\widetilde{Y'_n}_{|\widetilde{U_n}}}$. Puisque $\widetilde{Y'_n}_{|\widetilde{U_n}}$ est irréductible ($\widetilde{Y'_0}$ l'est car il est régulier), il existe une unique racine $m$-ième de l'unité $\zeta \in \widetilde{\mathcal{O}_n}$ telle $\varphi(T) = \zeta T'$ sur $\mathcal{O}_{\widetilde{Y'_n}_{|\widetilde{U_n}}}$, d'où l'existence du prolongement et son unicité. □

***Remarque* 5.3.** — Ce lemme nous permettrait de faire de la descente galoisienne de l'hensélisé strict à l'hensélisé si l'on n'avait pas supposé $k$ algébriquement clos.

***Lemme* 5.4.** — *Soient $\mathcal{O}$ un anneau local, $F$ le point fermé de $S = \operatorname{Spec} \mathcal{O}$ , $U$ son complémentaire. Notons $\tilde{\mathcal{O}}$ l'hensélisé de $\mathcal{O}$ et $\tilde{U}$, $\tilde{F}$ les images inverses dans $\tilde{S} = \operatorname{Spec} \tilde{\mathcal{O}}$. On a une équivalence de catégories entre les schémas $Z$ finis sur $S$, étales sur $U$ et les triplets $(\tilde{Z}, Z_{|U}, \varphi)$, où : $\tilde{Z}$ est fini sur $\tilde{S}$ et étale sur $\tilde{U}$, et $\varphi$ est un isomorphisme de $\tilde{U}$-schémas entre $\tilde{Z}_{|\tilde{U}}$ et $(f_{|\tilde{U}})^*(Z_{|U})$, les flèches étant définies de façon naturelle.*

*Démonstration.* — On considère le diagramme de schémas affines suivant :

$$S \xleftarrow{f} \tilde{S} \underset{p_1}{\overset{p_2}{\leftleftarrows}} \tilde{S} \times_S \tilde{S}$$

On prouve d'abord que le schéma $\tilde{Z}$ est muni d'une donnée de descente relativement à $f$. Pour cela, on remarque que $\tilde{S} \times_S \tilde{S} \cong \tilde{S} \coprod T$, où $p_1(T)$ et $p_2(T)$ sont inclus dans $\tilde{U}$ (en effet, le morphisme diagonal $\tilde{S} \xrightarrow{\Delta} \tilde{S} \times_S \tilde{S}$ est une immersion ouverte et fermée, et la fibre de ce morphisme en $F$ est un isomorphisme). Comme $\tilde{Z}_{|\tilde{U}}$ provient d'un $U$-schéma, il existe un isomorphisme $(p_1^* \tilde{Z})_{|T} \to (p_2^* \tilde{Z})_{|T}$ satisfaisant la condition de cocycle. En le prolongeant par l'identité au-dessus de $\Delta(\tilde{S})$, on obtient une donnée de descente. On conclut ensuite par descente fidèlement plate. □

On doit maintenant montrer qu'il existe un revêtement $Y_n \to X_n$, unique à isomorphisme unique près, modéré le long de $D_n$ et se réduisant en $Y_s$. En écrivant $\operatorname{Spec} \mathcal{O}_n$ comme limite projective des voisinages de Zariski de $x_n$ dans $X_n$, on montre que le schéma $Z_n$ obtenu par le lemme précédent provient d'un revêtement convenable au-dessus d'un ouvert $V \ni x_n$ (EGA IV, 8, **[2]**). Il se recolle avec celui au-dessus de $U_n$ par unicité du revêtement sur $U_n \cap V$. On prouve même que le revêtement ainsi obtenu est unique à isomorphisme unique près.

Nous construisons ainsi un système projectif de $\mathcal{O}_{X_n}$-algèbres cohérentes, que l'on algébrise. Comme dans la partie précédente, il s'agit bien d'une $\mathcal{O}_X$-algèbre $\mathcal{M}$ de type fini. On pose $Y = \mathbf{Spec}(\mathcal{M})$. Par hypothèse, $\mathbf{Spec}(\mathcal{M} \otimes_R R/\pi^{n+1})$ est un revêtement étale sur $U_n$, modérément ramifié le long de $D_n = D \times_X X_n$, et $\mathbf{Spec}(\mathcal{M} \otimes_R R/\pi) \simeq Y_s$. Il reste à montrer que $Y$ est fini, étale sur $U$ (cf. cas propre), et modérément ramifié le long de $D$.

Montrons que $Y$ est modérément ramifié au-dessus de $D$, ce qui assurera que $Y$ est un revêtement fini de $X$, étale sur $U$ et modéré le long de $D$. Soit donc $y \in Y$ au-dessus de $x \in D_s$. On veut montrer que l'application $\mathcal{O}_{X,x} \to \mathcal{O}_{Y,y}$ induit un revêtement modéré standard après hensélisation stricte. On sait déjà qu'il en est ainsi après complétion $\pi$-adique car $\mathcal{O}^{hs}_{X_n,x} \to \mathcal{O}^{hs}_{Y_n,y}$ est standard pour tout $n \geqslant 0$, donc $\widehat{\mathcal{O}_{X,x}}^{hs} \to \widehat{\mathcal{O}_{Y,y}}^{hs}$ aussi. Comme $(\hat{A})^{hs} = \hat{A}$ si $A$ est strictement hensélien (EGA IV, 18.6.6, [**2**]), il nous reste à montrer le lemme suivant :

***Lemme* 5.5.** — *Soit $A \to B$ un morphisme fini local entre deux anneaux strictement locaux réguliers de dimension 2. On suppose que $(\pi, d)$ est une suite de paramètres réguliers de $A$. On note $\hat{A}$ et $\hat{B}$ les complétés de $A$ et $B$ pour la topologie $\pi$-adique. Si $\hat{A} \to \hat{B} \simeq \hat{A}[T]/(T^m - d)$, avec $m$ premier à la caractéristique résiduelle de $A$, alors $B \simeq A[T]/(T^m - d)$.*

*Démonstration.* — On remarque d'abord que $B$ est un $A$-module libre de rang fini $m$. Il est de la forme $A[T]/J$, où $J$ est idéal de $A[T]$. En effet, fixant une suite de paramètres $(x, \pi)$ de $B$, l'application $A[T] \to B$ qui envoie $T$ sur $x$ est surjective. D'après Cayley-Hamilton, $J$ est engendré par un polynôme unitaire $P$ de degré $m$. Notons $\bar{A} = A/d$ et $\bar{P}$ l'image de $P$ dans $\bar{A}[T]$. Par hypothèse, $\bar{P}$ a une racine d'ordre $m$ dans $\widehat{\bar{A}}$, donc dans $\bar{A}$ car $m$ est premier à $p$. Dans $B$ qui est factoriel, l'équation $d = 0$ définit un multiple $m$-ième d'un diviseur d'équation $f = 0$, i.e. $f^m = du$ où $u$ est une unité de $B$. L'élément $u$ possédant une racine $m$-ième dans $B$, on a $d = f'^m$ et le polynôme minimal de $f'$ est $T^m - d$. □

***Proposition* 5.6.** — *Sous les hypothèses précédentes, la flèche canonique $\pi_1^t(U_{\bar{\eta}}) \longrightarrow \pi_1^t(U_s)$ est surjective.*

*Démonstration.* — La démonstration est semblable à celle donnée dans le cas propre. □

Pour achever la démonstration du théorème (4.4), il nous reste à prouver la

***Proposition* 5.7.** — *Sous les hypothèses précédentes, l'homomorphisme de spécialisation* $\pi_1^t(U_{\bar\eta}) \xrightarrow{\mathrm{sp}} \pi_1^t(U_s)$ *induit un isomorphisme :*

$$\pi_1^{(p')}(U_{\bar\eta}) \xrightarrow{\sim} \pi_1^{(p')}(U_s)\,.$$

*Démonstration.* — Seule l'injectivité est à prouver. On doit donc montrer que tout revêtement $Y_{\bar\eta} \to U_{\bar\eta}$, galoisien de groupe $G$, modérément ramifié le long de $D_{\bar\eta}$ (i.e. tel que l'inertie en un point $t$ de $D_{\bar\eta}$ soit de degré $m$ divisant $|G|$, et premier à car $\kappa(\bar\eta)$), provient d'un revêtement sur $X$ modérément ramifié le long de $D$. Comme précédemment, on peut supposer que l'on a un revêtement défini sur $\kappa(\eta)$ : en effet, si $R \to R'$ est une extension finie d'anneaux de valuations discrètes, on a encore $\pi_1^t(X_{R'}) = \pi_1^t(X_s)$ car $\kappa(s)$ est algébriquement clos.

On étend $Y_\eta \to X_\eta$ à $Y \to X$ par normalisation. Ce morphisme est fini mais peut-être ramifié en le point générique $\xi$ de la fibre spéciale. Comme $(|G|, p) = 1$, la ramification est au pire modérée et disparaît donc par une extension modérée de $R$, comme dans le cas propre. D'après le théorème de pureté (2.2), on peut donc supposer $Y \to X$ étale sur $U$ tout entier.

Il résulte alors du lemme suivant que la ramification est automatiquement modérée le long de $D$, avec le même indice $m$, ce qui termine la preuve. □

***Lemme* 5.8 (d'Abhyankar).** — *Soit $X$ un $S$-schéma régulier de dimension 2, $D \subset X$ un diviseur régulier. Soit $f : Y \to X$ un morphisme fini, étale sur $U = X - D$, et ramifié le long de $D$. On suppose que $Y$ est normal et que le revêtement $f$ est modéré au-dessus des points génériques de $D$ et d'ordre $m$ premier à $p$. Alors $f$ est modérément ramifié le long de $D$.*

*Démonstration.* — Le fait d'être modérément ramifié étant une propriété locale pour la topologie étale, on peut supposer $X$ strictement hensélien. Notons $a$ une équation de $D$. Au-dessus de $X$, $Y$ est décomposé en composants locaux ; prenons-en un et montrons qu'il est du « type » $y^m = a$. Notant $m$ le degré de l'inertie au point générique de $a = 0$, posons $X' = X[T]/(T^m - a) \to X$. C'est un revêtement modéré standard et $X'$ est régulier par le lemme (4.2). Soit $\widetilde{Y'}$ le pull-back normalisé. On a le diagramme commutatif suivant (non nécessairement cartésien) :

$$\begin{array}{ccc} X' & \longleftarrow & \widetilde{Y'} \\ \big\downarrow & & \big\downarrow \\ X & \longleftarrow & Y \end{array}$$

Au-dessus de $U'$, l'extension $\widetilde{Y'} \to X'$ reste étale. De plus, la ramification modérée a disparu au-dessus de tout point $t' \in D'_\eta$ (2.4), si bien que $\widetilde{Y'}$ est étale en codimension 1, donc partout par le théorème de pureté, puisque $X'$ est régulier. Mais $X'$ est strictement hensélien (car fini sur $X$), donc $\widetilde{Y'}$ est totalement décomposé sur $X'$. On a alors une section $\sigma$ de $\widetilde{Y'} \to X'$, qui donne par composition un morphisme $\psi : X' \to Y$. La situation est résumée dans le diagramme ci-dessous.

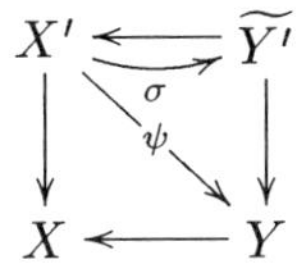


Il reste à montrer que $\psi$ est un isomorphisme. Or cela résulte du fait que $[\mathscr{K}(X') : \mathscr{K}(X)] = m$, $[\mathscr{K}(Y) : \mathscr{K}(X)] = |G| \geqslant m$, et de la propriété suivante : si $A \hookrightarrow B$ est une injection entre anneaux intégralement clos vérifiant $\mathrm{Frac}(A) = \mathrm{Frac}(B)$, avec $B$ fini sur $A$, alors $A = B$. On applique ceci à $X'$ et $Y$, qui sont normaux connexes, après avoir remarqué que $\psi$ est fini et dominant. □

***Remarque* 5.9.** — Considérons maintenant une courbe $X$ propre sur $R$ , semi-stable (cf. [6]), à fibre générique lisse. Soit $D$ un diviseur étale sur $X$, fini sur $R$ et contenu dans le lieu lisse de $X$ et notons $U$ l'ouvert $X - D$. Alors on a encore une notion de revêtement modéré de $U$ et de $U_s$ qui tient compte des points doubles de $X_s$. Il y a toutefois une différence essentielle avec le cas lisse, que l'on vient de traiter : un revêtement fini modéré de $U_s$ se relève en un revêtement modéré de $U$ seulement après une extension modérée de $R$ (cf. [7] et [8]).

## 6. Application

Voici une application (non immédiate) du théorème de spécialisation.

***Théorème* 6.1.** — *Soit $X$ une courbe propre et lisse au-dessus d'un corps $k$ séparablement clos, $D$ un diviseur régulier étale sur $k$, et $U = X - D$. Soit $k'$ une extension algébriquement close de $k$. On désigne par $X'$ (resp. $D'$, resp. $U'$) les schémas déduits de $X$ (resp. $D$, resp. $U$) par le changement de base* $\mathrm{Spec}\, k' \to \mathrm{Spec}\, k$. *La flèche canonique : $\pi_1(U') \to \pi_1(U)$ induit un isomorphisme sur les groupes fondamentaux modérés :*

$$\pi_1^t(U') \xrightarrow{\sim} \pi_1^t(U).$$

***Corollaire* 6.2.** — *Soit $X_{\bar{\mathbf{Q}}}$ une courbe propre et lisse au-dessus de la clôture algébrique de* $\mathbf{Q}$, *et notons $X_{\mathbf{C}}$ la courbe déduite par le changement de base* $\operatorname{Spec}\mathbf{C} \to \operatorname{Spec}\bar{\mathbf{Q}}$. *Alors* $\pi_1(X_{\bar{\mathbf{C}}}) \xrightarrow{\sim} \pi_1(X_{\mathbf{Q}})$.

Nous tenons à remercier Michel Raynaud qui nous a si patiemment expliqué le contenu de cet exposé, et Luc Illusie qui nous a encouragés à participer à ce colloque.

## Références

[1] N. Bourbaki – *Algèbre commutative*, Masson, 1998, Chapitre X.

[2] A. Grothendieck – *Éléments de Géométrie Algébrique*, vol. 4, 8, 11, 17, 20, 24, 28, 32, Publ. Math. Inst. Hautes Études Sci., 1960-67, (avec la collaboration de J. Dieudonné).

[3] ———, *Cohomologie des faisceaux cohérents et théorèmes de Lefschetz locaux et globaux* (SGA 2), North-Holland, 1968.

[4] ———, *Revêtements étales et groupe fondamental* (SGA 1), Lect. Notes Math., no. 224, Springer-Verlag, 1971.

[5] A. Grothendieck & J. Murre – *The tame fundamental group of a formal neighbourhood of a divisor with normal crossings on a scheme*, Lect. Notes Math., no. 208, Springer-Verlag, 1971.

[6] D. Mauger – « Module des courbes stables », ces comptes-rendus.

[7] M. Saïdi – « Revêtements modérés et groupe fondamental de graphe de groupes », *Compositio Math.* **107** (1997), p. 321–340.

[8] K. F. Stevenson – « Galois groups of unramified covers of projective curves in characteristic *p* », *J. Algebra* **182** (1996), p. 770–804.

---

Fabrice Orgogozo, École Normale Supérieure, 45 rue d'Ulm, F-75230 Paris, Cedex 05, France • *E-mail :* `fabrice.orgogozo@ens.fr`

Isabelle Vidal, École Normale Supérieure, 45 rue d'Ulm, F-75230 Paris, Cedex 05, France *E-mail :* `ividal@ens.fr`

*Courbes semi-stables et groupe fondamental en géométrie algébrique*
(J.-B. Bost, F. Loeser, M. Raynaud, éd.), p. 185–201
Progress in Mathematics, Vol. 187, 

# 12

# LE THÉORÈME DE TAMAGAWA I

Tamás Szamuely

Le présent exposé contient un rapport sur la première partie de la démonstration par Tamagawa de la conjecture anabélienne de Grothendieck pour les courbes hyperboliques affines, précédé d'une introduction succincte à ce cercle d'idées. Le rôle du rédacteur s'est surtout limité à transformer la pagode richement ornementée de Tamagawa en une sorte de cube style Bauhaus. A part les techniques de géométrie algébrique, la bonne compréhension du texte nécessite une certaine familiarité avec les théorèmes classiques de la théorie des corps de classes.

C'est un plaisir de remercier Jean-Louis Colliot-Thélène et Philippe Gille pour leur lecture attentive d'une version préliminaire.

## 1. Introduction au monde anabélien

La théorie du groupe fondamental en géométrie algébrique telle qu'on la voit aujourd'hui a été introduite par Grothendieck vers 1960 dans son séminaire **[4]** comme une généralisation commune de la théorie du groupe fondamental des variétés complexes et de la théorie de Galois. En effet, il a associé de façon fonctorielle à tout schéma connexe $X$ muni d'un point géométrique $\bar{x}$ un groupe profini $\pi_1(X, \bar{x})$, qui pour une variété complexe n'est autre que le complété profini de son groupe fondamental topologique, et pour le spectre d'un corps $k$, son groupe de Galois absolu $\mathrm{Gal}(k)$. De plus, si $X$ est un schéma géométriquement connexe, de type fini au-dessus d'un corps $k$, la fonctorialité du groupe fondamental conduit à une suite exacte naturelle

$$1 \to \pi_1(\overline{X}, \bar{x}) \to \pi_1(X, \bar{x}) \to \mathrm{Gal}(k) \to 1, \tag{1.1}$$

le schéma $\overline{X}$ étant celui obtenu à partir de $X$ par extension de scalaires à la clôture algébrique $\bar{k}$ de $k$. Le groupe $\pi_1(\overline{X}, \bar{x})$ s'appelle le groupe fondamental *géométrique* de $X$.

Le groupe $\pi_1(X, \bar{x})$ agit sur $\pi_1(\overline{X}, \bar{x})$ par conjugaison, induisant une représentation $\pi_1(X, \bar{x}) \to \mathrm{Aut}(\pi_1(\overline{X}, \bar{x}))$. La restriction de cette représentation à $\pi_1(\overline{X}, \bar{x})$ a pour image le sous-groupe distingué $\mathrm{Inn}(\pi_1(\overline{X}, \bar{x}))$ des automorphismes intérieurs. Par passage au quotient, nous obtenons donc une représentation

$$\rho: \ \mathrm{Gal}(k) \to \mathrm{Out}(\pi_1(\overline{X}, \bar{x})),$$

où $\mathrm{Out}(\pi_1(\overline{X}, \bar{x})) = \mathrm{Aut}(\pi_1(\overline{X}, \bar{x}))/\mathrm{Inn}(\pi_1(\overline{X}, \bar{x}))$ est le groupe des *automorphismes extérieurs* de $\pi_1(\overline{X}, \bar{x})$. Dans le cas où le centre de $\pi_1(\overline{X}, \bar{x})$ est trivial, le morphisme $\pi_1(\overline{X}, \bar{x}) \to \mathrm{Inn}(\pi_1(\overline{X}, \bar{x}))$ est bijectif, et a fortiori, $\pi_1(X, \bar{x})$ s'identifie au produit fibré $\mathrm{Aut}(\pi_1(\overline{X}, \bar{x})) \times_{\mathrm{Out}(\pi_1(\overline{X}, \bar{x}))} \mathrm{Gal}(k)$. Dans ce cas, le groupe fondamental géométrique et la représentation $\rho$ déterminent donc la classe de l'extension (1.1). Si $k$ est un sous-corps de $\mathbf{C}$, le groupe fondamental apparaît ainsi comme un objet « transcendant » muni d'une action de Galois.

Quand, vingt ans plus tard dans sa solitude montpelliéraine, Grothendieck est revenu à l'une de ses premières amours, il a eu la vision que certains schémas, dits *anabéliens*, sont déterminés à isomorphisme près par ces données. Plus précisément, on peut résumer (d'après **[3]**, **[5]**, **[14]**, **[23]**) sa conjecture comme suit.

Soit $k$ un corps de type fini sur $\mathbf{Q}$, et $X_1$, $X_2$ deux schémas géométriquement connexes de type fini sur $k$. Tout $k$-morphisme $\varphi: X_1 \to X_2$ induit un morphisme de groupes profinis $\pi_1(\varphi): \pi_1(X_1, \overline{x}_1) \to \pi_1(X_2, \overline{x}_2)$ compatible avec les projections sur $\mathrm{Gal}(k)$, pour des points géométriques $\overline{x}_1$, $\overline{x}_2$ convenablement chosis. En général, étant donné deux groupes profinis $G_1$ et $G_2$ munis de projections vers un troisième groupe $G$, notons $\mathrm{Hom}^*_G(G_1, G_2)$ l'ensemble des morphismes de $G_1$ dans $G_2$ compatibles avec la projection vers $G$ *à un automorphisme intérieur de G près.* La composition avec les automorphismes intérieurs de $G_1$ (resp. $G_2$) munit alors l'ensemble $\mathrm{Hom}^*_G(G_1, G_2)$ d'une action à droite de $G_1$ (resp. d'une action à gauche de $G_2$). Ici l'orbite d'un morphisme *surjectif* sous $G_1$ est la même que sous $G_2$. En particulier, les orbites sous $G_1$ et $G_2$ des *$G$-isomorphismes* $G_1 \to G_2$ sont les mêmes ; on note $\mathrm{Isom}^{\mathrm{ext}}_G(G_1, G_2)$ leur ensemble. Dans le cas général, les orbites sous $G_1$ et $G_2$ peuvent différer et on définit l'ensemble $\mathrm{Hom}^{\mathrm{ext}}_G(G_1, G_2)$ des homomorphismes extérieurs comme le quotient de $\mathrm{Hom}^*_G(G_1, G_2)$ sous l'action intérieure de $G_2$. On obtient ainsi la catégorie $\mathbf{Prof}^{\mathrm{ext}}_G$ des groupes profinis $G$-augmentés avec les homomorphismes extérieurs. Revenant à notre situation concrète, observons que si $\overline{x}_1$, $\overline{x}_2$ sont deux points géométriques de $X$, alors les groupes fondamentaux $\pi_1(X, \overline{x}_1)$ et

$\pi_1(X, \overline{x}_2)$ sont *canoniquement* isomorphes dans $\mathbf{Prof}^{\text{ext}}_{\text{Gal}(k)}$, et pareil pour deux morphismes de groupes fondamentaux provenant du même morphisme de schémas avec des choix différents de points base. Ceci nous permettra d'ignorer les points géométriques dans la suite.

Les conjectures de Grothendieck peuvent maintenant se formuler ainsi :

***Conjecture* 1.2 (Grothendieck [5]).** — *Soit $k$ un corps de type fini sur $\mathbf{Q}$.*

(1) *Il existe une sous-catégorie pleine $\mathscr{A}$ de la catégorie des schémas géométriquement connexes de type fini sur $k$ telle que pour tout couple d'objets $X_1$, $X_2$ de $\mathscr{A}$, l'application naturelle*

$$\mathrm{Isom}_{\text{Schémas}/k}(X_1, X_2) \to \mathrm{Isom}^{\text{ext}}_{\text{Gal}(k)}(\pi_1(X_1), \pi_1(X_2))$$

*soit bijective. Cette sous-catégorie, dite la catégorie des $k$-schémas anabéliens, doit comprendre :*

– *le spectre de $k$ ;*

– *les $k$-courbes hyperboliques (i.e. les $k$-courbes lisses dont le groupe fondamental géométrique a un centre trivial, mais il n'est pas trivial lui-même) ;*

– *les fibrations lisses en schémas anabéliens au-dessus d'une base anabélienne.*

(2) *Notons $\mathscr{A}_{dom}$ la sous-catégorie de $\mathscr{A}$ dont les objets sont les mêmes, mais les morphismes sont les morphismes* dominants *de $\mathscr{A}$. Alors le foncteur $\pi_1(\,)$ induit un plongement pleinement fidèle de $\mathscr{A}_{dom}$ dans la sous-catégorie de $\mathbf{Prof}^{\text{ext}}_{\text{Gal}(k)}$ dont les objets sont les mêmes et les morphismes ceux dont l'image est ouverte.*[1]

(3) *Notons $\mathscr{A}_{pr}$ la sous-catégorie* pleine *de $\mathscr{A}$ formée des $k$-schémas* propres *contenus dans $\mathscr{A}$. Alors le foncteur $\pi_1(\,)$ induit un plongement pleinement fidèle de $\mathscr{A}_{pr}$ dans $\mathbf{Prof}^{\text{ext}}_{\text{Gal}(k)}$.*

Décrivons ces conjectures en des termes plus terre-à-terre. La première propose des candidats naturels qui devraient être anabéliens. Notons à ce propos que Grothendieck considère également les espaces de modules de courbes pointées (ou de variétés abéliennes polarisées) comme objets anabéliens ; comme ils n'entrent pas dans la catégorie des $k$-schémas de type fini, nous avons préféré les omettre ici. Par contre, notons, toujours suivant Grothendieck, que par la

---

[1] Après la soumission du présent article, un contre-exemple à cette conjecture pour des surfaces fibrées en courbes hyperboliques a été trouvé par Florian Pop (communication orale). Toutefois, il n'est pas exclu qu'une forme convenablement modifiée de la conjecture soit valable.

théorie des bons voisinages d'Artin, la conjecture sous sa forme ci-dessus impliquerait que tout point d'un $k$-schéma lisse admet une base de voisinages formée de schémas affines anabéliens. Ce dernier énoncé peut être perçu comme un analogue conjectural du fait que tout point d'une variété algébrique complexe possède une base de voisinages ouverts (pour la topologie complexe) constituée d'espaces d'Eilenberg-Maclane $K(\pi, 1)$.

Les deux autres conjectures affirment que tout morphisme dominant entre $k$-schémas anabéliens (et même n'importe quel morphisme dans le cas propre) devrait être « encodé » dans le groupe fondamental muni de l'augmentation vers $\mathrm{Gal}(k)$. Voici le cas particulier le plus intéressant : pour toute $k$-courbe *propre* hyperbolique, l'ensemble des points $k$-rationnels devrait être en bijection avec l'ensemble des classes de conjugaison de sections de l'augmentation galoisienne dans la suite exacte (1.1). C'est la « Hauptvermutung » de **[5]** ; on n'en sait rien pour l'instant, mais Tamagawa a un analogue intéressant sur les corps finis (cf. le chapitre 4). Notons également que l'énoncé est faux pour une courbe affine ; pour y remédier, Grothendieck propose une variante dans sa lettre qui devrait être valable pour une courbe anabélienne quelconque.

Avant de se tourner vers les résultats connus, mentionnons qu'il serait également très souhaitable d'avoir une caractérisation de l'image essentielle de la catégorie $\mathscr{A}$ des $k$-schémas anabéliens (ou ce qui est plus raisonnable, de sa sous-catégorie $\mathscr{A}_{pr}$) par le foncteur $\pi_1(\,)$. En d'autres mots, il faudrait trouver des conditions qui impliquent qu'un groupe profini augmenté vers $\mathrm{Gal}(k)$ soit le groupe fondamental d'un $k$-schéma anabélien. Grothendieck exprime ce souhait dans **[5]**, mais ne formule aucune conjecture précise là-dessus.

Quittons le monde des rêves et revenons sur terre. La première conjecture dans 1.2 est maintenant connue en dimension 1 :

***Théorème* 1.3 ([8], [20]).** — *Soient $X_1$ et $X_2$ deux courbes hyperboliques définies sur un corps $k$ de type fini sur $\mathbf{Q}$. Alors l'application naturelle*

$$\mathrm{Isom}_{\mathrm{Schémas}/k}(X_1, X_2) \to \mathrm{Isom}^{\mathrm{ext}}_{\mathrm{Gal}(k)}(\pi_1(X_1), \pi_1(X_2))$$

*est bijective.*

Le théorème est dû à A. Tamagawa dans le cas affine — c'est l'objet principal de cet exposé. Le cas projectif a été démontré par S. Mochizuki avec des méthodes de géométrie logarithmique (il a ensuite utilisé dans **[9]** des techniques de la théorie de Hodge $p$-adique pour prouver des résultats beaucoup plus puissants, couvrant en particulier la conjecture 1.2 (1) en dimensions 1 et 2 et la conjecture 1.2 (2) en dimension 1).

Il existe également une version « absolue » du théorème : les isomorphismes entre schémas (pas nécessairement définis sur $k$) correspondent bijectivement aux isomorphismes extérieurs (sans augmentation) entre groupes fondamentaux. Cela résulte de la combinaison du théorème avec la version « birationnelle » suivante de la première conjecture de 1.2, également prédite par Grothendieck et prouvée par Pop ([**13**]) : *les isomorphismes de corps de type fini sur* $\mathbf{Q}$ *correspondent bijectivement aux isomorphismes extérieurs de leurs groupes de Galois absolus.* Pop a démontré aussi une version de ce théorème en caractéristique positive. Notons que ses résultats ont d'importants précurseurs dans le travail de Neukirch, Uchida ([**11**], [**22**]) et autres dans les années 70 ; ces auteurs ont traité le cas des corps globaux classiques. Comme on le verra, leurs techniques jouent un rôle important dans la démonstration de Tamagawa.

Disons enfin quelques mots sur la macrostructure de la preuve de Tamagawa. D'abord, il établit la variation suivante sur le thème principal :

***Théorème* 1.4 (Tamagawa, [20], Theorem 4.3)**
*Soient* $F_1$, $F_2$ *des corps finis,* $U_1$ *et* $U_2$ *deux courbes hyperboliques affines définies respectivement sur* $F_1$ *et sur* $F_2$. *Notons* $\pi_1^t(U_i)$ *le groupe fondamental modéré d'une compactification lisse de* $U_i$, *i. e. le quotient de* $\pi_1(U_i)$ *classifiant les revêtements étales de* $U_i$ *modérément ramifiés à l'infini. Alors l'application naturelle*

$$\mathrm{Isom}_{\mathrm{Schémas}}(U_1, U_2) \to \mathrm{Isom}^{\mathrm{ext}}(\pi_1^t(U_1), \pi_1^t(U_2))$$

*est bijective.*

Il s'agit ici d'un énoncé « absolu » — la raison étant qu'il est possible de repérer le groupe de Galois d'un corps fini $F$ parmi les quotients du groupe fondamental modéré d'une courbe au-dessus de $F$ (cf. la prop. 3.2). La méthode suivie pour l'établir doit beaucoup à celle d'Uchida dans la version « birationnelle » du théorème, nous avons donc jugé utile de donner au chapitre suivant un bref résumé de cette preuve très élégante. Notons au passage que l'article [**20**] de Tamagawa contient également un énoncé où les $\pi_1^t(U_i)$ sont remplacés par les $\pi_1(U_i)$ — ce théorème vaut d'ailleurs pour des courbes affines quelconques.

La démonstration du théorème 1.3 procède alors en choisissant un modèle affine lisse $V$ du corps de base $k$ et des $V$-modèles $\mathcal{U}_i$ des courbes $U_i$ ainsi que de leurs compactifications lisses, puis en appliquant le théorème 1.4 aux spécialisations des modèles $\mathcal{U}_1$, $\mathcal{U}_2$ en des points fermés de $V$. Ici le théorème d'irréductibilité de Hilbert ainsi qu'une version « anabélienne » du critère de bonne réduction de Serre-Tate jouent un rôle fondamental. Tout cela sera expliqué en détail dans l'exposé de David Harari — pour notre part, nous nous limitons désormais au cas d'un corps de base fini.

## 2. Ce que fait Uchida

Pour préparer la voie à la démonstration de Tamagawa, nous esquissons dans ce chapitre le principe de la démonstration du résultat suivant.

***Théorème* 2.1 (Uchida [22]).** — *Soient $F_1$, $F_2$ des corps finis. Étant donné pour $i = 1, 2$ une courbe propre lisse $X_i$ définie sur $F_i$, de corps de fonctions $F_i(X_i)$, l'application naturelle*

$$\mathrm{Isom}(F_1(X_1), F_2(X_2)) \to \mathrm{Isom}^{\mathrm{ext}}(\mathrm{Gal}(F_1(X_1)), \mathrm{Gal}(F_2(X_2)))$$

*est une bijection.*

Bien entendu, c'est la surjectivité qui est la partie intéressante du théorème. Voici comment on l'établit.

(1) Fixons une clôture séparable $\Omega_i$ de $F_i(X_i)$. Tout point fermé de $X_i$ induit alors des valuations discrètes (à valeurs dans $\mathbf{Q}$) sur $\Omega_i$. On montre d'abord, suivant Neukirch, que ces valuations correspondent bijectivement à leurs groupes de décomposition. Le fait non-trivial ici est que deux valuations de $\Omega_i$ ne peuvent pas admettre le même groupe de décomposition. Cela résulte d'un théorème classique, dû à F. K. Schmidt **[15]**, d'après lequel un corps non-séparablement clos ne peut être muni que d'une seule valuation discrète hensélienne. (Pour une démonstration élégante de ce théorème dans un cadre légèrement plus général, voir **[10]**, Lemma 8.)

(2) Toujours d'après Neukirch, on prouve ensuite qu'un sous-groupe fermé $D$ de $\mathrm{Gal}(F_i(X_i))$ est le groupe de décomposition d'une valuation discrète de $\Omega_i$ si et seulement si il possède la propriété suivante : étant donné un nombre premier $l$, le groupe de cohomologie galoisienne $H^2(G, \mathbf{Z}/l\mathbf{Z})$ est isomorphe à $\mathbf{Z}/l\mathbf{Z}$ ou 0 pour tout sous-groupe ouvert $G$ de $D$, selon la présence ou non des racines $l$-ièmes de l'unité dans le corps fixé par $G$. Cela se déduit après passage à la limite de la suite exacte d'Albert-Brauer-Hasse-Noether en théorie des corps de classes globale.

(3) Il résulte donc des numéros précédents que tout isomorphisme entre $\mathrm{Gal}(F_1(X_1))$ et $\mathrm{Gal}(F_2(X_2))$ induit une bijection entre les valuations discrètes des $\Omega_i$ (et a fortiori entre les points fermés des $X_i$) ainsi que des isomorphismes sur leurs groupes de décomposition. Si $D_i$ est un tel groupe de décomposition, il est le groupe de Galois d'un complété $K_i$ de $F_i(X_i)$, qui est un corps de séries de Laurent sur une extension finie $E_i$ de $F_i$. Par la théorie des corps de classes locale, le groupe multiplicatif de $E_i$ est isomorphe au sous-groupe de torsion de l'abélianisé de $D_i$. Comme $E_i$ est également le corps résiduel de $K_i$, en appliquant cet argument à un sous-groupe d'indice fini de $D_i$, on peut

décider si ce sous-groupe fixe une extension non ramifiée ou pas en regardant la torsion de son abélianisé. Ainsi, on voit que l'on a isomorphisme sur les sous-groupes d'inertie des $D_i$. En considérant des extensions de Kummer totalement ramifiées, Uchida parvient également à établir une bijection entre les éléments de Frobenius des $D_i$. Comme l'image de l'application de réciprocité locale est engendrée par les sous-groupes d'inertie et les Frobenius, on obtient des isomorphismes entre les groupes multiplicatifs des complétés des $F_i(X_i)$ en leurs points fermés correspondants.

(4) Le numéro précédent fournit donc un isomorphisme entre les groupes d'idèles des corps $F_i(X_i)$. Mais le groupe d'idèles d'un corps de fonctions est le domaine de l'application de réciprocité globale et le groupe multiplicatif du corps est son noyau. Nous obtenons ainsi un isomorphisme $F_1(X_1)^\times \cong F_2(X_2)^\times$. Uchida vérifie enfin qu'en rajoutant les éléments 0 nous arrivons à une bijection *additive* entre $F_1(X_1)$ et $F_2(X_2)$.

La démonstration du théorème 1.4 par Tamagawa poursuit la même philosophie : caractérisation galoisienne des groupes de décomposition, bijection entre les points fermés des « revêtements modérés universels », utilisation de la théorie des corps de classes locale et globale pour établir des isomorphismes sur les groupes d'idèles, puis les groupes multiplicatifs des corps de fonctions ; enfin, récupération des courbes en utilisant la bijection entre les points. Mais pour l'analogue des étapes 1 et 2, il doit appliquer une méthode complètement différente — en fait, le groupe de décomposition d'un point non ramifié du revêtement universel dans le groupe fondamental modéré d'une courbe étant isomorphe à $\hat{\mathbf{Z}}$, il n'est pas possible de le distinguer cohomologiquement parmi les innombrables sous-groupes procycliques. Le substitut de Tamagawa sera discuté dans les deux chapitres suivants. Le reste de l'argument, d'un esprit proche de celui des points 3. et 4, fera l'objet du chapitre 5.

## 3. Caractérisation d'invariants

Nous avons vu lors du survol de la méthode d'Uchida que la démonstration procède en reconstituant d'abord de nombreux invariants des corps de fonctions à partir de leurs groupes de Galois. Dans ce chapitre, nous nous proposons de faire un travail analogue en partant du groupe fondamental modéré.

Dans la suite, soient $U$ une courbe affine lisse définie sur un corps fini $F$, $X$ une compactification lisse de $U$, de genre $g$ et de corps de fonctions $K$. Notons $S$ le fermé complémentaire de $U$ dans $X$ et $n$ le cardinal de $S(\bar{F})$, i.e. le nombre des « points géométriques à l'infini ».

***Convention* 3.1.** — *Disons qu'un sous-quotient (fonctoriel en U) $G_U$ de $\pi_1^t(U)$ (resp. un invariant $\Phi_U$ attaché à U) est* repérable *si tout isomorphisme $\pi_1^t(U) \cong \pi_1^t(V)$, où V est une autre courbe lisse sur un corps fini, entraîne un isomorphisme $G_U \cong G_V$ (resp. une égalité $\Phi_U = \Phi_V$). De même, un morphisme entre deux sous-quotients repérables est repérable s'il est compatible aux isomorphismes $\pi_1^t(U) \cong \pi_1^t(V)$ ; une propriété d'un sous-quotient ou d'un morphisme est repérable si elle n'est pas affectée par ces isomorphismes.*

***Proposition* 3.2.** — *Le groupe de Galois absolu* Gal$(F)$ *et le groupe fondamental modéré géométrique $\pi_1^t(\bar{U})$ sont repérables.*

C'est ce fait qui explique pourquoi on dispose d'un analogue « absolu » de la conjecture anabélienne pour les courbes sur les corps finis.

*Démonstration.* — Ces groupes se capturent déjà au niveau de l'abélianisé $\pi_1^t(U)^{ab}$ de $\pi_1^t(U)$. En effet, comme Gal$(F)$ est isomorphe à $\hat{\mathbf{Z}}$, il est abélien et en tant que tel quotient de $\pi_1^t(U)^{ab}$. Nous allons montrer que le noyau $\pi_1^t(U)_0^{ab}$ de la projection $\pi_1^t(U)^{ab} \to \mathrm{Gal}(F)$ est fini, ce qui établit la proposition car il permet de récupérer Gal$(F)$ comme $\pi_1^t(U)^{ab}$ modulo torsion, puis $\pi_1^t(\bar{U})$ comme le noyau de l'homomorphisme $\pi_1^t(U) \to \mathrm{Gal}(F)$.

Soit $\mathbf{m}$ le diviseur sur $X$ correspondant à la somme des points fermés de $S$. Par la théorie des corps de classes telle qu'elle est exposée dans [**17**], le groupe $\pi_1^t(U)_0^{ab}$ est isomorphe au groupe des $F$-points de la jacobienne généralisée $J_{\mathbf{m}}$ associée au « module » $\mathbf{m}$. Mais ce dernier groupe est fini. □

***Proposition* 3.3.** — *Si U n'est pas la droite affine, la caractéristique p de F est repérable.*

*Démonstration.* — Pour un nombre premier $\ell$, notons $\pi_1^t(\bar{U})^{(\ell)}$ le plus grand pro-$\ell$-quotient de $\pi_1^t(\bar{U})$ et $r(\ell)$ son nombre minimal de générateurs. D'après [**19**], cor. au prop. 25, $r(\ell)$ est égal à la dimension du $\mathbf{Z}/\ell\mathbf{Z}$-espace vectoriel $H^1(\pi_1^t(\bar{U})^{(\ell)}, \mathbf{Z}/\ell\mathbf{Z})$. Pour $\ell \neq p$, cette dimension vaut $2g+n-1$ par comparaison avec la théorie transcendante ([**4**]). Pour $\ell = p$, le groupe $H^1(\pi_1^t(\bar{U})^{(p)}, \mathbf{Z}/p\mathbf{Z})$ classifie les revêtements galoisiens de $X$ de groupe $\mathbf{Z}/p\mathbf{Z}$, étales sur $U$ et modérément ramifiés sur $S$. Comme l'indice de ramification doit diviser $p$, ils sont étales partout et on a affaire au groupe $H^1(\pi_1^t(\bar{X})^{(p)}, \mathbf{Z}/p\mathbf{Z})$, ou encore à $H^1_{\text{ét}}(\bar{X}, \mathbf{Z}/p\mathbf{Z})$. Comme $\bar{X}$ est propre sur un corps algébriquement clos de caractéristique $p$, ce groupe n'est autre que le noyau de l'application d'Artin-Schreier $F : H^1(\bar{X}, O_{\bar{X}}) \to H^1(\bar{X}, O_{\bar{X}})$ (cf. [**7**], prop. 4.12). A fortiori, $r(p) \leqslant g < 2g+n-1$ sauf pour $g = 0$. Ainsi, $r(p)$ se distingue comme la seule valeur de $r(\ell)$ différente de $2g+n-1$. □

Dans cette preuve, nous avons utilisée les rudiments de la théorie du $p$-rang ; pour une étude plus approfondie, voir l'exposé **[2]** d'Irene Bouw dans ce volume.

On suppose désormais que $U$ est *hyperbolique.*

***Proposition* 3.4.** — *Le Frobenius engendrant* Gal($F$), *le cardinal $q$ de $F$, le cardinal $n$ de $S(\bar{F})$ ainsi que le genre $g$ de $X$ sont repérables.*

*Démonstration.* — Gardons les notations de la démonstration précédente et fixons un nombre premier $\ell \neq p$. D'après **[6]**, démonstration du th. 1, le Gal($F$)-module $\pi_1^t(\bar{U})^{(\ell),ab}$ se dévisse en une suite exacte

$$0 \to T_\ell(\mathbf{G}_m(\bar{F})) \to T_\ell(\mathbf{G}_m^n(\bar{F})) \to \pi_1^t(\bar{U})^{(\ell),ab} \to T_\ell(\mathrm{Pic}_X^0(\bar{F})) \to 0$$

où pour un groupe abélien $A$, $T_\ell(A)$ désigne son module de Tate $\ell$-adique. Considérons d'abord le cas où $n > 1$. Par le théorème de Weil sur les variétés abéliennes et la suite exacte ci-dessus, les valeurs propres du Frobenius sur $\pi_1^t(\bar{U})^{(\ell),ab}$ sont $q$ (avec multiplicité $(n-1)$) ainsi que $2g$ entiers algébriques de valeur absolue $q^{1/2}$. De plus, ces propriétés caractérisent le Frobenius parmi les autres éléments de Gal($F$), d'où la proposition dans ce cas.

Sinon, les valeurs propres que l'on trouve ont toutes la même valeur absolue. Le cas où l'on est en difficulté est quand les valeurs propres sont toutes égales à un nombre premier car on ne peut pas savoir si on a affaire à une courbe de genre 0 avec beaucoup de points géométriques à l'infini ou bien à une courbe de genre positif avec un seul point. Comme le centre de $\pi_1^t(\bar{U})$ est supposé non trivial, on peut exclure les cas $g = 0, n \leqslant 2$. Sinon, passons à un revêtement défini par un sous-groupe ouvert de $\pi_1^t(U)$ et regardons les valeurs propres dans cette situation. On peut alors décider, en utilisant la formule de Hurwitz, si $g$ était au moins deux (et a donc considérablement augmenté) ou bien il était 0 — le casse-tête d'origine est ainsi résolu. □

***Proposition* 3.5.** — *Le groupe $\pi_1(X)$ comme quotient de $\pi_1^t(U)$ est repérable.*

*Démonstration.* — Soient $H$ un sous-groupe d'indice fini de $\pi_1^t(U)$, $g_H$ le genre du revêtement correspondant de $X$. D'après la formule de Hurwitz, ce revêtement est étale si et seulement si

$$2g_H - 2 = [\pi_1^t(\bar{U}) : \pi_1^t(\bar{U}) \cap H](2g-2).$$

L'intersection des $H$ ayant cette propriété est précisément le noyau de la surjection $\pi_1^t(U) \to \pi(X)$. □

***Proposition* 3.6.** — *Le nombre des points rationnels de $X$ au-dessus d'une extension finie $F'$ de $F$ est repérable.*

*Démonstration.* — C'est de nouveau une application du théorème de Weil. Si le degré de l'extension est $m$, faisons la somme des valeurs propres de la $m$-ième puissance de Frobenius sur $\pi_1(\bar{X})^{(\ell),ab}$. En rajoutant le nombre des $F'$-points, nous devons obtenir $1+q^m$. Comme les valeurs propres du Frobenius et l'entier $q$ sont repérables, le nombre des points est également repérable. □

## 4. Les substituts des théorèmes de Schmidt et de Neukirch

Gardant les conventions et hypothèses du chapitre précédent, nous allons maintenant repérer les groupes de décomposition des points du « revêtement modéré universel » dans $\pi_1^t(U)$, obtenant ainsi des énoncés analogues aux deux premières étapes de la démonstration d'Uchida esquissée au chapitre 2.

Plus précisément, fixons une clôture séparable du corps de fonctions $K$ et considérons la sous-extension maximale $\tilde{K}$ non ramifiée sur $U$ et modérément ramifiée au-dessus de $S$. Le schéma $\tilde{X}$ obtenu en normalisant $X$ dans $\tilde{K}$ est la limite projective des normalisés de $X$ dans des sous-extensions finies de $\tilde{K}|K$, et a fortiori un point fermé $\tilde{x}$ de $\tilde{X}$ peut être identifié à une suite cohérente de points fermés de revêtements finis modérés de $X$. Si $x$ est le point de $X$ au-dessous de $\tilde{x}$, notons $K_x$ le complété de $K$ par rapport à la valuation $v_x$ associée à $x$. Avec cette notation, le point $\tilde{x}$ correspond à une extension de $v_x$ sur $\tilde{K}$ et le complété de $\tilde{K}$ par rapport à cette valuation est l'extension maximale non ramifiée (resp. modérément ramifiée) de $K_x$ si $x \in U$ (resp. $x \in S$). Ce sont les groupes de décomposition de points de $\tilde{X}$ dans $\pi_1^t(U)$ que l'on aimerait caractériser.

Pour ce faire, le point de départ de Tamagawa est de recourir à l'outil technique suivant (déjà mentionné par Grothendieck dans [**5**]). Nous avons vu que la suite exacte (1.1) donne lieu à une représentation de Gal($F$) dans Out($\pi_1(\overline{X})$). Le groupe des commutateurs de $\pi_1(\overline{X})$ étant caractéristique, par passage au quotient nous obtenons une action bien définie de Gal($F$) sur $\pi_1(\overline{X})^{ab}$ et a fortiori sur $\pi_1(\overline{X})^{ab}/\ell^m$ pour tout nombre premier $\ell$ et tout entier positif $m$. Or en vertu de [**7**], th. III.3.9 et cor. III.4.18, ce dernier Gal($F$)-module est isomorphe au sous-groupe de $\ell^m$-torsion de $\mathrm{Pic}^0(\overline{X})$ que nous noterons $\mathrm{Pic}^0(\overline{X})\{\ell^m\}$ dans la suite (ce fait a déjà été implicitement utilisé pour $\ell \neq p$ dans la démonstration de la prop. 3.3). Soient maintenant $G$ un sous-groupe ouvert de Gal($F$), et $s_1$, $s_2$ deux homomorphismes $G \to \pi_1(X)$ qui scindent la surjection $\pi_1(X) \to \mathrm{Gal}(F)$ au-dessus de $G$. Pour chaque $\sigma \in G$, l'élément $s_1(\sigma)s_2(\sigma)^{-1}$ vit dans $\pi_1(\overline{X})$, on peut donc considérer son image dans $\pi_1(\overline{X})^{ab}$. Un calcul facile montre que la fonction

$G \to \pi_1(\overline{X})^{ab}$ ainsi obtenue est un 1-cocycle. Notons $\alpha_m$ son image dans le groupe $H^1(G, \pi_1(\overline{X})^{ab}/\ell^m) = H^1(G, \mathrm{Pic}^0(\overline{X})\{\ell^m\})$.

***Remarque* 4.1.** — Donnons une interprétation du cocycle $\alpha_m$ en utilisant la cohomologie étale. Pour simplicité, nous ne traitons que le cas $G = \mathrm{Gal}(F)$. Le dual du morphisme induit par une section $s_i$ sur le quotient $\pi_1(\overline{X})^{ab}/\ell^m$ est un morphisme $H^1_{\text{ét}}(X, \mathbf{Z}/\ell^m\mathbf{Z}) \to H^1(G, \mathbf{Z}/\ell^m\mathbf{Z})$ scindant le morphisme naturel

$$H^1(G, \mathbf{Z}/\ell^m\mathbf{Z}) = H^1_{\text{ét}}(F, \mathbf{Z}/\ell^m\mathbf{Z}) \to H^1_{\text{ét}}(X, \mathbf{Z}/\ell^m\mathbf{Z}).$$

En écrivant la suite exacte des termes de bas degré de la suite spectrale de Hochschild-Serre, on obtient

$$0 \to H^1(G,\mathbf{Z}/\ell^m\mathbf{Z}) \to H^1_{\text{ét}}(X,\mathbf{Z}/\ell^m\mathbf{Z}) \to H^0(G,H^1_{\text{ét}}(\overline{X},\mathbf{Z}/\ell^m\mathbf{Z})) \to H^2(G,\mathbf{Z}/\ell^m\mathbf{Z}),$$

le dernier groupe étant 0 car $F$ est un corps fini. Par ce qui a été dit plus haut, le dual de la différence $s_1 - s_2$ s'annule donc sur l'image du morphisme de gauche dans la suite exacte ci-dessus, et a fortiori induit un morphisme

$$H^0(G, H^1_{\text{ét}}(\overline{X}, \mathbf{Z}/\ell^m\mathbf{Z})) \to H^1(G, \mathbf{Z}/\ell^m\mathbf{Z}) \cong \mathbf{Z}/\ell^m\mathbf{Z}.$$

Mais on a des isomorphismes

$$H^0(G, H^1_{\text{ét}}(\overline{X}, \mathbf{Z}/\ell^m\mathbf{Z}))^* \cong H^1(G, H^1_{\text{ét}}(\overline{X}, \mathbf{Z}/\ell^m\mathbf{Z})^*) \cong H^1(G, H^1_{\text{pl}}(\overline{X}, \mu_{\ell^m}))$$

où l'étoile indique le groupe abélien dual et le souscript pl la cohomologie plate. Le premier isomorphisme provient de la dualité de Tate pour un module galoisien sous le groupe de Galois d'un corps fini, le deuxième de la dualité de Poincaré pour $\ell \neq p$ (en utilisant le théorème de comparaison [**7**], th. III.3.9) et de la dualité d'Artin-Milne [**1**] pour $\ell = p$. Enfin, le dernier groupe n'est autre que $H^1(G, \mathrm{Pic}^0(\overline{X})\{\ell^m\})$, toujours d'après [**7**], cor. III.4.18.

Disposant de cette interprétation, c'est un exercice sans grande difficulté de vérifier la compatibilité suivante :

***Lemme* 4.2.** — *Dans la situation ci-dessus, supposons que les sections $s_1$, $s_2$ proviennent de points $x_1$, $x_2$ de $X$ rationnels sur $\bar{F}^G$. Alors le cocycle $\alpha_m$ coïncide avec l'image du zéro-cycle $(x_1 - x_2) \in \mathrm{Pic}^0(\overline{X})^G$ par le morphisme composé*

$$\mathrm{Pic}^0(\overline{X})^G \to \mathrm{Pic}^0(\overline{X})^G/\ell^m \,\mathrm{Pic}^0(\overline{X})^G \to H^1(G, \mathrm{Pic}^0(\overline{X})\{\ell^m\}) \tag{4.3}$$

*où le deuxième morphisme provient de la suite exacte de cohomologie associée à la suite exacte courte*

$$0 \to \mathrm{Pic}^0(\overline{X})\{\ell^m\} \to \mathrm{Pic}^0(\overline{X}) \xrightarrow{\ell^m} \mathrm{Pic}^0(\overline{X}) \to 0$$

*existant à cause de la divisibilité de* $\mathrm{Pic}^0(\overline{X})$.

Nous pouvons maintenant démontrer l'analogue suivant du théorème de F. K. Schmidt cité au chapitre 2.

***Proposition* 4.4.** — *Deux points différents $\tilde{x}_1 \neq \tilde{x}_2$ de $\tilde{X}$ ne peuvent pas admettre le même groupe de décomposition dans $\pi_1^t(U)$.*

*Démonstration.* — Supposons que ce soit quand même le cas. Prenons un sous-groupe ouvert $H$ définissant un revêtement $X_H$ de $X$ dont $\tilde{x}_1$, $\tilde{x}_2$ induisent deux points fermés distincts $x_1 \neq x_2$. La courbe $X$ étant supposée hyperbolique, on a ou bien $g > 0$ ou alors $n > 2$, ce qui permet de choisir $H$ de sorte que le genre de $X_H$ soit non nul. L'hypothèse implique que les points $x_1$, $x_2$ admettent le même groupe de décomposition $D$ dans $\pi_1(X_H)$ ; soit $G$ son image dans $\mathrm{Gal}(F)$. Par sa définition même, le groupe $G$ fixe les points $x_1$ et $x_2$. A fortiori, les sections $s_1$ et $s_2$ correspondantes sont toutes les deux identiques à l'inverse de l'isomorphisme $D \to G$, donc leur quotient est trivial. En appliquant le lemme précédent à $X_H$ à la place de $X$, et en utilisant l'injectivité du deuxième morphisme dans (4.3), on trouve que le zéro-cycle $x_1 - x_2$ est divisible par $\ell^m$ dans $\mathrm{Pic}^0(\overline{X_H})^G$ pour tout $\ell$ et $m$, i.e. il est infiniment divisible. Mais le groupe $\mathrm{Pic}^0(\overline{X_H})^G$ étant fini, il ne contient pas d'éléments infiniment divisibles non triviaux. Ainsi, le zéro-cycle $x_1 - x_2$ est linéairement équivalent à zéro, ce qui est impossible car le genre de $X_H$ est supposé différent de 0. □

Soit maintenant $G$ un sous-groupe d'indice fini de $\mathrm{Gal}(F)$. Appelons, suivant Tamagawa, *section géométrique* tout homomorphisme $s : G \to \pi_1^t(U)$ scindant la surjection $\pi_1^t(U) \to \mathrm{Gal}(F)$ au-dessus de $G$ dont l'image est contenue dans le groupe de décomposition d'un point fermé $\tilde{x}$ de $\tilde{X}$.

***Proposition* 4.5.** — *Soit $s : G \to \pi_1^t(U)$ une section géométrique. Alors il n'existe qu'un seul sous-groupe de décomposition de $\pi_1^t(U)$ contenant $s(G)$.*

*Démonstration.* — Soient $\tilde{x}_1$, $\tilde{x}_2$ des points de $\tilde{X}$ dont les groupes de décomposition $D_1$, $D_2$ contiennent $s(G)$. Prenons un sous-groupe $H$ comme dans la démonstration précédente. Quitte à le restreindre, on peut supposer que $s(G) \cap H$ et les groupes $D_i \cap H$ pour $i = 1, 2$ ont même image dans $\mathrm{Gal}(F)$. Les images $\bar{D}_i$ des $D_i \cap H$ dans $\pi_1(X_H)$ sont isomorphes à $\hat{\mathbf{Z}}$, donc s'injectent dans $\mathrm{Gal}(F)$. De plus, l'image de $s(G)$ dans $\pi_1(X)$ est contenue dans $\bar{D}_1 \cap \bar{D}_2$ et se projette sur le même sous-groupe de $\mathrm{Gal}(F)$ que les $\bar{D}_i$. A fortiori, $\bar{D}_1 = \bar{D}_2$ et, par la démonstration précédente, $\tilde{x}_1 = \tilde{x}_2$. □

***Proposition* 4.6.** — *Une section $s$ de la surjection $\pi_1^t(U) \to \mathrm{Gal}(F)$ au-dessus de $G$ est géométrique si et seulement si pour tout sous-groupe ouvert*

*H de* $\pi_1^t(U)$ *contenant* $s(G)$*, le revêtement correspondant* $X_H$ *de* $X$ *a un point sur* $\bar{F}^G$*.*

*Démonstration.* — L'implication non triviale résulte du fait qu'une limite projective d'ensembles finis non vides est non vide. □

Appliquant la prop. 3.6 à la courbe $X_H$, on obtient le

***Corollaire* 4.7.** — *Les sections géométriques sont repérables parmi les morphismes* $G \to \pi_1^t(U)$ *scindant la surjection* $\pi_1^t(U) \to \mathrm{Gal}(F)$ *au-dessus du sous-groupe ouvert* $G$*.*

Appelons deux sections géométriques $s_1 : G_1 \to \pi_1^t(U)$, $s_2 : G_2 \to \pi_1^t(U)$ *équivalentes* si leur image tombe dans le même sous-groupe de décomposition de $\pi_1^t(U)$.

***Proposition* 4.8.** — *Fixons une section géométrique* $s : G \to \pi_1^t(U)$*. Alors les sections géométriques équivalentes à* $s$ *sont repérables.*

*Démonstration.* — En effet, soit $s_1 : G \to \pi_1^t(U)$ une autre section géométrique. Par la démonstration de la prop. 4.5, $s_1$ est équivalente à $s$ si et seulement si on peut trouver un sous-groupe ouvert $H$ de $\pi_1^t(U)$ tel que les images de $s(G)$ et $s_1(G_1)$ soient les mêmes dans $\pi_1(X_{H'})$ pour tout sous-groupe $H' \subset H$ ouvert dans $\pi_1^t(U)$. D'après la proposition 3.5, cette dernière propriété est repérable. □

Nous pouvons maintenant démontrer le résultat principal de ce chapitre.

***Théorème* 4.9.** — *Tout sous-groupe de décomposition dans* $\pi_1^t(U)$ *est engendré par les images d'une classe d'équivalence de sections géométriques. Par conséquent, les sous-groupes de décomposition sont repérables. De plus, on peut repérer si un sous-groupe de décomposition est au-dessus d'un point de* $U$ *ou pas.*

*Démonstration.* — Étant donné un sous-groupe de décomposition $D$, considérons la projection $p : D \to \mathrm{Gal}(F)$. L'image $G$ est un sous-groupe d'indice fini de $\mathrm{Gal}(F) \cong \hat{\mathbf{Z}}$, donc libre de rang 1, et par conséquent la projection $p$ admet une section $s : G \to D$. Cette section est unique si et seulement si $D$ est au-dessus d'un point de $U$ car dans ce cas $D$ est lui-même isomorphe à $\hat{\mathbf{Z}}$. Sinon, $D$ contient un sous-groupe d'inertie modéré non trivial $I$. Prenons un générateur topologique $g \in G$. Pour tout élément $i \in I$, il existe alors une section de $p$ envoyant $g$ sur $s(g)i$. Ainsi, les sections engendrent $D$. La repérabilité résulte de la proposition précédente. □

## 5. Conclusion

Nous sommes maintenant suffisamment érudits pour compléter la démonstration du th. 1.4. Montrons d'abord l'énoncé de surjectivité, i.e. que tout isomorphisme $\sigma : \pi_1^t(U_1) \xrightarrow{\sim} \pi_1^t(U_2)$ provient d'un isomorphisme de schémas $U_1 \xrightarrow{\sim} U_2$.

Soit d'abord $D_1$ le groupe de décomposition d'un point fermé du « revêtement universel modéré » de $U_1$. Par la prop. 4.4, le cor. 4.7 ainsi que le th. 4.9, $\sigma(D_1)$ est le groupe de décomposition d'un unique point du revêtement universel modéré de $U_2$. On obtient ainsi une bijection entre les groupes de décomposition dans $\pi_1^t(U_1)$ et $\pi_1^t(U_2)$ et, toujours d'après le th. 4.9, entre les points fermés des $U_i$ ainsi que de leurs compatifications lisses $X_i$.

Nous allons maintenant montrer que, tout comme chez Uchida, la connaissance des sous-groupes de décomposition et du Frobenius (cf. la prop. 3.4) permet de récupérer les groupes multiplicatifs des corps de fonctions via la théorie des corps de classes. En effet, la théorie locale enseigne qu'étant donné le complété $K_P$ du corps de fonctions d'une $F$-courbe propre lisse en un point $P$, si nous prenons l'image réciproque du sous-groupe discret de Gal$(F)$ formé des puissances entières du Frobenius par la projection $\mathrm{Gal}(K_P)^{ab} \to \mathrm{Gal}(F)$, nous obtenons un sous-groupe isomorphe au groupe multiplicatif $K_P^\times$ (voir par exemple **[18]**, chap. XIV, cor. 2 au th. 1). De plus, cet isomorphisme transforme la filtration par les groupes de ramification en la filtration sur les unités de $K_P$ (*ibid.*, chap. XV, remarque après le th. 2). En particulier, le groupe des unités provient du sous-groupe d'inertie et l'« Einseinheitengruppe » (le groupe des unités congrus à 1) du sous-groupe d'inertie sauvage.

Retenant ce fait, prenons un point fermé $P_1$ de $X_1$ et un groupe de décomposition $D_1$ au-dessus de $P_1$. (Ceux-ci étant tous isomorphes, le choix est indifférent.) Si $P_1$ est dans $U_1$ (resp. dans $X_1 \setminus U_1$), l'image réciproque des puissances entières du Frobenius par la projection $D_1^{ab} \to \mathrm{Gal}(F)$ est isomorphe par le paragraphe précédent à $(K_1)_{P_1}^\times / U_{P_1}$ (resp. $(K_1)_{P_1}^\times/(1 + \mathbf{m}_{P_1})$), où $U_{P_1}$ est le groupe des unités de $(K_1)_{P_1}$ et $\mathbf{m}_{P_1}$ son idéal de valuation. En faisant la somme directe des groupes ainsi obtenus pour $P_1$ variable, nous obtenons un « Strahlklassengruppe » correspondant au « module » défini par les points fermés de $X_1$ en dehors de $U_1$. Ce groupe s'envoie dans $\pi_1^t(U_1)^{ab}$ par l'application de réciprocité globale qui n'est autre que le produit des inverses des isomorphismes locaux discutés ci-dessus (voir **[12]** ou **[21]**). Le noyau est précisément le groupe multiplicatif du corps de fonctions $K_1$ de $U_1$ (cf. **[17]**, chap. VI, th. 4 et prop. 24 ou encore **[12]**, p. 415 pour l'énoncé analogue sur un corps de nombres).

L'isomorphisme $\sigma$ traduit alors cette construction en la construction correspondante pour $\pi_1^t(U_2)$. Nous obtenons donc un isomorphisme $K_1^\times \xrightarrow{\sim} K_2^\times$ entre les groupes multiplicatifs des corps de fonctions. La dernière tâche sérieuse est de vérifier que cet isomorphisme s'étend en un isomorphisme *additif* entre $K_1$ et $K_2$. En effet, une fois que c'est vérifié, l'isomorphisme entre les corps de fonctions induit un isomorphisme entre les modèles propres et lisses $X_1$ et $X_2$ et nous récupérons enfin un isomorphisme entre les courbes $U_1$ et $U_2$ en enlevant les points à l'infini (qui sont repérables par ce qui précède).

L'argument par lequel Tamagawa établit l'additivité est également inspiré par ce que fait Uchida dans **[22]**, mais il est beaucoup plus délicat. Nous devons nous contenter ici d'une esquisse, en renvoyant à son article **[20]** pour les détails. Tout d'abord, on peut appliquer la démarche précédente à des sous-groupes ouverts correspondants des $\pi_1^t(U_i)$, obtenant des isomorphismes entre les groupes multiplicatifs d'extensions finies des $K_i$. La fonctorialité de l'application de réciprocité globale assure que ces isomorphismes sont compatibles entre eux ; a fortiori, un argument de passage à la limite implique l'existence d'un isomorphisme $\psi : (\overline{F}K_1)^\times \xrightarrow{\sim} (\overline{F}K_2)^\times$ entre les groupes multiplicatifs des corps de fonctions des courbes $\overline{U}_i = U_i \times_F \overline{F}$. Il suffit alors de montrer que $\psi$ s'étend en un isomorphisme de corps $\overline{F}K_1 \xrightarrow{\sim} \overline{F}K_2$. Quitte à faire encore une extension finie de corps, l'hyperbolicité permet de supposer que chacune des courbes $\overline{U}_i$ admet au moins 3 points à l'infini ; notons par abus de notation $P_0, P_1, P_\infty$ un triplet correspondant sur les deux courbes. L'isomorphisme $\psi$ induit un isomorphisme sur les sous-groupes formés des fonctions constantes inversibles ; en effet, ce sont les sous-groupes divisibles maximaux des groupes $\overline{F}K_i^\times$. La première chose à montrer est que l'isomorphisme sur ces deux sous-groupes isomorphes à $\overline{F}^\times$ devient additive en rajoutant les fonctions 0.

Pour ce faire, Tamagawa montre d'abord par un argument de Riemann-Roch qu'il existe une fonction $x_1 \in \overline{F}K_1$ telle que pour son diviseur de pôles $(x_1)_\infty$ on ait $\dim \Gamma(\overline{X}_1, O_{\overline{X}_1}((x_1)_\infty)) = 2$ (il appelle une telle fonction *minimale*) et telle que son évaluation en les points $P_0, P_1, P_\infty$ soit égale à $0, 1, \infty$ (dans l'ordre). Notons au passage que l'évaluation en le point $i$ consiste à regarder d'abord l'image de $x_1$ dans le quotient $(\overline{F}K)^\times_{P_i}/U_{P_i} \cong \mathbf{Z}$ (où nous avons adopté des notations similaires à celles du début du chapitre), puis si c'est 0, à regarder son image dans $U_{P_i}/(1+\mathbf{m}_{P_i}) \cong \overline{F}(P_i)^\times$. Comme les $P_i$ sont des points à l'infini, il résulte après passage à la limite des arguments du troisième paragraphe de ce chapitre que $\sigma$ envoie les groupes $\overline{F}K^\times_{P_i}/U_{P_i}$ et $U_{P_i}/(1+\mathbf{m}_{P_i})$ isomorphiquement sur les sous-quotients correspondants de $\pi_1^t(\overline{U}_2)$. Par contre, on ne peut pas repérer le groupe $U_P/(1+\mathbf{m}_P)$ comme sous-quotient de $\pi_1^t(\overline{U}_1)$ si $P$ est un point de $U_1(\overline{F})$ ; c'est la raison pour laquelle la démonstration de Tamagawa ne couvre pas le cas des courbes propres.

Revenant à notre fonction minimale $x_1$, le théorème de Riemann-Roch pour $\overline{X}_2$ (qui a le même genre que $\overline{X}_1$ d'après la prop. 3.4) implique que $x_2 = \psi(x_1)$ est une fonction minimale sur $\overline{X}_2$. De plus, par ce qu'on vient d'expliquer, elle a les mêmes évaluations en les points $P_i$ que $x_1$. Prenons maintenant des fonctions constantes $a_1, b_1$ sur $\overline{X}_1$. La fonction $f_1 = a_1x_1 + b_1$ a le même diviseur de pôles sur $\overline{X}_1$ que $x_1$ ; il en est donc de même pour $f_2 = \psi(f_1)$ et $x_2$. Comme $x_2$ est minimale, il existe par définition des fonctions constantes $a_2, b_2$ sur $\overline{X}_2$ vérifiant $f_2 = a_2x_2 + b_2$. En évaluant $f_2$ en $P_0$ on obtient $b_2 = \psi(b_1)$ ; l'évaluation de $f_2/x_2$ en $P_\infty$ donne $a_2 = \psi(a_1)$. Enfin, on a ou bien $0 \neq a_2 + b_2 = f_2(P_1) = \psi(f_1(P_1)) = \psi(a_1 + b_1)$, ou bien $f_1(P_1) = f_2(P_1) = 0$, d'où l'additivité de $\psi$ sur les constantes. Le même type d'argument montre que l'extension de $\psi$ par 0 induit un isomorphisme du sous-corps $\overline{F}(x)$ de $\overline{F}K_1$ sur le sous-corps $\overline{F}(\psi(x))$ de $\overline{F}K_2$ pour toute fonction minimale $x$ sur $\overline{X}_1$. Tamagawa termine alors sa preuve en montrant que les fonctions minimales engendrent les corps $\overline{F}K_i$ au-dessus de $\overline{F}$ et les isomorphismes ci-dessus se recollent en une bijection additive $\overline{F}K_1 \xrightarrow{\sim} \overline{F}K_2$.

Enfin, l'énoncé d'injectivité du théorème 1.4 résulte également de la construction ci-dessus. En effet, un automorphisme intérieur de $\pi_1^t(U_2)$ ne fait que permuter les sous-groupes de décomposition au-dessus d'un point fermé donné de $X_2$. D'autre part, pour reconstituer $X_2$, le choix d'un tel sous-groupe était indifférent.

## Références


[1] M. Artin & J. S. Milne – « Duality in the flat cohomology of curves », *Invent. Math.* **35** (1976), p. 111–129.

[2] I. Bouw – « The $p$-rank of curves and covers of curves », ces comptes-rendus.

[3] G. Faltings – « Curves and their fundamental groups [following Grothendieck, Tamagawa and Mochizuki] », *Séminaire Bourbaki 1997/98*, Astérisque, vol. 252, exposé 840, p. 131–150.

[4] A. Grothendieck – *Revêtements étales et groupe fondamental* (SGA 1), Lect. Notes Math., no. 224, Springer-Verlag, 1971.

[5] ———, « Brief an G. Faltings (27/06/1983) », in *Geometric Galois Actions I* [**16**], p. 49–58.

[6] N. M. Katz & S. Lang – « Finiteness theorems in geometric class field theory », *Enseign. Math. (2)* **27** (1981), p. 285–319.

[7] J. S. Milne – *Étale cohomology*, Princeton Math. Ser., no. 33, Princeton University Press, 1980.

[8] S. Mochizuki – « The profinite Grothendieck conjecture for closed hyperbolic curves over number fields », *J. Math. Sci. Univ. Tokyo* **3** (1996), p. 571–627.

[9] ______, « The local pro-$p$ anabelian geometry of curves », *Invent. Math.* **138** (1999), p. 319–423.

[10] J. Neukirch – « Kennzeichnung der endlich-algebraischen Zahlkörper durch die Galoisgruppe der maximalen auflösbaren Erwiterungen », *J. reine angew. Math.* **238** (1969), p. 135–147.

[11] ______, « Über die absoluten Galoisgruppen algebraischer Zahlkörper », Astérisque, no. 41–42, 1977, p. 67–79.

[12] ______, *Algebraische Zahlentheorie*, Springer-Verlag, 1992, Traduction anglaise : *Algebraic Number Theory*, Springer-Verlag, 1999.

[13] F. Pop – « On Grothendieck's conjecture of birational anabelian geometry », preprint, 1995.

[14] ______, « Glimpses of Grothendieck's anabelian geometry », in *Geometric Galois Actions I* [**16**], p. 113–126.

[15] F. K. Schmidt – « Mehrfach perfekte Körper », *Math. Ann.* **108** (1933), p. 1–25.

[16] L. Schneps & P. Lochak (éds.) – *Geometric Galois actions I*, Cambridge University Press, 1997.

[17] J.-P. Serre – *Groupes algébriques et corps de classes*, Hermann, 1960.

[18] ______, *Corps locaux*, Hermann, 1962.

[19] ______, *Cohomologie galoisienne*, 5e éd., Lect. Notes Math., no. 5, Springer-Verlag, 1994.

[20] A. Tamagawa – « The Grothendieck conjecture for affine curves », *Compositio Math.* **109** (1997), p. 135–194.

[21] J. T. Tate – « Global class field theory », *Algebraic Number Theory* (Proc. Instructional Conf., Brighton, 1965) (J. Cassels & A. Fröhlich, éds.), Thompson, Washington, D.C., 1967, p. 163–203.

[22] K. Uchida – « Isomorphisms of Galois groups of algebraic function fields », *Ann. of Math.* **106** (1977), p. 589–598.

[23] V. Voevodsky – « Représentations galoisiennes provenant de courbes hyperboliques », *Izv. Akad. Nauk SSSR Ser. Mat.* **55** (1991), no. 6, p. 1331–1342 (en russe), Traduction anglaise : *Math. USSR Izvestiya* **39** p. 1281–1291 (1992).

---

Tamás Szamuely, Alfréd Rényi Institute of Mathematics, Hungarian Academy of Sciences, PO Box 127, H-1364 Budapest, Hungary • *E-mail :* szamuely@math-inst.hu

*Courbes semi-stables et groupe fondamental en géométrie algébrique*
(J.-B. Bost, F. Loeser, M. Raynaud, éd.), p. 203–216
Progress in Mathematics, Vol. 187, 

# 13

# LE THÉORÈME DE TAMAGAWA II

David Harari

## Introduction

Cet exposé fait suite à celui de T. Szamuely. Dans tout ce texte, on notera $\pi_1(X)$ le groupe fondamental algébrique d'un schéma (connexe) $X$ ; pour alléger les notations, on ne précisera pas les points-base, étant bien entendu qu'on fait des choix compatibles à chaque fois que l'on fait intervenir des homomorphismes entre groupes fondamentaux. On suit de près l'article de A. Tamagawa **[15]** :

*The Grothendieck conjecture for affine curves*, Compositio Mathematica **109**, 135-194 (1997).

Pour chaque résultat, on indiquera par [Tamagawa], suivi du numéro correspondant, la référence dans cet article.

L'objet de cet exposé est d'utiliser les résultats obtenus dans l'exposé précédent dans le cadre des corps finis pour démontrer la conjecture anabélienne de Grothendieck pour les courbes affines hyperboliques, c'est-à-dire :

***Théorème* 0.1 (Tamagawa, (0.3)).** — *Soient $X_1$ et $X_2$ deux courbes affines hyperboliques définies sur un corps $k$ de type fini sur* $\mathbf{Q}$. *Alors l'application naturelle*

$$\mathrm{Isom}_{\mathrm{Sch}/k}(X_1, X_2) \to \mathrm{Isom}_G^{\mathrm{ext}}(\pi_1(X_1), \pi_1(X_2))$$

*est bijective.*

Rappelons que $\mathrm{Isom}_{\mathrm{Sch}/k}(X_1, X_2)$ désigne l'ensemble des isomorphismes de $k$-schémas de $X_1$ dans $X_2$ et $\mathrm{Isom}_G^{\mathrm{ext}}(\pi_1(X_1), \pi_1(X_2))$ l'ensemble des $\mathrm{Gal}\,(k)$-isomorphismes extérieurs de leurs groupes fondamentaux (cf. **[14]**, section 1). On a également une version absolue de ce résultat, qui donne une bijection entre les isomorphismes de schémas (pas nécessairement compatibles avec le morphisme structural vers $\mathrm{Spec}\, k$) et les isomorphismes extérieurs (sans considération de l'action de $\mathrm{Gal}\,(k)$) entre groupes fondamentaux.

Nous allons en fait démontrer la version suivante du théorème 0.1 :

***Théorème* 0.2 (Tamagawa, (6.3)).** — *Soit $k$ un corps de type fini sur $\mathbf{Q}$. Pour $i = 1, 2$, soient $U_i$ une courbe affine lisse et géométriquement connexe sur $k$ et $X_i$ une compactification lisse de $U_i$ dont on note $K_i$ le corps des fonctions. Soient $g_i$ le genre de $X_i$ et $n_i$ le cardinal de $S_i(\bar{k})$, où $S_i = X_i - U_i$. On suppose $n_i > 0$ et $2 - 2g_i - n_i < 0$ pour $i = 1$ ou $i = 2$.*
*Alors, l'application :*

$$\Phi : \mathrm{Isom}_{\bar{k}/k}(\widetilde{U}_1/U_1, \widetilde{U}_2/U_2) \to \mathrm{Isom}_{G_k}(\Pi_1, \Pi_2)$$

$$(\widetilde{F}, F) \mapsto \widetilde{F}(.)\widetilde{F}^{-1}$$

*(où par définition $\widetilde{F}(.)\widetilde{F}^{-1}$ envoie $\alpha \in \mathrm{Aut}(\widetilde{U}_1/U_1) = \Pi_1$ sur $(\widetilde{F} \circ \alpha \circ \widetilde{F}^{-1}) \in \mathrm{Aut}(\widetilde{U}_2/U_2) = \Pi_2$)*
*est bijective.*

Rappelons que $\overline{U}_i := U_i \times_k \bar{k}$, et $\Pi_i := \pi_1(U_i)$ ; on appelle $\widetilde{U}_i$ le normalisé de $U_i$ dans l'extension galoisienne maximale $\widetilde{K}_i$ de $\bar{k}K_i$ qui est non ramifiée au-dessus de $U_i$. En particulier $\Pi_i = \mathrm{Gal}\,(\widetilde{K}_i/K_i) = \mathrm{Aut}(\widetilde{U}_i/U_i)$ et $\overline{\Pi}_i := \pi_1(\overline{U}_i)$ n'est autre que $\mathrm{Gal}\,(\widetilde{K}_i/K_i\bar{k}) = \mathrm{Aut}(\widetilde{U}_i/\overline{U}_i)$, où $\overline{U}_i := U_i \times_k \bar{k}$.

Par $\mathrm{Isom}_{\bar{k}/k}(\widetilde{U}_1/U_1, \widetilde{U}_2/U_2)$, on entend l'ensemble des couples $(\widetilde{F}, F)$ où $\widetilde{F} : \widetilde{U}_1 \to \widetilde{U}_2$ (resp. $F : U_1 \to U_2$) est un isomorphisme de $\bar{k}$-schémas (resp. de $k$-schémas) tel que le diagramme suivant soit commutatif :

$$\begin{array}{ccc} \widetilde{U}_1 & \xrightarrow{\widetilde{F}} & \widetilde{U}_2 \\ \downarrow & & \downarrow \\ U_1 & \xrightarrow{F} & U_2 \end{array}$$

On déduira aussi du théorème 0.2 la version absolue suivante :

***Théorème* 0.3 (Tamagawa, (6.1)).** — *Pour $i = 1, 2$, soient $k_i$ un corps de type fini sur $\mathbf{Q}$ et $U_i$ une courbe affine lisse et connexe sur $k_i$. Avec les notations* *du théorème 0.2, on suppose que* $n_i > 0$ *et* $2 - 2g_i - n_i < 0$ *pour* $i = 1$ *ou* $i = 2$. *Alors, l'application :*

$$\mathrm{Isom}(\widetilde{U}_1/U_1, \widetilde{U}_2/U_2) \to \mathrm{Isom}(\Pi_1, \Pi_2)$$

$$(\widetilde{F}, F) \mapsto \widetilde{F}(.)\widetilde{F}^{-1}$$

*est bijective. Ici, on considère des isomorphismes de schémas (et non plus forcément de* $k$*-variétés ou* $\bar{k}$*-variétés) et de groupes profinis (pas forcément au-dessus de* $G_k$*).*

*Remarque.* — L'intêret d'introduire $\widetilde{U}_i$ et de voir $\pi_i$ comme $\mathrm{Aut}(\widetilde{U}_i/U_i)$ est qu'on obtient bien des éléments de $\mathrm{Isom}(\Pi_1, \Pi_2)$ (pas seulement définis à conjugaison près), ce qui est plus commode pour les démonstrations.

## 1. Groupe fondamental modéré d'une courbe sur un trait

Le but de cette section est de comparer le groupe fondamental modéré d'une courbe hyperbolique sur un anneau de valuation discrète (hensélien) avec celui de la fibre générique. Dans toute la suite, $R$ désigne un anneau de valuation discrète de corps des fractions $K$ et de corps résiduel $\kappa$. On pose $G = \mathrm{Gal}\,(K^{\mathrm{sep}}/K)$ et on appelle $I \subset G$ le groupe d'inertie (il est toujours bien défini à conjugaison près, et bien défini sans ambiguïté si $R$ est hensélien). On considère une courbe $X$ propre, lisse, et géométriquement connexe sur $K$, un diviseur effectif $D$ de $X$ étale sur $K$, et on note $U = X - D$. On désigne le genre de $X$ par $g$ et le degré de $D$ par $n$. Si $\mathscr{X}$ est un schéma propre et lisse sur $S := \mathrm{Spec}\, R$, un *diviseur relativement étale* $\mathscr{D}$ de $\mathscr{X}$ est un sous-schéma fermé de codimension 1 de $\mathscr{X}$ tel que la restriction à $\mathscr{D}$ du morphisme structural $\mathscr{X} \to S$ soit étale.

Rappelons qu'on dit que $(X, D)$ a *bonne réduction* sur $R$ s'il existe un schéma propre et lisse $\mathscr{X}$ sur $S$ et un diviseur relativement étale $\mathscr{D}$ de $\mathscr{X}/S$ dont la fibre générique $(\mathscr{X}_\eta, D_\eta)$ est isomorphe à $(X, D)$ sur $K$. Notons que dans ce cas, la condition $2 - 2g - n < 0$ implique l'unicité du modèle lisse $(\mathscr{X}, \mathscr{D})$ ([**4**], [**9**]).

### 1.1. Bonne réduction et ramification modérée.

— On commence par relier le groupe fondamental modéré à des propriétés de bonne réduction à l'aide du lemme-clé suivant :

***Lemme* 1.1 (Tamagawa, (5.5)).** — *On suppose* $2 - 2g - n < 0$ *et* $R$ *strictement hensélien. Soit* $V/U$ *un revêtement galoisien étale connexe de* $U$ *modérément ramifié le long de* $D$ *et* $Y$ *la compactification de* $V$. *Soit* $E = Y - V$ *(c'est* *un diviseur de $Y$ que l'on munit de sa structure réduite). Alors les assertions suivantes sont équivalentes :*

(1) *$(X, D)$ a bonne réduction et $V/U$ s'étend en un revêtement étale de $\mathcal{U}$ au plus ramifié le long de $\mathcal{D}$, où $(\mathcal{X}, \mathcal{D})$ est une bonne réduction sur $R$ de $(X, D)$ et $\mathcal{U} := \mathcal{X} - \mathcal{D}$.*

(2) *$(Y, E)$ et $(X, D)$ ont tous deux bonne réduction.*

(3) *$(Y, E)$ a bonne réduction.*

*Démonstration.* — (1) $\Rightarrow$ (2) : résulte du lemme d'Abhyankar ([**11**]).

(2) $\Rightarrow$ (3) : Trivial.

(3) $\Rightarrow$ (2) : Le modèle lisse $(\mathcal{Y}, \mathcal{E})$ de $(Y, E)$ est unique, ce qui permet d'étendre à $(\mathcal{Y}, \mathcal{E})$ l'action de $\Gamma := \mathrm{Aut}(Y/X)$ sur $(Y, E)$. Un théorème de Lichtenbaum ([**8**]) assure que $\mathcal{Y}$, qui est connexe, régulier, propre, plat et de dimension relative 1 sur $S$, est projectif sur $S$, ce qui permet de définir le quotient $\mathcal{X} := \mathcal{Y}/\Gamma$, qui est propre et lisse sur $S$ ([**7**], Théorème page 508). La fibre générique de $\mathcal{X}$ est $Y/\Gamma = X$ (puisque $Y/X$ est galoisien), d'où le résultat si $n = 0$.

Dans le cas $n > 0$, il reste à plonger $\mathcal{E}/\Gamma$ comme diviseur relativement étale de $\mathcal{X}$ au-dessus de $S$. Mais comme $R$ est strictement hensélien, $S$ n'a pas de revêtement étale non trivial et on a simplement $\mathcal{E} = \coprod_{\lambda \in \Lambda} S$, où $\Lambda$ est un ensemble fini. Du coup $\mathcal{E}/\Gamma = \coprod_{1 \geqslant i \geqslant r} S$, où $\Lambda_1, \dots, \Lambda_r$ sont les $\Gamma$-orbites de $\Lambda$. Il ne reste donc plus qu'à prouver que la flèche $\mathcal{E}/\Gamma \to \mathcal{Y}/\Gamma$ induite par l'immersion fermée $\mathcal{E} \hookrightarrow \mathcal{Y}$ est elle-même une immersion fermée. Pour tout $i \in \{1, \dots, r\}$, on peut trouver un ouvert affine $\operatorname{Spec} B_i$ de $\mathcal{Y}$ qui est stable par $\Gamma$, contient $\coprod_{\lambda \in \Lambda_i} S$, et ne rencontre pas $\coprod_{\lambda \in \Lambda - \Lambda_i} S$ (en effet comme $\mathcal{Y}$ est projectif sur $S$, toute orbite est contenue dans un ouvert affine). La surjection $B_i \to \prod_{\lambda \in \Lambda_i} R$ définit l'immersion fermée $\mathcal{E} \cap \operatorname{Spec} B_i \hookrightarrow \operatorname{Spec} B_i$ et on veut prouver que la flèche $B_i^\Gamma \to (\prod_{\Lambda \in \Lambda_i} R)^\Gamma$ qu'elle induit est également surjective. Mais ceci est clair car $B_i$ contient $R$ et $(\prod_{\Lambda \in \Lambda_i} R)^\Gamma = R$ vu que les $\Lambda_i$ sont les $\Gamma$-orbites de $\Lambda$.

(2) $\Rightarrow$ (1) : Comme on vient de le voir, le modèle lisse de $(X, D)$ est $(\mathcal{X}, \mathcal{D}) := (\mathcal{Y}/\Gamma, \mathcal{E}/\Gamma)$. On peut supposer $\Gamma := \mathrm{Aut}(Y/X)$ simple (sinon il est extension successive de $s$ groupes simples et on procède par récurrence sur $s$, l'hypothèse de récurrence pouvant être appliquée grâce à 2. $\Rightarrow$ 1.). Alors, l'action de $\Gamma$ sur la fibre spéciale $\mathcal{Y}_s$ de $\mathcal{Y}$ est triviale ou fidèle. Supposons-la triviale (avec $\Gamma$ non trivial), ie $\mathcal{Y}_s = \mathcal{Y}_s/\Gamma$. Comme le morphisme naturel $\mathcal{Y}_s/\Gamma \to (\mathcal{Y}/\Gamma)_s = \mathcal{X}_s$ est radiciel par un théorème de Gabber ([**7**], A7.2.2. page 222), ceci implique que $\mathcal{Y}_s$ et $\mathcal{X}_s$ ont même genre, donc aussi $g_Y = g$ (le genre d'une courbe est invariant dans une famille lisse). D'autre

part $\mathscr{E}_s = \mathscr{E}_s/\Gamma = \mathscr{D}_s$, donc les deux diviseurs étales $\mathscr{E}$ et $\mathscr{D}$ ont même degré, c'est-à-dire que $n_Y = n$, où $n_Y$ est le degré de $E$. La formule de Hurwitz appliquée au revêtement modérément ramifié $Y \to X$ donne alors, en posant $d = \operatorname{Card}\Gamma$ :

$$2g_Y - 2 = d(2g-2) + \sum_{P \in E}(e_P - 1)$$

(où $e_P$ est l'indice de ramification en $P$), ou encore :

$$2g_Y - 2 = d(2g-2) + dn - n_Y$$

d'où $2g-2+n = d(2g-2+n)$ ce qui est absurde vu que $d > 1$ et $2g-2+n > 0$. Ainsi, l'action de $\Gamma$ sur $\mathscr{Y}_s$ ne peut être que fidèle. En particulier, comme $\mathscr{X} = \mathscr{Y}/\Gamma$, le revêtement $\mathscr{Y}/\mathscr{X}$ est non ramifié au point générique de $\mathscr{X}_s$. En utilisant le théorème de pureté de Zariski et le lemme d'Abhyankar ([**11**]), on en déduit que $\mathscr{Y}/\mathscr{X}$ est non ramifié en dehors de $\mathscr{D}$ et au plus modérément ramifié le long de $\mathscr{D}$, ce qui achève la preuve. □

**1.2. Le critère de bonne réduction anabélien ; application au groupe fondamental.** — Pour aller plus loin, on a besoin de traduire la propriété de bonne réduction pour une courbe hyperbolique en termes de la représentation extérieure du groupe de Galois de $K$ dans le groupe fondamental de $\overline{U} = U \times_K K^{\mathrm{sep}}$. C'est l'objet du théorème suivant, qui est l'analogue anabélien du critère de bonne réduction de Néron-Ogg-Shafarevich-Serre-Tate pour les variétés abéliennes. Pour les courbes propres de genre au moins 2, cet énoncé avait déjà été obtenu par Takayuki Oda ([**10**]).

***Théorème* 1.2 (Tamagawa, (5.3)).** — *On suppose $2 - 2g - n < 0$. Alors les assertions suivantes sont équivalentes :*

(1) *$(X, D)$ a bonne réduction.*

(2) *Il existe un nombre premier $\ell \neq p$ tel que l'image de $I$ dans* $\operatorname{Out}(\pi_1(\overline{U})^l)$ *soit triviale.*

Rappelons que $\pi_1(\overline{U})^\ell$ désigne le plus grand quotient de $\pi_1(\overline{U})$ qui est limite projective de groupes finis d'ordre une puissance de $\ell$. On a noté $p$ la caractéristique du corps résiduel $\kappa$ de $R$.

L'idée de la preuve va être d'appliquer le critère de Néron-Ogg-Shafarevich-Serre-Tate à la jacobienne de $X$, et d'utiliser le fait que pour une courbe hyperbolique $U$, le centre de $\pi_1(\overline{U})^\ell$ est trivial si $\ell \neq p$ (propriété « anabélienne »).

*Démonstration.* — L'implication (1) $\Rightarrow$ (2) vient de ([**6**], exposé 13) : si (1) est vraie, l'image de $I$ dans $\operatorname{Out}(\pi_1(\overline{U})^\ell)$ est triviale pour tout nombre premier

$\ell \neq p$, cf. **[11]**. Il reste à prouver (2) $\Rightarrow$ (1) Par descente fidèlement plate, on peut remplacer $R$ par son henselisé strict, et supposer ainsi $G = I$.

Posons $\Pi = \pi_1(U)$ et $\overline{\Pi} = \pi_1(\overline{U})$. La suite suivante de $I$-modules est exacte :

$$0 \to \mathbf{Z}_\ell(1) \to \mathbf{Z}[D(K^{\mathrm{sep}})] \otimes_{\mathbf{Z}} \mathbf{Z}_\ell(1) \to (\overline{\Pi}^\ell)^{\mathrm{ab}} \to T(J_X)^\ell \to 0$$

où $J_X$ désigne la jacobienne de $X$ et $T(J_X)^\ell$ son module de Tate $\ell$-adique. L'hypothèse implique que $I$ agit trivialement sur $D(K^{\mathrm{sep}})$ et $T(J_X)^\ell$. en particulier $D(K) = D(K^{\mathrm{sep}})$ (rappelons que $D$ est étale sur $K$) et par le critère de Néron-Ogg-Shafarevich (cf. **[1]**), la jacobienne $J_X$ a bonne réduction. On peut aussi supposer $\kappa$ algébriquement clos. Il existe alors un modèle semi-stable canonique $(\mathscr{X}, \mathscr{D})$ de $(X, D)$ sur $R$ caractérisé par les propriétés suivantes :

– Le diviseur $\mathscr{D}$ est étale sur $R$ et contenu dans le lieu lisse de $\mathscr{X} \to \operatorname{Spec} R$.

– Si $P$ est une droite projective de la fibre spéciale $\mathscr{X}_s$ qui rencontre l'ensemble des autres composantes en deux points, alors $P$ contient au moins un point de $\mathscr{D}_s$.

– Si $P$ est une droite projective de la fibre spéciale $\mathscr{X}_s$ qui rencontre l'ensemble des autres composantes en un point, alors $P$ contient au moins deux points de $\mathscr{D}_s$.

Par exemple, pour $g \geqslant 2$, on obtient ce modèle canonique $\mathscr{X}$ comme éclatement du modèle stable usuel ; pour $g = 0$, $\mathscr{X}$ est le modèle semi-stable associé à $D$ vu comme ensemble de bouts de l'arbre de $\mathrm{PGL}(K)$ (cf. **[12]**).

Notons que le graphe de $\mathscr{X}_s$ est un arbre ( **[9]**) car $J_X$ a bonne réduction. On pose $\mathscr{U} = \mathscr{X} - \mathscr{D}$.

On a alors un diagramme commutatif dont les lignes sont exactes :

$$\begin{array}{ccccccccc}
1 & \longrightarrow & \overline{\Pi}^\ell & \longrightarrow & \Pi^{(\ell)} & \longrightarrow & I & \longrightarrow & 1 \\
 & & \downarrow & & \downarrow & & \downarrow{\scriptstyle 1} & & \\
1 & \longrightarrow & \mathrm{Inn}(\overline{\Pi}^\ell) & \longrightarrow & \mathrm{Aut}(\overline{\Pi}^\ell) & \longrightarrow & \mathrm{Out}(\overline{\Pi}^\ell) & \longrightarrow & 1
\end{array}$$

où $\Pi^{(\ell)}$ est par définition le quotient de $\Pi$ par $\mathrm{Ker}\,[\overline{\Pi} \to \overline{\Pi}^\ell])$. La courbe $U$ est hyperbolique, donc le centre de $\overline{\Pi}^\ell$ est trivial (**[14]**). Comme par hypothèse l'image de $I$ dans $\mathrm{Out}(\overline{\Pi}^\ell)$ est triviale, le sous-groupe distingué $J := \mathrm{Ker}\,[\Pi^{(\ell)} \to \mathrm{Aut}(\overline{\Pi}^\ell)]$ de $\Pi^{(\ell)}$ est isomorphe à $I$ (nous les identifierons) d'où une section $I \to \Pi^{(\ell)}$ de la projection $\Pi^{(\ell)} \to I$, qui définit une décomposition canonique $\Pi^{(\ell)} = \overline{\Pi}^\ell \times J$ en produit de groupes.

L'idée est maintenant de caractériser les $\ell$-revêtements de $X$ (étales au-dessus de $U$) qui admettent un modèle régulier semi-stable. C'est l'objet du lemme suivant :

**Lemme 1.3.** — *Sous les hypothèses du théorème 1.2, soient $H$ un sous-groupe ouvert de $\Pi^{(\ell)}$ correspondant au revêtement étale $V$ de $U$ et $Y$ la normalisation de $X$ dans $V$ (c'est une compactification lisse de $V/K$ car $\ell$ est premier à $p$). On pose $E = Y - V$ et on suppose que la flèche $H \to I$ est surjective. Alors les deux assertions suivantes sont équivalentes :*

– *$Y$ a un modèle régulier semi-stable et $E(K) = E(\overline{K})$.*

– *$H \supset J$ (rappel : $J$ est défini via $\Pi^{(\ell)} = \overline{\Pi}^{\ell} \times J$).*

*Si ces assertions sont vérifiées, alors le graphe d'un modèle régulier semi-stable de $Y$ est un arbre.*

*Preuve du lemme.* — Supposons la première assertion vraie. Posons $\overline{H} = H \cap \overline{\Pi}^{\ell}$. Alors l'image de $I$ dans $\mathrm{Aut}(\overline{H}^{\mathrm{ab}})$ est unipotente ([**1**]). Mais le noyau de $\mathrm{Out}(\overline{H}) \to \mathrm{Aut}(\overline{H}^{\mathrm{ab}})$ est sans torsion (cf. [**2**]) et l'image de $I$ dans $\mathrm{Out}(\overline{H})$ est finie (l'image de $H \cap J$ dans $I$ est un sous-groupe ouvert de $I$), donc finalement cette image est triviale. Du coup, comme on l'a déjà vu, $H = \overline{H} \times J'$, où $J'$ est un sous-groupe de $J$ qui s'envoie isomorphiquement sur $I$ (car $H$ se surjecte sur $I$). Mais le centre de $\overline{H}$ est trivial et $\overline{\Pi}^{\ell}$ est sans-torsion, donc le centralisateur de $\overline{H}$ dans $\overline{\Pi}^{\ell}$ est trivial (il est fini et sans torsion) et $J' = J$. En particulier $H \supset J$.

En sens inverse, la condition $H \supset J$ implique que l'image de $I$ dans $\mathrm{Out}(\overline{H})$ est triviale et que $E$ est étale sur $K$. On en déduit la première condition comme on l'a vu plus haut, avec en plus l'information que le graphe du modèle semi-stable obtenu est un arbre. □

Nous reprenons la preuve du théorème 1.2.

Pour conclure il nous faut montrer que le modèle semi-stable canonique $\mathscr{X}$ est en fait propre et lisse, c'est-à-dire que la fibre spéciale $\mathscr{X}_s$ est irréductible. Supposons le contraire, alors le graphe de $\mathscr{X}_s$ (qui est un arbre) a au moins deux bouts $Z_1$ et $Z_2$, d'où deux ouverts $W_1$ et $W_2$ de $\mathscr{X}_s$ qui sont les complémentaires des points de rattachement. Vu la description de $\mathscr{X}$, on obtient que $(\pi_1(Z_i - Z_i \cap \mathscr{D}_s)^{(\ell)})^{\mathrm{ab}}$ est un $\mathbf{Z}_\ell$-module libre non trivial. En en prenant un quotient d'ordre $\ell$, on construit un revêtement cyclique $\mathscr{Y}_s \to \mathscr{X}_s$ d'ordre $\ell$ qui est étale au-dessus de $\mathscr{U}_s$, modérément ramifié le long de $\mathscr{D}_s$, irréductible au-dessus de $Z_i$ $(1 \leqslant i \leqslant 2)$, mais décomposé au-dessus de $\mathscr{X}_s - (W_1 \cup W_2)$. Du coup le graphe de $\mathscr{Y}_s$ n'est pas un arbre.

Par **[6]** (voir aussi **[11]** pour le cas où $\mathcal{X}_s$ est lisse), le revêtement $\mathcal{Y}_s \to \mathcal{X}_s$ s'étend en un revêtement $\mathcal{Y} \to \mathcal{X}$ qui est cyclique d'ordre $\ell$, étale au-dessus de $\mathcal{U}$ et modérément ramifié le long de $\mathcal{D}$. Appelons $Y$, $X$, et $U$ les fibres génériques respectives de $\mathcal{Y}$, $\mathcal{X}$, $\mathcal{U}$, puis $V \subset Y$ l'image réciproque de $U$ par $\mathcal{Y} \to \mathcal{X}$. Avec les notations du lemme 1.3, $E \to D$ est décomposé donc le sous-groupe $H$ correspondant à $V \to U$ contient $J$. Comme le graphe de $\mathcal{Y}_s$ n'est pas un arbre, le lemme 1.3 est contredit. □

Reprenant les notations du début de cette section, supposons que $(X, D)$ a bonne réduction sur $R$ hensélien avec $2 - 2g - n < 0$. Soit $(\mathcal{X}, \mathcal{D})$ un modèle lisse de $(X, D)$ et $\mathcal{U} := \mathcal{X} - \mathcal{D}$. On peut maintenant, comme corollaire du lemme 1.1 et du théorème 1.2, relier le groupe fondamental modéré de $\mathcal{U}$ à celui de $U$ :

***Théorème* 1.4 (Tamagawa, (5.7)).** — *Soit $H$ un sous-groupe distingué ouvert de $\pi_1^t(U)$ et $\overline{H} := H \cap \pi_1(\overline{U})$. Alors $H$ contient le noyau $N$ de la surjection $\pi_1^t(U) \to \pi_1^t(\mathcal{U})$ si et seulement s'il satisfait les deux conditions suivantes :*

(1) *L'image de $H$ dans $G := \mathrm{Gal}(K^{\mathrm{sep}}/K)$ contient $I$*

(2) *L'image de $I$ dans $\mathrm{Out}(\overline{H}^{\ell})$ est triviale pour tout nombre premier (ou pour un nombre premier) $\ell \neq p$.*

*Démonstration.* — On se ramène immédiatement au cas où $R$ est strictement hensélien (en remplacant $R$ par son extension maximale non ramifiée), ie $G = I$. Soit $V/U$ le revêtement étale (galoisien puisque $H$ est distingué dans $\pi_1^t(U)$) associé à $H$ et $Y$ sa compactification, le revêtement $Y/X$ est au plus modérément ramifié en dehors de $U$. Dire que $H$ contient $N$, c'est dire que $V$ s'étend en un revêtement étale $\mathcal{V}$ de $\mathcal{U}$ qui est au plus modérément ramifié le long de $\mathcal{D}$. D'après le lemme 1.1, ceci est équivalent au fait que $Y$ ait bonne réduction. Par le théorème 1.2, c'est aussi équivalent à : l'image de $I$ dans $\mathrm{Out}(\pi_1(\overline{V})^{\ell})$ est triviale (où $\overline{V} := V \times_K K^{\mathrm{sep}}$). Comme $\pi_1(\overline{V})$ n'est autre que $\overline{H}$, le résultat est prouvé. □

## 2. Cas d'un corps de type fini sur Q : preuve du théorème de Tamagawa

Dans cette section, on combine les résultats de la section 1. avec les résultats obtenus dans l'exposé **[14]** pour une courbe sur un corps fini. Nous allons donner la preuve de Tamagawa du théorème 0.2 ; la version absolue, ie le théorème 0.3 s'en déduit en utilisant le théorème de Pop, qui est la version « corps de fonctions » de la conjecture anabélienne : en effet un isomorphisme de groupes $f$ entre $\Pi_1$ et $\Pi_2$ induit un isomorphisme entre $\overline{\Pi}_1$ et $\overline{\Pi}_2$ (car $\overline{\Pi}_i$ peut être caractérisé intrinsèquement comme le sous-groupe fermé normal maximal de $\Pi_i$ qui est de type fini en tant que groupe topologique, **[5]**, Theorème 15.10). Du coup $f$ induit un automorphisme $\theta$ de $G_k$, mais celui-ci vient d'un automorphisme $\sigma$ de $k$ par le théorème de Pop, et le théorème 0.2 donne alors que $\theta$ vient d'un élément de $\mathrm{Isom}_{\bar{k}/k}(\widetilde{U}_1/U_1, \widetilde{U_2^\sigma}/U_2^\sigma)$, où les exposants $\sigma$ signifient qu'on a changé le morphisme structural $U_2 \to \operatorname{Spec} k$ via $\sigma$. En particulier $\theta$ vient de $\mathrm{Isom}(\widetilde{U}_1/U_1, \widetilde{U}_2/U_2)$.

Notons aussi que l'hypothèse que les courbes sont affines n'interviendra pas dans le raisonnement : c'est uniquement pour appliquer le résultat sur les corps finis que l'on s'en sert.

**2.1. Rappels.** — Nous reprenons les notations du théorème 0.2. Supposons que l'ensemble $\mathrm{Isom}_{G_k}(\Pi_1, \Pi_2)$ est non vide et prenons un de ses éléments $\mathscr{F}$. Comme on peut retrouver $g_i$ et $n_i$ à partir de $\Pi_i$ (en utilisant le poids d'un Frobenius, comme on a fait dans l'exposé **[14]** pour des courbes sur un corps fini ; cf. [Tamagawa], (3.5) et (3.6)), on a $(g_1, n_1) = (g_2, n_2)$ ; on pose $(g, n) = (g_1, n_1) = (g_2, n_2)$. Soit $H_i$ un sous-groupe ouvert de $\Pi_i$, rappelons qu'on note $U_{i,H_i}$ le revêtement étale de $U_i$ correspondant, $k_{H_i}$ la fermeture intégrale de $k$ dans $U_{i,H_i}$, et les invariants associés à $U_{i,H_i}$ commme ceux de $U/k$, mais avec l'indice $H_i$ (par exemple $g_{H_i}$ est le genre de la courbe compactifiée de $U_{i,H_i}$). Fixons un sous-groupe ouvert $H_1$ de $\Pi_1$ avec $g_{H_1} \geqslant 2$ et $H_2 := \mathscr{F}(H_1)$. Posons $k_H = k_{H_1} = k_{H_2}$. On a des plongements :

$$\mathrm{Isom}_{k_H}(U_{1,H_1}, U_{2,H_2}) \to \mathrm{Isom}_{k_H}(J_{X_{1,H_1}}, J_{X_{2,H_2}}) \to \mathrm{Isom}_{\widehat{\mathbf{Z}}}(T(J_{X_{1,H_1}}), T(J_{X_{2,H_2}}))$$

mais d'autre part $\mathscr{F}$ envoie $\overline{H}_1$ sur $\overline{H}_2$ et $I(H_1)$ sur $I(H_2)$, où

$$I(H_i) := \mathrm{Ker}\,[\pi_1(U_{H_i}) \to \pi_1(X_{H_i})] = \mathrm{Ker}\,[\pi_1(\overline{U}_{H_i}) \to \pi_1(\overline{X}_{H_i})]$$

([Tamagawa], (3.7)). Ainsi $\mathscr{F}$ induit un élément (noté encore $\mathscr{F}$) de

$$\mathrm{Isom}_{\widehat{\mathbf{Z}}}(T(J_{X_{1,H_1}}), T(J_{X_{2,H_2}})).$$

**2.2. Une première réduction.** — Soit $\mathrm{pr}_1$ la projection $\Pi_1 \to G_k$. On appelle section géométrique (ou simplement section) de $\Pi_1$ une application $s : G_L \to \Pi_1$ (où $L$ est une extension finie de $k$ dans $\bar{k}$ et $G_L := \mathrm{Gal}(\bar{k}/L)$) telle que $\mathrm{pr}_1 \circ s = \mathrm{Id}_{G_L}$. L'avantage de travailler dans une situation relative est notamment que l'on va pouvoir considérer l'action d'un élément de $\mathrm{Isom}_{G_k}(\Pi_1, \Pi_2)$ sur ces sections.

***Lemme* 2.1 (Tamagawa, (6.7)).** — *Le groupe $\Pi_1$ est topologiquement engendré par ses sections, et aussi par ses sous-groupes ouverts $H_1$ tels que $g_{H_1} \geqslant 2$.*

*Démonstration.* — Le théorème d'irréductibilité de Hilbert pour $k$ ([**13**], 3) dit que si $V_1$ est un revêtement étale galoisien connexe de $U_1$ de groupe $\Pi_1/H$ (où $H$ est le sous-groupe ouvert normal de $\Pi_1$ correspondant à $V_1$), il existe (pour une certaine extension finie $L/k$) un $L$-point $m_L$ de $U_1$ tel que la fibre du revêtement $V_1$ en $m_L$ soit connexe. En particulier, si $s : G_L \to \Pi_1$ est la section associée à $m_L$, le groupe $H$ ne contient pas $s(G_L)$ sauf s'il est égal à $\Pi_1$. Autrement dit, le groupe profini $\Pi_1$ est topologiquement engendré par ses sections.

Comme $\overline{\Pi}_1$ est un groupe topologique de type fini, il a une base de voisinages en 1 qui sont des sous-groupes (topologiquement) caractéristiques. Mais d'autre part, comme $U_1$ est une courbe hyperbolique, le groupe $\overline{\Pi}_1$ contient des sous-groupes ouverts $\overline{H}$ avec $g_{\overline{H}}$ arbitrairement grand et on peut donc trouver un sous-groupe ouvert caractéristique $\overline{H}_1$ de $\overline{\Pi}_1$ avec $g_{\overline{H}_1} \geqslant 2$. Alors, $\overline{H}_1$ est normal dans $\Pi_1$ et pour toute section $s : G_L \to \Pi_1$, le groupe $H_1 := \overline{H}_1 s(G_L)$ est un sous-groupe ouvert de $\Pi_1$ qui contient $s(G_L)$ avec $g_{H_1} \geqslant 2$. Comme $\Pi_1$ est engendré par les $s(G_L)$, le résultat en découle. □

On va maintenant achever la preuve du théorème 0.2 en admettant la proposition clé suivante, qui sera démontrée au paragraphe suivant :

***Proposition* 2.2 (Tamagawa, (6.6)).** — *Pour tout couple $(H_1, H_2)$ comme en 2.1, l'élément $\mathscr{F}$ est dans l'image de :*

$$\mathrm{Isom}_{k_H}(U_{1,H_1}, U_{2,H_2}) \hookrightarrow \mathrm{Isom}_{\widehat{\mathbf{Z}}}(T(J_{X_{1,H_1}}), T(J_{X_{2,H_2}}))$$

*Fin de la preuve du théorème 0.2.* — Appliquons la proposition 2.2 ; on obtient, en passant à la limite projective sur les flèches $U_{1,H_1} \to U_{2,H_2}$ induites par $\mathscr{F}$ via la proposition (pour tout sous-groupe ouvert $H_1$ de $\Pi_1$ et $H_2 := \mathscr{F}(H_1)$), un élément de $\mathrm{Isom}_{\overline{k}}(\widetilde{U}_1, \widetilde{U}_2)$ que l'on note encore $\mathscr{F}$. Par le lemme 2.1, cet élément induit un unique $k$-isomorphisme $U_1 \to U_2$ : en effet $U_i$ est le quotient de $\widetilde{U}_i$ par $\Pi_i$, avec $\Pi_1$ engendré par les sous-groupes ouverts $H_1$ tels que $g_{H_1} \geqslant 2$, et $\mathscr{F} \in \mathrm{Isom}_{\overline{k}}(\widetilde{U}_1, \widetilde{U}_2)$ est induite par les applications $\mathscr{F} : \widetilde{U}_1/H_1 \to \widetilde{U}_2/H_2$. Ceci nous définit donc finalement une flèche :

$$\Psi : \mathrm{Isom}_{G_k}(\Pi_1, \Pi_2) \to \mathrm{Isom}_{\overline{k}/k}(\widetilde{U}_1/U_1, \widetilde{U}_2/U_2)$$

Il est clair par construction que $\Psi \circ \Phi$ est l'identité. Comme on veut montrer que $\Phi$ est bijective, il suffit maintenant de prouver que $\Psi$ est injective. Soient donc $\mathscr{F}$, $\mathscr{F}'$ des éléments de $\mathrm{Isom}_{G_k}(\Pi_1, \Pi_2)$ qui ont même image par $\Psi$. Posons

$\mathcal{E} = \mathcal{F}'^{-1}\mathcal{F}$, alors $\mathcal{E}$ induit l'identité de $\mathrm{Isom}_{\bar{k}}(\widetilde{U}_1, \widetilde{U}_1)$ et on a en particulier $\mathcal{E}(H_1) = H_1$ pour tout sous-groupe ouvert $H_1$ de $\Pi_1$ tel que $g_{H_1} \geqslant 2$. Par le lemme 2.1 (appliqué à $U_{1,H_1}$), on voit que ceci reste vrai pour tout sous-groupe ouvert $H_1$ de $\Pi_1$, puis pour tout sous-groupe fermé (qui est l'intersection des sous-groupes ouverts le contenant). En particulier $\mathcal{E}$ laisse globalement invariant tout groupe $s(G_L)$, où $s : G_L \to \Pi_1$ est une section. Mais comme $\mathcal{E}$ est dans $\mathrm{Isom}_{G_k}(\Pi_1, \Pi_2)$ (et pas seulement dans $\mathrm{Isom}(\Pi_1, \Pi_2)$), on voit en fait que $\mathcal{E}$ induit l'identité sur les $s(G_L)$, donc est l'identité vu que $\Pi_1$ est topologiquement engendré par les $s(G_L)$ (lemme 2.1). □

**2.3. Preuve de la proposition clé.** — Pour prouver la proposition 2.2, on suppose d'abord que $k$ est une extension finie de $\mathbf{Q}$. On peut alors trouver un ouvert non vide $T$ de l'anneau des entiers de $k$ tel que pour $i = 1, 2$, $(X_i, S_i)$ s'étende en un modèle lisse $(\mathcal{X}_i, \mathcal{S}_i)$ au-dessus de $T$. Utilisant **[4]**, on peut aussi supposer (quitte à restreindre $T$) que le foncteur $\underline{\mathrm{Isom}}_T(\mathcal{X}_1, \mathcal{X}_2)$ est représenté par un $T$-schéma fini et étale.

Soit $\wp$ un point fermé de $T$ et $\bar{\wp}$ une extension de $\wp$ dans $\bar{k}$. On note $p_\wp$ la caractéristique du corps résiduel $\kappa(\wp)$ de $T$ en $\wp$. Le groupe de décomposition $G_{\bar{\wp}}$ de $\bar{\wp}$ dans $G_k$ s'identifie avec le groupe de Galois absolu du corps des fractions $k_\wp^h$ du hensélisé de $\mathcal{O}_{T,\wp}$, et l'image inverse de $G_{\bar{\wp}}$ dans $\Pi_i$ s'identifie avec $\Pi_1(U_i \times_k k_\wp^h)$. Ainsi l'élément $\mathcal{F}$ de $\mathrm{Isom}_{G_k}(\Pi_1, \Pi_2)$ induit un élément de :

$$\mathrm{Isom}_{G_{k_\wp^h}}[\pi_1(U_1 \times_k k_\wp^h), \pi_1(U_2 \times_k k_\wp^h)]$$

qui à son tour, d'après le théorème 1.4, induit un élément de

$$\mathrm{Isom}[\pi_1^t(\mathcal{U}_1 \times_T \kappa(\wp)), \pi_1^t(\mathcal{U}_2 \times_T \kappa(\wp)))]$$

où $\mathcal{U}_i := \mathcal{X}_i - \mathcal{S}_i$. Mais le cas des corps finis (vu dans **[14]**) permet d'identifier ce dernier ensemble avec :

$$\mathrm{Isom}[(\widetilde{\mathcal{U}_1 \times_T \kappa(\wp)})/\mathcal{U}_1 \times_T \kappa(\wp), (\widetilde{\mathcal{U}_2 \times_T \kappa(\wp)})/\mathcal{U}_2 \times_T \kappa(\wp)]$$

ce qui fait que pour tout nombre premier $\ell$ différent de $p_\wp$, l'image de $\mathcal{F}$ dans

$$\mathrm{Isom}_{\mathbf{Z}_\ell}(T(J_{X_1})^\ell, T(J_{X_2})^\ell) =$$
$$\mathrm{Isom}_{\mathbf{Z}_\ell}(T(J_{\mathcal{X}_1 \times_T \kappa(\wp)})^\ell, T(J_{\mathcal{X}_2 \times_T \kappa(\wp)})^\ell)$$

est dans l'image (injective) de :

$$\mathrm{Isom}[\mathcal{U}_1 \times_T \kappa(\bar{\wp})/\mathcal{U}_1 \times_T \kappa(\wp), \mathcal{U}_2 \times_T \kappa(\bar{\wp})/\mathcal{U}_2 \times_T \kappa(\wp)]$$

(Ce dernier ensemble est inclus dans $\mathrm{Isom}[(\mathcal{U}_1 \times_T \kappa(\bar{\wp})), \mathcal{U}_2 \times_T \kappa(\bar{\wp}))]$).

On a alors la

***Proposition* 2.3 (Tamagawa, (6.8)).** — *L'élément* $\mathscr{F}$ *de*

$$\mathrm{Isom}[(\mathscr{U}_1 \times_T \kappa(\bar{\wp})), \mathscr{U}_2 \times_T \kappa(\bar{\wp}))]$$

*provient en fait de*

$$\mathrm{Isom}_{\kappa(\wp)}(\mathscr{U}_1 \times_T \kappa(\wp), \mathscr{U}_2 \times_T \kappa(\wp))$$

*Démonstration.* — Comme $\mathscr{F}$ commute avec $G_{\kappa(\wp)}$, il suffit de prouver que $\mathscr{F}$ est dans $\mathrm{Isom}_{\kappa(\bar{\wp})}[(\mathscr{U}_1 \times_T \kappa(\bar{\wp})), \mathscr{U}_2 \times_T \kappa(\bar{\wp}))]$, ou encore que l'automorphisme $t_\wp$ de $\kappa(\bar{\wp})$ associé à $\mathscr{F}$ est l'identité. Le diagramme suivant, ou les flèches horizontales correspondent au pairing de Weil, est commutatif (pour tout nombre premier $\ell \neq p_\wp$) :

$$\begin{array}{ccc} T(J_{X_1})^\ell \times T(J_{X_1})^\ell & \longrightarrow & \mathbf{Z}_\ell(1) \\ {\scriptstyle \mathscr{F}\times\mathscr{F}}\big\downarrow & & {\scriptstyle t_p}\big\downarrow \\ T(J_{X_2})^\ell \times T(J_{X_2})^\ell & \longrightarrow & \mathbf{Z}_\ell(1) \end{array}$$

On utilise alors un argument de type « lemme chinois ». On regarde ce diagramme sur le corps $k$, on obtient que si $q$ est un autre point fermé de $T$, on a $t_\wp = t_q$ dans $\mathrm{Aut}(\mathbf{Z}_\ell(1)) = \mathbf{Z}_\ell^*$ ($\ell$ distinct de $p_\wp$ et $q$). En choisissant deux points fermés $q_1$ et $q_2$ de $T$ tels que $p_{q_1} \neq p_{q_2}$ et $p_{q_i} \neq p_\wp$, on obtient que pour $i = 1, 2$, l'image de $t_\wp = t_{q_i}$ dans $\mathbf{Z}_\ell^*$ ($\ell$ distinct de $p_\wp$ et $p_{q_i}$) est dans $< p_\wp > \cap < p_{q_i} >$ : en effet le Frobenius de $G_{\kappa(\wp)}$ (resp. $G_{\kappa(q_i)}$) agit sur les racines $\ell$-ièmes de l'unité par élévation à la puissance $p_\wp$-ième (resp. $p_{q_i}$-ième) pour tout premier $\ell$ distinct de $p_\wp$ et $q_i$. Par un théorème de Chevalley ([**3**], théorème 1), cette image est triviale. Comme ceci est vrai pour $i = 1, 2$, on en déduit finalement que l'image de $t_\wp$ dans $\mathbf{Z}_\ell$ est triviale pour $\ell \neq p_\wp$, donc $t_\wp$ est trivial. □

Pour conclure la preuve de la proposition 2.2, on procède de la manière suivante : comme $\underline{\mathrm{Isom}}_T(\mathscr{X}_1, \mathscr{X}_2)$ est fini et étale sur $T$, on a :

$$\mathrm{Isom}_{\bar{k}}(\overline{X}_1, \overline{X}_2) = \mathrm{Isom}_{\kappa(\bar{\wp})}(\mathscr{X}_1 \times_T \kappa(\bar{\wp}), \mathscr{X}_2 \times_T \kappa(\bar{\wp}))$$

Du coup, l'image de $\mathscr{F}$ dans $\mathrm{Isom}_{\mathbf{Z}_\ell}(T(J_{X_1})^\ell, T(J_{X_2})^\ell)$ ($\ell \neq p_\wp$) provient d'un élément $\widetilde{\mathscr{F}_\wp}$ de $\mathrm{Isom}_{\bar{k}}(\overline{X}_1, \overline{X}_2)$. Choisissons deux points fermés $\wp$ et $q$ de $T$ avec $p_\wp \neq p_q$. Alors $\widetilde{\mathscr{F}_\wp} = \widetilde{\mathscr{F}_q}$ vu que ces deux éléments ont même image dans

$$\mathrm{Isom}_{\mathbf{Z}_l}(T(J_{X_1})^\ell, T(J_{X_2})^\ell)$$

(pour tout premier $\ell$ distinct de $p_\wp$ et $p_q$). Ainsi $\widetilde{\mathscr{F}} = \widetilde{\mathscr{F}_\wp} = \widetilde{\mathscr{F}_q}$ dans

$$\mathrm{Isom}_{\hat{\mathbf{Z}}}(T(J_{X_1}), T(J_{X_2}))$$

et en particulier, comme $\mathscr{F}$ commute avec $G_k$, $\mathscr{F}$ est dans l'image de

$$\mathrm{Isom}_k(X_1, X_2) = \mathrm{Isom}_T(\mathscr{X}_1, \mathscr{X}_2)$$

De plus $\mathscr{F}$ envoie $S_1$ sur $S_2$ (réduire modulo une infinité de points fermés de $T$). D'où le résultat quand $k$ est fini sur $\mathbf{Q}$.

Quand $k$ est de degré de transcendance au moins 1 sur $\mathbf{Q}$, on fixe un schéma lisse et connexe $V$ de corps des fonctions $k$ et on raisonne de la même manière en considérant des modèles au-dessus de $V$, mais c'est plus simple car il suffit de prendre un point fermé de $V$ pour voir (en utilisant tout le module de Tate) que $\mathscr{F}$ vient de $\mathrm{Isom}_k(X_1, X_2)$. On conclut en considérant les réductions modulo les points fermés, qui sont denses dans $V$.

*Remerciements.* — Je tiens à remercier tout particulièrement Michel Raynaud pour son aide dans la préparation de l'exposé oral et pour sa lecture très attentive de la première version de ce texte. Je remercie également J.-L. Colliot-Thélène et T. Szamuely dont les remarques m'ont été très utiles.

## Références

[1] A. Abbes – « Réduction semi-stable des courbes », ces comptes-rendus.

[2] M. Asada – « Two properties of the filtration of the outer automorphism group of certain groups », *Math. Z.* **218** (1995), p. 123–133.

[3] C. Chevalley – « Deux théorèmes d'arithmétique », *J. Math. Soc. Japan* **3** (1951), p. 36–44.

[4] P. Deligne & D. Mumford – « The irreducibility of the space of curves of given genus », *Publ. Math. Inst. Hautes Études Sci.* **36** (1969), p. 75–109.

[5] M. D. Fried & M. Jarden – *Field arithmetic*, Ergeb., vol. 11, Springer-Verlag, 1971.

[6] A. Grothendieck – *Revêtements étales et groupe fondamental* (SGA 1), Lect. Notes Math., no. 224, Springer-Verlag, 1971.

[7] N. M. Katz & B. Mazur – *Arithmetic moduli of elliptic curves*, Annals of Math. Studies, no. 108, Princeton University Press, 1985.

[8] S. Lichtenbaum – « Curves over discrete valuation rings », *Amer. J. Math.* **25** (1968), p. 380–405.

[9] D. Mauger – « Module des courbes stables », ces comptes-rendus.

[10] T. Oda – « A note on ramification of the Galois representation on the fundamental group of an algebraic curve, II », *J. Number Theory* **53** (1995), no. 2, p. 342–355.

[11] F. Orgogozo & I. Vidal – « Le théorème de spécialisation du groupe fondamental », ces comptes-rendus.

[12] T. Schmechta – « Mumford-Tate curves », ces comptes-rendus.

[13] J.-P. Serre – *Topics in Galois theory*, Research Notes in Math., vol. 1, Jones and Bartlett, 1992.

[14] T. Szamuely – « Le théorème de Tamagawa I », ces comptes-rendus.

[15] A. Tamagawa – « The Grothendieck conjecture for affine curves », *Compositio Math.* **109** (1997), p. 135–194.

---

David Harari, I.R.M.A., Université Louis Pasteur et C.N.R.S., 7, Rue René Descartes, F-67084 Strasbourg Cedex, FRANCE • *E-mail :* harari@math.u-strasbg.fr

*Courbes semi-stables et groupe fondamental en géométrie algébrique*
(J.-B. Bost, F. Loeser, M. Raynaud, éd.), p. 217–231
Progress in Mathematics, Vol. 187, © 2000 Birkhäuser Verlag Basel/Switzerland

# 14

# LE GROUPE FONDAMENTAL SAUVAGE D'UNE COURBE AFFINE EN CARACTÉRISTIQUE $p > 0$

Philippe Gille

On fixe un corps $k$ algébriquement clos de caractéristique $p > 0$. Dans cet exposé, nous nous proposons de décrire certains revêtements de la droite affine et du groupe multiplicatif $\mathbb{G}_m = \mathbb{A}^1_k \setminus \{0\}$. La conjecture d'Abhyankar pour ces deux courbes affines est la suivante, $G$ désignant un groupe fini et $p(G)$ désignant le sous-groupe (normal) de $G$ engendré par ses $p$-Sylow.

1) $G$ est un quotient de $\pi_1(\mathbb{A}^1_k, 0)$ si et seulement si $G = p(G)$.

2) $G$ est un quotient de $\pi_1(\mathbb{G}_{m,k}, 1)$ si et seulement si $G/p(G)$ est un groupe cyclique d'ordre premier à $p$.

La condition sur le groupe $G$ est nécessaire d'après Grothendieck [**3**, exp. X] et cet exposé a pour but de construire pour certains groupes $G$ des revêtements donnant des réponses partielles à la conjecture d'Abhyankar pour ces deux courbes affines. La conjecture générale sera discutée dans les exposés de Chambert-Loir et de Saidi [**2**, **11**]

**Remerciements.** — Cet exposé a bénéficié de conversations avec Michel Raynaud et Tamás Szamuely. Je les remercie vivement tous les deux.

## Notations et conventions

Si $G$ est un groupe profini, on note $p(G)$ le sous-groupe (normal) de $G$ engendré par ses $p$-groupes de Sylow, et $G(p)$ le plus grand quotient fermé de $G$ qui soit un pro-$p$-groupe. Si $p(G) = G$, on dit que $G$ est un quasi-$p$-groupe.

Si $G$ est un groupe fini, et $X$ un schéma, on note $G_X = \sqcup_{\sigma \in G} X_\sigma$ (où $X_\sigma = X$) le $G$-schéma en groupe constant de base $X$.

Soit $X/k$ un schéma. On dit qu'un morphisme de type fini $f : Y \to X$ est un revêtement, s'il est fini et étale. On dit que $f$ est galoisien de groupe $G$ si $f : Y \to X$ est un $X$-torseur (ou espace principal homogène) sous le schéma en groupe $G_X$ (ici, à la différence de A. Mézard, $Y$ n'est pas supposé connexe et $\mathrm{Aut}(Y/X)$ peut être plus gros que $G$).

Pour une courbe algébrique $X/F$, on appelle aussi revêtement un morphisme fini $f : Y \to X$, génériquement étale avec $Y$ normal. Ces revêtements (avec ramification) ne sont considérés que dans la section 2.5, b).

## 1. Le revêtement d'Artin-Schreier

**1.1.** On considère le morphisme de groupes algébriques

$$\mathscr{P} : \mathbb{A}^1_k \to \mathbb{A}^1_k$$

donné par $\mathscr{P}(t) = t^p - t$. La différentielle de $\mathscr{P}$ vaut $-1$, donc $\mathscr{P}$ est fini et étale. La factorisation $t^p - t = \prod_{i=0}^{p-1} (t - i)$ indique que

$$\mathrm{Ker}(f) = \mathrm{Spec}\Big(\frac{k[t]}{t^p - t}\Big) = (\mathbb{F}_p)_k.$$

Par suite, on a une suite exacte de $k$-groupes abéliens

$$0 \to \mathbb{F}_p \to \mathbb{A}^1_k \xrightarrow{\mathscr{P}} \mathbb{A}^1_k \to 0,$$

qui montre que le revêtement d'Artin-Schreier $\mathscr{P}$ est un revêtement galoisien de groupe de Galois $\mathbb{F}_p = \mathbb{Z}/p\mathbb{Z}$.

**1.2. Lien avec la cohomologie étale.** — Si l'on voit maintenant la droite affine du point de vue du faisceau $\mathbb{G}_{a,k}$ qu'elle représente sur le grand site étale de $\mathrm{Spec}(k)$, le revêtement d'Artin-Schreier donne lieu à une suite exacte de faisceaux sur $\mathrm{Spec}(k)_{\text{ét}}$

$$0 \to \mathbb{F}_p \to \mathbb{G}_{a,k} \xrightarrow{\mathscr{P}} \mathbb{G}_{a,k} \to 0,$$

qui permet de calculer la cohomologie étale à coefficients $\mathbb{F}_p$ d'une courbe et plus généralement de tout schéma affine $X/k$.

***Lemme* 1.3.** — a) *Soit $X/k$ un schéma de type fini. Alors il existe une suite exacte*

$$0 \to \Gamma(X, O_X)/\mathscr{P}\Gamma(X, O_X) \to H^1_{\text{ét}}(X, \mathbb{F}_p) \to$$
$$\to \mathrm{Ker}\big(H^1_{\mathrm{Zar}}(X, O_X) \xrightarrow{\mathscr{P}_*} H^1_{\mathrm{Zar}}(X, O_X)\big) \to 0.$$

b) *Soit* $X/k = \operatorname{Spec}(A)$ *un schéma affine. Alors*

i) $H^0_{\text{ét}}(X, \mathbb{F}_p) = \operatorname{Ker}\big(A \xrightarrow{\mathscr{P}} A\big)$.

ii) $H^1_{\text{ét}}(X, \mathbb{F}_p) = A/\mathscr{P}A$.

iii) $H^q_{\text{ét}}(X, \mathbb{F}_p) = 0$ *pour* $q \geqslant 2$.

c) *Soit* $X/k$ *une courbe algébrique propre. Alors* $H^q_{\text{ét}}(X, \mathbb{F}_p) = 0$ *pour* $q \geqslant 2$.

*Démonstration.* — a) La suite exacte longue de cohomologie associée à la suite exacte d'Artin-Schreier s'écrit

$$\cdots \to H^q_{\text{ét}}(X, \mathbb{G}_a) \to H^{q+1}_{\text{ét}}(X, \mathbb{F}_p) \to H^{q+1}_{\text{ét}}(X, \mathbb{G}_a) \xrightarrow{\mathscr{P}_*} H^{q+1}_{\text{ét}}(X, \mathbb{G}_a) \to \cdots$$

Or, on a $H^q_{\text{Zar}}(X, O_X) = H^q_{\text{ét}}(X, \mathbb{G}_a)$ (cf. [**4**], IX.3.5), d'où l'assertion.

b) Si $X = \operatorname{Spec}(A)$ est affine, on a $H^0_{\text{Zar}}(X, O_X) = A$ et $H^q_{\text{Zar}}(X, O_X) = 0$ pour tout $q \geqslant 1$. L'assertion $a$) entraîne alors immédiatement l'assertion b).

c) Soit $X$ une courbe algébrique propre. En dimension 1, on a $H^q_{\text{Zar}}(X, O_X) = 0$ pour tout $q \geqslant 2$, d'où $H^q_{\text{ét}}(X, \mathbb{F}_p) = 0$ pour $q \geqslant 3$. Il reste donc à voir que $H^2(X, \mathbb{F}_p) = 0$ dans la suite exacte

$$H^1_{\text{ét}}(X, \mathbb{F}_p) \to H^1_{\text{Zar}}(X, O_X) \xrightarrow{\mathscr{P}_*} H^1_{\text{Zar}}(X, O_X) \to H^2_{\text{ét}}(X, \mathbb{F}_p) \to 0.$$

Soit $\overline{x} \in X(\overline{k})$. D'après [**3**, exp. X] (cf. l'exposé de Orgogozo-Vidal [**10**]), le groupe $\pi_1(X, \overline{x})$ est un groupe topologique de type fini, donc comme le groupe $H^1_{\text{ét}}(X, \mathbb{F}_p)$ classifie les revêtements galoisiens de $X$ de groupe $\mathbb{F}_p$, le groupe

$$H^1_{\text{ét}}(X, \mathbb{F}_p) = \operatorname{Hom}_c\big(\pi_1(X, \overline{x}), \mathbb{F}_p\big)$$

est un groupe fini. Le $k$-espace vectoriel de dimension finie $H^1_{\text{Zar}}(X, O_X)$ est représenté sur les $k$-schémas par un espace vectoriel. L'application $\mathscr{P}(x)$ est additive et fonctorielle et définit ainsi un morphisme de groupes entre des $k$-schémas en groupes connexes ; son noyau est fini et comme $k$ est algébriquement clos, cette application est surjective sur les $k$-points, i.e. la flèche additive $H^1_{\text{Zar}}(X, O_X) \xrightarrow{\mathscr{P}_*} H^1_{\text{Zar}}(X, O_X)$ est surjective. □

Le lemme permet donc de décrire les revêtements galoisiens de groupe $\mathbb{F}_p$. En particulier, pour la droite affine $\mathbb{A}^1_k$, on a $H^1_{\text{ét}}(\mathbb{A}^1_k, \mathbb{F}_p) = k[t]/\mathscr{P}k[t]$. Le groupe $H^1_{\text{ét}}(\mathbb{A}^1_k, \mathbb{F}_p)$ n'est pas muni d'une structure de $k$-espace vectoriel, on dispose toutefois des représentants privilégiés

$$\sum_{N>0,(N,p)=1} a_N t^N \quad (a_N \in k),$$

qui forment une section additive de $k[t] \to k[t]/\mathscr{P}k[t]$. Ceci montre en particulier que le groupe $\pi_1(\mathbb{A}^1_k, 0)$ n'est pas de type fini et qu'il dépend du corps algébriquement clos $k$. On considère le morphisme naturel $\psi_* : k[t] \subset k((t^{-1}))$ et le morphisme de schémas associé

$$\psi : \operatorname{Spec}\bigl(k((t^{-1}))\bigr) \to \mathbb{A}^1_k,$$

que l'on voit comme le voisinage formel de l'infini.

***Lemme* 1.4 ([6], § 1.4.5).** — *La restriction*

$$H^1_{\text{ét}}(\mathbb{A}^1_k, \mathbb{F}_p) \longrightarrow H^1_{\text{ét}}(k((t^{-1})), \mathbb{F}_p),$$

*est un isomorphisme.*

*Démonstration.* — On doit montrer que l'inclusion d'anneaux

$$k[t] \hookrightarrow k((t^{-1})) = k[t] \oplus t^{-1}k[[t^{-1}]]$$

induit une bijection sur les quotients d'Artin-Schreier. On observe que la décomposition précédente est stable par $\mathscr{P}$. Comme $\mathscr{P}$ est étale, le lemme de Hensel (cf. [8], § 1.4, th. 4.2.d′) montre que $t^{-1}k[[t^{-1}]] = \mathscr{P}\bigl(t^{-1}k[[t^{-1}]]\bigr)$, d'où l'assertion. □

**Remarque.** — Ce lemme est un des ingrédients principaux du théorème de Katz-Gabber.

**1.5. Lien avec la cohomologie des groupes.** — La proposition suivante précise le lien pour un schéma affine entre la cohomologie du groupe fondamental et la cohomologie étale.

***Proposition* 1.6.** — *Soient $X/k = \operatorname{Spec}(A)$ un schéma affine connexe (resp. $X/k$ une courbe algébrique connexe et propre) et $\overline{x}$ un point géométrique de $X$.*

(a) $H^q(\pi_1(X, \overline{x}), \mathbb{F}_p) \xrightarrow{\sim} H^q_{\text{ét}}(X, \mathbb{F}_p)$ *pour tout entier $q \geqslant 0$.*

(b) *On a $\operatorname{cd}_p\bigl(\pi_1(X,\overline{x})\bigr) \leqslant 1$ et $\operatorname{cd}_p\bigl(\pi_1(X,\overline{x})(p)\bigr) \leqslant 1$ ; le groupe $\pi_1(X,\overline{x})(p)$ est un pro-p-groupe libre.*

Nous renvoyons à [Se1, § I.3] pour la définition de la $p$-dimension cohomologique d'un groupe profini. Pour le $b$) de la proposition, rappelons auparavant le lemme bien connu suivant.

***Lemme* 1.7.** — *Soit $G$ un groupe profini satisfaisant $\operatorname{cd}_p(G) \leqslant 1$. Alors $\operatorname{cd}_p\bigl(G(p)\bigr) \leqslant 1$.*

*Démonstration du lemme.* — On note $\lambda : G \to G(p)$ la projection naturelle. Suivant la proposition 21 de [Se1], il suffit de démontrer que $H^2(G(p), \mathbb{F}_p) = 0$. La suite exacte des termes de bas degré de la suite spectrale des extensions de groupes montre que la restriction $H^2(G(p), \mathbb{F}_p) \to H^2(G, \mathbb{F}_p)$ est injective. Comme $\operatorname{cd}_p(G) \leqslant 1$, on conclut que $H^2(G(p), \mathbb{F}_p) = 0$. □

*Démonstration de la proposition 1.6.* — On traite uniquement le cas d'un schéma affine, le cas d'une courbe étant similaire.

*a*) Soit $\big((X_i, \overline{x}_i) \xrightarrow{f_i} (X, \overline{x})\big)_{i\in I}$ un système projectif de revêtements galoisiens connexes de $X$ tels que $\pi_1(X, \overline{x}) = \varprojlim_{i\in I} \mathrm{Aut}_{(X,x)}(X_i, \overline{x}_i)$. D'après un théorème de Chevalley, puisque les $X_i$ sont finis sur $X$, les $X_i$ sont affines et satisfont donc $H^q_{\text{ét}}(X, \mathbb{F}_p) = 0$ pour $q \geqslant 2$. Pour $q = 1$, vu que le groupe $H^1_{\text{ét}}(X_i, \mathbb{F}_p)$ classifie les revêtements galoisiens de $X_i$ de groupe de Galois $\mathbb{F}_p$, on a $H^1_{\text{ét}}(X_i, \mathbb{F}_p) = \mathrm{Hom}_{cont}\big(\pi_1(X_i, \overline{x}_i), \mathbb{F}_p\big)$ et comme les $\pi_1(X_i, \overline{x})$ constituent une base de voisinages de 1 dans $\pi_1(X, \overline{x})$, on a

$$\varinjlim_{i\in I} H^1_{\text{ét}}(X_i, \mathbb{F}_p) = 0.$$

La suite spectrale de Leray (cf. [**8**], th. 2.20, p. 105)

$$E_2^{r,s} = H^r\big(\pi_1(X, \overline{x}), \varinjlim_{i\in I} H^s_{\text{ét}}(X_i, \mathbb{F}_p)\big) \Longrightarrow H^{r+s}_{\text{ét}}(X, \mathbb{F}_p)$$

donne lieu à des isomorphismes $H^q(\pi_1(X, \overline{x}), \mathbb{F}_p) \xrightarrow{\sim} H^q_{\text{ét}}(X, \mathbb{F}_p)$ pour tout $q \geqslant 0$.

*b*) En considérant un $p$-Sylow de $\pi_1(X, \overline{x})$, un argument de transfert et la proposition 21 de [**13**] montrent qu'il suffit d'établir que pour tout sous-groupe ouvert $H \subset \pi_1(X, \overline{x})$, on a $H^2(H, \mathbb{F}_p) = 0$. Soit donc $H \subset \pi_1(X, \overline{x})$ un tel sous-groupe. La théorie de Galois associe à un tel $H$ un revêtement galoisien $f : (Y, \overline{y}) \to (X, \overline{x})$ de sorte que $\pi_1(Y, \overline{y}) = H$. On applique le *a*) à $H$, il vient

$$H^2(\pi_1(Y, \overline{y}), \mathbb{F}_p) = H^2_{\text{ét}}(Y, \mathbb{F}_p) = 0$$

suivant le lemme 1.3. Il résulte que $\mathrm{cd}_p\big(\pi_1(X, \overline{x})\big) \leqslant 1$. Le lemme 1.7 entraîne $\mathrm{cd}_p\big(\pi_1(X, \overline{x})(p)\big) \leqslant 1$ et comme $\pi_1(X, \overline{x})(p)$ est un pro-$p$-groupe, on sait alors que $\pi_1(X, \overline{x})(p)$ est un pro-$p$-groupe libre ([**13**], § 4.2). □

**Remarques.** — Si $X/k$ est propre, le groupe $\pi_1(X, \overline{x})$ est de type fini et donc $\pi_1(X, \overline{x})(p)$ est un pro $p$-groupe libre de type fini. Son rang sera étudié dans les deux derniers exposés. Les pro-$p$-groupes libres ont la vertu que l'on dispose d'un critère simple pour distinguer si un morphisme entre deux objets est un isomorphisme.

***Proposition* 1.8 ([13], § 4.2).** — a) *Soit $f : G_1 \to G_2$ un morphisme continu de pro-p-groupes. Alors*

$$f \text{ est surjectif} \Longleftrightarrow f^* : H^1(G_2, \mathbb{Z}/p\mathbb{Z}) \to H^1(G_1, \mathbb{Z}/p\mathbb{Z}) \text{ est injectif.}$$

b) *Soient $G_1$, $G_2$ deux pro-$p$-groupes libres et $f : G_1 \to G_2$ un morphisme continu. Alors*

$$\begin{aligned} & f \text{ est un isomorphisme} \\ \iff \; & f^* : H^1(G_2, \mathbb{Z}/p\mathbb{Z}) \to H^1(G_1, \mathbb{Z}/p\mathbb{Z}) \text{ est un isomorphisme.} \end{aligned}$$

*Démonstration.* — *a*) Le sens $\Longrightarrow$ est évident. Réciproquement, on suppose que $f$ n'est pas surjectif et on va voir que $f^* : H^1(G_2, \mathbb{Z}/p\mathbb{Z}) \to H^1(G_1, \mathbb{Z}/p\mathbb{Z})$ n'est pas injectif. On peut supposer que les groupes $G_1$ et $G_2$ sont des $p$-groupes finis et que $G_1$ s'envoie sur sous-groupe propre de $G_2$. On sait que tout sous-groupe maximal strict d'un $p$-groupe fini est normal et d'indice $p$ (cf. **[15]**, corollaire suivant le th. 1.6). Par suite, il existe un morphisme non nul $G_2 \to \mathbb{Z}/p\mathbb{Z}$ qui s'annule sur $G_1$.

b) Soient $G_1$, $G_2$ deux pro-$p$-groupes libres et $f : G_1 \to G_2$ un morphisme continu. Le sens $\Longrightarrow$ est évident. Réciproquement, on suppose que $f^* : H^1(G_2, \mathbb{Z}/p\mathbb{Z}) \to H^1(G_1, \mathbb{Z}/p\mathbb{Z})$ est un isomorphisme. D'après *a*), $f$ est surjectif. On note $N = \operatorname{Ker}(f)$ et on va montrer par l'absurde que $N = \{1\}$ en supposant $N \neq \{1\}$. On a une suite exacte

$$0 \to H^1(G_2, \mathbb{Z}/p\mathbb{Z}) \to H^1(G_1, \mathbb{Z}/p\mathbb{Z}) \to H^1(N, \mathbb{Z}/p\mathbb{Z})^{G_2} \to H^2(G_1, \mathbb{Z}/p\mathbb{Z}) = 0,$$

le dernier groupe étant nul car $\operatorname{cd}_p(G_1) \leqslant 1$. L'hypothèse implique donc

$$H^1(N, \mathbb{Z}/p\mathbb{Z})^{G_2} = 0.$$

Puisque $N \neq 1$, le groupe $H^1(N, \mathbb{Z}/p\mathbb{Z})$ est un $\mathbb{F}_p$-espace vectoriel non-trivial muni d'une action continue de $G_2$. L'orbite par $G_2$ d'un point de $H^1(N, \mathbb{Z}/p\mathbb{Z})$ est un $\mathbb{F}_p$-espace vectoriel de dimension finie. Soit $M \subset H^1(N, \mathbb{Z}/p\mathbb{Z})$ une telle orbite non triviale. Alors $G_2$ agit sur $M$ à travers un $p$-groupe fini $G$ et il est bien connu que $M^G \neq 0$ (*loc cit*, § 1.3). On aboutit ainsi à une contradiction puisque $H^1(N, \mathbb{Z}/p\mathbb{Z})^{G_2} \neq 0$. □

Suivant le § 1.2, on a un isomorphisme $H^1_{\text{ét}}(\mathbb{A}^1_k, \mathbb{F}_p) \xrightarrow{\sim} H^1_{\text{ét}}\big(k((t^{-1})), \mathbb{F}_p\big)$. Comme ces groupes classifient les revêtements galoisiens de groupe $\mathbb{F}_p$, on a donc un isomorphisme

$$H^1\Big(\pi_1(\mathbb{A}^1_k, 1)(p), \mathbb{F}_p\Big) \xrightarrow{\sim} H^1\Big(\operatorname{Gal}\big(k((t^{-1}))\big)(p), \mathbb{F}_p\Big).$$

Or d'après la proposition 1.6, ces deux groupes sont des pro-$p$-groupes libres. La proposition précédente implique que la flèche $\operatorname{Gal}\big(k((t^{-1}))\big)(p) \to \pi_1(\mathbb{A}^1_k, 1)(p)$ est un isomorphisme. On résume ce fait dans le

***Corollaire* 1.9.** — *Si $K = k((t^{-1}))$, le morphisme $Gal(K) \to \pi_1(\mathbb{A}^1_k, 1)$ induit un isomorphisme*

$$\mathrm{Gal}(K)(p) \xrightarrow{\sim} \pi_1(\mathbb{A}^1_k, 1)(p).$$

## 2. Le théorème de Katz-Gabber

**2.1.** On note $\mathbb{G}_{m,k} = \mathrm{Spec}(k[t, t^{-1}]) \subset \mathbb{A}^1_k$, $K = k((t^{-1}))$ et on considère le morphisme de schémas

$$\mathrm{Spec}(K) = \mathrm{Spec}\big(k((t^{-1}))\big) \xrightarrow{\psi} \mathbb{G}_{m,k}.$$

Pour tout entier $N$ premier à $p$, on considère le revêtement de Kummer

$$[N] : \mathbb{G}_{m,k} \to \mathbb{G}_{m,k}$$

donné par $t \to t^N$. Ce revêtement est galoisien de groupe $\mu_N(k)$. Pour $N$ variable, ces revêtements forment un système projectif et déterminent un morphisme surjectif

$$\rho : \pi_1(\mathbb{G}_{m,k}, 1) \to \varprojlim_{(N,p)=1} \mu_N(k)$$

dont on note $\mathfrak{Q}$ le noyau. Par la formule d'Hurwitz (cf. **[3]**), on sait que $\rho$ est le plus grand groupe quotient de $\pi_1(\mathbb{G}_{m,k}, 1)$ d'ordre premier à $p$. En d'autres mots, pour tout entier $N$ premier à $p$, tout revêtement (fini étale) correspondant à un sous-groupe ouvert normal d'indice $N$ est de Kummer. Par suite, le groupe $\mathfrak{Q}$ est engendré par ses $p$-sous-groupes de Sylow. Par ailleurs, la théorie des corps locaux montre que l'on a une suite exacte

$$1 \to \mathfrak{P} \to \mathrm{Gal}(K) \to \varprojlim_{(N,p)=1} \mu_N(k) \to 1,$$

où $\mathfrak{P}$ désigne le groupe d'inertie sauvage de $\mathrm{Gal}(K)$, qui est un pro-$p$-groupe, unique $p$-Sylow du sous-groupe d'inertie $\mathrm{Gal}(K)$ ($k$ est algébriquement clos). On a le diagramme commutatif suivant

$$(*)\qquad \begin{array}{ccccccccc} 1 & \longrightarrow & \mathfrak{P} & \longrightarrow & \mathrm{Gal}(K) & \longrightarrow & \varprojlim_{(N,p)=1} \mu_N(k) & \longrightarrow & 1 \\ & & \downarrow{\scriptstyle \psi_*} & & \downarrow{\scriptstyle \psi_*} & & \| & & \\ 1 & \longrightarrow & \mathfrak{Q} & \longrightarrow & \pi_1(\mathbb{G}_{m,k}, 1) & \longrightarrow & \varprojlim_{(N,p)=1} \mu_N(k) & \longrightarrow & 1 \end{array}$$

Le but du théorème de Katz-Gabber est de construire une rétraction naturelle du morphisme $\psi_* : \mathrm{Gal}(K) \to \pi_1(\mathbb{G}_{m,k}, 1)$, ou en d'autres mots d'exhiber une classe de revêtements de $\mathbb{G}_m$ dont le groupe de Galois associé est isomorphe à Gal($K$). Nous nous référons au groupe de monodromie d'un revêtement tel qu'il a été défini dans l'exposé d'Ariane Mézard.

***Définition* 2.2.** — *a*) Soit $N$ un entier premier à $p$. On dit qu'un revêtement (fini étale) $f : E \to \mathbb{G}_m$ est $N$-spécial s'il satisfait les conditions suivantes

– $f$ est modérément ramifié en 0,

– le pull-back de $f$ par le revêtement de Kummer $[N]^*f : [N]^*E \to \mathbb{G}_m$ s'étend en un revêtement (étale) de la droite affine,

– le groupe de monodromie de $f$ a un unique $p$-sous-groupe de Sylow.

b) On dit qu'un revêtement $f : E \to \mathbb{G}_m$ est spécial s'il existe un entier $N$ premier à $p$ tel que $f$ soit $N$-spécial.

Notons que la seconde condition du *a*) entraîne la première. Si $N' = Nm$ et $(N', p) = 1$, un revêtement $N$-spécial est $N'$-spécial; la clôture galoisienne d'un revêtement connexe spécial est aussi un revêtement spécial. On a la caractérisation suivante des revêtements spéciaux.

***Lemme* 2.3.** — *Soit $f : E \to \mathbb{G}_m$ un revêtement et $N$ un entier premier à $p$. Il y a équivalence entre les assertions*

(i) *$f$ est $N$-spécial,*

(ii) *le pull-back de $f$ par le revêtement de Kummer $[N]^*f : [N]^*E \to \mathbb{G}_m$ s'étend en un revêtement de la droite affine $\widetilde{E}_N \to \mathbb{A}^1_k$ dont le groupe de monodromie est un $p$-groupe.*

*Démonstration.* — On note $G$ (resp. $G_N$) le groupe de monodromie de $f$ (resp. du pull-back de $f$ par le revêtement de Kummer $[N]^*f : [N]^*E \to \mathbb{G}_m$).

i)$\Longrightarrow$ii) : On doit montrer que $G_N$ est un $p$-groupe. Le groupe $G_N$ est un produit direct de sous-groupes de $G$. Par suite, le groupe $G_N$ a un unique $p$-Sylow. Or le groupe $G_N$ est un quasi $p$-groupe (cf. introduction), i.e. $G$ est engendré par ses $p$-Sylow. Il résulte que $G_N$ est un $p$-groupe.

La réciproque est évidente. □

La catégorie des groupes finis ayant un seul $p$-sous-groupe de Sylow est stable par restriction à un sous-groupe, par quotient par un sous-groupe normal et par produit fini. Notant $\pi_1(\mathbb{G}_{m,k}, 1)$(modéré en 0) le quotient de $\pi_1(\mathbb{G}_{m,k}, 1)$ classifiant les revêtements de $\mathbb{G}_m$ qui sont modérément ramifiés en 0, on peut donc définir $\pi_1(\mathbb{G}_{m,k}, 1)$(modéré en 0, spécial) comme le plus grand quotient topologique du groupe $\pi_1(\mathbb{G}_{m,k}, 1)$(modéré en 0) ayant un unique $p$-sous-groupe de Sylow.

***Théorème* 2.4 (Katz-Gabber, [6]).** — *Le foncteur*

$$\begin{pmatrix} \textit{Revêtements spéciaux} \\ \textit{de } \mathbb{G}_{m,k} \end{pmatrix} \xrightarrow{\psi_*} \begin{pmatrix} \textit{Revêtements} \\ \textit{de } K = k((\frac{1}{t})) \end{pmatrix}$$

*est une équivalence de catégories. En d'autres mots, le composé*

$$\mathrm{Gal}(K) \xrightarrow{\psi_*} \pi_1(\mathbb{G}_{m,k}, 1) \to \pi_1(\mathbb{G}_{m,k}, 1)(\textit{modéré en } 0, \textit{ spécial})$$

*est un isomorphisme.*

**Remarque.** — Ce résultat vaut en fait pour un corps $k$ quelquonque, et le cas général n'est guère plus difficile (les conditions sont alors imposées sur les groupes de monodromie *géométrique*).

*Démonstration.* — Pour tout entier $N$ premier à $p$, on note

$$\mathfrak{A}_N = \begin{pmatrix} \text{Revêtements} \\ N\text{-spéciaux de } \mathbb{G}_{m,k} \end{pmatrix},$$

$$\mathfrak{B}_N = \begin{pmatrix} \text{Revêtements de } K \text{ dont le groupe de monodromie} \\ \text{de l'image inverse par } [N] \text{ est un } p\text{-groupe} \end{pmatrix}.$$

Le lemme 1.7 montre que la restriction envoie $\mathfrak{A}_N$ dans $\mathfrak{B}_N$. Le diagramme $(*)$ ci-dessus montre qu'il suffit de montrer que $\mathfrak{A}_N \xrightarrow{\psi_*} \mathfrak{B}_N$ est une équivalence de catégories pour tout entier $N$ premier à $p$.

*Première étape :* $\mathfrak{A}_1 \xrightarrow{\sim} \mathfrak{B}_1$. — La catégorie $\mathfrak{A}_1$ (resp. $\mathfrak{B}_1$) est classifiée par le groupe $\pi_1(\mathbb{A}^1_k, 1)(p)$ (resp. $\mathrm{Gal}(K)(p)$) et ainsi l'assertion $\mathfrak{A}_1 \xrightarrow{\sim} \mathfrak{B}_1$ est équivalente au fait que le composé

$$\mathrm{Gal}(K)(p) \xrightarrow{\psi_*} \pi_1(\mathbb{G}_{m,k}, 1)(p) \xrightarrow{i_*} \pi_1(\mathbb{A}^1_k, 1)(p)$$

induise un isomorphisme $\mathrm{Gal}(K)(p) \xrightarrow{\sim} \pi_1(\mathbb{A}^1_k, 1)(p)$, ce qui est vrai d'après le corollaire 1.9.

*Seconde étape :* $\mathfrak{A}_N \xrightarrow{\sim} \mathfrak{B}_N$. — Le revêtement de Kummer $[N] : \mathbb{G}_m \to \mathbb{G}_m$ est un torseur sous le groupe fini $\mu_n(k)$ et définit donc une action à droite du groupe fini par translations $\mu_n(k)$ sur $\mathbb{G}_m$ ; le groupe $\mu_n(k)$ agit sur $K$ par homothéties et la flèche $\psi : \mathrm{Spec}(K) \to \mathbb{G}_m$ est équivariante. Le changement de base par $[N]$ induit un foncteur

$$\mathfrak{A}_N \xrightarrow{[N]^*} \mathfrak{A}_{1,N} := \begin{pmatrix} \text{Revêtements } \mu_N(k)\text{-équivariants} \\ \text{et 1-spéciaux de } \mathbb{G}_{m,k} \end{pmatrix}.$$

De même, on a un foncteur

$$\mathfrak{B}_N \xrightarrow{[N]^*} \mathfrak{B}_{1,N} := \begin{pmatrix} \text{Revêtements } \mu_N(k)\text{-équivariants de Spec}(K) \\ \text{dont le groupe de monodromie a un unique } p\text{-Sylow} \end{pmatrix}.$$

L'équivalence $\mathfrak{A}_1 \xrightarrow{\sim} \mathfrak{B}_1$ respecte les objets munis d'une action du groupe $\mu_N(k)$ et induit donc l'équivalence $\mathfrak{A}_{1,N} \xrightarrow{\sim} \mathfrak{B}_{1,N}$. Le théorème de descente étale (cf. **[3]**, exp. IX, prop. 4.1) entraîne que le foncteur $\mathfrak{A}_N \to \mathfrak{A}_{1,N}$ (resp. $\mathfrak{B}_N \to \mathfrak{B}_{1,N}$) est une équivalence de catégories ; on conclut que la restriction $\mathfrak{A}_N \to \mathfrak{B}_N$ est une équivalence de catégories. □

### 2.5. Quelques conséquences

**a) Courbes de genre supérieur.** — Dans les applications, le théorème de Katz-Gabber est souvent utilisé pour sa conséquence suivante.

***Théorème 2.6.*** — *Soit $C/k$ une courbe projective lisse et connexe de corps des fonctions $F = k(C)$. Soit $P \in C(k)$ un point rationnel et $F_P$ la complétion de $F$ en $P$. Alors il existe un voisinage ouvert de Zariski $U$ de $P$ dans $C$ de sorte que pour tout point géométrique $\overline{y} \in U \setminus \{P\}$, la restriction*

$$\mathrm{Gal}(F_P) \to \pi_1(U \setminus \{P\}, \overline{y})$$

*est injective et admet une rétraction continue.*

*Démonstration.* — Si $C = \mathbb{P}^1_k$, $P = \infty$, l'ouvert $U = \mathbb{G}_m$ convient d'après le théorème 1. La preuve procède par projection sur la droite projective. Soit $T \in F = k(C)$ une fonction de $C$ ayant un pôle simple en $P$ et posons $U = C \setminus \{\text{autres zéros et pôles de } T\}$. Avec les notations en vigueur, on a le diagramme commutatif suivant

$$\begin{array}{ccc} \mathrm{Spec}(F_P) & \longrightarrow & U \setminus \{P\} \\ \downarrow{\scriptstyle \simeq} & & \downarrow{\scriptstyle T} \\ \mathrm{Gal}(K) & \xrightarrow{\psi} & \mathbb{G}_{m,k}, \end{array}$$

l'isomorphisme $K \approx F_P$ étant dû au fait que $T$ a un pôle simple. Soit $\overline{y} \in U \setminus \{P\}$ d'image $\overline{x} \in \mathbb{G}_m$ par $T$. Alors, on a le diagramme commutatif

$$\begin{array}{ccc} \mathrm{Gal}(F_P) & \longrightarrow & \pi_1(U \setminus \{P\}, \overline{y}) \\ \downarrow{\scriptstyle \simeq} & & \downarrow{\scriptstyle T_*} \\ \mathrm{Spec}(K) & \xrightarrow{\psi_*} & \pi_1(\mathbb{G}_{m,k}, \overline{x}). \end{array}$$

La rétraction de $\psi_*$ donnée par le théorème 2.4 induit une rétraction continue de la restriction $\mathrm{Gal}(F_P) \to \pi_1(U \setminus \{P\}, \overline{y})$. □

**b) Un exemple de revêtement modérément ramifié de $\mathbb{P}^1_k$ génériquement galoisien de groupe $PSL_2(\mathbb{F}_q)$.** — Soit $\mathbb{F}_q$ un corps fini. Dans cette section, $k = \overline{\mathbb{F}}_q$, avec $q = p^r$. Par commodité, on suppose que $(2, q) = 1$. Le groupe fini $G = PSL_2(\mathbb{F}_q) = SL_2(\mathbb{F}_q)/\{\pm 1\}$ agit sur la droite projective $\mathbb{P}^1_{\mathbb{F}_q}$ et donc sur l'ensemble des points rationnels $\mathbb{P}^1(\overline{\mathbb{F}}_q)$. On note $\varepsilon$ un représentant de la classe non triviale de $\mathbb{F}_q^\times/\mathbb{F}_q^{\times 2}$. Il n'est pas difficile de voir que seulement 3 points (modulo l'action de $G$) de $\mathbb{P}^1(\overline{\mathbb{F}}_q)$ ont des stabilisateurs non triviaux. Il s'agit de

$$\infty \in \mathbb{P}^1(\mathbb{F}_q), \quad G_\infty = \left(\begin{smallmatrix} * & * \\ 0 & * \end{smallmatrix}\right) \mod \{\pm 1\},$$

$$[\pm\sqrt{\varepsilon} : 1] \in \mathbb{P}^1\big(\mathbb{F}_q(\sqrt{\varepsilon})\big), \quad G_{[\pm\sqrt{\varepsilon}:1]} = \left\{ \left(\begin{smallmatrix} a & \varepsilon c \\ c & a \end{smallmatrix}\right) \mid a^2 - \varepsilon c^2 = 1 \right\} \mod \{\pm 1\}.$$

On a $\sharp G = \frac{q(q^2-1)}{2}$, $\sharp G_\infty = \frac{q(q-1)}{2}$ et $\sharp G_{[\pm\sqrt{\varepsilon}:1]} = \frac{q+1}{2}$. On note $F$ le corps de fonctions de $\mathbb{P}^1_k$. Le théorème de Lüroth (cf. **[16]** § 63) montre que le corps $F^G$ est transcendant pur sur $k$. Ainsi l'extension $F^G \subset F$ donne lieu à un revêtement (avec ramification) génériquement galoisien de groupe $G$

$$f : \mathbb{P}^1_k \to \mathbb{P}^1_0 := \mathbb{P}^1_k/G.$$

On remarque que les points $[\pm\sqrt{\varepsilon} : 1]$ s'envoient par $f$ sur un même point de $\mathbb{P}^1(\mathbb{F}_q)$. Comme le groupe $PGL_2(\mathbb{F}_q)$ agit de façon 2-transitive sur $\mathbb{P}^1_0(\mathbb{F}_q)$, on peut supposer que $f(\infty) = \infty$ et $f([\pm\sqrt{\varepsilon} : 1]) = 0$. Le théorème 2.4 nous fournit un revêtement fini étale $h : E \to \mathbb{G}_m \subset \mathbb{P}^1_0$ modérément ramifié en 0, galoisien de groupe $G_\infty$ et totalement ramifié à l'infini. En fait, ce revêtement est tout construit, il s'agit de $\widetilde{E} := \mathbb{P}^1 \to \mathbb{P}^1/G_\infty \approx \mathbb{P}^1_0$, qui est galoisien de groupe $G_\infty$, totalement ramifié à l'infini, modérément ramifié en 0 et étale ailleurs. On considère alors le produit fibré

$$\begin{array}{ccc} \mathbb{P}^1_k & \xleftarrow{\;p_1\;} & \mathbb{P}^1_k \times_{\mathbb{P}^1_0} \widetilde{E} \\ {\scriptstyle f}\big\downarrow & & \big\downarrow{\scriptstyle p_2} \\ \mathbb{P}^1_0 & \xleftarrow{\;h\;} & \widetilde{E}. \end{array}$$

Comme $h$ est galoisien, la simplicité du groupe $G$ entraîne que l'algèbre étale $F \otimes_{F^G} k(E)$ est un corps. On considère alors la normalisée de $F^G$ dans $F \otimes_{F^G} k(E)$, donnant lieu à un revêtement de courbes $Y \to \mathbb{P}^1_0$ génériquement galoisien de groupe $G = PSL_2(\mathbb{F}_q)$ et modérément ramifié, puisque l'on a tué la ramification sauvage à l'infini.

## 3. Exemples de Nori : revêtements galoisiens de groupes $\mathrm{SL}_n(\mathbb{F}_q)$, $\mathrm{Sp}_n(\mathbb{F}_q)$,...

**3.1.** Le but de la section est de démontrer le

***Théorème* 3.2 (Nori [9], cf.[12], § 3.2).** — *Soient $q = p^r$ et $\Sigma/\mathbb{F}_q$ un groupe algébrique semi-simple simplement connexe. Alors il existe un revêtement galoisien de la droite affine $\mathbb{A}^1_k$ de groupe $G = \Sigma(\mathbb{F}_q)$, le groupe des points rationnels du groupe $\Sigma$.*

**Remarque.** — Le théorème de Nori [9] est plus précis, il permet de construire, avec une autre démonstration, un revêtement de la droite affine $\mathbb{A}^1_{\mathbb{F}_q}$ qui soit galoisien de groupe $G$. Par un argument de spécialisation, on peut supposer $k = \overline{\mathbb{F}}_q$ dans la preuve du théorème 3.2.

Soit $\Sigma/\mathbb{F}_q$ un groupe réductif connexe dont on note $G = \Sigma(\mathbb{F}_q)$ le groupe des points rationnels. D'après un théorème de Lang [7], le groupe $\Sigma/\mathbb{F}_q$ est quasi-déployé, i.e. admet un sous-groupe de Borel $B^+/\mathbb{F}_q = T.U^+$ où $U^+/\mathbb{F}_q$ est un groupe unipotent maximal déployé et $T/\mathbb{F}_q$ un tore. On note $B^-$ le sous-groupe de Borel opposé de $B$, de radical unipotent $U^-$. Par exemple, si $\Sigma = SL_n/\mathbb{F}_q$, $B^+$ (resp $B^-$) est le groupe de matrices triangulaires supérieures (resp. inférieures) et $T$ le tore diagonal. Si l'on veut démontrer le théorème 3.2, la première chose à faire est de voir que si $\Sigma$ est semi-simple simplement connexe, le groupe $G$ est engendré par ses $p$-groupes de Sylow. Cela résulte du

***Lemme* 3.3 (cf. [14], lemme 64).** — *Si $\Sigma$ est semi-simple simplement connexe, le groupe $G = \Sigma(\mathbb{F}_q)$ est engendré par $U^+(\mathbb{F}_q)$ et $U^-(\mathbb{F}_q)$.*

**3.4. L'isogénie de Lang (cf. [7], [1, § 16]).** — Le groupe $\Sigma/\mathbb{F}_q$ est muni du morphisme de Frobenius $F : \Sigma \to \Sigma$ relativement à $\mathbb{F}_q$, qui est un morphisme de groupes algébriques. On considère « l'isogénie de Lang » (qui n'est pas un morphisme de groupes)

$$\mathscr{P} : \Sigma \to \Sigma, \quad \mathscr{P}(\sigma) = \sigma^{-1}F(\sigma),$$

dont la définition généralise le revêtement d'Artin-Schreier. Le bon point de vue est de considérer l'action à gauche de $\Sigma$ sur lui-même par

$$s_a(\sigma) := \sigma.a = \sigma^{-1}aF(\sigma).$$

***Théorème* 3.5.** — (a) *Le groupe $\Sigma$ agit transitivement sur lui-même par l'action précédente.*

(b) *Le morphisme $\mathscr{P} : \Sigma \to \Sigma$ est un revêtement galoisien de groupe $G$.*

*Démonstration.* — *a*) On note $i : \sigma \to \sigma^{-1}$ le morphisme d'inversion. Soit $a \in \Sigma$. Pour tout $X \in \mathrm{Lie}(\Sigma)\big(\mathbb{F}_q(a)\big)$, on a

$$(ds_a)_e(X) = di_e(X)a + a.dF(X).$$

Via une représentation linéaire fidèle, on voit que $di_e = -id$ et il est bien connu que $dF = 0$. Ainsi $(ds_a)_e = -id$, et par homogénéité, $(ds_a)_\sigma$ est inversible pour tout $\sigma \in \Sigma$. Il résulte que le morphisme $s_a$ est ouvert, mais comme ceci est vrai pour tout $a \in \Sigma$, l'orbite de $a$ est aussi fermée. Puisque $\Sigma$ est connexe, il n'y a donc qu'une seule orbite.
*b*) Pour éviter les confusions, on note $\mathscr{P} : \Sigma_1 = \Sigma \to \Sigma$. Puisque le morphisme $\mathscr{P}$ est étale et surjectif, il est fidèlement plat. Pour voir que c'est un torseur sous le groupe $G$, on remarque d'abord que si $g \in G = \Sigma(\mathbb{F}_q)$ et si $\sigma \in \Sigma_1$ on a $\mathscr{P}(g^{-1}\sigma) = \sigma^{-1}gF(g^{-1})F(\sigma) = \mathscr{P}(\sigma)$. On a donc une action libre du groupe $G$ sur les fibres de $\mathscr{P}$. Il reste à voir que le morphisme

$$\Sigma_1 \times_\Sigma G_\Sigma \xrightarrow{\gamma} \Sigma_1 \times_\Sigma \Sigma_1$$

défini par par $(\sigma, g) \to (\sigma, \sigma.g) = (\sigma, g^{-1}\sigma)$ est un isomorphisme. On sait que $\gamma$ est un isomorphisme si et seulement si pour toute $\mathbb{F}_q$-algèbre de type fini $A$, on a un isomorphisme $(\Sigma_1 \times_\Sigma G_\Sigma)(A) \approx (\Sigma_1 \times_\Sigma \Sigma_1)(A)$. Soit donc $A$ une telle $\mathbb{F}_q$-algèbre. On a

$$\begin{aligned}
(\Sigma_1 \times_\Sigma \Sigma_1)(A) &= \{(\sigma,\sigma') \in \Sigma(A)^2 \mid \mathscr{P}(\sigma) = \mathscr{P}(\sigma')\} \\
&= \{(\sigma,\sigma') \in \Sigma(A)^2 \mid (\sigma\sigma'^{-1}) = F(\sigma\sigma'^{-1})\} \\
&= \{(\sigma,\sigma') \in \Sigma(A)^2 \mid \sigma' \in \sigma.G\} \\
&= \big(\Sigma_1 \times_\Sigma G_\Sigma\big)(A)
\end{aligned}$$

Ceci achève de montrer que $\mathscr{P}$ est un revêtement galoisien de groupe $G$. □

**3.6. Démonstration du théorème (d'après Laumon).** — Un point essentiel dans la démonstration repose sur la forme suivante du théorème de Bertini.

***Théorème* 3.7 ([5], th. 6.3, p. 66).** — *Soient $X/k$ un schéma de type fini irréductible et $f : X \to \mathbb{A}_k^n$ un morphisme. On note $V_{n+1}/k$ la variété des formes linéaires affines de $\mathbb{A}_k^n$ dans $\mathbb{G}_a$. On suppose que l'adhérence $\overline{f(X)}$ de $f(X)$ dans $\mathbb{A}_k^n$ satisfait dim$\big(\overline{f(X)}\big) \geqslant 2$. Alors il existe un ouvert de Zariski $U \subset V_{n+1}$ tel que pour tout point $\xi \in U(k)$, le schéma $f^{-1}\big(\{\xi = 0\}\big)$ est irréductible.*

On dispose maintenant des ingrédients de la démontration du théorème 3.2. On suppose que $\Sigma/\mathbb{F}_q$ est semi-simple simplement connexe. On sait que l'application produit $U^+ \times U^- \to \Sigma$ induit un isomorphisme sur une sous-variété fermée $V$ de $\Sigma$. On note $W = \mathscr{P}^{-1}(V)$ et nous affirmons que $W$ est connexe, ce qui équivaut à irréductible puisque $W$ est lisse. En effet, soit $W^0$ la composante de $W$ contenant 1 et soit $G^0$ le sous-groupe de $G$ qui stabilise $W^0$. On a $\mathscr{P}(U^+) = U^+$, donc $U \subset W^0$ et le groupe $G^0$ contient $U^+(\mathbb{F}_q)$ ; de même, il contient $U^-(\mathbb{F}_q)$. Mais suivant le lemme 5 on sait que $U^+(\mathbb{F}_q)$ et $U^-(\mathbb{F}_q)$ engendrent $G$, donc $G^0 = G$, ce qui montre que $W$ est connexe. La variété $V$ est isomorphe à un espace affine de dimension $\geqslant 2$. Une application itérée du théorème de Bertini ci-dessus montre qu'il existe une immersion fermée $i : \mathbb{A}^1_k \to V \to \Sigma$ telle que $\mathscr{P}^{-1}(\mathbb{A}^1_k)$ soit une variété connexe. Ainsi, le morphisme $\mathscr{P}$ induit un revêtement galoisien $\mathscr{P}^{-1}(\mathbb{A}^1_k) \to \mathbb{A}^1_k$ de groupe de Galois $G$.

## Références


[1] A. Borel – *Linear algebraic groups*, 2$^{\text{de}}$ éd., Graduate Texts in Math., vol. 126, Springer-Verlag, 1991.

[2] A. Chambert-Loir – « La conjecture d'Abhyankar I : construction de revêtemetns en géométrie rigide », ces comptes-rendus.

[3] A. Grothendieck – *Revêtements étales et groupe fondamental* (SGA 1), Lect. Notes Math., no. 224, Springer-Verlag, 1971.

[4] A. Grothendieck, M. Artin & J.-L. Verdier – *Théorie des topos et cohomologie étale des schémas* (SGA 4), Lect. Notes Math., no. 269-270-305, Springer-Verlag, 1972-73.

[5] J.-P. Jouanolou – *Théorème de Bertini et applications*, Progr. Math., vol. 42, Birkhäuser, 1983.

[6] N. M. Katz – « Local-to-global extensions of representations of fundamental groups », *Ann. Inst. Fourier (Grenoble)* **36** (1986), p. 69–106.

[7] S. Lang – « Algebraic groups over finite fields », *Amer. J. Math.* **78** (1952), p. 373–390.

[8] J. S. Milne – *Étale cohomology*, Princeton Math. Ser., no. 33, Princeton University Press, 1980.

[9] M. V. Nori – « Unramified coverings of the affine line in positive characteristic », *Algebraic geometry and its applications. Collections of papers from S. Abhyankar's birthday conference* (West Lafayette, 1990) (C. L. Bajaj, éd.), Springer-Verlag, 1994.

[10] F. Orgogozo & I. Vidal – « Le théorème de spécialisation du groupe fondamental », ces comptes-rendus.

[11] M. SAÏDI – « Abhyankar's conjecture II : the use of semi-stable curves », ces comptes-rendus.

[12] J.-P. SERRE – « Revêtements de courbes algébriques », *Séminaire Bourbaki 1991/92*, Astérisque, vol. 206, 1992, p. 167–182.

[13] ———, *Cohomologie galoisienne*, 5e éd., Lect. Notes Math., no. 5, Springer-Verlag, 1994.

[14] R. STEINBERG – « Lectures on chevalley groups », Tech. report, Yale University, 1967, Notes preparated by John Faulkner and Robert Wilson.

[15] M. SUZUKI – *Group theory 1*, Springer-Verlag, 1982.

[16] B. L. VAN DER WAERDEN – *Algebra 1*, Springer-Verlag, 1960.

---

PHILIPPE GILLE, Département de Mathématiques, CNRS, Bât. 425, Université de Paris-Sud, F-91405 ORSAY CEDEX • *E-mail :* gille@geo.math.u-psud.fr

*Courbes semi-stables et groupe fondamental en géométrie algébrique*
(J.-B. Bost, F. Loeser, M. Raynaud, éd.), p. 233–248
Progress in Mathematics, Vol. 187, © 2000 Birkhäuser Verlag Basel/Switzerland

# 15

# LA CONJECTURE D'ABHYANKAR I : CONSTRUCTION DE REVÊTEMENTS EN GÉOMÉTRIE RIGIDE

Antoine Chambert-Loir

## Introduction

En 1957, S. Abhyankar (cf. [**1**]) a émis la conjecture suivante, qui est maintenant un théorème :

***Théorème* 1 (Conjecture d'Abhyankar).** — *Soit $p$ un nombre premier et soit $k$ un corps algébriquement clos de caractéristique $p$. Soit $G$ un groupe fini. Notons $p(G)$ le sous-groupe de $G$ engendré par les $p$-sous-groupes de Sylow de $G$, de sorte que $G/p(G)$ est le plus grand quotient de $G$ d'ordre premier à $p$.*

*Soit $X^*$ une courbe algébrique projective lisse connexe de genre $g$ sur $k$ et $X \subset X^*$ la courbe affine complémentaire de $r$ points, avec $r \geqslant 1$. Alors, il existe un revêtement étale connexe galoisien de $X$ de groupe $G$ si et seulement si $G/p(G)$ est engendré par $2g + r - 1$ éléments.*

La nécessité de cette condition a été établie par Grothendieck dans SGA 1 [**3**] : s'il existe un revêtement étale connexe de groupe $G$, il en existe a fortiori un de groupe $G/p(G)$. Comme il a été expliqué à cette conférence [**5**], Grothendieck démontre dans *loc. cit.* que le plus grand quotient d'ordre premier à $p$ du groupe fondamental de $X$ est le même que pour une surface de Riemann de genre $g$ privée de $r$ points, surface dont le groupe fondamental est le groupe libre à $2g + r - 1$ générateurs.

La conjecture d'Abhyankar a été démontrée par Raynaud dans le cas de la droite affine [**7**] et par Harbater dans le cas général [**4**]. Il démontre même un résultat plus précis : *il existe un revêtement étale connexe de $X$, galoisien de groupe $G$, qui est modérément ramifié en tous les points de $X^* \setminus X$ sauf un.*

Lorsque $X$ est la droite affine, $g = 0$, $r = 1$ et dire que $G/p(G)$ est engendré par $2g + r - 1 = 0$ éléments équivaut à dire que $G$ est engendré par ses $p$-sous-groupes de Sylow. Un tel groupe sera qualifié de *quasi-p*. Le premier but de cet exposé est de démontrer le théorème suivant, dû à M. Raynaud **[7]** et qui constitue un « tiers » de sa résolution de la conjecture d'Abhyankar pour la droite affine.

***Théorème* 2 (Raynaud [7], théorème 2.2.3).** — *Soit $G$ un groupe fini, $Q$ un p-sous-groupe de $G$, $(G_i)_{i\in I}$ une famille de sous-groupes de $G$, $Q_i$ un sous-groupe de $G_i \cap Q$. On suppose*

*– que $G$ est engendré par $Q$ et les $G_i$ ;*

*– que pour tout $i \in I$, il existe un revêtement étale connexe galoisien de groupe $G_i$ de $\mathbf{A}^1$ tel que $Q_i$ est l'un des groupes d'inertie au-dessus de $\infty$.*

*Alors, il existe un revêtement étale connexe galoisien de groupe $G$ de $\mathbf{A}^1$ tel que $Q$ est l'un des groupes d'inertie au-dessus de $\infty$.*

La démonstration du théorème 2 utilise la géométrie rigide sur le corps local $k((\pi))$ de caractéristique $p$ : on construit le revêtement par *recollement* de revêtements d'ouverts rigides de la droite projective.

Expliquons maintenant comment ce théorème s'insère dans la preuve de la conjecture d'Abhyankar pour la droite affine. Soit donc $G$ un quasi-$p$-groupe dont on va prouver qu'il est groupe de Galois d'un revêtement étale connexe de la droite affine. Fixons un $p$-sous-groupe de Sylow $S$ de $G$ et notons $G(S)$ le sous-groupe de $G$ engendré par les sous-groupes stricts et quasi-$p$ de $G$ dont un $p$-Sylow est contenu dans $S$. Par récurrence, tous ces sous-groupes sont groupes de Galois d'un revêtement étale connexe de la droite affine.

– Si $G(S) = G$, le théorème 2 fournit le revêtement cherché.

– Si $G$ contient un $p$-sous-groupe distingué non trivial, un théorème de Serre (voir **[9]**, mais nous démontrerons au § 4 le cas particulier — proposition 4.6 — dont nous avons besoin) nous permet de conclure par récurrence.

– Enfin, si $G(S) \neq G$ et si $G$ n'a pas de $p$-sous-groupe distingué non trivial, Raynaud utilise une approche totalement différente pour construire le revêtement voulu, fondée sur une étude fine de la ramification des revêtements de courbes semi-stables. Ceci fait l'objet de l'exposé de M. Saidi **[8]** à cette conférence.

Les paragraphes 2, 3 et 4 sont consacrés à la preuve du théorème de Raynaud. Nous exposons enfin au § 5 la démonstration que donne F. Pop de la conjecture d'Abhyankar dans **[6]**.

*Notations.* — Fixons $k$ un corps algébriquement clos de caractéristique $p > 0$. On note $R = k[[\pi]]$ et $K = k((\pi))$. La droite affine est notée $D$ ou bien $\mathbf{A}^1$ et $\infty$ (l'infini) désigne le point qui lui manque dans la droite projective $\mathbf{P}^1$.

Nous noterons les schémas par des lettres italiques $X$, $D$, les schémas formels par des lettres sans empattements $\mathsf{X}$, $\mathsf{D}$ et les espaces rigides par des lettres scriptes $\mathscr{X}$, $\mathscr{D}$.

Un disque fermé $\mathscr{D}$ de centre $x$ d'un $K$-espace rigide $\mathscr{U}$ est une partie de $\mathscr{U}$ de la forme $v(T) \geqslant 0$ où $T$ est une uniformisante locale en $x$. C'est un espace affinoïde dont l'anneau est isomorphe à l'anneau $K\{T\}$ des séries convergentes, fibre générique du schéma formel $\operatorname{Spf} R\{T\}$. Son bord est la couronne $\partial\mathscr{D}$ définie par l'équation $v(T) = 0$ ; c'est un affinoïde d'anneau $K\{T, T^{-1}\}$, fibre générique du schéma formel $\operatorname{Spf} R\{T, T^{-1}\}$.

## 1. Induction

Si $G$ est un groupe fini et $H$ un sous-groupe de $G$, l'induction est le procédé standard pour obtenir un objet muni d'une action de $G$ à partir d'un objet analogue sur lequel $H$ agit.

Dans le cas qui nous intéresse, soit $Y \to X$ un morphisme de schémas. Si $H$ agit sur $Y$ par $X$-automorphismes, on va construire un $X$-schéma $\operatorname{Ind}_H^G Y$ sur lequel $G$ agit par $X$-automorphismes et un $X$-morphisme $H$-équivariant $Y \to \operatorname{Ind}_H^G Y$, universel pour ces propriétés. (Autrement dit, on construit un foncteur $\operatorname{Ind}_H^G$ des $H$-$X$-schémas vers les $G$-$X$-schémas adjoint à gauche au foncteur d'oubli des $G$-$X$-schémas vers les $H$-$X$-schémas.)

Posons $\operatorname{Ind}_H^G Y = (G/H) \times Y$ et définissons $Y \to \operatorname{Ind}_H^G Y$ comme l'identification de $Y$ à la copie $\{1\} \times Y$. L'action de $G$ sur $\operatorname{Ind}_H^G Y$ est définit comme suit. Fixons des représentants $g_i \in G$ (pour $i \in G/H$) de $G/H$. Si $g \in G$ et $i \in G/H$, il existe $j \in G/H$ et $h \in H$ tels que $gg_i = g_j h$. On fait alors agir $g$ sur $(G/H) \times Y$ par $g \cdot (g_i H, y) = (g_j H, h \cdot y)$. On vérifie que l'on obtient bien une action de $G$ sur $\operatorname{Ind}_H^G$ par $X$-morphismes et que le morphisme $Y \to \operatorname{Ind}_H^G Y$ est $H$-équivariant. De plus, ce morphisme $Y \to \operatorname{Ind}_H^G Y$ vérifie la propriété universelle.

Il résulte de la propriété universelle que l'induction est transitive : si $H \subset H' \subset G$,

$$\operatorname{Ind}_{H'}^G \operatorname{Ind}_H^{H'} = \operatorname{Ind}_H^G$$

et qu'elle commute au changement de base $X' \to X$. De même, il est clair que si $Y \to X$ est étale, $\mathrm{Ind}_H^G Y$ est étale. On définit de la même manière l'induction d'un morphisme de schémas formels, d'espaces rigides ; les foncteurs (fibre spéciale, fibre générique, algébrisation etc.) entre ces catégories commutent à l'induction.

## 2. Recollement

Dans ce paragraphe, on explique la démonstration du théorème 2, quitte à repousser les deux points techniques majeurs aux paragraphes ultérieurs.

Plaçons-nous sous les hypothèses du théorème 2. Soit donc $G$ un groupe fini, $Q$ un $p$-sous-groupe de $G$. Soit $(G_i)_{i\in I}$ une famille de sous-groupes de $G$ — que l'on peut supposer finie — et pour tout $i$, un sous-groupe $Q_i$ de $Q \cap G_i$ tels que $G = \langle (G_i)_{i\in I}, Q\rangle$. On suppose qu'il existe pour tout $i$ un revêtement étale connexe de la droite affine de groupe $G_i$ et tel que $Q_i$ soit un groupe d'inertie au-dessus de l'infini.

Soit $\mathscr{P}$ la droite projective rigide. On fixe des points $x_i \in \mathscr{P}(K)$ et des coordonnées locales $t_i$ en les $x_i$ de sorte que les disques $\mathscr{D}_i$ définis par $v(t_i) \geqslant -1$ soient disjoints. Soit $\mathscr{D}_i^{(0)}$ le disque rigide défini par $v(t_i) \geqslant 0$. On se donne aussi un point $\infty$ en-dehors des disques $\mathscr{D}_i$.

Soit pour tout $i$ un $k$-revêtement $X_i \to D$ étale connexe de groupe $G_i$, $Q_i$ étant un groupe d'inertie au-dessus de $\infty$. En vertu de la propriété de relèvement des morphismes étales, il existe un unique revêtement étale $\mathsf{X}_i \to \mathsf{D}$ du disque formel dont la réduction est $X_i \to D$. Par passage à la fibre générique, on obtient un revêtement étale $\mathscr{X}_i^{(0)} \to \mathscr{D}_i^{(0)}$ du disque rigide, connexe de groupe $G_i$.

***Proposition* 2.1.** — *Si $n \gg 0$, ce revêtement se prolonge en un revêtement étale connexe galoisien de groupe $G_i$, $\mathscr{X}_i \to \mathscr{D}_i$, du disque $\mathscr{D}_i$ donné par $v(t_i) \geqslant -1/n$.*

*Si $\mathscr{C}_i$ désigne la couronne d'équation $v(t_i) = -1/n$, les composantes connexes de $\mathscr{X}_i|\mathscr{C}_i$ sont en bijection naturelle avec les points à l'infini de $X_i$. En particulier, l'une de ses composantes est un revêtement étale connexe $\mathscr{U}_i$ de $\mathscr{C}_i$ de groupe $Q_i$.*

Cette proposition sera prouvée au paragraphe 3.

Par définition de l'induction, on a alors un isomorphisme

$$(*) \qquad \mathscr{X}_i|\mathscr{C}_i = \mathrm{Ind}_{Q_i}^{G_i} \mathscr{U}_i|\mathscr{C}_i.$$

***Proposition* 2.2.** — *Il existe un $K$-revêtement étale connexe $Y \to P$ de groupe $Q$ qui n'est ramifié qu'en les $x_i$ et $\infty$, dont $Q$ est un des groupes d'inertie au-dessus de $\infty$ et tel que pour tout $i$, $Y|\mathscr{C}_i \simeq \mathscr{U}_i|\mathscr{C}_i$.*

Nous prouverons ce résultat au paragraphe 4.

Soit $\mathscr{W} \subset \mathscr{P}$ l'ouvert rigide quasi-compact, complémentaire de la réunion des disques ouverts $v(t_i) > -1/n$ et $\mathscr{Y} = Y|\mathscr{W}$ la restriction de $Y$ à $\mathscr{W}$. Comme $Q$ est un des groupes d'inertie à l'infini dans le revêtement $Y \to P$, $Y$ n'a qu'un point au-dessus de $\infty \in P$ et cela implique que $\mathscr{Y}$ est connexe.

Soit

$$\mathscr{Z}_\infty = \mathrm{Ind}_Q^G \mathscr{Y}|\mathscr{W}$$

le revêtement obtenu à partir de $\mathscr{Y}$ par induction de $Q$ à $G$. Lorsqu'on restreint $\mathscr{Z}_\infty$ à la couronne $\mathscr{C}_i$, on trouve

$$\begin{aligned}
\mathscr{Z}|\mathscr{C}_i &= \mathrm{Ind}_Q^G \mathscr{Y}|\mathscr{C}_i \\
&= \mathrm{Ind}_Q^G \mathscr{X}_i|\mathscr{C}_i && \text{par construction de } Y \\
&= \mathrm{Ind}_Q^G \mathrm{Ind}_{Q_i}^Q \mathscr{U}_i|\mathscr{C}_i \\
&= \mathrm{Ind}_{Q_i}^G \mathscr{U}_i|\mathscr{C}_i && \text{par transitivité de l'induction} \\
&= \mathrm{Ind}_{G_i}^G \mathrm{Ind}_{Q_i}^{G_i} \mathscr{U}_i|\mathscr{C}_i \\
&= \mathrm{Ind}_{G_i}^G \mathscr{X}_i|\mathscr{C}_i && \text{d'après } (*).
\end{aligned}$$

Autrement dit, si

$$\mathscr{Z}_i = \mathrm{Ind}_{G_i}^G \mathscr{X}_i|\mathscr{D}_i,$$

les $G$-revêtements étales $\mathscr{Z}_i|\mathscr{C}_i$ et $\mathscr{Z}_\infty|\mathscr{C}_i$ coïncident. Comme $(\mathscr{W}, (\mathscr{D}_i)_i)$ est un recouvrement admissible de $\mathscr{P}$ pour la géométrie rigide, on peut définir un $G$-revêtement étale $\mathscr{Z} \to \mathscr{P}$ en prenant $\mathscr{Z}_\infty$ au-dessus de $\mathscr{W}$ et $\mathscr{Z}_i$ au-dessus des $\mathscr{D}_i$. Ce revêtement n'est ramifié qu'au-dessus de $\infty$, $Q$ étant l'un des groupes d'inertie.

Comme les $\mathscr{X}_i$ et $\mathscr{Z}_\infty$ sont connexes et comme $G$ est engendré par les $G_i$ et $Q$, $\mathscr{Z}$ est connexe.

En appliquant le théorème *GAGA rigide* de Kiehl (cf. l'exposé **[2]**), on en déduit un $G$-revêtement $Z \to P$ de la droite projective sur $K$ qui est connexe et ramifié uniquement au-dessus de $\infty$. De plus, $Q$ est un des groupes d'inertie au-dessus de l'infini. L'existence de points $k$-rationnels dans $X_i$ implique que $\mathscr{X}_i^{(0)}$ possède un point $K$-rationnel. Par suite, $\mathscr{Z}$ et donc $Z$ possèdent un point $K$-rationnel si bien que $Z$ est géométriquement connexe.

Un tel revêtement $Z \to P$ est un morphisme de présentation finie ; de même, l'action du groupe fini $G$ se traduit par un nombre fini de morphismes de schémas assujettis à quelques conditions de compatibilité. Par suite, il existe une $k$-algèbre de type fini $\Lambda \subset K = k((\pi))$, une $\Lambda$-courbe projective lisse à fibres géométriquement connexes $\mathscr{Z}$ et un $G$-revêtement fini et plat $\mathscr{Z} \to \mathbf{P}^1_\Lambda$ redonnant $Z \to P$ après extension des scalaires à $K$.

Quitte à localiser $\Lambda$, on peut supposer que $\Lambda$ est lisse sur $k$ et que le lieu de branchement du revêtement $\mathscr{Z} \to \mathbf{P}^1_\Lambda$ est la section « infini » $\operatorname{Spec}\Lambda \to \mathbf{P}^1_\Lambda$. On peut aussi supposer, quitte à effectuer une extension finie de $\Lambda$ et éventuellement une localisation supplémentaire, que le lieu de ramification dans $\mathscr{Z}$ est la réunion de sections $\operatorname{Spec}\Lambda \to \mathscr{Z}$ d'images disjointes et que le groupe d'inertie est égal à un conjugué convenable de $Q$ le long de ces composantes.

Comme $k$ est algébriquement clos, on peut enfin choisir un homomorphisme de $k$-algèbres $\lambda : \Lambda \to k$ et le revêtement $\mathscr{Z}_\lambda \to \mathbf{P}^1$ obtenu par changement de base (spécialisation) est alors étale hors du point à l'infini, connexe et galoisien de groupe $G$. De plus, $Q$ est un groupe d'inertie au-dessus du point à l'infini.

## 3. Extension

***Proposition* 3.1.** — *Considérons un revêtement étale connexe $X \to D$ de la droite affine sur $k$, galoisien de groupe $G$ ; soit $Q$ un groupe d'inertie au-dessus de l'infini. Notons $\mathscr{X} \to \mathscr{D}$ le revêtement étale connexe du disque rigide qui en résulte.*

*Pour $n$ assez grand, ce revêtement se prolonge en un revêtement étale connexe galoisien de groupe $G$, $\mathscr{X}' \to \mathscr{D}'$, du disque $\mathscr{D}'$ donné par $v(t) \geqslant -1/n$.*

*De plus, toujours pour $n$ assez grand, les composantes connexes de la restriction de $\mathscr{X}'$ à la couronne $\mathscr{C}'$ d'équation $v(t) = -1/n$ sont en bijection naturelle avec les points à l'infini de $X$. En particulier, si $\mathscr{U}'$ est une telle composante, c'est un revêtement étale connexe de $\mathscr{C}'$ galoisien de groupe $Q$.*

Le revêtement $X \to D$ se prolonge en un revêtement $X^* \to \mathbf{P}^1$ de courbes algébriques lisses sur $k$. Comme $k$ est infini et parfait, le revêtement $X^* \to \mathbf{P}^1$ est localement monogène. Soit $\Delta = \mathbf{P}^1 \setminus \{0\} \simeq \operatorname{Spec} k[x]$. Il existe ainsi une équation

$$\Phi = z^m + a_1 z^{m-1} + \cdots + a_m$$

à coefficients dans $k[x]$ qui décrit le revêtement $X^* \to \mathbf{P}^1$ au voisinage de $\infty$, c'est-à-dire au-dessus de $\Delta \setminus \Sigma$, pour un ensemble fini de points $\Sigma \subset \Delta$.

Le disque rigide $\mathscr{D}_n$ d'équation $v(t) \geqslant -1/n$ est le recollement du disque standard $\mathscr{D}$ et de la couronne $0 \geqslant v(t) \geqslant -1/n$. On en déduit un modèle formel $\mathsf{D}_n$ par recollement du disque formel $\mathsf{D} = \operatorname{Spf} R\{1/x\}$ et de la couronne

$\mathsf{C}_n = \mathrm{Spf}\, R\{x,y\}/(x^n y - \pi)$. La fibre spéciale de ce schéma formel est constituée d'une droite projective et d'une droite affine de multiplicité $n$ qui se coupent au point $\infty$ de la droite projective.

Le schéma formel $\mathrm{Spf}(R\{x,y\}/(x^n y-\pi))[z]/\Phi$ est alors fini localement libre sur $\mathsf{C}_n$. Sa restriction au-dessus de $\mathsf{D} \setminus (\{0\} \cup \Sigma)$ est un relèvement formel de $X$, d'où un isomorphisme canonique avec la restriction de $\mathsf{X} \to \mathsf{D}$. Il en résulte par recollement un schéma formel $\mathsf{X}_n$ fini et plat sur $\mathsf{D}_n$.

La fibre générique de ce revêtement formel est un revêtement fini $\mathscr{X}_n \to \mathscr{D}_n$ qui prolonge $\mathscr{X}$. Il est ramifié en un nombre fini de points contenus dans la couronne $v(t) < 0$. Par suite, on obtient un revêtement fini étale de la couronne $v(t) \geqslant -1/n$ pour $n$ assez grand, ce qu'on supposera désormais.

Par construction, l'action de $G$ sur $\mathscr{X}$ s'étend à $\mathscr{X}'$ si bien que le revêtement $\mathscr{X}' \to \mathscr{D}'$ est connexe et galoisien de groupe $G$.

Il reste à prouver que les composantes connexes de la restriction de $\mathscr{X}_n$ à la couronne $\mathscr{C}_n$ sont en bijection par réduction modulo $(\pi)$ avec les points à l'infini de $X^*$. On renvoie pour cela à l'article de Raynaud **[7]**, 3.4.10 et 3.4.11, p. 440.

## 4. Algébrisation

Soit $X$ une $K$-courbe algébrique projective, lisse et géométriquement connexe. Rappelons qu'un *couple de Runge* sur $X$ est un couple $(U, \mathscr{U})$ formé d'un ouvert $U$ de $X$ et d'un ouvert affinoïde $\mathscr{U}$ de $U$ tel que $X \setminus U$ contienne un point dans chaque composante connexe de $\mathscr{X} \setminus \mathscr{U}$.

***Proposition* 4.1.** — *Soit $(U, \mathscr{U})$ un couple de Runge sur $X$ et*

$$1 \to Q \to G' \xrightarrow{\varpi} G \to 1$$

*une suite exacte de groupes finis, $Q$ étant un $p$-groupe. Soit*

*– un revêtement étale galoisien $V \to U$ de groupe $G$, irréductible. Notons $\mathscr{V} \to \mathscr{U}$ sa restriction à $\mathscr{U}$ ;*

*– un revêtement étale galoisien $\mathscr{V}' \to \mathscr{U}$ de groupe $G'$ qui, après passage au quotient par $Q$, fournit un revêtement isomorphe à $\mathscr{V} \to \mathscr{U}$.*

*Alors, il existe un revêtement étale irréductible $V' \to U$, galoisien de groupe $G'$ qui redonne $V \to U$ après passage au quotient par $Q$ et isomorphe à $\mathscr{V}'$ au-dessus de $\mathscr{U}$.*

*Si de plus $G'$ est un $p$-groupe ou si $Q$ est cyclique, on peut choisir le revêtement de sorte que $Q$ contienne un groupe d'inertie aux points de $X \setminus U$.*

On va retraduire cet énoncé en termes de groupes fondamentaux.

Choisissons des points bases $a \in U$ et $a_i \in \mathscr{U}_i$ pour chaque composante connexe de $\mathscr{U}$. Notons $\Pi$ et $\Pi_i$ les groupes fondamentaux de $U$ et $\mathscr{U}_i$ relatifs à ces points bases. Une fois choisi un « chemin joignant $a_i$ et $a$ », le morphisme canonique $\mathscr{U}_i \to U$ nous fournit un morphisme continu $\rho_i : \Pi_i \to \Pi$, défini à conjugaison près par un élément de $\Pi$.

Si $S = X \setminus U$ et $s \in S$, notons $I_s \subset \Pi$ le sous-groupe d'inertie en $s$ (défini à conjugaison près).

***Proposition* 4.2.** — *Soit $h : \Pi \to G$ un morphisme continu surjectif et pour tout $i$ un morphisme $h'_i : \Pi_i \to G'$ tel que pour tout $i$, $\varpi \circ h'_i = h \circ \rho_i$. Alors, il existe un morphisme surjectif $h' : \Pi \to G$ et des éléments $q_i \in Q$ tels que pour tout $i$, $h' \circ \rho_i = \mathrm{Int}(q_i) \circ h'_i$.*

*Si de plus $G'$ est un $p$-groupe ou si $Q$ est cyclique, on peut supposer que pour tout $s \in S$, $h'(I_s)$ contient $Q$.*

On démontre le résultat par dévissage sur $Q$ : on peut supposer que $Q$ est un groupe abélien annulé par $p$, puis que la représentation de $G$ par automorphismes intérieurs sur $Q$ est irréductible. Le morphisme $h : \Pi \to G$ induit ainsi une action de $\Pi$ sur $Q$, d'où un faisceau fini étale $M$ en $\mathbf{F}_p$-vectoriels sur $U$ et la suite spectrale de Cartan–Leray entraîne (voir **[9]**, prop. 1, p. 342) que

$$H^1(\Pi, Q) \simeq H^1_{\text{ét}}(U, M).$$

De même, notant toujours $M$ la restriction de $M$ à $\mathscr{U}_i$,

$$H^1(\Pi_i, Q) \simeq H^1_{\text{ét}}(\mathscr{U}_i, M).$$

Admettons provisoirement la proposition suivante.

***Proposition* 4.3.** — *L'homomorphisme canonique*

$$H^1(\Pi, Q) \longrightarrow \bigoplus_i H^1(\Pi_i, Q)$$

*est surjectif. Si $Q \neq 0$, son noyau est un $\mathbf{F}_p$-espace vectoriel de dimension infinie.*

Le groupe fondamental d'une courbe affine est de dimension cohomologique $\leqslant 1$ (voir **[9]**, prop. 1) et vérifie à ce titre la propriété de relèvement. Il existe ainsi un homomorphisme $\varphi : \Pi \to G'$ tel que $\varpi \circ \varphi = h$ et un autre tel homomorphisme est de la forme $f\varphi$ où $f : \Pi \to Q$ est un 1-cocycle continu de $\Pi$ dans $Q$ :

$$f(gg')\varphi(gg') = f(g)\varphi(g)f(g')\varphi(g') = f(g)\varphi(g)f(g')\varphi(g)^{-1}\varphi(gg')$$

soit

$$f(gg') = f(g)(g \cdot f(g')).$$

Si $f$ est le cobord $g \mapsto g \cdot q - q$, on a ainsi

$$f(g)\varphi(g) = q^{-1}(g \cdot q)\varphi(g) = q^{-1}\varphi(g)q\varphi(g)^{-1}\varphi(g) = q^{-1}\varphi(g)q = \mathrm{Int}(q^{-1}) \circ \varphi.$$

Pour tout $i$, $\varphi \circ \rho_i$ et $h'_i$ sont deux relèvements de $h_i$, d'où un cocycle $f_i : \Pi_i \to Q$. D'après la proposition 4.3, on peut modifier $\varphi$ de sorte que pour tout $i$, la classe de $f_i$ dans $H^1(\Pi_i, Q)$ soit nulle, ce qui signifie qu'il existe $q_i \in Q$ tel que $\varphi \circ \rho_i = \mathrm{Int}(q_i)h'_i$.

Si $\varphi$ n'est pas surjectif, son image est un sous-groupe de $G'$ qui, puisque l'action de $G$ sur $Q$ est irréductible, se projette isomorphiquement sur $G$. Par suite, $G' \simeq Q \rtimes G$ ; en particulier, on identifie $G$ à un sous-groupe de $G'$ et $\varphi$ à la composition de $h$ de de l'injection $G \hookrightarrow G'$.

Soit $f$ un cocycle $\Pi \to Q$. Si $\tilde{\varphi} = f\varphi$ est un relèvement qui n'est pas surjectif, son image est pour la même raison un sous-groupe $H \subset Q \rtimes G$ qui se projette isomorphiquement sur $G$. Autrement dit, il existe une section $\theta : G \to G'$ de la projection $G' \to G$ tel que $f(g)h(g) = \tilde{\varphi}(g) = \theta(h(g))$. Cela implique que $f(g) = \theta(h(g))h(g)^{-1}$ et la classe de $f$ dans $H^1(\Pi, Q)$ appartient à l'image de $H^1(G, Q)$.

Comme $H^1(G, Q)$ est un groupe fini, la proposition 4.3 nous permet de choisir un cocycle $f$ qui n'appartient pas à l'image de $H^1(G, Q)$, tout en conservant le fait que les classes des $f_i$ sont nulles.

On a ainsi obtenu un relèvement surjectif $h' : \Pi \to G'$ de $h$ tels que pour tout $i$, $h' \circ \rho_i$ est de la forme $\mathrm{Int}(q_i)h'_i$ pour un élément $q_i \in Q$.

Donnons des indications sur la preuve de la proposition 4.3.

On considère la suite exacte d'Artin–Schreier sur $U$ :

$$0 \to \mathbf{Z}/p\mathbf{Z} \to \mathbf{G}_a \xrightarrow{\wp} \mathbf{G}_a \to 0$$

où $\wp(x) = x - x^p$. Tensorisons cette suite exacte par $M$ : on obtient une suite exacte de faisceaux pour la topologie étale

$$0 \to M \to V \xrightarrow{\wp} V \to 0$$

où $V$ est un fibré vectoriel localement libre de rang fini sur $u$ et $\wp$ une application additive étale. Il en résulte que pour tout schéma affine $\operatorname{Spec} A$ au-dessus de $U$,

$$H^1_{\text{ét}}(\operatorname{Spec} A, M) = V(A)/\wp(V(A)) \quad \text{et} \quad H^i_{\text{ét}}(\operatorname{Spec} A, M) = 0 \quad \text{si } i > 1.$$

Le morphisme canonique $H^1_{\text{ét}}(U,M) \to H^1_{\text{ét}}(\mathcal{U},M)$ s'interprète donc comme l'homomorphisme

$$V(U)/\wp(V(U)) \longrightarrow V(\mathcal{U})/\wp(V(\mathcal{U})).$$

Le fait que $(U,\mathcal{U})$ soit un couple de Runge a pour conséquence (analogue du théorème de Runge en géométrie rigide, cf. **[7]**, théorème 3.5.2 ainsi que l'exposé **[2]**) que $V(U)$ est dense dans $V(\mathcal{U})$. Or, le théorème des fonctions implicite implique que tout élément « assez petit » de $V(\mathcal{U})$ est l'image par $\wp$ d'un unique élément de $V(\mathcal{U})$. La surjectivité cherchée en résulte.

Soit donc $S = X \setminus U$ et pour $s \in S$, notons $\mathcal{O}_s$ l'anneau local complété du hensélisé strict de $X$ en $s$ et $K_s$ son corps des fractions. On a ainsi une application naturelle

$$H^1_{\text{ét}}(U,M) \to H^1(K_s,M).$$

On se donne un prolongement de $V$ en un fibré vectoriel $V^*$ sur $X$, ce qui permet de parler de l'ordre du zéro ou du pôle d'une section de $V$ sur $U$ en un point de $s$. La proposition est visiblement une conséquence du lemme suivant.

***Lemme* 4.4.** — *Pour tout $s \in S$, il existe une section non nulle $\alpha$ de $V$ telle que, notant $\theta_s : k \to H^1_{\acute{e}t}(U,M)$, l'homomorphisme qui associe à $u \in k$ la classe $[u\alpha] \in V(U)/\wp(V(U))$, on ait les propriétés :*

*– l'image de $\theta_s$ est contenue dans le noyau de $H^1_{\acute{e}t}(U,M)) \to H^1_{\acute{e}t}(\mathcal{U},M)$ ;*

*– si $s' \neq s$, l'image de $\theta_s$ dans $H^1(K_{s'},M)$ est nulle ;*

*– l'image de $\theta_s$ dans $H^1(K_s,M)$ est un $\mathbf{F}_p$-espace vectoriel de dimension infinie.*

Les deux premiers points résultent du théorème des fonctions implicites (pour la topologie $\pi$-adique et la topologie définie par la valuation en $s$ respectivement), à condition de choisir une section $\alpha$ assez divisible par $\pi$ qui a un zéro d'ordre assez grand en tout $s' \neq s$.

Soit $K'_s$ une extension séparable de $K_s$ qui trivialise $M$. Sur $\mathcal{O}'_s$, on peut alors prolonger $V$ en le fibré vectoriel trivial de rang $\dim V$. Ce prolongement n'est pas forcément compatible avec celui fourni par $V^*$. Néanmoins, on peut choisir la section $\alpha$ de sorte qu'elle ait un pôle dans cette nouvelle structure entière. Pour prouver le lemme, on peut bien sûr composer $\theta_s$ avec l'application canonique $H^1(K_s,M) \to H^1(K'_s,M)$, l'avantage étant que $H^1(K'_s,M) = H^1(K'_s,\mathbf{Z}/p\mathbf{Z})^{\dim M}$ se décrit explicitement à l'aide de la suite exacte d'Artin–Schreier.

***Lemme* 4.5.** — *Soit $A$ un anneau de valuation discrète contenant $k$, de corps résiduel $\kappa$ algébriquement clos, $F$ son corps des fractions et $\alpha \in A$ un élément* *de valuation* $< 0$. *L'image de l'application additive* $k \to F/\wp F$ *donnée par* $u \mapsto [u\alpha]$ *est un* $\mathbf{F}_p$*-espace vectoriel de dimension infinie.*

Notons $\kappa$ est le corps résiduel de $A$, de sorte que $A \simeq \kappa[[T]]$ et $F = \kappa((T))$.

On calcule modulo l'image de $\wp$ ce qui permet de supposer que $\alpha$ est égal à sa partie polaire

$$\alpha = \sum_{j=1}^{n} a_j T^{-j}, \quad a_n \neq 0$$

et

$$u\alpha = \sum_{j=1}^{n} u a_j T^{-j}.$$

Si $n = pm$ est multiple de $p$, on peut remplacer $ua_nT^{-n}$ par $u^{1/p}a_n^{1/p}T^{-m}$. De proche en proche, la classe de $u\alpha$ est la classe d'un élément de la forme

$$\sum_{j=1}^{n-1} b_j T^{-j} + \left(\sum_{i=0}^{r} u^{1/p^i} c_i\right) T^{-n}$$

pour des éléments $b_j$ et $c_i \in F$, les $c_i$ n'étant pas tous nuls et l'entier $n$ premier à $p$. Il est clair que le « coefficient dominant » $\sum u^{1/p^i} c_i$ détermine $[u\alpha]$. Or, l'application qui associe à $u$ ce coefficient dominant est additive de noyau fini. Son image est ainsi un $\mathbf{F}_p$-espace vectoriel de dimension infinie.

Établissons maintenant le complément concernant le sous-groupe d'inertie aux points à l'infini.

Si $G'$ est un $p$-groupe, comme toute action d'un $p$-groupe sur un $\mathbf{F}_p$-espace vectoriel non nul admet un vecteur propre, on suppose par dévissage que $Q \simeq \mathbf{F}_p$. De même si $Q$ est cyclique. On raisonne alors par récurrence sur le nombre de points à l'infini. Soit donc $S' \subset S$ et $h'$ un relèvement tel que pour tout $s \in S'$, $Q \subset h'(I_s)$.

Soit maintenant $s \in S \setminus S'$. Si $h'(I_s)$ ne contient pas $Q$, le fait que $Q \simeq \mathbf{Z}/p\mathbf{Z}$ implique que $h'(I_s)$ est un relèvement de son image $h(I_s)$ dans $G$. Le groupe $H^1(h(I_s), M)$ est fini, par exemple parce que $M$ est trivialisé après passage à une extension finie de $K_s$. D'après le lemme 4.4, il existe donc un cocycle $f$ dont la classe est dans le noyau de l'homomorphisme

$$H^1_{\text{ét}}(U, M) \to H^1_{\text{ét}}(\mathscr{U}, M) \oplus \bigoplus_{s' \in S'} H^1(K_{s'}, M)$$

et dont l'image dans $H^1(K_s, M)$ n'est pas contenue dans le groupe $H^1(h(I_s), M)$. Alors, remplacer $h'$ par $fh'$ préserve toutes les propriétés que l'on voulait pour $h'$ et assure en outre que $h'(I_s)$ contient $Q$.

Si, dans l'énoncé de la proposition 4.1, on oublie les affinoïdes, la démonstration fournit le résultat suivant, dû à Serre **[9]** lorsque $U$ est la droite affine.

***Proposition* 4.6.** — *Soit* $1 \to Q \to G' \xrightarrow{\pi} G \to 1$ *une suite exacte de groupes finis,* $Q$ *étant un* $p$*-groupe. Si* $V \to U$ *est un revêtement étale connexe galoisien de groupe* $G$*, il existe un revêtement étale connexe galoisien* $V' \to U$ *de groupe* $G'$ *qui redonne* $V \to U$ *après passage au quotient par* $Q$*.*

*Si de plus* $G'$ *est un* $p$*-groupe, ou si* $Q$ *est cyclique, on peut choisir le revêtement de sorte que* $Q$ *contient un groupe d'inertie aux points de* $X \setminus U$*.*

## 5. Pop !

Dans ce paragraphe, nous expliquons l'approche de F. Pop pour déduire la conjecture d'Abhyankar (i.e. le théorème d'Harbater) du théorème de Raynaud (i.e. de la conjecture d'Abhyankar pour la droite affine).

On démontre le théorème suivant.

***Théorème* 5.1 (Pop [6], théorème B).** — *Soit* $X$ *une courbe affine lisse connexe sur un corps* $k$ *algébriquement clos de caractéristique* $p > 0$*. Soit* $Q$, $G'$, $G$ *trois groupes finis et considérons un diagramme*

$$\begin{array}{ccccc} & & & & \pi_1(X) \\ & & & \overset{\beta}{\swarrow} & \downarrow \gamma \\ Q & \hookrightarrow & G' & \overset{\alpha}{\twoheadrightarrow} & G \end{array}$$

*d'où un revêtement étale galoisien connexe* $X_G \to X$ *de groupe* $G$*. On suppose que* $Q$ *est un quotient de* $\pi_1(\mathbf{A}^1)$ *et que* $\alpha$ *possède une section, c'est-à-dire un morphisme de groupe* $s$ *tel que* $\alpha \circ s = \mathrm{id}$*. Alors, il existe un homomorphisme surjectif* $\beta : \pi_1(X) \to G'$ *tel que* $\gamma = \beta \circ \alpha$*, d'où en particulier un revêtement étale galoisien connexe* $X_{G'} \to X_G \to X$ *de groupe* $G'$*.*

On déduit de ce théorème la conjecture 1 de la façon suivante. Soit $X^*$ la compactification lisse de $X$, $g$ le genre de $X^*$, $r$ le cardinal de $X^* \setminus X$. Soit $G$ un groupe fini dont le plus grand quotient d'ordre premier à $p$, $G/p(G)$, est engendré par $2g + r - 1$ éléments. D'après Grothendieck **[3]**, XIII, 2.2, $G/p(G)$ est groupe de Galois d'un revêtement étale connexe galoisien de $X$, d'où un homomorphisme surjectif $\gamma : \pi_1(X) \to G/p(G)$. Considérons alors le diagramme

$$\begin{array}{ccccc} & & & & \pi_1(X) \\ & & & \swarrow^{\beta} & \downarrow \gamma \\ p(G) & \hookrightarrow & G & \xrightarrow{\alpha} & G/p(G) \end{array}$$

Comme $\pi_1(X)$ est de dimension cohomologique $\leqslant 1$, il existe un homomorphisme $\beta : \pi_1(X) \to G$ tel que $\gamma = \alpha\beta$, mais $\beta$ n'est pas forcément surjective. Posons alors

$$G' = G \times_{G/p(G)} \beta(\pi_1(X)) = \big\{(g_1, g_2) \in G \times \operatorname{im}\beta\, ;\, \alpha(g_1) = \alpha(g_2)\big\}$$

et soit $\alpha' : G' \to \operatorname{im}\beta$ la seconde projection. L'homomorphisme $\alpha'$ a une section $g_2 \mapsto (g_2, g_2)$ et son noyau, formé des couples $(g_1, 0)$ tels que $\alpha(g_1) = 0$, s'identifie à $p(G)$. D'après le théorème de Raynaud, $p(G)$ est un quotient de $\pi_1(\mathbf{A}^1)$, d'où, par le théorème 5.1, un homomorphisme surjectif $\gamma' : \pi_1(X) \to G'$. Comme la restriction de $\alpha$ à $\operatorname{im}\beta$ est surjective, l'homomorphisme canonique $G' \to G$ est surjective, d'où finalement un homomorphisme surjectif $\gamma : \pi_1(X) \to G$.

Il nous reste à démontrer le théorème de Pop.

***Lemme* 5.2.** — *Il suffit de démontrer le théorème 5.1 sous l'hypothèse que $G' = Q \rtimes G$, $G$ normalisant un $p$-sous-groupe de Sylow de $Q$.*

*Démonstration.* — Soit $S$ un $p$-sous-groupe de Sylow de $Q$ et $N$ le normalisateur de $S$ dans $G'$. Si $g$ est un élement de $G'$, $g^{-1}Sg$ est inclus dans $Q$, donc dans un $p$-Sylow de $Q$. Comme ceux-ci sont conjugués, il existe $q \in Q$ tel que $g^{-1}Sg = q^{-1}Sq$, autrement dit, $gq^{-1} \in N$. Par suite, l'homomorphisme $\alpha|_N : N \to G$ est surjectif.

Comme $\pi_1(X)$ est de dimension cohomologique 1, il existe $\gamma' : \pi_1(X) \to N$ tel que $\gamma = \alpha\gamma'$. Soit $N' \subset N$ l'image de $\pi_1(X)$. On a alors un diagramme

$$\begin{array}{ccc} & & \pi_1(X) \\ & \swarrow & \downarrow \\ N' \times_G G' & \underset{\sigma}{\overset{\alpha'}{\rightleftarrows}} & N' \\ \beta' \downarrow & & \downarrow \\ G' & \xrightarrow{\alpha} & G \end{array}$$

On remarque que $\ker\beta' = Q \times \{1\}$, $\ker\alpha' = \{1\} \times Q$ et $S' = 1 \times S$ est un $p$-Sylow de $\ker\alpha'$ normalisé par $\sigma(N')$.

S'il existe une flèche pointillée surjective $\pi_1(X) \to N' \times_G G'$, la composition avec $\beta'$ nous fournit un homomorphisme surjectif $\pi_1(X) \to G'$ convenable. □

Dans la suite, on suppose ainsi que $G' = Q \rtimes G$, $G$ normalisant un $p$-Sylow $S$ de $Q$. On note aussi $H = S \rtimes G$. Comme dans la démonstration du théorème de Raynaud, on se place désormais en géométrie rigide sur le corps $k((\pi))$.

*Première étape.* — Soit $f : X'^* \to X^*$ un revêtement connexe galoisien de groupe $G$, étale sur $X$ correspondant à l'homomorphisme surjectif $\pi_1(X) \to G$. Soit $\Sigma = X^* \setminus X$ et $\Sigma' = f^{-1}(\Sigma)$. Pour $x \in \Sigma$, soit $\mathscr{D}_x$ un disque ouvert centré en $x$ dans $X^*$ de sorte que les $\mathscr{D}_x$ soient disjoints. Quitte à diminuer les $\mathscr{D}_x$, on peut supposer que pour tout $x \in \Sigma$, $f^{-1}(\mathscr{D}_x)$ est réunion disjointe de disques centrés en $x' \in f^{-1}(x)$ et que pour tout $g \in G$ tel que $gx' \neq x'$, $g\mathscr{D}_{x'} \cap \mathscr{D}_{x'} = \varnothing$.

Posons alors $\mathscr{U} = \mathscr{X}^* \setminus \bigcup_{x \in \Sigma} \mathscr{D}_x$ si bien que $\mathscr{U}' = f^{-1}(\mathscr{U}) \to \mathscr{U}$ est un revêtement étale connexe d'espaces rigides.

*Fixons dans toute la suite un point* $\xi \in \Sigma$. On peut choisir un disque assez petit $\mathscr{W}$ centré en un point $\tilde{x}$ de $\mathscr{D}_\xi$ qui est totalement décomposé dans $f^{-1}(\mathscr{W})$ de façon à assurer les propriétés suivantes :

– $\mathscr{W}$ ne rencontre ni $\xi$ ni la couronne $\partial\mathscr{D}_\xi$ qui borde $\mathscr{D}_\xi$ ;

– on a un isomorphisme $\mathscr{W}' = f^{-1}(\mathscr{W}) \simeq \operatorname{Ind}_1^G \mathscr{W}$.

On pose $\tilde{\Sigma} = \Sigma \cup \{\tilde{x}\}$, $X_0 = X^* \setminus \tilde{\Sigma} = X \setminus \{\tilde{x}\}$ et $\mathscr{X}_0 = \mathscr{U} \cup \partial\mathscr{W}$. Soit enfin $X'_0 = f^{-1}(X_0)$, $\mathscr{X}'_0 = f^{-1}(\mathscr{X}'_0)$. Les couples $(X_0, \mathscr{X}_0)$ et $(X'_0, \mathscr{X}'_0)$ sont ainsi des *couples de Runge* sur $X^*$ et $X'^*$.

*Deuxième étape.* — Par hypothèse, il existe un revêtement connexe $g : Y^* \to \mathbf{P}^1$, galoisien de groupe $Q$ et ramifié uniquement à l'infini, un groupe de décomposition étant $S$, quitte à éliminer la ramification modérée supplémentaire à l'aide du lemme d'Abhyankar. (C'est en fait un corollaire du théorème 2.)

Soit $\mathscr{B}_\infty$ un disque ouvert autour de $\infty$ assez petit afin qu'il existe un point $y \in g^{-1}(\infty)$ et un disque $\mathscr{B}_y$ centré en $y$ tel que :

– le revêtement $\mathscr{B}_y \to \mathscr{B}_\infty$ est connexe galoisien de groupe $S$ dans $Q$ ;

– on a un isomorphisme $g^{-1}(\mathscr{B}_\infty) \simeq \operatorname{Ind}_S^Q \mathscr{B}_y$.

Le complémentaire de $\mathscr{B}_\infty$ est un disque fermé $\mathscr{B}$. On obtient alors un revêtement étale connexe $\mathscr{Y} \to \mathscr{B}$ de groupe $Q$ et un isomorphisme

$$\mathscr{Y}|\partial\mathscr{B} \simeq \operatorname{Ind}_S^Q \partial\mathscr{B}_y|\partial\mathscr{B}.$$

*Troisième étape.* — Remarquons que $\mathscr{W}$ est isomorphe à $\mathscr{B}$. On peut ainsi définir un revêtement de $\mathscr{X}_0$, étale galoisien de groupe $H = S \rtimes G$, en posant

$$\mathscr{X}''_0 = \operatorname{Ind}_G^H \mathscr{U}' \coprod \operatorname{Ind}_S^H \partial\mathscr{B}_y \longrightarrow \mathscr{U} \coprod \partial\mathscr{W} = \mathscr{X}_0.$$

Si l'on quotiente par l'action de $S$, on trouve $\mathscr{U}'$ au-dessus de $\mathscr{U}$. Comme $G$ normalise $S$, on obtient au-dessus de $\partial\mathscr{W}$ le revêtement trivial $\mathrm{Ind}_1^G \partial\mathscr{W}$. Autrement dit, le quotient de $\mathscr{X}_0''$ par $S$ est isomorphe au revêtement étale $\mathscr{X}_0' \to \mathscr{X}_0$ induit par le revêtement algébrique $X_0' \to X_0$.

D'après la proposition 4.1 appliquée à l'extension $1 \to S \to H \to G \to 1$, il existe un revêtement étale connexe $X_0'' \to X_0' \to X_0$, galoisien de groupe $H$ isomorphe à $\mathscr{X}_0''$ au-dessus de $\mathscr{X}_0$. De plus, il existe un isomorphisme $H$-*équivariant* entre la restriction de $X_0''$ à $\partial\mathscr{W}$ et $\mathscr{X}_0''|\partial\mathscr{W}$. En effet, comme $\partial\mathscr{B}_y$ est connexe, $X_0''|\partial\mathscr{W}$ et $X_0'|\partial\mathscr{W}$ ont le même nombre $[H : S] = \#G$ de composantes connexes et la projection $X_0'' \to X_0'$ induit une bijection entre celles-ci. Comme $S$ agit sur $X_0''$ au-dessus de $X_0'$, chacune des composantes connexes de $X_0''|\partial\mathscr{W}$ est stable par l'action de $S$. Il existe ainsi une immersion ouverte et fermée $S$-équivariante $\partial\mathscr{B}_y \to X_0''|\partial\mathscr{W}$ d'image la composante connexe de $\mathscr{X}_0''|\partial\mathscr{W}$ qui se projette sur la composante connexe $\{1\} \times \partial\mathscr{W}$ de $X_0'|\partial\mathscr{W} = \mathrm{Ind}_1^G \partial\mathscr{W}$.. Par définition de l'induction, cette immersion se prolonge en un isomorphisme $H$-équivariant

$$\mathrm{Ind}_S^H \partial\mathscr{B}_y \xrightarrow{\sim} X_0''|\partial\mathscr{W}.$$

*Dernière étape.* — La restriction de $X_0''$ au complémentaire de $\mathscr{W}$ fournit un revêtement connexe, étale hors de $\Sigma$ et galoisien de groupe $H$. Au-dessus de $\mathscr{W}$, on dispose du revêtement étale connexe, galoisien de groupe $Q$, qu'est $\mathscr{Y}$. On induit ces revêtements de $H$ et $Q$ respectivement au groupe $G'$. Sur $\partial\mathscr{W}$, on a des isomorphismes

$$\begin{aligned}
\mathrm{Ind}_H^{G'} X_0''|\partial\mathscr{W} &= \mathrm{Ind}_H^{G'} \mathrm{Ind}_S^H \partial\mathscr{B}_y && \text{par construction de } X_0'' \\
&= \mathrm{Ind}_S^{G'} \partial\mathscr{B}_y && \text{par transitivité de l'induction} \\
&= \mathrm{Ind}_Q^{G'} \mathrm{Ind}_S^Q \partial\mathscr{B}_y && \\
&= \mathscr{Y}|\partial\mathscr{W} && \text{d'après le choix de } \mathscr{B}_y
\end{aligned}$$

si bien qu'on peut recoller ces revêtements en un revêtement analytique rigide de $\mathscr{X}^*$, étale hors de $\Sigma$ et galoisien de groupe $G'$. Il est connexe car $H$ et $Q$ engendrent $G'$ et redonne $\mathscr{X}'^*$ après passage au quotient par $Q$. Il reste à appliquer le théorème *GAGA rigide* de Kiehl puis à spécialiser le revêtement obtenu de $k((\pi))$ à $k$.

## Références

[1] S. S. Abhyankar – « Coverings of algebraic curves », *Amer. J. Math.* **79** (1957), p. 825–856.

[2] M. A. Garuti – « Géométrie rigide et géométrie formelle », ces comptes-rendus.

[3] A. Grothendieck – *Revêtements étales et groupe fondamental* (SGA 1), Lect. Notes Math., no. 224, Springer-Verlag, 1971.

[4] D. Harbater – « Abhyankar's conjecture on Galois groups over curves », *Invent. Math.* **117** (1994), p. 1–25.

[5] F. Orgogozo & I. Vidal – « Le théorème de spécialisation du groupe fondamental », ces comptes-rendus.

[6] F. Pop – « Étale Galois covers of affine smooth curves. The geometric case of a conjecture of Shafarevich. On Abhyankar's conjecture », *Invent. Math.* **119** (1995), p. 555–578.

[7] M. Raynaud – « Revêtements de la droite affine en caractéristique $p > 0$ et conjecture d'Abhyankar », *Invent. Math.* **116** (1994), p. 425–462.

[8] M. Saïdi – « Abhyankar's conjecture II : the use of semi-stable curves », ces comptes-rendus.

[9] J.-P. Serre – « Construction de revêtements étales de la droite affine en caractéristique $p$ », *C. R. Acad. Sci. Paris Sér. I Math.* **311** (1990), p. 341–346.

Antoine Chambert-Loir, Institut de mathématiques de Jussieu, Boite 247, 4, place Jussieu, F-75252 Paris Cedex 05 • *E-mail :* chambert@math.jussieu.fr

*Courbes semi-stables et groupe fondamental en géométrie algébrique*
(J.-B. Bost, F. Loeser, M. Raynaud, éd.), p. 249–265
Progress in Mathematics, Vol. 187, © 2000 Birkhäuser Verlag Basel/Switzerland

# 16

# ABHYANKAR'S CONJECTURE II: THE USE OF SEMI-STABLE CURVES

Mohamed Saïdi

## Introduction

We shall adopt the following notations:

We let $k$ be an algebraically closed field of characteristic $p > 0$.

For a group $G$, and subgroups $(G_i)_i$ of $G$, $\langle G_i \rangle_i$ will denote the subgroup of $G$ generated by the $G_i$.

A finite *quasi-p-group* means a finite group generated by its $p$-Sylow subgroups.

In this lecture we explain the part of Raynaud's proof of the Abhyankar conjecture for the affine line which uses the semi-stable geometry of curves. More precisely we shall establish the following technical result which completes the proof of Abhyankar's conjecture for the affine line:

***Theorem*** **(Raynaud).** — *Let $G$ be a finite quasi-$p$-group, and let $S$ be a $p$-Sylow subgroup of $G$. Denote by $G(S)$ the subgroup of $G$ generated by the proper quasi-$p$-subgroups $G_i$ of $G$, for which $G_i \cap S$ is a $p$-Sylow subgroup of $G_i$. Assume the following conditions hold:*

**C.1** *The group $G$ has no non trivial normal $p$-subgroup.*

**C.2** *The subgroup $G(S)$ of $G$ is distinct from $G$.*

*Then there exists a Galois étale connected covering $C \to \mathbb{A}^1_k$ of the affine line over $k$ of group $G$.*

**The idea of the proof.** — First one uses the structure of the fundamental group of affine curves in characteristic 0 in order to produce a geometrically connected covering $Y_K \to \mathbb{P}^1_K$ of the projective line over a finite extension $K$ of the fraction field of the ring of Witt vectors $W(k)$ over $k$, which is Galois of group $G$ and whose branch locus consists of a finite set of rational points $\{x_{i,K}\}_{i=1}^r$ of $\mathbb{P}^1_K$ with all ramification indices powers of $p$. Also one must choose the points $\{x_{i,K}\}_{i=1}^r$ in such a way that they specialize in distinct points of a smooth model $X := \mathbb{P}^1_R$ of $\mathbb{P}^1_K$ over the valuation ring $R$ of $K$. Let $Y$ be the normalisation of $\mathbb{P}^1_R$ in $Y_K$. One has a canonical morphism $f : Y \to \mathbb{P}^1_R$ which is generically Galois of group $G$. In general $Y$ is not smooth. Using the semi-stable reduction theorem, and after eventually performing a finite extension of $R$, one can assume that there exists a birational proper morphism $Y' \to Y$ which is (minimal) semi-stable. The action of $G$ on $Y$ extends to an action of $G$ on $Y'$, and one can consider the quotient $X'$ of $Y'$ by $G$, which is a semi-stable model of $\mathbb{P}^1_K$. The points $\{x_{i,K}\}_{i=1}^r$ extend uniquely to integral points of $X'$ which still have disjoint support in $X'$, but which may have support in the double points. After some elementary transformations of $Y'$ and $X'$, which involves in general finite ramified extensions of $R$ and blowing-ups, one can assume that the following conditions are satisfied:

(i) The irreducible components of the special fibre of $Y'$ are smooth.

(ii) The points $\{x_{i,K}\}_{i=1}^r$ of $\mathbb{P}^1_K$ extend uniquely to points $\{x'_i\}_{i=1}^r$ of $X'(R)$ which have disjoint support and which are contained in the smooth locus of $X'$.

Moreover one can choose such $X'$ and $Y'$ which are minimal with respect to these properties. As $X'$ is a semi-stable model of $\mathbb{P}^1_K$, the special fibre $X'_k$ of $X'$ is a tree of projective lines which contains the original component $X_k := X \times_R k$. The proof goes then in two steps:

**1. A first step which is geometric** and consists of the study of the inertia and decomposition groups of the points of $Y'$, especially those contained in the special fibre. In particular one has a structure theorem for the inertia subgroups at the double points which is analogous to the classical structure theorem for the inertia in a Galois extension of discrete valuation rings. Raynaud uses in this part essentially: Abhyankar's lemma, the purity theorem of Zariski-Nagata, and properties of the dualizing sheaf of a proper semi-stable curve. We explain his results using a local Riemann-Hurwitz formula which is due to Kato.

**2. The second step is combinatorial.** The group $G$ acts in a natural way on the graph $\Gamma$ associated to the special fibre $Y'_k$ of $Y'$, and the quotient of $\Gamma$ by $G$ is a tree $A'$ which is the tree associated to $X'_k$. After a careful study of this action, and under the condition **C.2**, one proves that there exists a terminal vertex $c$ in $\Gamma$ with $G$ as the decomposition subgroup of the corresponding irreducible component $C$. Let $P$ be the image of $C$ in $X'_k$ which is a projective line linked to the rest of $X'_k$ by a unique point $\infty$ which is a double point of $X'_k$. The condition **C.1** implies that the covering $C \to P$ is generically étale and Galois of group $G$, and it will follows from part 1 that this morphism is étale outside the point $\infty$. The restriction of this morphism above $P - \{\infty\}$ provides an étale covering of the affine line with the desired properties.

## 1. The geometric part

### 1.1. Complements on curves over a complete discrete valuation ring

In what follows $R$ is a complete discrete valuation ring, with algebraically closed residue field $k$ of characteristic $p \geq 0$ and field of fractions $K := \mathrm{Fr}(R)$. We denote by $\pi$ a uniformizing parameter of $R$. Let $S := \operatorname{Spec} R$. For an $S$-scheme $X$ we will denote by $X_K$ its *generic fibre* $X \times_S \operatorname{Spec} K$ which is an open subscheme of $X$, and by $X_k$ the *special fibre* $X \times_S \operatorname{Spec} k$ which is the closed sub-scheme of $X$ defined by the sheaf of ideals $\pi.\mathscr{O}_X$.

An *R-curve* is a scheme $X$ which is a normal scheme together with a separated morphism $f : X \to S$ which is flat, of finite type, and whose fibres $X_K$ and $X_k$ are of dimension 1.

A *proper R-curve* is a curve $f : X \to S$ such that the morphism $f$ is proper. If $f : X \to R$ is proper, there exists a well defined specialisation map (use the valuative criterion of properness):

$$\mathrm{Sp} : X(\overline{K}) := \mathrm{Mor}_S(\operatorname{Spec} \overline{K}, X) \to X(k) := \mathrm{Mor}_S(\operatorname{Spec} k, X)$$

where $\overline{K}$ is an algebraic closure of $K$. Because $R$ is henselian, a proper $R$-curve $X$ is projective over S. More precisely one can find a relative effective Cartier divisor $D$ on X which meets every irreducible component of $X_k$, and $X \simeq \mathrm{Proj}(\oplus_{n \geq 0} H^0(X, \mathscr{L}(nD)))$ (cf. **[2]**, 6.6, for more details). We refer to **[4]** and **[7]** for the definition of semi-stable $R$-curves.

***Semi-stable reduction Theorem*** **(cf. [1])**. — *Let $X$ be a proper $R$-curve with geometrically connected generic fibre. Then there exists a finite extension $R'$ of $R$, such that if $S' := \operatorname{Spec} R'$, and $X' := X \times_S S'$, then there exists a birational and proper $S'$-morphism $\pi : \tilde{X} \to X'$ where $\tilde{X}$ is semi-stable.*

**1.2. The invariant $\mu$.** — Let $X$ be an $R$-curve, and let $x$ be a closed point of $X$. Assume that $X_k$ is reduced at $x$. Let $\mathscr{O}_x := \mathscr{O}_{X_k,x}$ be the local ring of $X_k$ at $x$. Let $\delta_x := \dim_k \tilde{\mathscr{O}}_x / \mathscr{O}_x$ where $\tilde{\mathscr{O}}_x$ is the normalisation of $\mathscr{O}_x$ in its total ring of fractions and let $m_x$ be the number of maximal ideals in $\tilde{\mathcal{O}}_x$. Let $\mu_x := 2\delta_x - m_x + 1$. The integer $\mu_x$ is non-negative. For example $\mu_x = 0$ if and only if $x$ is a smooth point and $\mu_x = 1$ if and only if $x$ is an ordinary double point.

**1.3. Coverings.** — A *covering* $f : Y \to X$ between $R$-curves is a finite morphism which is generically étale. Thus if $X$ is irreducible with function field $K(X)$ then $Y$ is the normalisation of $X$ in a finite étale $K(X)$-algebra $L$. A covering $f : Y \to X$ is said to be Galois of group $G$, if it is generically Galois with group $G$.

Let $f : Y \to X$ be a Galois covering of group $G$. The group $G$ acts by automorphisms on $Y$, and the morphism $f$ is $G$-equivariant. Let $y$ be a point of $Y$. The *decomposition subgroup* $D(y)$ of $G$ at $y$ is the subgroup of elements $g$ of $G$ which stabilize $y$, i.e. $y^g = y$. The group $D(y)$ acts by automorphisms on the residue field $k(y)$ of the local ring $\mathcal{O}_{Y,y}$ of $Y$ at $y$, and the *inertia subgroup* $I(y)$ is the normal subgroup of $D(y)$ consisting of elements acting trivially on $k(y)$.

***Structure of inertia* (cf. [11], IV, 2, corollaire 4)**

*Let $R'/R$ be a Galois extension with group $G$ of discrete valuation rings of residue characteristic $p > 0$. Then the inertia subgroup of $G$ is an extension of a cyclic group of order prime to $p$ by a $p$-group. Moreover if the ramification index of this extension equals 1, then the inertia subgroup is a $p$-group.*

***Proposition* 1.4 (cf. [12]).** — *Let $f : Y \to X$ be a covering of $R$-curves Assume that the special fibres $Y_k$ and $X_k$ are reduced. Let $y$ be a closed point of $Y$ and let $x$ be its image in $X$. Then $\mu_y \geq \mu_x$.*

**Kato's formula** (cf. [5], [6]). — Let $f : Y \to X$ be a covering between $R$-curves. Assume that the special fibres $X_k$ and $Y_k$ are reduced. Let $y$ be a closed point of $Y$ and let $x$ be its image in $X$. Let $(x_j)_{j \in J}$ be the points of the normalisation $\tilde{X}_k$ of $X_k$ above $x$, and for a fixed $j$ let $(y_{i,j})_{i \in I_j}$ be the points of the normalisation $\tilde{Y}_k$ of $Y_k$ which are above $x_j$. Assume that the morphism $f_k : Y_k \to X_k$ is **generically étale**. Under these assumptions we have the following "local Riemann-Hurwitz formula" which is due to Kato (cf. [5] and [6]) :

$$\mu_y - 1 = n(\mu_x - 1) + d_K - d_k^w$$

where $n$ is the local degree at $y$, which is the degree of the morphism $\operatorname{Spec} \hat{\mathcal{O}}_{Y,y} \to \operatorname{Spec} \hat{\mathcal{O}}_{X,x}$ between the completion of the local ring of $Y$ (resp of $X$) at the point $y$ (resp. $x$), $d_K$ is the degree of the ramification divisor of the morphism $\operatorname{Spec}(\hat{\mathcal{O}}_{Y,y} \otimes_R K) \to \operatorname{Spec}(\hat{\mathcal{O}}_{X,x} \otimes_R K)$, and $d_k^w$ is defined as follows:

$$d_k^w := \sum d_{i,j}^w, \qquad d_{i,j}^w := v_{x_j}(\delta_{y_{i,j},x_j}) - e_{i,j} + 1,$$

where $\delta_{y_{i,j},x_j}$ is the discriminant ideal of the extension $\hat{\mathcal{O}}_{\tilde{X}_k,x_j} \to \hat{\mathcal{O}}_{\tilde{Y}_k,y_{i,j}}$ of complete discrete valuation rings, and $e_{i,j}$ its ramification index. Note that the integer $d_k^w$ equals 0 if and only if the morphism $\tilde{Y}_k \to \tilde{X}_k$ between the normalisations of $X_k$ and $Y_k$ is tamely ramified.

**Proposition 1.5.** — *Let $Y$ be an $R$-curve. Let $G$ be a finite group acting by automorphisms on $Y$. Then the quotient $X := Y/G$ of $Y$ by $G$ exists.*

*Proof.* — Recall that $X$ is a quotient of $Y$ by $G$ means that there exists a morphism $f : Y \to X$ which is $G$-equivariant, and which is universal for this property, i.e. for any $G$-equivariant morphism $g : Y \to X'$ there exists a unique morphism $g' : X \to X'$ such that $g = g' \circ f$. A quotient exists if and only if every orbit of $G$ is contained in an open affine of $Y$, and this is the case in our situation since $Y$ is quasi-projective. □

**Proposition 1.6.** — *Let $f : Y \to X$ be a covering. If $Y$ is semi-stable then $X$ is semi-stable.*

*Proof.* — First we prove that $X_k$ is reduced. Let $\eta$ be a generic point of $Y_k$ and let $\eta'$ be its image in $X_k$ which is also a generic point of $X_k$. The homomorphism $\mathcal{O}_{X,\eta'} \to \mathcal{O}_{Y,\eta}$ is an extension of discrete valuation rings which dominate $R$. By assumption $\pi$ is a uniformizing parameter of $\mathcal{O}_{Y,\eta}$ ($Y_k$ is reduced), hence it is also a uniformizing parameter of $\mathcal{O}_{X,\eta'}$, which implies that the irreducible component of $X_k$ corresponding to $\eta'$ is reduced. Hence $X_k$ is reduced.

Let $y$ be a closed point of $Y$, and let $x$ be its image in $X$. One has $\mu_y \geq \mu_x$, and $\mu_y \in \{0,1\}$ , hence $\mu_x \in \{0,1\}$. Thus if $y$ is a smooth point then $x$ is smooth, and if $y$ is an ordinary double point, $x$ is either a double point or a smooth point depending on the number of branches passing through $x$. □

**Proposition 1.7.** — *Let $X := \operatorname{Spec} \mathcal{O}_{X',x}$ be the localisation of an $R$-curve $X'$ at a smooth closed point $x$, and let $s : S \to X$ be an $S$ point of $X$. Let $f : Y \to X$ be a Galois covering, and let $e$ be its ramification index above the point $\tilde{x} := s(\operatorname{Spec} K)$. Assume that $f$ is étale outside $s(S)$, and that $e$ is prime to* char$(K)$. *Then $Y$ is smooth, and the morphism $f_k : Y_k \to X_k$ is tamely ramified at $x$ with ramification index $e$. In particular the inertia subgroup at a point $y$ of $Y$ abovc $x$ is cyclic of order $e$.*

*Proof.* — One can prove 1.7 using Abhyankar's lemma (cf. **[8]**), we give another proof using the invariant $\mu$. Let $y$ be a closed point of $Y$ above the point $x$. After étale localisation at $y$ and $x$ we can assume that $y$ is the unique closed point of $Y$ which is above $x$. We have the formula:

$$\mu_y - 1 = n(\mu_x - 1) + d_K - d_k^w$$

In this case $\mu_x = 0$. We compute $d_K$. Let $\{\tilde{y}_i\}_{i=1}^r$ be the points of $Y_K$ above $\tilde{x}$, and let $f$ be the residual degree at these points, then $d_K = r(ef-1)$. Hence $\mu_y = 1 - n + n - r - d_w = 1 - r - d_w$. The only possibility is that $r = 1, d_w = 0$, and $\mu_y = 0$ as claimed. The inertia subgroup at $y$ is then the same as the inertia of the extension $\mathcal{O}_{X_k,x} \to \mathcal{O}_{Y_k,y}$ which is cyclic of order $e$. □

***Proposition* 1.8.** — *Assume* $\operatorname{char}(K) = 0$. *Let* $f : Y \to X$ *be a Galois covering with group* $G$ *of smooth and integral* $R$*-curves. Let* $\tilde{y}$ *be a rational point of* $Y_K$ *which specialise to a point* $y$ *of* $Y_k$*, and let* $\eta$ *be the generic point of the irreducible component of* $Y_k$ *containing* $y$*. Let* $\tilde{x}$ *be the image of* $\tilde{y}$ *in* $X_K$*, and assume that* $f_K : Y_K \to X_K$ *is étale outside* $\tilde{x}$*. Let* $e'p^a$ *be the ramification index at* $\tilde{y}$*, with* $e'$ *prime to* $p$*. Note that* $I(\tilde{y})$ *and* $I(\eta)$ *are subgroups of* $I(y)$*. Then:*

(i) $I(\eta)$ *is a* $p$*-group.*

(ii) $I(\eta)$ *is invariant in* $I(y)$*, and the quotient* $I(y)/I(\eta)$ *is cyclic of order* $e'$*.*

*In particular if* $e' = 1$*, then* $I(\tilde{y}) \subset I(\eta) = I(y)$*, and moreover if* $a \geq 1$ *then* $f : Y \to X$ *is ramified along the irreducible component containing* $y$*.*

*Proof.* — After an étale localisation at $y$ we can assume that $y$ is the unique point of $Y$ above $x$, and that $G = D(y) = I(y)$. It follows from the structure of inertia that $I(\eta)$ is a $p$-group which is invariant in $D(\eta)$ which in this case equals $I(y)$. In order to study the quotient $I(y)/I(\eta)$, we can assume after passing to the quotient $Y' := Y/I(\eta)$ of $Y$ by $I(\eta)$ that this latter group is trivial, and we are reduced to the case of proposition 1.7. from which we deduce that the order of $I(y)/I(\eta)$ is necessarily $e'$. Let $y'$ be the image of $y$ in $Y'$. Then $I(y)/I(\eta)$ is the inertia subgroup of $\mathcal{O}_{Y'_k,y'}$ over $\mathcal{O}_{X_k,x}$, which is tamely ramified by 1.7, hence this group is cyclic of order $e'$. □

***Proposition* 1.9.** — *Let* $f : Y \to X$ *be a Galois covering of group* $G$ *where* $Y$ *and* $X$ *are semi-stable. Assume that* $f_K : Y_K \to X_K$ *is étale. Let* $y$ *be an ordinary double point of* $Y$*, whose image in* $X$ *is a double point* $x$*. Let* $C_1$ *and* $C_2$ *be the two irreducible components of* $Y_k$ *passing by* $y$ *(which may be equal), and let* $\eta_1$ *and* $\eta_2$ *be the corresponding generic points of* $Y_k$*. Then:*

(i) *$I(\eta_1)$ and $I(\eta_2)$ are normal p-subgroups of $I(y)$, and they generate the (normal) p-sylow subgroup of $I(y)$.*

(ii) *the quotient $I(y)/\langle I(\eta_1), I(\eta_2)\rangle$ is a cyclic group of order prime to p.*

*Proof.* — After an étale localisation one can assume that $y$ is the unique point of $Y$ above $x$, that the Galois group $G$ equals $I(y)$, and that the two components $C_1$ and $C_2$ are distinct. Then $D(\eta_1) = D(\eta_2) = G$, and $I(\eta_1)$, $I(\eta_2)$ are $p$-groups by the structure theorem for the inertia. In order to study the quotient $I(y)/\langle I(\eta_1), I(\eta_2)\rangle$, we can assume after passing to the quotient $Y' := Y/\langle I(\eta_1), I(\eta_2)\rangle$ of $Y$ by $\langle I(\eta_1), I(\eta_2)\rangle$ that the latter is trivial. Let $y'$ be the image of $y$ in $Y'$. we have the formula:

$$\mu_{y'} - 1 = n(\mu_x - 1) + d_K - d_k^w$$

In this case $\mu_x = 1$, and $d_K = 0$, and $\mu_y = 1 - d^w$. Hence the only possibility is that $\mu_y = 1$, and $d^w = 0$ which imply that $Y'_k \to X'_k$ is tamely ramified at any branch of $y'$. And this latter statement implies that the quotient $I(y)/\langle I(\eta_1), I(\eta_2)\rangle$ is cyclic of order prime to $p$. □

**1.10.** Next we will consider the following situation: let $X$ be a smooth proper $R$-curve with geometrically connected generic fibre $X_K$, and let $\{x_i : S \to X\}_{i=1}^r$ be $r$ integral points of $X$ with value in $R$ which have disjoint support, i.e. the $r$ points $x_{i,k} := x_i(\operatorname{Spec} k)$ of $X_k$ are distinct. Let $f : Y \to X$ be a Galois covering with group $G$. The morphism $f$ induces morphisms $f_K : Y_K \to X_K$ between the generic fibres and $f_k : Y_k \to X_k$ between the special fibres. We assume that the morphism $f_K : Y_K \to X_K$ is étale outside the points $\{x_{i,K}\}_{i=1}^r$, where $x_{i,K} := x_i(\operatorname{Spec} K)$. Note that in general $Y$ is not smooth. Using the semi-stable reduction theorem we will obtain a morphism between suitable semi-stable models of $Y$ and $X$.

First it follows from the semi-stable reduction theorem, that after eventually a finite extension of $R$, one can find a proper and birational morphism $g : Y' \to Y$ such that $Y'$ is semi-stable, moreover one can choose such a $Y'$ which is minimal for the above property (i.e. if $h : \tilde{Y} \to Y$ is birational and $\tilde{Y}$ is semi-stable, then there exists a unique birational morphism $h' : \tilde{Y} \to Y'$ such that $h = g \circ h'$). In particular if $Y'$ is minimal, the action of $G$ on $Y$ extends to an action on $Y'$, (I would appreciate some details on why this is so) and one can consider the quotient $X' := Y'/G$ of $Y'$ by $G$ which exists (prop 1.5). We have the following commutative diagram

$$\begin{array}{ccc} Y' & \xrightarrow{f'} & X' \\ {\scriptstyle g}\downarrow & & \downarrow{\scriptstyle g'} \\ Y & \xrightarrow{f} & X \end{array}$$

Note that $g'$ is a birational morphism. The points $\{x_i : S \to X\}_{i=1}^r$ of $X(R)$ induce points $\{x'_i : S \to X'\}_{i=1}^r$ of $X'(R)$, which still have disjoint support in $X'$. But it can happen that some of this points have support in a double point of $X'$. After eventually a ramified finite extension of $R$, and blowing-up of $X'$ and $Y'$ we can obtain a new semi-stable model $Y''$ of $Y$, on which the group $G$ acts, and $Y''$ with the quotient $X'' := Y''/G$ satisfy the following properties:

(i) The irreducible components of the special fibre of $Y''$ are smooth.

(ii) The integral points $\{x_i\}_{i=1}^r$ extend to points $\{x''_i\}_{i=1}^r$ of $X''(R)$ which have disjoint support and are contained in the smooth locus of $X''$.

Moreover we can choose such an $Y''$ and $X''$ which are minimal for these properties. Note that because $X''$ is a semi-stable model of $X_K$ the special fibre $X''_k$ of $X''$ is a tree consisting of projective lines which are linked to the component $X_k$ by double points. We have the following commutative diagram:

$$\begin{array}{ccc} Y'' & \xrightarrow{f''} & X'' \\ {\scriptstyle h}\downarrow & & \downarrow{\scriptstyle h'} \\ Y & \xrightarrow{f} & X \end{array}$$

***Proposition* 1.11.** — *The group $G$ acts by automorphisms on the graph $\Gamma$ associated to $Y''_k$ and without inversion. The quotient of $\Gamma$ by $G$ is the tree $A'$ associated to $X''_k$.*

*Proof.* — It is clear that the action of $G$ on $Y''$ induces an action of $G$ on the graph $\Gamma$. We have to prove that this action is without inversion. Let $y$ be a double point of $Y''$ and let $x$ be its image in $X''$. Let $\eta_1$ and $\eta_2$ be the two generic points of $Y''_k$ passing through $y$. We have to prove that $I(y)$ does not permute $\eta_1$ and $\eta_2$. Assume the contrary. Let $H$ be the subgroup of $I(y)$ which fixes each one of $\eta_1$ and $\eta_2$ , it has index two in $I(y)$. Consider the quotient $Z$ of $Y''$ by $H$. Then the image $z$ of $y$ in $Z$ is a double point. On the other hand we deduce from prop. 1.7. applied to the morphism $Z \to X''$ localised at $z$ and $x$ that $z$ is a smooth point hence a contradiction. □

Let $A'$ be the tree associated to $X''_k$, and let $o'$ be the vertex of $A'$ associated to $X_k$. We fix an orientation of $A'$ starting from $o'$ and going in the direction of the extremities. We orient the graph $\Gamma$ associated to $Y''_k$ in a way compatible with the orientation of $A'$.

***Proposition* 1.12.** — *Assume that the ramification indices above the points $x_{i,K}$ of $X_K$ in the morphism $f_K : Y_K \to X_K$ are powers of $p$. Let $C$ be an irreducible component of $Y''_k$. Assume that the inertia subgroup at the generic point of $C$ is trivial. Then $C$ is above a terminal component of $X''_k$.*

*Proof.* — Let $C'$ be the image of $C$ in $X''_k$. Consider the set $I$ of vertices $s$ in the tree $A'$ such that there exists a path in $A'$ linking $s$ to $o'$ and which passes through $c'$. Let us contract in $X''$ all the irreducible components corresponding to vertices in $I$ (cf. [**2**], 6.6). We obtain an $R$-curve $\tilde{X}$ which is birational to $X$. Let $\tilde{Y}$ be the normalisation of $\tilde{X}$ in $Y$. We have the following commutative diagram:

$$\begin{array}{ccc} Y'' & \xrightarrow{f''} & X'' \\ {\scriptstyle h_1}\downarrow & & \downarrow{\scriptstyle h'_1} \\ \tilde{Y} & \xrightarrow{\tilde{f}} & \tilde{X} \\ {\scriptstyle h_2}\downarrow & & \downarrow{\scriptstyle h'_2} \\ Y & \xrightarrow{f} & X \end{array}$$

We denote also (if there is no confusion) by $C$ (resp. $C'$) the image of $C$ (resp. $C'$) in $\tilde{Y}$ (resp. in $\tilde{X}$). Now $C'$ is a terminal component of $\tilde{X}$. And by assumption the morphism $\tilde{f} : \tilde{Y} \to \tilde{X}$ is generically separable above $C'$. In particular it follows from 1.8 that no point among the $x_{i,K}$ specialises on the component $C'$ of $\tilde{X}_k$ (note that those points still specialize in smooth distinct points). Hence by 1.7 the morphism $\tilde{f}$ is étale above the points of $C'$ other than the double point lying on $C'$. In particular $\tilde{Y}$ is semi-stable. It follows then from the minimality of $Y''$ that $X'' = \tilde{X}$ and $Y'' = \tilde{Y}$, and thus $C'$ is a terminal component of $X''$. □

**1.13. Application to Abhyankar's conjecture.** — Now we go back to the situation in Raynaud's theorem, and we adopt the same notations as stated there. In particular $G$ is a finite quasi-$p$-group, and $k$ is an algebraically closed field of characteristic $p$. We will use the following result concerning the structure of the fundamental group of affine curves, in characteristic 0.

***Theorem.*** — *Let $\overline{K}$ be an algebraically closed field of characteristic* 0. *Let $\{\tilde{x}_i\}_{i=1}^r$ be r-distinct closed points of the projective line $\mathbb{P}^1_{\overline{K}}$ over $\overline{K}$. Then the algebraic fundamental group $\pi_1(\mathbb{P}^1_{\overline{K}} - \{\tilde{x}_i\}_{i=1}^r)$ is a free profinite group generated topologically by elements $\{\sigma_i\}_{i=1}^r$, with the unique relation $\prod_{i=1}^r \sigma_i = 1$. Moreover for each $i \in \{1, r\}$ the element $\sigma_i$ can be chosen to be a generator of inertia above the point $\tilde{x}_i$.*

Let $K := \operatorname{Fr} W(k)$ be the field of fractions of the ring of Witt vectors over $k$, and let $\overline{K}$ be an algebraic closure of $K$. The group $G$ being a quasi-$p$-group is generated by elements whose order are powers of $p$, and after eventually adding new generators one can assume that $G$ is generated by elements $\{\tilde{\sigma}_i\}_{i=1}^r$ of order a power of $p$, which satisfy the relations: $\prod_{i=1}^r \tilde{\sigma}_i = 1$. In particular the group $G$ is a quotient of $\pi_1(\mathbb{P}^1_{\overline{K}} - \{\tilde{x}_i\}_{i=1}^r)$ (the points $\{\tilde{x}_i\}$ are now arbitrary they must be chosen carefully later), and there exists a Galois covering $Y_{\overline{K}} \to \mathbb{P}^1_{\overline{K}}$ of the projective line over $\overline{K}$ of group $G$, with $Y_{\overline{K}}$ connected, and which is étale outside the points $\{\tilde{x}_i\}_{i=1}^r$. Moreover the inertia subgroups above these points are cyclic $p$-groups. This covering is defined over a finite extension of $K$. We suppose that this covering $X_K \to \mathbb{P}^1_K$ is defined over $K$, and that the points $\{\tilde{x}_i\}_{i=1}^r$ are rational over $K$. Moreover we must chose the points $\{\tilde{x}_i\}_{i=1}^r$ such that they specialise in smooth distinct points of a smooth model $X := \mathbb{P}^1_{W(K)}$ of $\mathbb{P}^1_K$. We shall apply the considerations of 1.3. In particular $Y$ is the normalisation of $X$ in $Y_K$. Moreover after eventually a finite extension $R$ of $W(k)$ we can assume the existence of semi-stable models $Y''$ (resp. $X''$) of $Y$ (resp. $X$) such that $G$ acts on $Y''$, and the quotient is $X''$, and which are minimal with respect to the following properties:

(i) The irreducible components of the special fibre of $Y''$ are smooth.

(ii) The rational points $\{\tilde{x}_i\}_{i=1}^r$ of $X''_K = X_K$ extend to integral points $\{x''_i\}_{i=1}^r$ of $X''(R)$ which have disjoint support and are contained in the smooth locus of $X''$.

We denote by $\Gamma$ the graph associated to $Y''_k$, and by $A'$ the graph associated to $X''_k$. Note that $A'$ is a tree of projective lines which are linked to an original vertex $o'$ which in this case is the projective line $X_k$. It follows from 1.3, that the group $G$ acts without inversion on $\Gamma$ and the quotient of $\Gamma$ by this action is the tree $A'$.

In the next section we shall study the notion of graph with inertia which arises naturally from the geometric situation we have studied above.

## 2. Combinatorial part

**2.1. The notion of graph with inertia.** — In this section we will study finite graphs with a given action of a finite group $G$ having properties analogous to the one encountered in the section 1 and which arise from the geometric situation studied there. They are called *graphs with inertia*, and have been introduced by Raynaud.

Let $\Gamma$ be a finite oriented graph on which acts a finite group $G$ by automorphisms. We assume that the following conditions, 1 to 8, hold:

**1)** The graph $\Gamma$ is **connected.**

**2)** The quotient graph $\Gamma/G$ is a **tree** $A'$ with a given origin vertex $o'$. Let $h : \Gamma \to A'$ be the canonical projection. We fix an orientation of the tree $A'$ starting from $o'$ and going in the direction of the extremities.

Note that the fact that $A'$ is a tree implies that $\Gamma$ contains no elementary loops, and if an edge $\gamma$ of $\Gamma$ links the vertices $a$ and $b$, then no element of $G$ permutes $a$ and $b$.

For every vertex $s$ of $\Gamma$, we denote by $D_s$ the subgroup of $G$ of elements fixing $s$, and call it the **decomposition subgroup** at $s$. In the geometric situation which interests us, $D_s$ is the decomposition subgroup at the generic point of the corresponding irreducible component of $Y''_k$.

**3)** We choose an oriented tree $A$, which is a subgraph of $\Gamma$, and which lifts the tree $A'$. We denote by $s$ (resp. $\gamma$) a vertex of $A$ above $s'$ (resp. an edge above the edge $\gamma'$ of $A'$). In particular there is an origin vertex $o$ in $A$. In the condition 8 we will specify more precisely the choice of the lifting $A$ of $A'$.

**4)** For each vertex $s$ of $A$ we denote by $A_s$ the sub-oriented tree of $A$, which consists of $s$ and the edges and vertices which go further from $s$ in the direction of the extremities of $A$. Let $A'_{s'}$ be the image of $A_s$ in $A'$ via $h$ ($s' := h(s)$). The connected components of $h^{-1}(A'_{s'})$ are projected by $h$ on $A'_{s'}$, and they are permuted under the action of $G$. We denote by $\Gamma_s$ one of these connected components which contains $A_s$, and denote by $G_s$ the subgroup of $G$ of elements which stabilise $\Gamma_s$. If $s$ is an extremal vertex of $A$ then $G_s = D_s$, and in general $G_s$ contains $D_s$. Also one has $A_o = A$, $A'_{o'} = A'$, $\Gamma_o = \Gamma$ because $\Gamma$ is connected, and $G_o = G$. For every vertex $s$ of $A$ we denote by $T(s)$ the set of vertices of $A$ which are directly linked to $s$ by an edge starting from $s$.

***Proposition* 2.2.** — *For any vertex $s$ of $A$ one has:*

$$G_s = \langle G_{t,t\in T(s)}, D_s\rangle$$

*Proof.* — After replacing $\Gamma_s$ by $\Gamma$, $G_s$ by $G$ and $s$ by $o$, we are reduced to the case where $s$ is the origin vertex $o$. Denote $T := T(o)$. We must prove that the group $G' := \langle G_{t,t\in T}, D_o\rangle$ is equal to $G$. Consider the subgraph $F$ of $\Gamma$ which is the union of $A$ and the graphs $\Gamma_t$ for $t \in T$. Let $\gamma$ be an edge of $\Gamma$ which is adjacent to $F$ but which is not in $F$. Its image in $A$ is the edge $\gamma'$. Note that $\gamma'$ is necessarily linked to $o'$, and links it to another vertex $t' \in T' := h(T)$. On the other hand it follows from the definition of $F$, that either $\gamma$ contains the origin vertex $o$, or there exists a $t \in T$ such that $\gamma$ contains a vertex of $\Gamma_t$. In the first case there exists $d \in D_o$ and an edge $\delta$ of $A$ which links $o$ to another vertex, such that $\gamma = d.\delta$. In the second case there exists first an edge $\delta_1$ of $\Gamma$ which links $t$ to a vertex above $o'$, and an element $g_1$ of $G_t$ such that $\gamma = g_1.\delta_1$. And then there exists an element $g_2$ of $D_t$ such that $\delta_1 = g_2.\delta$, where $\delta$ is the edge of $A$ linking $o$ to $t$. Finally $\gamma = g.\delta$, where $g = g_1.g_2$.

We deduce that $G'.F$ contains a neigborhood of $F$ in $\Gamma$, and hence is open and closed in $\Gamma$, it is then equal to $\Gamma$ because $\Gamma$ is connected. In particular $G'$ acts transitively on the vertices above $o'$ but as it already contains $D_o$, it must be equal to $G$. □

We next introduce the supplementary conditions which leads to the notion of graph with inertia.

**5)** For every vertex $s$ of $\Gamma$ we suppose given a normal subgroup $I_s$ of $D_s$, called the **inertia subgroup** at $s$. Moreover if $s$ and $s'$ are two vertices such that $s' = g.s$ for a given $g \in G$, then $I_{s'} = g.I_s.g^{-1}$.

In the geometric situation we will take for $I_s$ the inertia subgroup of the irreducible component of $Y_k''$ corresponding to $s$.

We also assume that the inertia subgroups satisfy the following two conditions:

**6)** a) For every vertex $s$ of $\Gamma$, $I_s$ is a $p$-group.

b) For every vertex $s$ of $\Gamma$ which is not above a terminal vertex of $A'$, $I_s$ is non trivial.

Now we introduce the inertia subgroups at the edges. For every edge $\gamma$ of $\Gamma$, we denote by $I_\gamma$ the subgroup of $G$ of elements which stabilise $\gamma$. As no element of $G$ permutes the extremities of $\gamma$, $I_\gamma$ fixes the edge $\gamma$. If $\gamma$ links the vertices $a$ and $b$ then $I_\gamma \subset D_a \cap D_b$. We assume that:

**7)** $I_a$ is contained (hence invariant) in $I_\gamma$ and also $I_b$ is invariant in $I_\gamma$. The subgroup $\langle I_a, I_b \rangle$ is a normal subgroup of $I_\gamma$. We suppose that $\langle I_a, I_b \rangle$ is the $p$-Sylow subgroup of $I_\gamma$. We denote by $\overline{I}_\gamma$ the quotient group $I_\gamma / \langle I_a, I_b \rangle$ which is of order prime to $p$. In the geometric situation it is even cyclic.

For every vertex $s$ of $\Gamma$ we denote by $\overline{D}_s$ the quotient group $D_s/p(D_s)$, where $p(D_s)$ is the subgroup of $D_s$ generated by its $p$-Sylow subgroups. For every $t \in T(s)$ let $\gamma(t)$ be the edge of $A$ linking $s$ and $t$. Then $I_{\gamma(t)}$ is contained in $D_s$. And it follows from 7, that the inclusion $I_{\gamma(t)} \to D_s$ induces a homomorphism $\overline{I}_\gamma \to \overline{D}_s$. We assume the following condition satisfied:

**8)** For a convenient choice of the lifting $A$ in $\Gamma$, of the tree $A'$, one has:

$$\overline{D}_s = \langle \mathrm{Im}(I_{\gamma(t)} \to D_s)_{,t\in T(s)} \rangle$$

We shall verify that in the geometric situation this condition 8 is satisfied. First we choose an arbitrary lifting $o$ of the origin vertex $o'$ and will construct step by step a lifting satisfying the condition in 8. We will adopt the same notations as in 1.13. Assume that we have already lifted a vertex $s'$ of $A'$ to a vertex $s$. Let $\gamma(t')$, $t' \in T'(s')$, be the set of oriented edges of $A'$ which are issued from $s'$. It suffices to lift them in edges of $\Gamma$ which satisfy the above condition 8.

The vertex $s'$ of $A'$ corresponds to a projective line $P$ of $X''_k$, and $s$ to an irreducible component $C$ of $Y''_k$. We have a finite morphism $C \to P$ which is Galois of group $D_s/I_s$. To the quotient $\overline{D}_s = D_s/p(D_s)$ corresponds a subcover $C \to \overline{C} \to P$, where $\overline{C} \to P$ is a Galois covering of group $\overline{D}_s$, in particular its order is prime to $p$.

The edges $\gamma(t')$ of $A'$ correspond to points $x(t')$ of $P$ which are ordinary double points of $X''_k$. If $s'$ is not the origin vertex $o'$, there is a unique edge of $A'$ having $s'$ as vertex and going in the direction of the origin $o'$. it corresponds to a point $\infty'$ of $P$. Also, the edges of $\Gamma$ which link $s$ to the other vertices correspond to points of $C$ which are above $x(t')$ and $\infty'$. In particular if $s'$ is distinct from $o'$, there exists in the part of $A$ already constructed a unique edge which goes from $s$ in the direction of $o$. It corresponds to a point $\infty$ of $C$ above $\infty'$. We denote by $\overline{\infty}$ its image in $\overline{C}$.

If $\gamma$ is an edge of $\Gamma$ which links $s$ to another vertex, and which corresponds to a point $y$ of $C$, then the inertia subgroup $I_\gamma$ is the inertia subgroup of the covering $C \to P$ at the point $y$. If $\overline{y}$ is the image of $y$ in $\overline{C}$, then the inertia subgroup $I_{\overline{y}}$ at $\overline{y}$ in the covering $\overline{C} \to P$ is the image of $I_\gamma$ in $\overline{D}_s$.

It follows now from the structure of the prime to $p$-part of the fundamental group of the projective line minus finitely many points that one can choose above each point $x$ of $P$ which is ramified in $\overline{C}$, a point $\overline{z}$, and for each $\overline{z}$ a generator of the inertia $\sigma(\overline{z})$ at $\overline{z}$ such that the $\sigma(\overline{z})$ generate $\overline{D}_s$ and their product in a given order equals 1. After eventually a conjugation in $G$ one can assume that $\overline{\infty}$ is the chosen point $z$ above $\infty$. We denote by $\overline{z}(t')$ the choosen point above $x(t')$, for $t' \in T'$. Clearly $\overline{D}_s$ is generated by the $\sigma(\overline{z}(t'))$, for $t' \in T'$.

Finally for every $t' \in T'$, choose a point $z(t')$ of $C$ above the point $\overline{z}(t')$. To this point corresponds an edge of $\Gamma$ which links $s$ to another vertex. Then we lift the edges of $A'$ which link $s$ to the other vertices to the edges we obtained above and the condition 8 is satisfied.

In the following we assume given a graph $\Gamma$ which satisfies the above conditions. We call such a graph a **graph with inertia**. We also keep the above notations.

**Corollary 2.3.** — *For any terminal vertex $s$ of $A$, $D_s$ is a quasi-p-group.*

*Proof.* — With the notation in 8 the set $T(s)$ is empty, hence $\overline{D}_s = \{1\}$ and $D_s = p(D_s)$. $\square$

**Corollary 2.4.** — *Let $s$ be a vertex of $A$. Then:*

$$G_s = \langle G_{t,t\in T(s)}, p(D_s)\rangle.$$

*Proof.* — Let

$$H := \langle I_{\gamma(t),t\in T(s)}\rangle.$$

As $I_{\gamma(t)}$ is contained in $D_t$ hence also contained in $G_t$, $H$ is a subgroup of $\langle G_{t,t\in T(s)}\rangle$. As $I_{\gamma(t)}$ is also contained in $D_s$, $H$ is a subgroup of $D_s$. On the other hand it follows from 8 that

$$D_s = \langle I_{\gamma(t),t\in T(s)}, p(D_s)\rangle = \langle H, p(D_s)\rangle.$$

From proposition 2.1 we deduce that:

$$G_s = \langle G_{t,t\in T(s)}, D_s\rangle = \langle G_{t,t\in T(s)}, H, D_s\rangle$$
$$= \langle G_{t,t\in T(s)}, H, p(D_s)\rangle = \langle G_{t,t\in T(s)}, p(D_s)\rangle.$$

$\square$

**Corollary 2.5.** — *For any vertex $s$ of $A$, the group $G_s$ is a quasi-p-group. In particular $G = G_o$ is a quasi-p-group.*

*Proof.* — Let $n$ be the diameter of the subtree $A_s$. We will argue by induction on $n$. If $n = 0$, then $s$ is a terminal vertex of $A$ and the assertion follows from corollary 2.2. If not then

$$G_s = \langle G_{t,t\in T(s)}, p(D_s)\rangle.$$

By induction on $n$ we can assume that $G_t$ is a quasi-$p$-group for every $t \in T(s)$. Then $G_s$ is a quasi-$p$-group. $\square$

The next result is the main one in this section.

**Theorem 2.6.** — *Let $(\Gamma, G)$ be a graph with inertia which satisfies the above conditions 1 to 8. Suppose moreover that $G$ does not contains no non trivial normal p-subgroup. Let $S$ be a p-Sylow subgroup of $G$. Then:*

(i) *Either there exists a terminal component $s$ of $A$ such that $D_s = G$.*

(ii) *Or $G(S) = G$, where $G(S)$ was defined in the statement of Raynaud's theorem.*

*Proof.* — Let $L$ be the set of vertices $s$ of $A$ such that $G_s = G$. Then $L$ is non empty because $o \in L$. Moreover if $s$ is in $L$ then all the vertices between $s$ and $o$ are in $L$. Hence $L$ is the set of vertices of a oriented subtree $B$ of $A$. Let $s$ be a terminal vertex of $B$. Two cases can occur:

**First case:** $s$ is a terminal vertex of $A$. Then $D_s = G_s = G$.

**Second case:** $s$ is not a terminal component of $A$. Then with the notations of 2.4 we have:

$$G_s = \langle G_{t, t \in T(s)}, p(D_s) \rangle .$$

We know from 2.2 that the $G_t$ are quasi-$p$-groups, and they are quasi- $p$-groups strict of $G$ because of the extremal choice of $s$. Moreover as $s$ is not an extremal vertex of $A$ the inertia subgroup $I_s$ at this component is non-trivial by the condition 6 b). But $I_s$ is a normal subgroup of $D_s$ and $G$ does not contain a non-trivial normal $p$-subgroup, hence $D_s \neq G$, and in particular $p(D_s) \neq G$. Also for any $t \in T(s)$, $G_t$ contains $I_{\gamma(t)}$ where $\gamma(t)$ is the edge of $A$ which links $s$ to $t$. Hence $G_t$ contains the non trivial $p$-group $I_s$. The group $I_s$ is also contained in $p(D_s)$. Let $S$ be a $p$-Sylow subgroup of $G$ which contains the non trivial $p$-group $I_s$. Then $G_t$ for $t \in T(s)$, and $p(D_s)$ are strict quasi-$p$-subgroups of $G$ which contain $I_s$. By the next lemma 2.6 the groups $G_t$ for $t \in T(s)$, and $p(D_s)$ are contained in $G(S)$, hence also the group $G_s = \langle G_{t, t \in T(s)}, D_s \rangle$. But by hypothesis $G_s = G$, and we deduce that $G(S) = G$. □

**Lemma 2.7.** — *Let $G$ be a finite group, and let $p$ be a prime number. Denote by $Q_p(G)$ the set of strict subgroups of $G$, which are quasi-p-groups. Let $P$ be a Sylow-p-subgroup of $G$, and define $G(P)$ to be the subgroup of $G$ generated by subgroups $L \in Q_p(G)$ such that $L \cap P$ is a p-Sylow subgroup of $L$. Suppose that $\{1\}$ is the unique normal p-subgroup of $G$. Then if $L \in Q_p(G)$ and if $L \cap P \neq \{1\}$, then $L \subset G(P)$.*

*Proof.* — We fix the following notations:

– If $H$ is a subgroup of a group $K$, we denote by $N_K(H)$ the normaliser of $H$ in $K$.

– If $x$ is an element of a group $G$ and $H$ is a subgroup of $G$, ${}^xH$ denotes the conjugate $xHx^{-1}$ of $H$ by $x$.

– We denote by $|A|$ the cardinality of a finite set $A$.

We will prove 2.5 by induction on the index $|P : (L \cap P)|$ and we will distinguish two cases:

1) If $L \cap P$ is a $p$-Sylow of $L$, then $L \subset G(P)$ by definition of $G(P)$

2) In the contrary case, denote by $Q$ a $p$-Sylow group of $L$ which contains $L \cap P$. By hypothesis $L \cap P$ is different from $Q$, hence also from $P$.

Let $N := N_G(L \cap P)$ and $M := p(N)$ the subgroup of $N$ generated by its $p$-Sylow subgroups. Because $\{1\}$ is the unique normal $p$-subgroup of $G$ one has $N \neq G$, hence $M \in Q_p(G)$. Also because $L \cap P$ is different from $P$, and $P$ is nilpotent, one has $L \cap P$ different from $N_P(L \cap P) = N \cap P = M \cap P$. In particular

$$|P : (M \cap P)| \leq |P : (L \cap P)|.$$

By the induction hypothesis we have $M \subset G(P)$. On the other hand we have $N_Q(L \cap P) \subset M$, hence $N_Q(L \cap P)$ is a $p$-subgroup of $G(P)$. In particular there exists an $x \in G(P)$, such that ${}^x N_Q(L \cap P) \subset P$. We have ${}^x L \in Q_p(G)$. As $Q$ is contained in $L, {}^x N_Q(L \cap P) \subset {}^x L$. We have then

$${}^x N_Q(L \cap P) \subset {}^x L \cap P$$

As $Q$ is a $p$-group which strictly contains $L \cap P$, one has $L \cap P$ different from ${}^x N_Q(L \cap P)$. Finally:

$$|L \cap P| < |N_Q(L \cap P)| = |{}^x N_Q(L \cap P)| \leq |L \cap {}^x P|$$

Hence $|P : {}^x(L \cap P)| < |P : (L \cap P)|$.

By the induction hypothesis we have ${}^x L \subset G(P)$. But $x \in G(P)$, hence $L \subset G(P)$. □

## 3. The proof of the theorem

We are now able to prove the theorem announced in the introduction. So let $G$ be a finite quasi-$p$-group which satisfies the conditions **C.1** and **C.2** of the theorem. We will prove the existence of an étale irreducible covering of the affine line over $k$, which is Galois of group $G$. We first apply to $G$ the geometric considerations developed in 1.

There exists a complete discrete valuation ring $R$, of residue field $k$, of field of fractions of characteristic 0, and a semi-stable $R$-curve $Y''$ endowed with an action of $G$, such that the quotient $X'' := Y''/G$ is a semi-stable curve whose special fibre is a tree of projective lines, and we can suppose that the inertia graph $(\Gamma, G)$ associated to the special fibre $Y''_k$ of $Y''_k$ satisfies the conditions 1 to 8 of 2.

It follows then from Theorem 2.4 that there exists a terminal vertex $s$ of $A$ such that $G_s$ equals $G$. As $G$ satisfies condition **C.1** the inertia subgroup $I_s$ at $s$ is trivial. Let $C$ be the irreducible component of $Y''_k$ which corresponds to $s$, and let $P$ be its image in $X''_k$ which is a projective line which meets the rest of the components in a unique point $\infty$ which is a double point of $X''_k$. The finite covering $C \to P$ is Galois of group $G$ and is étale outside $\infty$. Its restriction above $P - \{\infty\}$ provides the desired covering.

## References


[1] A. ABBES – Réduction semi-stable des courbes, these proceedings.

[2] S. BOSCH, W. LÜTKEBOHMERT & M. RAYNAUD – *Néron models*, Ergeb., no. 21, Springer-Verlag, 1990.

[3] A. GROTHENDIECK – *Revêtements étales et groupe fondamental* (SGA 1), Lect. Notes Math., no. 224, Springer-Verlag, 1971.

[4] Y. HENRIO – Disques et couronnes ultramétriques, these proceedings.

[5] K. KATO – Vanishing cycles, ramification of valuations, and class field theory, *Duke Math. J.* **55** (1987), p. 629–659.

[6] M. MATIGNON & T. YOUSSEFI – Prolongement de morphismes de fibres formelles et cycles évanescents, Tech. report, Université Bordeaux I, 1992.

[7] D. MAUGER – Module des courbes stables, these proceedings.

[8] F. ORGOGOZO & I. VIDAL – Le théorème de spécialisation du groupe fondamental, these proceedings.

[9] M. RAYNAUD – $p$-groupes et réduction semi-stable des courbes, *The Grothendieck Festschrift* (P. Cartier, L. Illusie, N. M. Katz, G. Laumon, Yu. Manin & K. Ribet, eds.), vol. 3, Birkhäuser, 1990, p. 179–197.

[10] ———, Revêtements de la droite affine en caractéristique $p > 0$ et conjecture d'Abhyankar, *Invent. Math.* **116** (1994), p. 425–462.

[11] J.-P. SERRE – *Corps locaux*, Hermann, 1962.

[12] T. YOUSSEFI – Inégalité relative des genres, *Manuscripta Math.* **78** (1993), p. 111–128.


MOHAMED SAÏDI, Mathematisches Institut der Universität Bonn, Beringstraße 4, 53115 Bonn, Germany • *E-mail :* saidi@math.uni-bonn.de

*Courbes semi-stables et groupe fondamental en géométrie algébrique*
(J.-B. Bost, F. Loeser, M. Raynaud, éd.), p. 267–277
Progress in Mathematics, Vol. 187, © 2000 Birkhäuser Verlag Basel/Switzerland

# 17

# THE $p$-RANK OF CURVES AND COVERS OF CURVES

Irene I. Bouw

These notes give an overview of definitions and properties of the $p$-rank of a curve. We focus on the relation between the $p$-rank and covers of the curve. Let $X$ be a projective smooth connected curve over an algebraically closed field of characteristic $p$. We would like to get some information on $\pi_1(X)$. The prime to $p$ part of $\pi_1(X)$ is known; it is the same as the prime to $p$ part of the fundamental group of a genus $g$ curve over $\mathbb{C}$. What about the $p$-part? The first step to consider is $\mathrm{Hom}(\pi_1(X), \mathbb{Z}/p)$. The dimension over $\mathbb{F}_p$ of this space is called the $p$-rank, denoted by $\sigma(X)$. In fact, the $p$-part of $\pi_1(X)$ is a free pro-$p$ group, hence a finite $p$-group $P$ is a quotients of $\pi_1(X)$ iff it can be generated by $\sigma(X)$ elements. Now suppose that $G$ is an extension of a prime to $p$ group $H$ by a $p$-group $P$. When is $G$ a quotient of $\pi_1(X)$? Fix a surjective map $\alpha: \pi_1(X) \to H$, we want to lift it to a surjective map $\beta: \pi_1(X) \to G$. (This is called an embedding problem, see Section 2.) Let $Y \to X$ be the $H$-cover corresponding to $\alpha$. A first condition is that $P$ should be a quotient of $\pi_1(Y)$. In other words, $P$ should be generated by at most $\sigma(Y)$ elements. This leads us to the question of the $p$-rank of a cover of $X$. We will study this question by considering deformation of covers of semistable curves. Therefore we start in Section 1 by defining the $p$-rank for semistable curves, and proving that the $p$-rank goes up under deformation.

## 1. The $p$-rank of a semistable curve

Let $X$ be a semistable curve over an algebraically closed field $k$ of characteristic $p > 0$. By $F$ we denote the absolute Frobenius morphism. Let $J = J(X)$ be the generalized Jacobian of $X$.

***Definition* 1.1.** — The *p-rank* $\sigma(X)$ of $X$ is defined as $\dim_{\mathbb{F}_p} H^1(X, \mathcal{O}_X)^F$.

Equivalently, it is equal to the dimension over $k$ of the largest subspace of $H^1(X, \mathcal{O}_X)$ on which $F$ is a bijection. This follows from the fact that there exist a splitting $H^1(X, \mathcal{O}_X) = H^1(X, \mathcal{O}_X)^s \oplus H^1(X, \mathcal{O}_X)^n$, where $F$ is a bijection on $H^1(X, \mathcal{O}_X)^s$ and nilpotent on $H^1(X, \mathcal{O}_X)^n$, **[21]**.

Since the curve $X$ is projective, Artin–Schreier theory implies $H^1(X, \mathbb{Z}/p) \simeq H^1(X, \mathcal{O}_X)^F$. Therefore we can also define the $p$-rank as $\dim_{\mathbb{F}_p} H^1(X, \mathbb{Z}/p)$. Furthermore,

$$H^1(X, \mathbb{Z}/p) \simeq \mathrm{Hom}(\pi_1(X), \mathbb{Z}/p).$$

This gives an important characterization of the $p$-rank, namely in terms of the number of étale $p$-cyclic covers of $X$. There is a canonical isomorphism of $k$-vector spaces, $H^1(X, \mathbb{Z}/p) \simeq \mathrm{Hom}(\mu_p, J(X))$, **[14**, Prop. 6.2.3] (where 'Hom' is regarded in the category of group schemes).

We see from the definition of the $p$-rank that $0 \leqslant \sigma(X) \leqslant p_a(X)$.

***Definition* 1.2.** — A curve $X$ for which $\sigma(X) = p_a(X)$ is called *ordinary*.

In the case that $X$ is smooth over $k$, we can compute the $p$-rank in terms of the Hasse–Witt matrix $A$, this is the matrix of the Frobenius morphism on $H^1(X, \mathcal{O}_X)$. The $p$-rank is the rank of $A \cdot A^{(p)} \cdots A^{(p^{g-1})}$, here $A^{(p)}$ denotes the matrix obtained by raising all coefficients of $A$ to the $p$th power, **[8]**. One can compute the Hasse–Witt matrix of a curve for instance if one has an equation for the curve. For example, for hyperelliptic curves one gets a fairly explicit description of the Hasse–Witt matrix, and one can in principle compute the $p$-rank, see e.g. **[28]**. If the curve $X$ is defined over a finite field $\mathbb{F}_q$, then one can compute the $p$-rank using the Zeta function of $X$. More precisely, the $p$-rank of $X$ can be deduced from the reduction mod $p$ of the characteristic polynomial of the Frobenius endomorphism $x \mapsto x^q$ on the Jacobian, **[8]**. This characteristic polynomial can be deduced from the Zeta function of $X$.

The Hasse–Witt matrix can also be computed using the Cartier operator on $H^0(X, \Omega_X)$. The spaces $H^0(X, \Omega_X)$ and $H^1(X, \mathcal{O}_X)$ are dual, and the Cartier operator is the transpose of the Frobenius, **[21]**.

In case $J(X)$ is an abelian variety, for example if $X$ is smooth, $\mathrm{Hom}(\mu_p, J(X))$ is dual to $\mathrm{Hom}(\mathbb{Z}/p, J(X))$. Hence the $p$-rank is equal to the dimension over $\mathbb{F}_p$ of $J(X)[p](k)$, the $p$-torsion points of $J(X)$.

Let $\Gamma_X$ be the dual graph of $X$, i.e. the vertices correspond to the irreducible components of $X$ and the edges correspond to the singular points. Let $\pi\colon \tilde{X} \to X$ be the normalization of $X$ and $X_1, \ldots, X_n$ the irreducible components of $\tilde{X}$. Let $m$ be the number of singular points of $X$.

***Lemma* 1.3.** —
$$\sigma(X) = \sum_{i=1}^{n} \sigma(X_i) + b_1(\Gamma_X),$$
*where* $b_1(\Gamma_X) = \dim_{\mathbb{Z}} H^1(\Gamma_X, \mathbb{Z}) = 1 - n + m$.

*Proof.* — **[29]**. Let $Q = \pi_*(\mathcal{O}_{\tilde{X}})/\mathcal{O}_X$. The exact sequence
$$0 \to \mathcal{O}_X \to \pi_*(\mathcal{O}_{\tilde{X}}) \to Q \to 0$$
gives rise to the long exact cohomology sequence
$$0 \to H^0(X, \mathcal{O}_X) \to H^0(X, \pi_*(\mathcal{O}_{\tilde{X}})) \to H^0(X, Q) \to$$
$$H^1(X, \mathcal{O}_X) \to H^1(X, \pi_*(\mathcal{O}_{\tilde{X}})) \to 0.$$
The lemma follows, since $H^1(X, \pi_*(\mathcal{O}_{\tilde{X}})) \simeq \oplus_i H^1(X_i, \mathcal{O}_{X_i})$ and $F$ is a bijection on $H^0(X, \cdot)$. □

Recall that there is a similar formula for the genus: $p_a(X) = \sum g(X_i) + b_1(\Gamma)$. It follows that $X$ is ordinary iff the normalization of all its irreducible components are ordinary. In particular, if all irreducible components of $X$ have genus zero, then $X$ is ordinary. The following example illustrates that a loop in the dual graph of $X$ contributes to the $p$-rank of $X$.

***Example* 1.4.** — Let $X$ be a semistable curve of genus 1, consisting of two $\mathbb{P}^1$'s meeting in two points. Then $X$ has a $p$-cyclic étale cover $Y \to X$. Here $Y$ is semistable genus one curve, consisting of a cycle of $2p$ copies of $\mathbb{P}^1$. It follows that $X$ is ordinary.

***Proposition* 1.5.** — *Let $R$ be a complete discrete valuation ring in equal characteristic $p$. Suppose that the residue field $k$ of $R$ is algebraically closed. Let $\mathcal{X} \to \mathrm{Spec}(R)$ be a semistable curve, whose geometric generic fiber $\mathcal{X}_{\bar{\eta}}$ is smooth. Then*
$$\sigma(\mathcal{X}_s) \leqslant \sigma(\mathcal{X}_{\bar{\eta}}).$$

*Proof.* — See e.g. **[16]**. The proposition follows from the fact that every étale $p$-cyclic cover of $\mathcal{X}_s$ can be lifted to a *unique* étale $p$-cyclic cover of $\mathcal{X}$. This implies that
$$\mathrm{Hom}(\pi_1(\mathcal{X}_s), \mathbb{Z}/p) \hookrightarrow \mathrm{Hom}(\pi_1(\mathcal{X}_{\bar{\eta}}), \mathbb{Z}/p).$$
The proposition follows, since $\sigma(X) = \dim_{\mathbb{F}_p} \mathrm{Hom}(\pi_1(X), \mathbb{Z}/p)$. □

Let $X_{\text{gen}}$ be the generic curve of genus $g$, i.e. the curve corresponding to the geometric generic point of the moduli space of genus $g$ curves $\mathscr{M}_g \otimes \mathbb{F}_p$. There exist a semistable curve $\mathscr{X} \to \mathrm{Spec}(R)$ whose geometric generic fiber is isomorphic to $X_{\text{gen}}$ and which is a Mumford curve. Here $R$ is some complete discrete valuation ring. Since the normalization of each irreducible component of $\mathscr{X}_s$ has genus zero, $\mathscr{X}_s$ is ordinary and hence also $X_{\text{gen}}$ is ordinary. In fact, the locus of ordinary curves is open and dense in $\mathscr{M}_g \otimes \mathbb{F}_p$, **[12]**

## 2. The $p$-part and pro-$p$ Sylow groups of the fundamental group

From now on $X$ will be a smooth projective irreducible curve over an algebraically closed field $k$ of genus $g$. Let $S$ be a nonempty set of $k$-points and $U = X - S$. In this section we study the largest pro-$p$ quotient and the pro-$p$ Sylow group of the fundamental groups $\pi_1(X)$ and $\pi_1(U)$.

Let $\Gamma$ be a profinite group. We denote by $\Gamma^p$ the *largest pro-p quotient* of $\Gamma$. We will refer to it as the $p$-part of $\Gamma$. For fundamental groups, the $p$-part is denoted by $\pi_1^p(X)$ etc. A *pro-p Sylow group* $\Gamma_p$ is a pro-$p$ subgroup of $\Gamma$ such that $[\Gamma : \Gamma_p]$ is prime to $p$. As in the case of finite groups, pro-$p$ Sylow groups exist, they are all conjugates, and every pro-$p$ subgroup of $\Gamma$ is contained in some pro-$p$ Sylow group, [**23**, Section 1.4].

***Proposition* 2.1.** — *Let $X$ be a projective curve of genus $g \geqslant 2$. Then $\pi_1^p(X)$ is a free pro-p group on $\sigma(X)$ generators. The pro-p Sylow group $\pi_1(X)_p$ is a free pro-p groups on infinitely many generators.*

*Proof.* — In Lecture 14 it is shown that $\pi_1^p(X)$ and $\pi_1(X)_p$ are free pro-$p$ groups. The number of generators of $\pi_1^p(X)$ is equal to $\dim_{\mathbb{F}_p} \mathrm{Hom}(\pi_1^p(X), \mathbb{Z}/p)$, which equals $\sigma(X)$.

The fact that the number of generators of $\pi_1(X)_p$ is infinite follows from a result of Raynaud [**15**, Th. 4.3.1]. The results states that if $\ell$ is a sufficiently large prime and $X$ is a curve of genus $g \geqslant 2$, then there exists an étale $\ell$-cyclic cover $f_\ell : Y_\ell \to X$ such that $\sigma(Y_\ell) - \sigma(X) = g(Y_\ell) - g(X) = (\ell - 1)(g(X) - 1)$. This condition means the following; $\varphi_\ell$ induces a morphism of Jacobians $J(X) \to J(Y)$ with finite kernel. The condition on the $p$-rank can be restated as: the new part of the Jacobian $J(Y)/\mathrm{im}(J(X))$ is ordinary.

Put $n_\ell = \sigma(Y_\ell)$. There exist an étale $(\mathbb{Z}/p)^{n_\ell}$-cover $Z \to Y$ and $Z \to X$ is Galois, since $Z \to Y$ is the maximal elementary abelian $p$-cover of $Y$. Since $n_\ell$ can be made arbitrary large by letting $\ell$ vary, it follows that the pro-$p$ Sylow group $\pi_1(X)_p$ is not finitely generated. □

***Proposition 2.2.*** — *Let $U$ be an affine curve over an algebraically closed field $k$ of characteristic $p$. Then the number of generators of $\pi_1^p(U)$ is equal to the cardinality of $k$.*

*Proof.* — In Lecture 14 it has been proved that $\pi_1^p(U)$ is a free pro-$p$ group. First suppose that $U = \mathbb{A}^1$. In this case it has been proved in Lecture 14, using Artin–Schreier theory, that $\mathrm{Hom}(\pi_1(U), \mathbb{Z}/p)$ is a $k$-vector space with basis $t^i$, where $i$ runs through the positive integers prime to $p$. This proves the proposition for $\mathbb{A}^1$. The general case is proved analogously. □

An *embedding problem* for a profinite group $\Gamma$ is a diagram

$$\begin{array}{ccccccccc} & & & & & & \Gamma & & \\ & & & & & & \downarrow \alpha & & \\ 1 & \to & N & \to & G & \to & H & \to & 1, \end{array}$$

where $\alpha$ is surjective and the sequence is exact. A *(weak) solution* to an embedding problem is an arrow $\beta\colon \Gamma \to G$ such that the diagram above commutes. The solution is called *proper* if $\beta$ is surjective. If $\Gamma$ is $\pi_1(X)$ or $\pi_1(U)$ then it was shown in Lecture 14 that $\mathrm{cd}_p(\pi_1(X)) \leqslant 1$ (resp. $\mathrm{cd}_p(\pi_1(U)) \leqslant 1$). This implies that every embedding problem for $\pi_1(X)$ and $\pi_1(U)$ with kernel a $p$-group, has a weak solution, [**23**, Prop. I.16]. One would like to know which embedding problems have proper solutions. In the geometric setting, proper solutions correspond to quotients of the fundamental group.

For projective curves, one can show that an embedding problem

$$\begin{array}{ccccccccc} & & & & & & \pi_1(X) & & \\ & & & & & & \downarrow \alpha & & \\ 1 & \to & P & \to & G & \to & H & \to & 1 \end{array}$$

with $p$-group kernel $P$ and $H$ prime to $p$, has a proper solution iff the quotient embedding problem one gets by replacing $P$ by its largest elementary abelian quotient $P/P^p[P,P]$ has a proper solution, [**13**]. In case $X$ is projective, not every embedding problem with kernel an elementary abelian $p$-group can be solved. The embedding problem above with $P$ elementary abelian has a solution iff $P$ is a submodule of $H^1(Y, \mathcal{O}_Y)^F$ as $\mathbb{F}_p[H]$-module, [**13**]. Here $Y \to X$ is the $H$-cover corresponding to $\alpha$. It is known that $H^1(Y, \mathcal{O}_Y)$ as an $k[H]$-module is isomorphic to $k[H]^{g-1} \times k$, [**2**]. If $Y$ is ordinary, then the $\mathbb{F}_p[H]$-module structure of $H^1(Y, \mathcal{O}_Y)^F$ is $\mathbb{F}_p[H]^{g-1} \times \mathbb{F}_p$, and we know which embedding problems can be solved. We come back to this question in Section 4.

For affine curves one can show that every embedding problem with $p$-group kernel has a strong solution. Versions of this result are used in the proof of Abhyankar's Conjecture, [**22**] and [**17**, Section 4]. For generalizations see [**5**].

As in the case of covers of a projective curve, we can restrict to the case where the kernel is an elementary abelian $p$-group. Let $V \to U$ be an $H$-cover. In contrast to the projective case, $\mathrm{Hom}(\pi_1(V), \mathbb{Z}/p)$ is not finitely generated. In fact, one can show that every irreducible $\mathbb{F}_p[H]$-character occurs infinitely often in $\mathrm{Hom}(\pi_1(V), \mathbb{Z}/p)$, **[22]**.

## 3. The Deuring–Shafarevich formula

Notations are as in the previous section, in particular $X$ and $Y$ are supposed to be smooth, projective curves over an algebraically closed field $k$ of characteristic $p$. Here is an application of the results of the previous section. Suppose $Y \to X$ is an étale Galois cover, whose Galois group is a $p$-group $P$. Then

$$1 \to \pi_1^p(Y) \to \pi_1^p(X) \to P \to 1$$

is exact. The group $\pi_1^p(X)$ is a free pro-$p$ group on $\sigma(X)$ generators, and $\pi_1^p(Y)$ is free on $\sigma(Y)$ generators. Exercise 4 of **[23**, Section 1.4.2] states that since $\pi_1^p(X)$ is free,

$$\sigma(Y) - 1 = |P|(\sigma(X) - 1),$$

for all covers whose Galois group is a $p$-group. The proof does not go through for affine curves. But still, the formula can be generalized.

***Theorem* 3.1 (Deuring–Shafarevich formula).** — *Let $f : Y \to X$ be a (possibly ramified) Galois cover, whose Galois group is a $p$-group $P$. Then*

$$\sigma(Y) - 1 = |P|(\sigma(X) - 1) + \sum_{y \in Y} (e_y - 1).$$

*Here $e_y$ is the ramification index at $y$.*

The proof we sketch here can be found in **[3]**. Let $S$ be the branch locus of $f$ and $U = X - S$; put $V = f^{-1}(U)$. Then $f : V \to U$ is étale. By $H_c^i(U, \mathscr{F})$ we denote étale cohomology with compact support, see e.g. **[9**, p. 93]. Let $\chi_c(U, \mathscr{F})$ be the Euler–Poincaré characteristic. Note that $\chi_c(X, \mathbb{F}_p) = \chi(X, \mathbb{F}_p) = 1 - \sigma(X)$ and $\chi_c(Y, \mathbb{F}_p) = 1 - \sigma(Y)$, since $X$ and $Y$ are projective.

We have the following exact sequences (excision, **[9**, III.1.30])

$$\cdots \to H_c^i(U, \mathbb{F}_p) \to H_c^i(X, \mathbb{F}_p) \to H_c^i(S, \mathbb{F}_p) \to \cdots$$

and

$$\cdots \to H_c^i(V, \mathbb{F}_p) \to H_c^i(Y, \mathbb{F}_p) \to H_c^i(f^{-1}(S), \mathbb{F}_p) \to \cdots.$$

Therefore

$$\chi_c(U, \mathbb{F}_p) + |S| = \chi_c(X, \mathbb{F}_p) = 1 - \sigma(X) \tag{3.2}$$

and

$$\chi_c(V, \mathbb{F}_p) + |f^{-1}(S)| = \chi_c(Y, \mathbb{F}_p) = 1 - \sigma(Y). \tag{3.3}$$

***Lemma* 3.4.** — *Suppose that $f: V \to U$ is an étale Galois cover whose Galois group is a $p$-group $P$. Then*

$$\chi_c(V, \mathbb{F}_p) = |P|\, \chi_c(U, \mathbb{F}_p).$$

*Proof.* — Using induction, we may reduce to the case that $P$ is cyclic of order $p$. Let $\mathscr{F}$ (resp. $\mathscr{G}$) be the constant sheaf $\mathbb{F}_p$ on $V$ (resp. on $U$). Then $H^i(V, \mathscr{F}) = H^i(U, f_*(\mathscr{F}))$. The group $P$ acts on $f_*(\mathscr{F})$. We can reduce to the case that $f_*(\mathscr{F})$ is indecomposable under the action of $P$. Since the only irreducible character of $P$ in characteristic $p$ is the trivial character, the sheaf $f_*(\mathscr{F})$ is an extension of sheaves on which $P$ acts trivially. Therefore $\chi_c(V, \mathbb{F}_p) = |P|\, \chi_c(U, \mathbb{F}_p)$. □

*Proof of the theorem.* — We combine the lemma with (3.2) and (3.3). This gives

$$\begin{aligned} \sigma(Y) - 1 &= |P|\,(\sigma(X) - 1 + |S|) - |f^{-1}(S)| \\ &= |P|\,(\sigma(X) - 1) + \sum_{x \in X} \frac{|P|}{e_x}(e_x - 1) \\ &= |P|\,(\sigma(X) - 1) + \sum_{y \in Y}(e_y - 1). \end{aligned}$$

□

There exist many proofs of the Deuring–Shafarevich formula in the literature. Below I give a list of the (published) proofs I have found. The theorem was first proved by Deuring [**4**] in the ramified case, but the proof contains a mistake. It was proved by Shafarevich [**27**] in the étale case; he used it to show that $\pi_1^p(X)$ is free. Subrao [**25**] extended the proof of Shafarevich to the ramified case. He used the Deuring–Shafarevich formula to show that there exist ordinary curves which violate the Hurwitz bound on the order of the automorphism group in characteristic $p$. Madan [**6**] extended and corrected the proof of Deuring. Richter [**19**] gave a variant on this approach. Nakajima [**11**] gave a proof using the Galois module structure of cohomology groups. This is a slightly stronger results than the result stated above. A proof of the result of Nakajima using the method of Crew is given by Suwa, [**26**]. The Deuring–Shafarevich formula is also known under the name Crew formula.

Note that in the Deuring–Shafarevich formula there is no term depending on the conductor of a ramification point. This is in contrast to the Hurwitz genus formula. The Deuring–Shafarevich formula states that étale covers of an ordinary curve with Galois group a $p$-group, are ordinary. But if $Y \to X$ is a ramified $p$-cover, then $Y$ will hardly ever be ordinary. The reason being that the contribution of a wild ramification point to the genus is, in general, larger than the contribution to the $p$-rank.

## 4. Ordinary covers

Suppose that $f\colon Y \to X$ is a $G$-Galois cover, where $G$ is not a $p$-group. One might ask whether there exists a formula relating $\sigma(Y)$ and $\sigma(X)$ as in the case of $p$-group covers. It is easy to see that there cannot be a formula for $\sigma(Y)$ in terms of $\sigma(X)$, the order of $G$ and the ramification indices in general. For example, suppose $p \neq 2$ and consider 2-cyclic covers $E_\lambda \to \mathbb{P}^1$, branched at four points $0, 1, \infty, \lambda$. Then $\sigma(E_\lambda) = 1$ except for finitely many $\lambda$. Similarly, one can show that the $p$-rank of étale 2-cyclic covers of a genus two curve $X$ varies with $X$ if $p \neq 2$. Hence the $p$-rank in a family of covers varies with the curve $X$ and the branch points of the cover. A first question to ask is therefore: what happens if $X$ and the branch points are *generic*? For simplicity, we restrict to the case of étale covers of curves of genus $g \geqslant 2$. For the ramified case, see **[1]**. Let $X_{\mathrm{gen}}$ be the generic curve of genus $g$, i.e. $X_{\mathrm{gen}}$ is the curve corresponding to the geometric generic point of the moduli space $\mathscr{M}_g \otimes \mathbb{F}_p$.

***Question* 4.1.** — What is the $p$-rank of the étale covers of the generic curve $X_{\mathrm{gen}}$?

It turns out that there are many groups $G$ such that some or all the $G$-covers are ordinary. But for every $g$ there is a nonordinary Galois cover of $X_{\mathrm{gen}}$. It seems that even for the covers of the generic curve there is no easy formula for the $p$-rank of a cover. In the rest of this section we give examples of ordinary covers of the generic curve. In Lecture 18 **[7]**, the nonordinary covers will be discussed. Showing that a $G$-cover of the generic curve is ordinary can be translated into solving an embedding problem for $\pi_1(X_{\mathrm{gen}})$ with kernel an elementary abelian $p$-group, as was explained in Section 2.

Let $G$ be a finite group. Consider a semistable curve $\mathscr{X} \to \operatorname{Spec} R$, with geometric generic fiber isomorphic to $X_{\mathrm{gen}}$, over some complete discrete valuation ring $R$. We want to construct ordinary covers of $X_{\mathrm{gen}}$ by constructing ordinary covers of the special fiber $\mathscr{X}_s$ which can be lifted to covers $\mathscr{Y} \to \mathscr{X}$. By Proposition 1.5, this implies that the cover $\mathscr{Y}_{\bar\eta} \to \mathscr{X}_{\bar\eta}$ is ordinary. One can construct such covers as follows. Suppose that $\mathscr{X}$ is a Mumford curve. Construct a cover $f_s : \mathscr{Y}_s \to \mathscr{X}_s$ by taking a cover of the dual graph of $\mathscr{X}_s$. The cover constructed in Example 1.4 is a particular case of this construction.

Then the normalization of any irreducible component of $\mathscr{Y}_s$ has genus zero, so $\mathscr{Y}_s$ is ordinary. Moreover, $\mathscr{Y}_s \to \mathscr{X}_s$ is étale, so it can be lifted to a cover $f: \mathscr{Y} \to \mathscr{X}$ and $\mathscr{Y}_s$ is ordinary. The following two propositions use a variation on this idea.

***Proposition* 4.2.** — *Let $f: Y \to X_{\mathrm{gen}}$ be an étale cover whose Galois group $G$ is abelian. Then $Y$ is ordinary.*

*Proof.* — **[10]**, **[29]**, **[20]**. We sketch the proof. An étale cover of an ordinary curve with Galois group a $p$-group is ordinary, by Deuring–Shafarevich. Therefore, we may suppose that $p \nmid |G|$. Let $n$ be an integer such that every element of $G$ is killed by $n$. Since $G$ is a quotient of $\pi_1^{\mathrm{ab}}(X_{\mathrm{gen}})$, it follows that $G$ is a quotient of $H := (\mathbb{Z}/n)^{2g}$. Since a quotient of an ordinary curve is ordinary, it suffices to prove the proposition for $G = H$.

Let $X_0$ be a chain of $g$ ordinary elliptic curves. There exists a semistable curve $\mathscr{X} \to \mathrm{Spec}(R)$ whose generic fiber is isomorphic to $X_{\mathrm{gen}}$ and whose special fiber is isomorphic to $X_0$. Here $R$ is some equal characteristic $p$ complete discrete valuation ring with algebraically closed residue field.

Let $Y \to X_{\mathrm{gen}}$ be an étale $H$-cover. Since the dual graph of $X_0$ is a tree, $\mathrm{Pic}^0_{\mathscr{X}/R}$ is an abelian variety (Lecture 3). In other words, the Jacobian of $X_{\mathrm{gen}}$ has potentially good reduction. This implies that $J(\mathscr{X})[n]$ is finite and étale over $\mathrm{Spec}(R)$. Extend $K$ if necessary, to get the $n$-torsion defined over $R$. Then $J(\mathscr{X}_{\bar\eta})[n]$ can be identified with $J(\mathscr{X}_s)[n] = \prod_i E_i[n]$. By Kummer theory, we see that the $H$-cover $Y \to X_{\mathrm{gen}}$ reduces to an *étale* cover of $Y_0 \to \mathscr{X}_0$. The restriction of this cover to $E_i$ consist of copies of $E_i \stackrel{\cdot n}{\to} E_i$. In particular, every irreducible component of $Y_0$ is ordinary, so $Y_0$ is ordinary. Proposition 1.5 implies that therefore also $Y$ is ordinary. □

***Proposition* 4.3.** — *Let $G$ be a group generated by $g$ elements. Then there exists a $G$-cover of the generic curve $X_{\mathrm{gen}}$ of genus $g$ which is ordinary.*

*Proof.* — **[24]**. Let $\mathscr{X} \to \mathrm{Spec}(R)$ be as in the proof of the previous proposition. The special fiber of $\mathscr{X}$ consists of a chain of ordinary elliptic curves, call them $E_1, \ldots, E_g$. The fundamental group $\pi_1(E_i)$ is known; it is isomorphic to $\mathbb{Z}_p \times \prod_{\ell \neq p} \mathbb{Z}_\ell^2$. The fundamental group $\pi_1(\mathscr{X}_s)$ is an amalgamated product of the $\pi_1(E_i)$. Therefore $\pi_1(\mathscr{X}_s)$ has a free profinite group on $g$ generators as a quotient. In particular, there exists an étale $G$-cover $Y_0 \to \mathscr{X}_s$. Every irreducible component of $Y_0$ is an étale cover of one of the $E_i$, so $Y_0$ is ordinary. We can deform $Y_0 \to \mathscr{X}_s$ to a $G$-cover $\mathscr{Y} \to \mathscr{X}$. Proposition 1.5 implies that $\mathscr{Y}_{\bar\eta}$ is ordinary. □

Note the difference between the two previous propositions. In case $G$ is generated by $g$ elements we have only constructed *some* cover of $X_{\text{gen}}$ which is ordinary. The result of Proposition 4.3 is up to a certain extend generalized by the following proposition of Raynaud **[18]**. In this result $G$ is supposed to be a central extension of two abelian groups. Using representation theory, one is reduced to show that the covers of $X_{\text{gen}}$ whose Galois group $H_n$ is a central extension of $(\mathbb{Z}/n)^{2g}$ by $\mathbb{Z}/n$ are ordinary. With a suitable assumption on $n$, one can show, using an argument similar to the one we have seen in the proof of Proposition 4.3, that there exists some $H_n$-cover of $Z \to X_{\text{gen}}$ which is ordinary. One concludes the proof by showing that any $H_n$-cover of $X_{\text{gen}}$ is conjugated by the monodromy to the cover $Z \to X_{\text{gen}}$.

***Theorem* 4.4.** — *Let $Y \to X_{\text{gen}}$ be an étale $G$-Galois cover, where $G$ is a central extension of two abelian groups. Suppose that* $\gcd(|G|, g!) = 1$. *Then $Y$ is ordinary.*

*Proof.* — **[18]** □

## References


[1] I. I. Bouw – Tame covers of curves: $p$-ranks and fundamental groups, Ph.D. Thesis, Utrecht University, February 1998.

[2] C. Chevalley & A. Weil – Über das Verhalten der Integrale erster Gattung bei Automorphismen des Funktionenkörpers, *Abh. Math. Sem. Univ. Hamburg* **10** (1934), p. 358–361.

[3] R. Crew – Etale $p$-covers in characteristic $p$, *Compositio Math.* **52** (1984), p. 31–45.

[4] M. Deuring – Automorphismen und Divisorenklassen der Ordnung $\ell$ in algebraischen Funktionenkörpern, *Math. Ann.* **113** (1936), p. 208–215.

[5] D. Harbater – Embedding problems with local conditions, Preprint.

[6] M. Madan – On a theorem of M. Deuring and I.R. Šafarevič, *Manuscripta Math.* **23** (1977), p. 91–102.

[7] D. A. Madore – Theta divisors and the Frobenius morphism, these proceedings.

[8] J. Manin – The Hasse–Witt matrix of an algebraic curve, *Trans. Amer. Math. Soc.* **45** (1965), p. 245–264.

[9] J. S. Milne – *Étale cohomology*, Princeton Math. Ser., no. 33, Princeton University Press, 1980.

[10] S. Nakajima – On generalized Hasse–Witt invariants of an algebraic curve, *Galois groups and their representations* (Nagoya 1981) (Y. Ihara, ed.), Advanced Studies in pure Mathematics, no. 2, North-Holland Publishing Company, Amsterdam, 1983, p. 69–88.

[11] ———, Equivariant form of the Deuring–Šafarevič formula for Hasse–Witt invariants, *Math. Z.* **190** (1985), p. 559–566.

[12] F. Oort – Subvarieties of moduli spaces, *Invent. Math.* **24** (1974), p. 95–119.

[13] A. Pacheco & K. F. Stevenson – Galois modules and the algebraic fundamental group of projective curves in positive characteristic, *Pacific J. Math.* (To appear).

[14] M. Raynaud – Spécialisation du foncteur de Picard, *Publ. Math. Inst. Hautes Études Sci.* **38** (1970), p. 27–76.

[15] ———, Sections des fibrés vectoriels sur une courbe, *Bull. Soc. Math. France* **110** (1982), p. 103–125.

[16] ———, Mauvaise réduction des courbes et $p$-rang, *C. R. Acad. Sci. Paris Sér. I Math.* **319** (1994), p. 1279–1282.

[17] ———, Revêtements de la droite affine en caractéristique $p > 0$ et conjecture d'Abhyankar, *Invent. Math.* **116** (1994), p. 425–462.

[18] ———, Revêtements des courbes en caractéristique $p > 0$ et ordinarité, forthcoming.

[19] B. Richter – Über einen Satz von Deuring–Shafarevich–Madan, *Abh. Math. Sem. Univ. Hamburg* **52** (1982), p. 232–234.

[20] M. Saïdi – Revêtements modérés et groupe fondamental de graphe de groupes, *Compositio Math.* **107** (1997), p. 321–340.

[21] J.-P. Serre – Sur la topologie des variétés algébriques en caractéristique $p$, *Symposium Internacional de Topologia Algebraica* (Mexico), 1958, =Œuvres 38, p. 24–53.

[22] ———, Construction de revêtements étales de la droite affine en caractéristique $p$, *C. R. Acad. Sci. Paris Sér. I Math.* **311** (1990), p. 341–346.

[23] ———, *Cohomologie galoisienne*, 5e ed., Lect. Notes Math., no. 5, Springer-Verlag, 1994.

[24] K. F. Stevenson – Conditions related to $\pi_1$ of projective curves, *J. Number Theory* **69** (1998), p. 62–79.

[25] D. Subrao – The $p$-rank of Artin–Schreier curves, *Manuscripta Math.* **16** (1975), p. 169–193.

[26] N. Suwa – Sur la formule de Deuring–Šafarevič et un résultat de Nakajima, *Math. Z.* **195** (1987), p. 13–16.

[27] I. Šafarevič – On $p$-extensions, *AMS. Transl. Ser. 2* **4** (1956), p. 59–72.

[28] N. Yui – On the Jacobian varieties of hyperelliptic curves over fields of characteristic $p > 2$, *J. Algebra* **52** (1978), p. 378–410.

[29] B. Zhang – Revêtements étales abeliens de courbes génériques et ordinarité, *Ann. Fac. Sci. Toulouse Math. (5)* **6** (1992), p. 133–138.

---

Irene I. Bouw, University of Pennsylvania, 209 South 33rd Street, Philadelphia, PA 19104, USA • *E-mail :* bouw@math.upenn.edu

*Courbes semi-stables et groupe fondamental en géométrie algébrique*
(J.-B. Bost, F. Loeser, M. Raynaud, éd.), p. 279–289
Progress in Mathematics, Vol. 187, © 2000 Birkhäuser Verlag Basel/Switzerland

# 18

# THETA DIVISORS AND THE FROBENIUS MORPHISM

David A. Madore

## 1. Theta divisors for vector bundles

Let $k$ be an algebraically closed field and $X$ a smooth proper connected curve over $\operatorname{Spec} k$ having genus $g$. We assume throughout that $g \geqslant 2$.

If $E$ is a vector bundle (i.e. a locally free invertible sheaf) of rank $r$ and degree $d$ over $X$, we define its *slope* to be $\lambda = d/r$. The Riemann-Roch formula gives the Euler-Poincaré characteristic of $E$:

$$\chi(X, E) = h^0(X, E) - h^1(X, E) = r(\lambda - (g-1))$$

In particular for $\lambda = g-1$ (the *critical slope*) we have $\chi(X, E) = 0$; moreover, it is still true for any invertible sheaf $L$ of degree 0 over $X$ that $\chi(X, E \otimes L) = 0$, in other words, $h^0(X, E \otimes L) = h^1(X, E \otimes L)$. Under those circumstances, it is natural to ask the following question:

***Question* 1.1.** — *Suppose $E$ has critical slope. Then for which invertible sheaves $L$ of degree* 0 *(if any) is it true that $h^0(X, E \otimes L) = 0$ (and consequently also $h^1(X, E \otimes L) = 0$)? Is this true for some $L$, for many $L$, or for none?*

We start with a necessary condition. Suppose there were some subbundle $F \rightarrowtail E$ having slope $\lambda(F) > \lambda(E) = g-1$. Then we would have $\chi(X, F \otimes L) > 0$, hence $h^0(X, F \otimes L) > 0$. Now $H^0(X, F \otimes L) \rightarrowtail H^0(X, E \otimes L)$, so this implies $h^0(X, E \otimes L) > 0$. So if we are to have $h^0(X, E \otimes L) > 0$ for some $L$, this must not happen, and we say that $E$ is *semi-stable*:

***Definition* 1.2.** — *A vector bundle $E$ over $X$ is said to be* stable *(resp.* semistable*) iff for every sub-vector-bundle $F$ of $E$ (other than 0 and $E$) we have $\lambda(F) < \lambda(E)$ (resp. $\lambda(F) \leqslant \lambda(E)$).*

Another remark we can make bearing some relation with question (1.1) is that, by the semicontinuity theorem, if we let $L$ vary on the jacobian of $X$, the functions $h^0(X, E \otimes L)$ and $h^1(X, E \otimes L)$ are upper semicontinuous. This means that they increase on closed sets. In particular, if $h^0(X, E \otimes L) = 0$ (the smallest possible value) for some $L$, then this is true in a whole neighborhood of $L$, that is, for almost all $L$. We then say that this holds for a *general* invertible sheaf of degree 0 and we write $h^0(X, E \otimes L_{\mathrm{gen}}) = 0$.

Now introduce the jacobian variety $J$ of $X$ and let $\mathscr{L}$ be the (some) Poincaré sheaf (universal invertible sheaf of degree 0) on $X \times_{\operatorname{Spec} k} J$. We aim to use $\mathscr{L}$ to let $L$ vary and provide universal analogues for our formulæ. Let

$$\begin{array}{c} X \times_{\operatorname{Spec} k} J \\ \big\downarrow f \\ J \end{array}$$

be the second projection.

Consider the sheaf $E \otimes \mathscr{L}$ (by this we mean the twist by $\mathscr{L}$ of the pullback of $E$ to $X \times_{\operatorname{Spec} k} J$). Our interest is mainly in the higher direct image $Rf_*(E \otimes \mathscr{L})$, which incorporates information about $H^i(X, E \otimes L)$ (and much more).

To be precise, we know that there exists a complex $0 \to M^0 \xrightarrow{u} M^1 \to 0$ of vector bundles on $J$ that universally computes the $R^i f_*(E \otimes \mathscr{L})$, in the sense that the $i$-th cohomology group ($i = 0, 1$) of the complex is $R^i f_*(E \otimes \mathscr{L})$ and that this remains true after any base change $J' \to J$. (One particularly important such base change, of course, is the embedding of a closed point $\{L\}$ in $J$.)

Now $M^0$ and $M^1$ have the same rank, say $s$ (because the Euler-Poincaré characteristic of $E$ is 0). So we can consider the determinant of $u$, $\bigwedge^s M^0 \xrightarrow{\det u} \bigwedge^s M^1$, or rather

$$\mathscr{O}_J \xrightarrow{\det u} \bigwedge^s M^1 \otimes \left(\bigwedge^s M^0\right)^{\otimes -1}$$

Exactly one of the following two things happens:

– *Either* the determinant $\det u$ is zero (identically). In this case, $u$ is nowhere (i.e. on no fiber) invertible, it always has a kernel and a cokernel: we have $h^0(X, E \otimes L) > 0$ (and of course $h^1(X, E \otimes L) > 0$) for all $L$.

– *Or* $\det u$ is a nonzero section of the invertible sheaf $\bigwedge^s M^1 \otimes \big(\bigwedge^s M^0\big)^{\otimes -1}$ on $J$ and it defines a positive divisor $\theta_E$ on $J$, whose support is precisely the locus of $L$ such that $h^0(X, E \otimes L) > 0$. We then have $h^0(X, E \otimes L_{\text{gen}}) = 0$.

In other words, precisely in the case where $h^0(X, E \otimes L_{\text{gen}}) = 0$ we can define a positive divisor $\theta_E$ on $J$ which tells us "where the bundle $E$ has cohomology". We call this divisor the *theta divisor* of the vector bundle $E$. And we will use the expression "to admit a theta divisor" as synonymous for $h^0(X, E \otimes L_{\text{gen}}) = 0$. For example, a vector bundle that admits a theta divisor is semi-stable (but the converse is not true, cf. [**4**]).

## 2. Enters the Frobenius morphism

We now assume that the base field $k$ has characteristic $p > 0$. We then have a relative Frobenius morphism

$$\begin{array}{ccc} X & \xrightarrow{\ \pi\ } & X_1 \\ & \searrow \quad \swarrow & \\ & \operatorname{Spec} k & \end{array}$$

which is obtained by factoring the absolute Frobenius morphism through the pullback to $X$ of the Frobenius on $k$ (more descriptively, $\pi$ has the effect, in projective space, of raising the coordinates to the $p$-th power, while $X_1$ is the curve obtained by raising to the $p$-th powers the coefficients in the equations defining $X$).

The curve $X_1$ has the same genus $g$ as $X$. The morphism $\pi$ is flat, finite and purely inseparable of degree $p$. From it we deduce a morphism $\mathcal{O}_{X_1} \to \pi_*\mathcal{O}_X$ (of $\mathcal{O}_{X_1}$-modules), which is mono because $\pi$ is surjective. Call $B_1$ the cokernel, so that we have the following short exact sequence:

$$0 \to \mathcal{O}_{X_1} \to \pi_*\mathcal{O}_X \to B_1 \to 0 \tag{2.1}$$

Now the sheaf $B_1$ can be viewed in a different way: if we call $d$ the differential $\mathcal{O}_X \to \Omega^1_X$ (between sheaves of $\mathbb{Z}$-modules) then $\pi_*(d)$ is $\mathcal{O}_{X_1}$-linear and has $\mathcal{O}_{X_1}$ as kernel. Consequently, $B_1$ can also be seen as the image of $\pi_*(d)$, hence its name of *sheaf of locally exact differentials*. As a subsheaf of the locally free sheaf $\pi_*\Omega^1_X$, it is itself a vector bundle.

In the short exact sequence (2.1) above, the vector bundles $\mathcal{O}_{X_1}$ and $\pi_*\mathcal{O}_X$ have rank 1 and $p$ respectively, so that $B_1$ has rank $p-1$. On the other hand, since $\mathcal{O}_{X_1}$ and $\pi_*\mathcal{O}_X$ each have Euler-Poincaré characteristic $1-g$, we have $\chi(X_1, B_1) = 0$, or in other words, $\lambda(B_1) = g-1$ (the critical slope), and what we have said in the previous section applies to the sheaf $B_1$.

More precisely, we have the following long exact sequence in cohomology, derived from (2.1):

$$\begin{array}{ccccccccc} & & k & \xrightarrow{\sim} & k & & & & \\ & & \| & & \| & & & & \\ 0 & \to & H^0(X_1, \mathscr{O}_{X_1}) & \to & H^0(X, \mathscr{O}_X) & \to & H^0(X_1, B_1) & \to & \\ & \to & H^1(X_1, \mathscr{O}_{X_1}) & \to & H^1(X, \mathscr{O}_X) & \to & H^1(X_1, B_1) & \to & 0 \end{array}$$

Here the first arrow is an isomorphism as shown. Consequently, the arrow $H^1(X_1, \mathscr{O}_{X_1}) \to H^1(X, \mathscr{O}_X)$ is also an isomorphism if and only if $h^0(X_1, B_1) = 0$, or, what amounts to the same, $h^1(X_1, B_1) = 0$. This is again the same as saying that $B_1$ has a theta divisor (something which we will see is always true) and that it does not go through the origin.

***Definition* 2.2.** — *When the equivalent conditions mentioned in the previous paragraph are satisfied, we say that the curve $X$ is* ordinary.

## 3. The sheaf of locally exact differentials has a theta divisor

In this section we prove the following result due to M. Raynaud ([**4**]):

***Theorem* 3.1.** — *If $X$ is a smooth projective connected curve over an algebraically closed field $k$ of characteristic $p > 0$ and $B_1$ is the sheaf of locally exact differentials on $X_1$, as introduced above, then we have $h^0(X_1, B_1 \otimes L_{\mathrm{gen}}) = 0$, i.e. the vector bundle $B_1$ admits a theta divisor (in particular, it is semi-stable).*

Thus we can state the fact that a curve is ordinary simply by saying that the theta divisor of $B_1$ does not go through the origin.

To start with, introduce the jacobians $J$ and $J_1$ of $X$ and $X_1$ respectively. Then $J_1$ is the Frobenius image of $J$, and we have a relative Frobenius morphism $F\colon J \to J_1$ that is purely inseparable of degree $p^g$; it corresponds to taking the norm on invertible sheaves of degree 0 — or, if we prefer using points, it takes $\mathscr{O}_X(\Sigma n_i x_i)$ to $\mathscr{O}_{X_1}(\Sigma n_i \pi(x_i))$. On the other hand, we also have the *Verschiebung* morphism in the other direction $V\colon J_1 \to J$, which corresponds to pulling back by $\pi$ — or again, it takes $\mathscr{O}_{X_1}(\Sigma n_i x_i)$ to $\mathscr{O}_X(\Sigma p n_i \pi^{-1}(x_i))$. The Verschiebung map also has degree $p^g$. The composite of the Verschiebung and Frobenius morphisms, in any direction, is the raising to the $p$-th power.

We will show something more precise than just saying that $B_1$ has a theta divisor: we will actually show that this theta divisor does not contain all of $\ker V$ in the neighborhood of 0. However, we will see from actual equations that it "almost" does.

If $L_1$ is an invertible sheaf of degree 0 on $X_1$ (that is, a $k$-point of $J_1$), the short exact sequence (2.1) becomes, after tensoring by $L_1$:

$$0 \to L_1 \to \pi_*\pi^* L_1 \to B_1 \otimes L_1 \to 0 \tag{3.2}$$

Now let $\mathscr{L}_1$ be the Poincaré bundle on $X_1 \times_{\operatorname{Spec} k} J_1$. The universal analogue of (3.2) above is

$$0 \to \mathscr{L}_1 \to (\pi \times 1_{J_1})_*(\pi \times 1_{J_1})^* \mathscr{L}_1 \to B_1 \otimes \mathscr{L}_1 \to 0$$

But by the definition of the Verschiebung, the sheaf $(\pi \times 1_{J_1})^* \mathscr{L}_1$ is also $(1_X \times V)^* \mathscr{L}$ so that the exact sequence can be written as

$$0 \to \mathscr{L}_1 \to (\pi \times 1_{J_1})_*(1_X \times V)^* \mathscr{L} \to B_1 \otimes \mathscr{L}_1 \to 0$$

We now introduce projections as designated on the following diagram:

$$\begin{array}{ccccc} X \times J & \xleftarrow{1_X \times V} & X \times J_1 & \xrightarrow{\pi \times 1_{J_1}} & X_1 \times J_1 \\ {\scriptstyle f}\downarrow & \square & \downarrow{\scriptstyle g} & \swarrow{\scriptstyle f_1} & \\ J & \xleftarrow{V} & J_1 & & \end{array} \tag{3.3}$$

Now we want to calculate the $R(f_1)_*$ of this. For one thing, looking at the diagram (3.3) above, we see that $R(f_1)_*(\pi \times 1_{J_1})_*(1_X \times V)^* \mathscr{L}$ is $Rg_*(1_X \times V)^* \mathscr{L}$, and by base change (note that the morphism $V$ is flat), this is $V^* Rf_* \mathscr{L}$. Thus we have the following distinguished triangle, in the derived category of the category of sheaves on $J_1$:

$$\begin{array}{ccc} & R(f_1)_*(B_1 \otimes \mathscr{L}_1) & \\ {\scriptstyle +1}\swarrow & & \nwarrow \\ R(f_1)_* \mathscr{L}_1 & \xrightarrow{\quad a \quad} & V^* Rf_* \mathscr{L} \end{array} \tag{3.4}$$

And the corresponding long exact sequence of cohomology is

$$0 \to (f_1)_*(B_1 \otimes \mathscr{L}_1) \to R^1(f_1)_* \mathscr{L}_1 \xrightarrow{a} V^* R^1 f_* \mathscr{L} \to R^1(f_1)_*(B_1 \otimes \mathscr{L}_1) \to 0$$

(the two first terms cancel). We want to show that $a$ is generically invertible.

To start with, consider a minimal resolution of $Rf_* \mathscr{L}$ in the neighborhood of the origin. It has the form

$$\mathscr{O}_{J,0} \xrightarrow{u'} \mathscr{O}_{J,0}^g$$

where $u'(1) = (x_1, \ldots, x_g)$ is a system of parameters around 0. Indeed, this last statement is the same as saying, if $u$ is the transpose of $u'$, that the image of $u$ is the maximal ideal of the regular local ring $\mathscr{O}_{J,0}$, and this is easy because $\{0\}$ is the largest closed subscheme of $\operatorname{Spec} \mathscr{O}_{J,0}$ on which $\mathscr{L}$ is trivial.

Now apply what we have just proven to $J_1$ on the one hand, and to $J$ on the other, but pulling back by $V$, we find the following resolution for the arrow $a$ in triangle (3.4):

$$\begin{array}{ccc} R & \xrightarrow{a_0} & R \\ {\scriptstyle u'}\big\downarrow & & \big\downarrow{\scriptstyle v'} \\ R^g & \xrightarrow{a_1} & R^g \end{array} \tag{3.5}$$

where we have written $R = \mathcal{O}_{J_1,0}$, and where $u'(1) = (x_1, \ldots, x_g)$ is a system of parameters of $J_1$ around 0 and $v'(1) = (y_1, \ldots, y_g)$ is a regular sequence that gives an equation of $\ker V$ around 0. Now of course $a_0$ is just an element of $R$, and it is invertible because modulo the maximal ideal of $R$ (that is, *at* the origin) the arrow $a$ is just the identity on $k$. So we can assume that $a_0$ is the identity. What we want to prove is that $\det a_1$ is not zero (of course, it is invertible precisely when the curve is ordinary).

Consider the diagram (3.5) and its transpose (i.e. its image by the functor $\mathrm{Hom}_R(\cdot, R)$), and complete them both by adding the Koszul complex on either column. That is, consider the diagrams:

$$\begin{array}{ccc} 0 & & 0 \\ \big\downarrow & & \big\downarrow \\ R & \xrightarrow{1} & R \\ {\scriptstyle u'}\big\downarrow & & \big\downarrow{\scriptstyle v'} \\ R^g & \xrightarrow{a_1} & R^g \\ \vdots & & \vdots \\ \wedge^g R^g & \xrightarrow{\det a_1} & \wedge^g R^g \\ \big\downarrow & & \big\downarrow \\ M' & \xrightarrow{h'} & N' \\ \big\downarrow & & \big\downarrow \\ 0 & & 0 \end{array} \qquad \text{and} \qquad \begin{array}{ccc} 0 & & 0 \\ \big\downarrow & & \big\downarrow \\ \wedge^g R^g & \xrightarrow{\det a_1} & \wedge^g R^g \\ \vdots & & \vdots \\ R^g & \xrightarrow{a_1^\vee} & R^g \\ {\scriptstyle v}\big\downarrow & & \big\downarrow{\scriptstyle u} \\ R & \xrightarrow{1} & R \\ \big\downarrow & & \big\downarrow \\ N & \xrightarrow{h} & M \\ \big\downarrow & & \big\downarrow \\ 0 & & 0 \end{array}$$

in which we have written $u$, $v$ and $a_1^\vee$ for the transposes of $u'$, $v'$ and $a_1$ respectively and $M$ and $N$ for the cokernels of $u$ and $v$ respectively. Since $u'(1)$ and $v'(1)$ are regular sequences, $M$ and $N$ are modules of finite length, and the Koszul complex is a resolution of them: the columns of both diagram are exact. We have $M' = \mathrm{Ext}^g_R(M, R)$ and $N' = \mathrm{Ext}^g_R(N, R)$ (since we have taken a resolution, transposed it, and shifted in $g$ degrees). But since the Koszul complex is autodual (that is, the left column of the right diagram is the same as the right column of the left diagram, and *vice versa*), $M$ and $M'$ are the same and so are $N$ and $N'$. Finally, it is known that ($R$ being a regular local ring) the functor $\mathrm{Ext}^g_R(\cdot, R)$ is dualizing on modules of finite length. Now $h$ is surjective as is seen on the diagram on the right, so that its image $h'$ by the functor in question is injective. Hence $\det a_1$ is nonzero, what we wanted.

We can be more precise than this. As we have seen, $M$ is isomorphic to $k$, and $N$ to the local ring of $\ker V$ at 0: the support of $\theta_{B_1}$ swallows everything in $\ker V$ around the origin but just one $k$. (Incidentally, $X$ is ordinary if and only if the support of $\theta_{B_1}$ does not contain the origin, so we recover the known fact that $X$ is ordinary if and only if the local ring of $\ker V$ at the origin is $k$, i.e. $V$ is étale.)

## 4. Constructing a non ordinary cover

We now present another result of M. Raynaud's (**[5]**), namely the fact that a finite étale cover of an ordinary curve is not necessarily ordinary, even when the base curve is generic. In fact, we obtain a cover $Y \twoheadrightarrow X$ such that the image of the map $J(X_1) \rightarrowtail J(Y_1)$ on the jacobians is completely contained in the support of the theta divisor of $B_1$ on $Y_1$ — and in particular 0 is, so that $Y$ is not ordinary. The construction is sufficiently general to apply to the generic curve (for a given genus $g \geqslant 2$ and characteristic $p$). We also get estimations on the Galois group of $Y$ over $X$; a theorem of Nakajima states that an abelian cover of the generic curve is ordinary, so we have to work with non abelian groups if we want a non ordinary cover — however, we will see that a nilpotent group can suffice.

We start with a few generalities on representations of the fundamental group of curves. We refer to **[5]** for details. If $\rho\colon \pi_1(X) \to GL(r, k)$ is a representation of the fundamental group of $X$ in $k$-vector spaces of rank $r$, and $\rho$ has open kernel (or, which amounts to the same, $\rho$ is continuous and has finite image), then $\rho$ defines a locally constant étale sheaf in $k$-vector spaces of rank $r$ on $X$, written $\mathbb{V}_\rho$ (very succintly, $\mathbb{V}_\rho$ can be obtained as follows: find a Galois cover $Y \twoheadrightarrow X$ whose Galois group factors through the kernel of $\rho$, then make $\pi_1(X)/\ker\rho$ act on $Y \times k^r$ componentwise, and take the fixed points of that action). Tensoring $\mathbb{V}_\rho$ by $\mathscr{O}_X$ gives a Zarisky sheaf $V_\rho$ which is locally free of rank $r$ and has degree 0, i.e. a vector bundle of rank $r$ and slope 0 on $X$. Among the functoriality properties of $V_\rho$ cited in **[5]**, we will need the fact that if $Y \overset{a}{\twoheadrightarrow} X$ is finite étale and $\rho$ is a representation of $\pi_1(Y)$ as above then $a_* V_\rho$ is precisely $V_{\rho'}$, where $\rho'$ is the representation of $\pi_1(X)$ induced by $\rho$.

We say that a representation $\rho$ as above has a theta divisor (respectively, is ordinary) if and only if the sheaf $V_{1,\rho} \otimes B_1$ on $X_1$ has a theta divisor (respectively, has a theta divisor that does not go through the origin), $V_{1,\rho}$ being the bundle $V_\rho$ as above constructed on $X_1$. Thus, we have seen that the trivial representation has a theta divisor, and it is ordinary precisely when the curve $X$ is ordinary. The existence of a theta divisor for $B$ shows that if $L$ is a general invertible sheaf of finite order $n$ prime to $p$ then the representation $\rho$ of rank 1 associated to it is ordinary.

***Theorem* 4.1.** — *Let $k$ be an algebraically closed field of characteristic $p > 0$, and let $X$ be the generic curve of any genus $g \geqslant 2$ over* $\operatorname{Spec} k$. *Then there exists a Galois cover of $X$ with solvable Galois group of order prime to $p$ that is not ordinary.*

Let $X$ be as stated, and let $J$ be its jacobian. If we choose a base point on $X$ then we get a map $S^{g-1}X \to J$ from the $(g-1)$-th symmetric power of $X$, whose image defines a positive divisor on $J$, called the *classical theta divisor*, and written $\Theta$. Let $N = \mathcal{O}_J(\Theta)$ be the invertible sheaf defined by $\Theta$. We can assume that $N$ is symmetric (i.e. that if $\iota\colon J \to J$ is the inverse map then $\iota^* N = N$) and we will do so.

Let $n$ be a positive integer that is prime to $p$, and denote by $\alpha$ the multiplication by $n$ map on $J$, which is étale of degree $n^{2g}$. Call $A$ the kernel of $\alpha$, the (étale) set of points of $J$ whose order divides $n$. Because we have chosen $N$ symmetric, we have $\alpha^* N = N^{\otimes n^2}$.

We recall (cf. **[3]**) that the kernel $H(N^{\otimes n})$ is the subgroup of closed $x$ in $J$ such that $T_x^* N^{\otimes n} \cong N^{\otimes n}$ (where $T_x$ denotes translation by $x$). This kernel is obviously $A$. Now in **[3]**, D. Mumford defines another, more interesting, group associated to an invertible sheaf on an abelian variety. In our case, it is the group

$$\mathcal{G}(N^{\otimes n}) = \{(x, \varphi) \mid \varphi\colon N^{\otimes n} \xrightarrow{\sim} T_x^* N^{\otimes n}\}$$

with multiplication defined in the obvious way. There is a short exact sequence

$$1 \to k^\times \to \mathcal{G}(N^{\otimes n}) \to H(N^{\otimes n}) \to 1$$

and in fact $k^\times$ is precisely the center of $\mathcal{G}(N^{\otimes n})$. The commutator of two elements of $\mathcal{G}(N^{\otimes n})$ is an element of $k^\times$ and it depends only on the class in $H(N^{\otimes n})$ of the two elements. Thus, the commutator defines a skew-symmetric biadditive form $\langle \cdot, \cdot \rangle\colon A \times A \to k^\times$. It is moreover shown in **[3]** that this form is non degenerate.

Let $B$ a maximal totally isotropic subgroup of $A$ for the form we have just defined. So $B$ has order $n^g$, and $C = A/B$ has order $n^g$. We factor $\alpha$ as follows

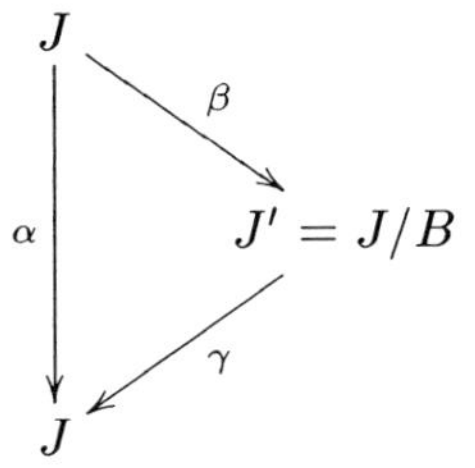


where $\beta$ has kernel $B$ and $\gamma$ has kernel (identified with) $C$.

Because $B$ is isotropic, by a result in **[3]**, the sheaf $N^{\otimes n}$ descends to an invertible sheaf $M$ on $J'$, i.e. a sheaf such that $N^{\otimes n} = \beta^* M$. And $M$ is a principal polarization on $J'$. Now note that $\gamma^* N$ and $M^{\otimes n}$ have the same pullback (namely $N^{\otimes n^2}$) by $\beta$; if $n$ is odd we can choose $M$ to be symmetric, so that $\gamma^* N$ and $M^{\otimes n}$ coincide. We will now suppose this to be the case.

If $L$ is an invertible sheaf on $J$ that is algebraically equivalent to 0 (that is, a closed point of $J^\vee$) then we have $\gamma_*(M \otimes \gamma^* L) \cong (\gamma_* M) \otimes L$, so that $h^0(J', M \otimes \gamma^* L) = h^0(J, (\gamma_* M) \otimes L)$. Now the point is that $M \otimes \gamma^* L$ is a principal polarization on $J$, so this number is 1. In particular $h^0(J, (\gamma_* M) \otimes L) > 0$, and this implies that for any invertible sheaf $L$ of degree 0 on $X$ we have $h^0(X, F \otimes L) > 0$, where $F$ is the restriction of $\gamma_* M$ to $X$. This is a good first step, but we need to twist $F$ by an invertible sheaf having the right degree to compensate for the slope of $F$ (since the sheaves $V_\rho$ have slope zero).

We now calculate the slope of $F$. Its rank is $n^g$. Introduce the curves $Y$ and $Z$ that are inverse image of $X$ by $\gamma$ and $\alpha$ respectively, thus:

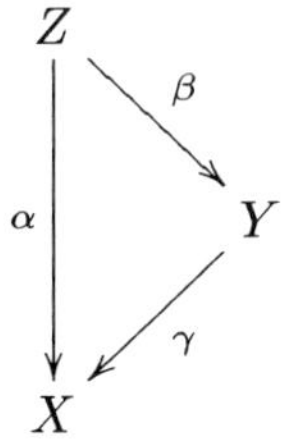


The degree of $N$ restricted to $X$ is well-known: it is $g$. Pulling this back by $\alpha$, we see that the degree of $N^{\otimes n^2}$ restricted to $Z$ is $gn^{2g}$, and that of $N^{\otimes n}|Z$ is $gn^{2g-1}$. Descending to $Y$, we see that the degree of $M|Y$ is $gn^{g-1}$. So the slope of $F$ is finally $g/n$.

Now assume that $g$ divides $n$, i.e. that $g/n = d$, the slope of $F$, is an integer. The degree of $N|X$ is $g = nd$, so there exists an invertible sheaf $P$ of degree $d$ on $X$ such that $N|X = P^{\otimes n}$. Let $L' = (M|Y) \otimes \gamma^* P^{\otimes -1}$, which is an invertible sheaf of degree zero. Its inverse image $L'' = \beta^* L'$ is such that $L''^{\otimes n}$ is trivial on $Z$, so that the order of $L''$ divides $n$ (in fact, it is exactly $n$, but we won't need this). If $E = \gamma_* L'$ then $E = F \otimes P^{\otimes -1}$, which is an invertible sheaf of degree 0 on $X$ and satisfies $h^0(X, E \otimes L_{d,\text{gen}}) > 0$ for a general invertible sheaf $L_{d,\text{gen}}$ of degree $d$ on $X$.

Now $L''$ is of order dividing $n$, so there is a cyclic covering of degree $n$ $Z'' \twoheadrightarrow Z$ which trivializes it. It is $Z''$ that we will prove not to be ordinary (under certain numerical conditions at least). The invertible sheaf $L'$ of degree 0 corresponds to an abelian representation of $\pi_1(Y)$ that factors trough $\pi_1(Z'')$, and when we induce that representation to $\pi_1(X)$ we see that $E = \gamma_* L'$ is of the form $V_\rho$ for some representation $\rho$ of $\pi_1(X)$ that factors through $\pi_1(Z'')$ (and which can actually be described: see **[5]**).

All these constructions were performed on $X$ and $J$. They could equally well have been performed on $X_1$ and $J_1$. We now consider $E$ as a sheaf of $X_1$. We have seen $h^0(X, E \otimes L_{d,\text{gen}}) > 0$ and we wish to have $h^0(X, E \otimes B_1 \otimes L_{\text{gen}}) > 0$. We are therefore done if we can show that $B_1$ contains an invertible subsheaf of degree $d$.

But A. Hirschowitz claims in **[1]** and proves in **[2]** that a general bundle of rank $r_0$ and slope $\lambda_0$ contains a subbundle of rank $r'$ and slope $\lambda'$ (the quotient having rank $r'' = r_0 - r'$ and slope $\lambda''$) if $\lambda'' - \lambda' \geqslant g - 1$. If we are looking for $r' = 1$ and $\lambda' = d$, with $r_0 = p - 1$ and $\lambda_0 = g - 1$ (the numerical values of $B_1$), so $r'' = p - 2$ and $\lambda'' = [(g-1)(p-1) - d]/(p-2)$, this condition is satisfied iff $(g - 1 - d)(p-1)/(p-2) \geqslant g - 1$, that is iff $d \leqslant \frac{g-1}{p-1}$. By deforming and specializing to $B_1$, we see that if this inequality is satisfied then $B_1$ contains an invertible sheaf of degree $d$.

Finally, we have shown that if $p$ and $g$ are such that there exists a positive odd integer $n$, prime to $p$, dividing $g$, and satisfying $\frac{g}{n} \leqslant \frac{g-1}{p-1}$ then the generic curve $X$ of genus $g$ in characteristic $p$ has a covering that is not ordinary. This is not always the case, but we can always reduce to that case by first taking a cyclic cover $X'$ of degree $m$ prime to $p$ of $X$ ($X'$ then has genus $g' = 1 + m(g-1)$), and apply the result to $X'$. Here are the details:

– If $p$ is odd, take $m$ even, not multiple of $p$ and large enough so that $g' = 1 + m(g-1) \geqslant p$.

- If $p$ does not divide $g'$, then $n = g'$ works (it is odd because $m$ is even, it is prime to $p$, and $\frac{g'}{n} = 1 \leqslant \frac{g'-1}{p-1}$ because $g' \geqslant p$).

• If $p$ does divide $g'$ then we double $m$ and this is no longer the case, so we are reduced to the previous point.

– If $p = 2$, write $g = 2^r s$ with $s$ odd.

• If $s \geqslant 3$, take $m = 1$, $n = s$. (Then $n$ is odd, and $\frac{g}{n} = 2^r \leqslant g - 1$.)

• If $s = 1$ then $g = 2^r$.

∗ If $r \geqslant 2$, take $m = 3$, $n = g'/2 = 3 \times 2^{r-1} - 1$. (Then $n$ is odd, and $\frac{g'}{n} = 2 \leqslant g' - 1$.)

∗ If $r = 1$ so $g = 2$ and we take $m = 5$, $g' = 6$, $n = 3$.

Finally, we note that our final covering was constructed as a composite $Z'' \twoheadrightarrow Y \twoheadrightarrow X' \twoheadrightarrow X$ of coverings all of which are abelian: it is therefore solvable.

## References

[1] ———, Problèmes de Brill-Noether en rang supérieur, *C. R. Acad. Sci. Paris Sér. I Math.* **307** (1988), p. 153–156.

[2] A. Hirschowitz – Problèmes de Brill-Noether en rang supérieur, `http://math.unice.fr/~ah/Brill/`.

[3] D. Mumford – On the equations defining abelian varieties, I, *Invent. Math.* **1** (1966), p. 287–354.

[4] M. Raynaud – Sections des fibrés vectoriels sur une courbe, *Bull. Soc. Math. France* **110** (1982), p. 103–125.

[5] ———, Revêtements des courbes en caractéristique $p > 0$ et ordinarité, forthcoming.

David A. Madore, c/o École Normale Supérieure de Paris, 45 rue d'Ulm, 75 230 PARIS CEDEX 05, FRANCE • *E-mail :* `david.madore@ens.fr`